日本産アリ類図鑑

Encyclopedia of Japanese Ants

寺山　守　Terayama Mamoru
久保田敏　Kubota Satoshi
江口克之　Eguchi Katsuyuki

朝倉書店

ノコギリハリアリ属（本文 p. 36）
Stigmatomma（写真はノコギリハリアリ）

ヒメノコギリハリアリ（本文 p. 37）
Stigmatomma caliginosum (Onoyama, 1999)
1 頭の女王と 10 頭程度の働きアリからなる小さなコロニーを作る.

ノコギリハリアリ（本文 p. 38）
Stigmatomma silvestrii Wheeler, 1928
ジムカデ類を主に狩って餌とする.

ノコギリハリアリ（本文 p. 38）
女王.

ハナナガアリ属（本文 p. 39）
Probolomyrmex（写真はホソハナナガアリ）

ホソハナナガアリ（本文 p. 40）
Probolomyrmex longinodus Terayama & Ogata, 1988

ホソハナナガアリ（本文 p. 40）
土中に営巣する.

ダルマアリ属（本文 p. 41）＊
Discothyrea（写真はダルマアリ）

メダカダルマアリ（本文 p. 41）
Discothyrea kamiteta Kubota & Terayama, 1999
クモの卵を餌として生活する.

ダルマアリ（本文 p. 41）
Discothyrea sauteri Forel, 1912

カギバラアリ属（本文 p. 42）
Proceratium（写真はヤマトカギバラアリ）

イトウカギバラアリ（本文 p. 43）
Proceratium itoi (Forel, 1917)
節足動物の卵を餌としており，本属に見られる腹端の特殊化した形態は，卵を操作するためのものとされる.

＊印を付した写真は下記の文献より転載（以下も同じ）
山根正気・原田　豊・江口克之著『アリの生態と分類』（南方新社，2010）

ヤマトカギバラアリ（本文 p. 43）
Proceratium japonicum Santschi, 1937

モリシタカギバラアリ（本文 p. 43）
Proceratium morisitai Onoyama & Yoshimura, 2002

ワタセカギバラアリ（本文 p. 44）
Proceratium watasei (Wheeler, 1906)
同属の他種に比べて触角が長く，区別は容易．

ヒメアギトアリ属（本文 p. 47）
Anochetus
（写真はヒメアギトアリ）

ヒメアギトアリ（本文 p. 47）
Anochetus shohki Terayama, 1999
2頭ともに女王．石垣島，宮古島のみに生息する．

オオハリアリ属（本文 p. 48）
Brachyponera（写真はナカスジハリアリ *B. nakasujii*）

オオハリアリ（本文 p. 50）
Brachyponera chinensis (Emery, 1895)

オオハリアリ（本文 p. 50）
幼虫と働きアリ．

トゲズネハリアリ属（本文 p. 50）
Cryptopone（写真はトゲズネハリアリ）

トゲズネハリアリ（本文 p. 51）
Cryptopone sauteri (Wheeler, 1906)

ハナダカハリアリ（本文 p. 51）
Cryptopone tengu Terayama, 1999

トゲオオハリアリ属（本文 p. 52）
Diacamma（写真はトゲオオハリアリ）

トゲオオハリアリ（本文 p. 52）
Diacamma indicum Santschi, 1920
典型的な女王をもたず，特定の個体が機能的女王となり産卵する．

ミナミフトハリアリ（本文 p. 54）
Ectomomyrmex sp. A
淡褐色のものはサナギが中に入った繭，白色のものが幼虫．

ミナミフトハリアリ（本文 p. 54）
Ectomomyrmex sp. B
オスアリ．

ミナミフトハリアリ（本文 p. 54）
Ectomomyrmex sp. B
働きアリの擬死．本種では頻繁に見られる．

ツシマハリアリ属（本文 p. 53）
Ectomomyrmex（写真はミナミフトハリアリ）

ミナミフトハリアリ（本文 p. 54）
Ectomomyrmex sp. B
女王と繭．

ホンハリアリ属（本文 p. 54）＊
Euponera（写真はケブカハリアリ）

ケブカハリアリ（本文 p. 55）
Euponera pilosior Wheeler, 1928

アカケブカハリアリ（本文 p. 55）
Euponera sakishimensis (Terayama, 1999)
宮古・八重山諸島に分布.

ニセハリアリ属（本文 p. 56）＊
Hypoponera（写真はクロニセハリアリ）

ヒゲナガニセハリアリ（本文 p. 58）
Hypoponera nippona (Santschi, 1937)

クロニセハリアリ（本文 p. 64）
Hypoponera nubatama Terayama & Hashimoto, 1996
河川敷や公園等の乾燥した環境に見られる．女王とオスに２型があり，通常の有翅のもののほか，翅をもたない職蟻型の女王とオスが存在する．

ニセハリアリ（本文 p. 60）
Hypoponera sauteri Onoyama, 1989
左個体，女王．中央，働きアリ．右，羽化後間もない働きアリ（callow worker と特に呼び，色が淡い）．

ハシリハリアリ属（本文 p. 61）
Leptogenys（写真はハシリハリアリ）

ハシリハリアリ（本文 p. 61）
Leptogenys confucii Forel, 1912
働きアリの動きは素早い．有翅の女王は存在せず，1つのコロニーに1頭の職蟻型女王がいる．卵や幼虫は細長く運搬に適した形態となっている．

アギトアリ属（本文 p. 61）＊
Odontomachus（写真はアギトアリ）

オキナワアギトアリ（本文 p. 62）
Odontomachus kuroiwae (Matsumura, 1912)
繭をくわえる働きアリ．

オキナワアギトアリ（本文 p. 62）
ミミズを襲っているところ．比較的広食性である．

アギトアリ（本文 p. 62）
Odontomachus monticola Emery, 1892
白色のものは本種の幼虫．

アギトアリ（本文 p. 62）
多雌性で，1つの巣に数十個体の女王が見られる．

アギトアリ（本文 p. 62）
幼虫．剛毛を多く生やし，体表面が直接地面に触れないようになっている．

コガタハリアリ属（本文 p. 63）
Parvaponera（写真はダーウィンハリアリ *P. darwinii*）

ハリアリ属（本文 p. 63）＊
Ponera（写真はミナミヒメハリアリ *P. tamon*）

ヒメハリアリ（本文 p. 66）
Ponera japonica Wheeler, 1906
左，女王．右，働きアリ．

テラニシハリアリ（本文 p. 65）
Ponera scabra Wheeler, 1928

クビレハリアリ属（本文 p. 68）＊
Cerapachys（写真はツチクビレハリアリ *C. humicola*）

クビレハリアリ（本文 p. 69）
Cerapachys biroi Forel, 1907
他種のアリの巣を襲って，幼虫や蛹を餌としている．オスが見られず，単為生殖を行う．

クビレハリアリ（本文 p. 69）
行列を組んで地表を徘徊し，他種アリの巣を襲撃して幼虫やサナギを奪い餌とする．

ヒメサスライアリ属（本文 p. 71）
Aenictus（写真はヒメサスライアリ）

ヒメサスライアリ（本文 p. 71）
Aenictus lifuiae Terayama, 1984
特定の巣を作らず，コロニーを移動しながら生活する．他種アリの巣を襲い，幼虫や蛹を餌とする．

ヒメサスライアリ（本文 p. 71）
働きアリ.

ジュズフシアリ属（本文 p. 72）＊
Protanilla（写真はジュズフシアリ *P. lini*）

キバジュズフシアリ（本文 p. 73）
Terayama, 2013
特徴的な大あごをもつアリ.

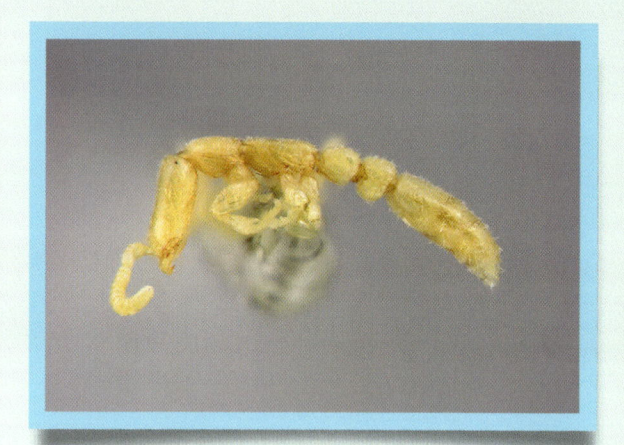

ムカシアリ属（本文 p. 74）
Leptanilla（写真はヤマトムカシアリ *L. japonica*；
ジムカデ類を狩って餌としている.）

ナガフシアリ属（本文 p. 77）
Tetraponera（写真はオオナガフシアリ
T. attenuata；ベトナム産の個体．日本
では沖縄島のみで得られている.）

アゴウロコアリ属（本文 p. 84）＊
Pyramica（写真はイガウロコアリ）

イガウロコアリ（本文 p. 89）
Pyramica benten (Terayama, Lin & Wu, 1996)
上，女王．下，働きアリ．トビムシ類や中気門ダニ類等を狩って餌としている．

セダカウロコアリ（本文 p. 90）
Pyramica hexamera (Brown, 1958)
左，有翅女王．右，働きアリ．本種の女王は単為生殖を行う．

セダカウロコアリ（本文 p. 90）
待ち伏せ型の狩猟様式を採り，コムシ類を主に狩り，トビムシ類やコムカデ類も狩る．

ヒメセダカウロコアリ（本文 p. 91）
Pyramica hirashimai (Ogata, 1990)
体長 1 mm ほどの小型のアリ．

ヒロシマウロコアリ（本文 p. 91）
Pyramica hiroshimensis (Ogata & Onoyama, 1998)
これまでに広島県と岐阜県から数例の記録のみがある稀種．

ノコバウロコアリ（本文 p. 91）
Pyramica incerta (Brown, 1949)
おそらくトゲズネハリアリ *Cryptopone sauteri* に盗食共生を行う．

ヤマトウロコアリ（本文 p. 92）
Pyramica japonica (Ito, 1914)
中央の有翅個体はオス．左下に女王が見られる．

ケブカウロコアリ（本文 p. 92）
Pyramica leptothrix (Wheeler, 1929)
沖縄島以南に見られる．

マナヅルウロコアリ（本文 p. 92）
Pyramica masukoi (Ogata & Onoyama, 1998)
女王個体．

ヌカウロコアリ（本文 p. 93）
Pyramica mutica (Brown, 1949)
ウロコアリ *Strumigenys lewisi* およびキタウロコアリ *S. kumadori* の巣に一時的社会寄生を行う．

ウロコアリ属（本文 p. 94）
Strumigenys（写真はウロコアリ）

ウロコアリ（本文 p. 99）
Strumigenys lewisi Cameron, 1887
中央に女王が見られる．

ウロコアリ（本文 p. 99）
発達した大あごでトビムシ類を捕えて餌としている．

ヒメウロコアリ（本文 p. 99）
Strumigenys minutula Terayama & Kubota, 1989
徳之島以南に生息する．

キバナガウロコアリ（本文 p. 100）
Strumigenys stenorhina Bolton, 2000
働きアリがサナギをくわえて運搬しているようす．

キバナガウロコアリ（本文 p. 100）
石下の巣．本種の巣は単一の巣室のみからなる．

ミゾガシラアリ属（本文 p. 100）
Lordomyrma（写真はミゾガシラアリ *L. azumai*；森林の林床部の多湿な場所に巣が見られる．）

ナガアリ属（本文 p. 101）＊
Stenamma（写真はハヤシナガアリ）

ヒメナガアリ（本文 p. 102）
Yasumatsu & Murakami, 1960

ハヤシナガアリ（本文 p. 102）
Stenamma owstoni Wheeler, 1906

ウメマツアリ属（本文 p. 102）
Vollenhovia（写真はウメマツアリ）

ウメマツアリ（本文 p. 105）
Vollenhovia emeryi Wheeler, 1906
サナギを運搬する働きアリ．従来本学名で呼ばれていた種には，2種が含まれることが判明した．

ウメマツアリ（本文 p. 105）
有翅女王と働きアリ．本種の女王とオスは非常に特殊な生殖様式で作られる（本文参照）．

ヤドリウメマツアリ（本文 p. 106）
Vollenhovia nipponica Kinomura & Yamauchi, 1992
本種（中央2個体，女王；右個体，オス）はヒメウメマツアリ *Vollenhovia* sp. に社会寄生し，働きアリを欠く．本種の女王は，ヒメウメマツアリの女王（中央下）よりも小型で，淡色である．

サキシマウメマツアリ（本文 p. 107）
Vollenhovia sakishimana Terayama & Kinomura, 1998

ヤンバルウメマツアリ（本文 p. 107）
Vollenhovia yambaru Terayama, 1999
黒色の有翅個体はオス．

カレバラアリ属（本文 p. 108）
Carebara（写真はオニコツノアリ）

オニコツノアリ（本文 p. 110）
Carebara oni (Terayama, 1996)
左，働きアリ．右，兵アリ．

ヒメコツノアリ（本文 p. 110）
Carebara hannya (Terayama, 1996)
中央の大型個体が兵アリ．働きアリの体長は1mm以下の小型種．

コツノアリ（本文 p. 111）
Carebara yamatonis (Terayama, 1996)
中央の大型個体は兵アリ．

ヒメアリ属（本文 p. 111）＊
Monomorium（写真はクロヒメアリ）

クロヒメアリ（本文 p. 113）
Monomorium chinense Santschi, 1925

フタイロヒメアリ（本文 p. 114）
Monomorium floricola (Jerdon, 1851)

フタモンヒメアリ（本文 p. 114）
Monomorium hiten Terayama, 1996
枯れ茎中に営巣していたもの．中央の大型個体は女王．

ヒメアリ（本文 p. 115）
Monomorium intrudens Smith, 1874
中央の大型個体は女王．多雌性で1つのコロニーに複数の女王が見られる．

ヒメアリ（本文 p. 115）

イエヒメアリ（本文 p. 115）
Monomorium pharaonis (Linnaeus, 1758)
本州中部以北では家屋に営巣する．

カドヒメアリ（本文 p. 116）
Monomorium sechellense Emery, 1894

キイロヒメアリ（本文 p. 116）
Monomorium triviale Wheeler, 1906
林内の落枝等に営巣する．大型個体は女王．

キイロヒメアリ（本文 p. 116）
女王，働きアリ，幼虫．本種にオスは見られず，女王は単為生殖を行う．

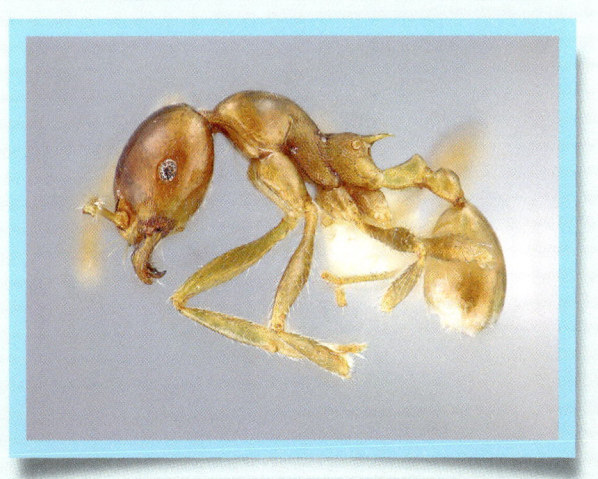

ヨコヅナアリ属（本文 p. 116）
Pheidologeton（写真はヨコヅナアリ）

ヨコヅナアリ（本文 p. 117）
Pheidologeton diversus (Jerdon, 1851)
写真はタイ産の個体を撮影したもの．本種の働きアリは連続した多型を示す．

トフシアリ属（本文 p. 117）
Solenopsis（写真はオキナワトフシアリ *S. tipuna*）

トフシアリ（本文 p. 118）
Solenopsis japonica Wheeler, 1928

トフシアリ（本文 p. 118）
中央の黒色有翅個体はオス．働きアリに比してサイズが大型である．

ツヤクシケアリ属（本文 p. 119）
Manica（写真はツヤクシケアリ）

ツヤクシケアリ（本文 p. 120）
Manica yessensis Azuma, 1955
山地の岩礫地帯に生息する．

ツヤクシケアリ（本文 p. 120）

クシケアリ属（本文 p. 120）
Myrmica（写真はハラクシケアリ隠蔽種群）

エゾクシケアリ（本文 p. 122）
Myrmica jessensis Forel, 1901
河川敷や半裸地の比較的乾燥した場所に営巣する．

クロキクシケアリ（本文 p. 123）
Myrmica kurokii Forel, 1907
本州中部では，亜高山帯以上の高地に生息する．

オモビロクシケアリ（本文 p. 123）
Myrmica luteola Kupyanskaya, 1990
一時的社会寄生を行う．

オノヤマクシケアリ（本文 p. 123）
Myrmica onoyamai Radchenko & Elmes, 2006

ハラクシケアリ隠蔽種群（本文 p. 124）
Myrmica reginodis Nylander, 1846 (s. l.)
日本で長らくシワクシケアリ *Myrmica kotokui* とされていたアリは，少なくとも3種以上の複数種を含む隠蔽種からなることが判明した．

アシナガアリ属（本文 p. 126）＊
Aphaenogaster（写真はイソアシナガアリ）

アシナガアリ（本文 p. 131）
Aphaenogaster famelica (Smith, 1874)

クビナガアシナガアリ（本文 p. 131）
Aphaenogaster gracillima Watanabe & Yamane, 1999
八重山諸島のみに生息する．

イハマアシナガアリ（本文 p. 132）
Aphaenogaster izuensis Terayama & Kubota, 2013
Adult transport と呼ぶ，働きアリが若い働きアリをくわえての運搬を行っている．伊豆半島のみに見られる．

イハマアシナガアリ（本文 p. 132）
探餌中の働きアリ．

オモトアシナガアリ（本文 p. 133）
Aphaenogaster omotoensis Terayama & Kubota, 2013
石垣島の於茂登岳の山頂付近のみに見られる．

オモトアシナガアリ（本文 p. 133）

イソアシナガアリ（本文 p. 133）
Aphaenogaster osimensis Teranishi, 1940
海岸や攪乱された環境等の乾燥した場所に見られる．

タカサゴアシナガアリ（本文 p. 134）
Aphaenogaster tipuna Forel, 1913
日本では石垣島と西表島のみに生息する．

タカサゴアシナガアリ（本文 p. 134）
Aphaenogaster tipuna Forel, 1913

クロナガアリ属（本文 p. 134）
Messor（写真はクロナガアリ）

クロナガアリ（本文 p. 135）
Messor aciculatus (Smith, 1874)
働きアリは秋に出現し，地表活動を行う．

クロナガアリ（本文 p. 135）
探餌中の働きアリ．種子食性で餌はイネ科やカヤツリグサ科等の種子．

オオズアリ属（本文 p. 135）＊
Pheidole（写真はインドオオズアリ）

ミナミオオズアリ（本文 p. 138）
Pheidole fervens Smith, 1858
兵アリ（大型働きアリ）と働きアリ（小型働きアリ）．

アズマオオズアリ（本文 p. 138）
Pheidole fervida Smith, 1874
兵アリと働きアリ．

インドオオズアリ（本文 p. 139）
Mayr, 1878
働きアリ（小型働きアリ）．

ツヤオオズアリ（本文 p. 139）
Pheidole megacephala (Fabricius, 1793)
攪乱地や乾燥地に巣が見られる．侵略的外来種とされている．

オオズアリ（本文 p. 140）
Pheidole noda Smith, 1874
兵アリ（大型働きアリ）．

オオズアリ（本文 p. 140）
働きアリ．

ナンヨウテンコクオオズアリ隠蔽種群
（本文 p. 140）
Pheidole parva Mayr, 1865 (s. l.)
兵アリと働きアリ．

ヒメオオズアリ（本文 p. 141）
Pheidole pieli Santschi, 1925
兵アリと働きアリ．

ヒメオオズアリ（本文 p. 141）
女王，兵アリ，働きアリ．

クロオオズアリ（本文 p. 141）
Pheidole susanowo Onoyama & Terayama, 1999
兵アリと働きアリ．

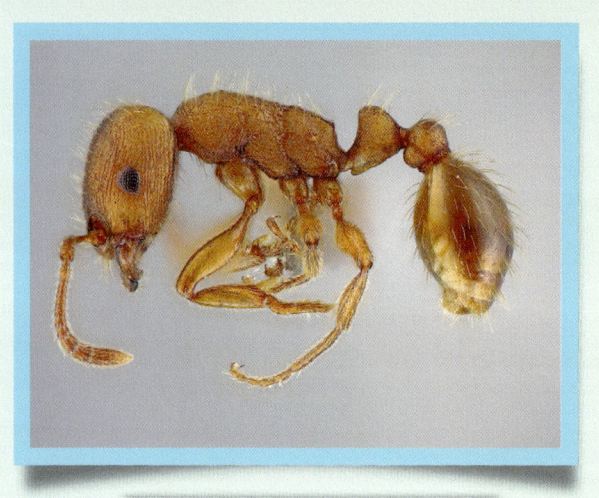

イバリアリ属（本文 p. 142）
Strongylognathus（写真はイバリアリ）

イバリアリ（本文 p. 142）
Strongylognathus koreanus Pisarski, 1966
トビイロシワアリ *Tetramorium tsushimae* の巣におそらく恒久的社会寄生を行う．大あごは顕著なサーベル状となる．

シワアリ属（本文 p. 142）＊
Tetramorium（写真はトビイロシワアリ）

オオシワアリ（本文 p. 145）
Tetramorium bicarinatum (Nylander, 1846)
多雌性かつ多巣性．半裸地や草地等の明るい乾燥した環境に多い．

イカリゲシワアリ（本文 p. 145）
Tetramorium lanuginosum Mayr, 1870

キイロオオシワアリ（本文 p. 146）
Tetramorium nipponense Wheeler, 1928
林内の樹木の腐朽部や樹皮下等の比較的湿った場所によく見られる．多雌性．

トビイロシワアリ（本文 p. 147）
Tetramorium tsushimae Emery, 1925
路傍に多く見かける普通種．多雌性．

トビイロシワアリ（本文 p. 147）
働きアリの行列．路傍に頻繁に見られる．

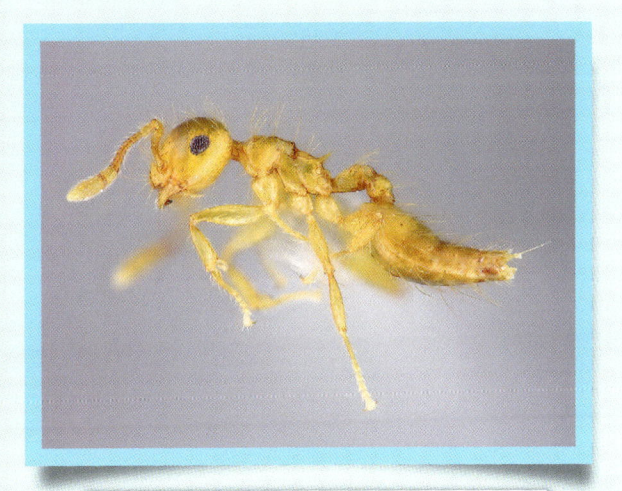

シリアゲアリ属（本文 p. 148）
Crematogaster（写真はオキナワシリアゲアリ *C. miroku*；沖縄島から1例のみの記録のある稀種．）

ハリブトシリアゲアリ（本文 p. 150）
Crematogaster matsumurai Forel, 1901
キイロシリアゲアリ *Crematogaster osakensis*（左側の小型種）との戦闘の様子．

テラニシシリアゲアリ（本文 p. 151）
Crematogaster teranishii Santschi, 1930
樹上性．

クボミシリアゲアリ（本文 p. 151）
Crematogaster vagula Wheeler, 1928
樹上性．

キイロシリアゲアリ（本文 p. 152）
Crematogaster osakensis Forel, 1900
土中営巣性．地表活動や樹上での探餌活動も行う．

スエヒロシリアゲアリ（本文 p. 152）
Crematogaster suehiro Terayama, 1999
有翅女王と働きアリ．林内の腐朽木の下等の多湿な場所に営巣する．

スエヒロシリアゲアリ（本文 p. 152）
これまでのところ，石垣島からのみ得られている．

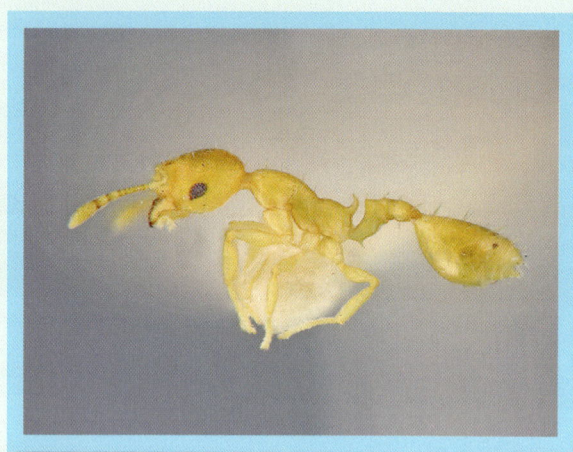

カクバラアリ属（本文 p. 153）
Recurvidris（写真はカクバラアリ；先端が前方を向く特徴的な前伸腹節刺をもつ．女王には前伸腹節刺はない．）

カクバラアリ（本文 p. 153）
Recurvidris recurvispinosa (Forel, 1890)
巣は土中に見られる．日本では石垣島と西表島からのみ得られている．

カクバラアリ（本文 p. 153）

ハダカアリ属（本文 p. 154）
Cardiocondyla（写真はヒメハダカアリ *C. minutior*）

キイロハダカアリ（本文 p. 158）
Cardiocondyla obscurior (Wheeler, 1929)

カドハダカアリ（本文 p. 158）
Cardiocondyla sp. B
乾燥した半裸地や撹乱環境に多く見られる．

ウスキイロハダカアリ（本文 p. 159）
Cardiocondyla wroughtonii (Forel, 1890)
枯れ枝や枯れ茎等に営巣する．

ウスキイロハダカアリ（本文 p. 159）
有翅個体はオス．本種では，有翅型と無翅型の2タイプのオスが見られる．

タカネムネボソアリ属（本文 p. 159）
Leptothorax（写真はタカネムネボソアリ）

タカネムネボソアリ（本文 p. 160）
Leptothorax acervorum (Fabricius, 1793)
本州中部では標高 1300 m 以上の高地に生息する．

タカネムネボソアリ（本文 p. 160）
女王（中央）と働きアリ（左）．

ムネボソアリ属（本文 p. 160）
Temnothorax（写真はアレチムネボソアリ *T. mitsukoae*；攪乱された環境で得られる．）

フシナガムネボソアリ（本文 p. 164）
Temnothorax antera (Terayama & Onoyama, 1999)
土中に巣が見られる．

ヒメムネボソアリ（本文 p. 164）
Temnothorax arimensis (Azuma, 1977)
大型個体は女王．

ヤエヤマムネボソアリ（本文 p. 165）
Temnothorax basara (Terayama & Onoyama, 1999)
石垣島，西表島のみに生息する．

ヤドリムネボソアリ（本文 p. 165）
Temnothorax bikara (Terayama & Onoyama, 1999)
ムネボソアリ属の他種を奴隷として使う．中央の2個体が本種の働きアリ．下方の個体は寄主のハリナガムネボソアリ *Temnothorax spinosior*.

ムネボソアリ（本文 p. 165）
Temnothorax congruus (Smith, 1874)
女王．

ムネボソアリ（本文 p. 165）
巣中の働きアリ．枯れ枝中に巣をつくる．

キイロムネボソアリ（本文 p. 166）
Temnothorax indra (Terayama & Onoyama, 1999)
中央の大型個体は女王．

キノムラヤドリムネボソアリ（本文 p. 166）
Temnothorax kinomurai (Terayama & Onoyama, 1999)
ハヤシムネボソアリ *Temnothorax makora* の巣に恒久的社会寄生を行う．働きアリは見られず，女王と職蟻型女王（写真中央，胸部が赤褐色の個体）のみが見られる．左側の有翅個体はハヤシムネボソアリの女王．

キノムラヤドリムネボソアリ（本文 p. 166）
有翅の女王．本種はこれまでに2例の採集記録があるのみである．

キノムラヤドリムネボソアリ（本文 p. 166）
脱翅メスがハヤシムネボソアリの働きアリを攻撃しているようす．ハヤシムネボソアリの巣に侵入する際にこの行動が見られる．

カドムネボソアリ（本文 p. 167）
Temnothorax koreanus (Teranishi, 1940)
日本産本属の中では，本種のみ触角が 11 節からなる（他種は 12 節）．樹皮下に営巣する．

カドムネボソアリ（本文 p. 167）

チャイロムネボソアリ（本文 p. 167）
Temnothorax kubira (Terayama & Onoyama, 1999)
枯れ竹に営巣していたもの．山地に生息する．中央上の大型個体は女王．

ハヤシムネボソアリ（本文 p. 167）
Temnothorax makora (Terayama & Onoyama, 1999)
2 個体の幼虫は女王になるもの．林内に生息する．

カドフシアリ属（本文 p. 168）
Myrmecina（写真はカドフシアリ）

スジブトカドフシアリ（本文 p. 170）
Myrmecina amamiana Terayama, 1996
奄美諸島に生息し，照葉樹林の林床に巣が見られる．

カドフシアリ（本文 p. 170）
Myrmecina nipponica Wheeler, 1906

アミメアリ属（本文 p. 171）＊
Pristomyrmex（写真はアミメアリ）

アミメアリ（本文 p. 172）
Pristomyrmex punctatus (Smith, 1860)
定常的な巣をもたず，移動しながら生活する．女王が存在せず，アリでは例外的に働きアリが産卵して，個体を増やしていく．

アミメアリ（本文 p. 172）

ヒゲブトアリ属（本文 p. 173）
Rhopalomastix（写真はヒゲブトアリ *R. omotoensis*；日本では石垣島のみに生息．生木の樹皮下に巣を作るようである．）

ナミカタアリ属（本文 p. 175）
Dolichoderus（写真はシベリアカタアリ）

シベリアカタアリ（本文 p. 175）
Dolichoderus sibiricus Emery, 1889
樹上活動性のアリ．

アルゼンチンアリ属（本文 p. 176）
Linepithema（写真はアルゼンチンアリ）

アルゼンチンアリ（本文 p. 176）
Linepithema humile (Mayr, 1868)
侵略的外来生物としてよく知られている．中央の大型個体は女王．極端な多雌性で1つの巣に1000頭以上の女王が見られる場合もある．

アルゼンチンアリ（本文 p. 176）
一見ルリアリに似るが，本種の触角はより長い．

ルリアリ属（本文 p. 176）
Ochetellus（写真はルリアリ）

ルリアリ（本文 p. 177）
Ochetellus glaber (Mayr, 1862)

コヌカアリ属（本文 p. 177）＊
Tapinoma（写真はコヌカアリ）

アワテコヌカアリ（本文 p. 178）
Tapinoma melanocephalum (Fabricius, 1793)
南西諸島や小笠原諸島などの乾燥した環境によく見られる．

アワテコヌカアリ（本文 p. 178）
土中，石下，樹皮下などに営巣する．

コヌカアリ（本文 p. 178）
Tapinoma saohime Terayama, 2013

ヒラフシアリ属（本文 p. 179）＊
Technomyrmex（写真はヒラフシアリ）

アシジロヒラフシアリ（本文 p. 180）
Technomyrmex brunneus Forel, 1895
多雌性，多巣性の種で大きなコロニーを形成する．九州南部以南に生息し，琉球列島では普通種の1つ．

アシジロヒラフシアリ（本文 p. 180）

ヒラフシアリ（本文 p. 180）
Technomyrmex gibbosus Wheeler, 1906
樹上性で，枯れ枝や枯れ竹等に巣が見られる．

ヤマアリ属（本文 p. 193）＊
（写真はクロヤマアリ隠蔽種群）

ツノアカヤマアリ（本文 p. 186）
Formica fukaii Wheeler, 1914
頭部後縁が凹むことで，近似の他種と容易に区別される．

タカネクロヤマアリ（本文 p. 187）
Formica gagatoides Ruzsky, 1904
本州中部と北海道の大雪山のみに生息し，本州中部では標高 2500 m 以上の高地のハイマツ林に生息する高山アリ．

ハヤシクロヤマアリ（本文 p. 187）
Formica hayashi Terayama & Hashimoto, 1996
林縁から林内にかけて見られる．

クロヤマアリ隠蔽種群（本文 p. 187）
Formica japonica Motschoulsky, 1866 (s. l.)
北海道から九州まで路傍に普通に見られるアリで，近年4種の隠蔽種からなることが判明した．

クロヤマアリ隠蔽種群（本文 p. 187）

クロヤマアリ隠蔽種群（本文 p. 187）
クモは地上徘徊性かつアリ食性のアオオビハエトリで，アリが運ぶ幼虫を奪ったり，小型のアリを捕らえて餌とする．

ヤマクロヤマアリ（本文 p. 189）
Formica lemani Bondroit, 1917
本州中部では標高約 1400 m 以上の山地に生息する．

ヤマクロヤマアリ（本文 p. 189）
女王．クロヤマアリ隠蔽種群の女王よりも光沢が強い．

ヤマクロヤマアリ（本文 p. 189）
働きアリ，繭，幼虫．

アカヤマアリ（本文 p. 189）
Formica sanguinea Latreille, 1798
黒色のアリは，本種の奴隷として働くクロヤマアリ隠蔽種群．

アカヤマアリ（本文 p. 189）
奴隷狩りを行うアカヤマアリの群れ．写真中央にクロヤマアリ隠蔽種群の巣口がある．

アカヤマアリ（本文 p. 189）
女王．

エゾアカヤマアリ（本文 p. 190）
Formica yessensis Wheeler, 1913
結婚飛行に出る有翅女王．

エゾアカヤマアリ（本文 p. 190）

エゾアカヤマアリ（本文 p. 190）
アリ塚．枯れ葉や枯れ枝を積み上げて作られている．

サムライアリ属（本文 p. 190）
Polyergus（写真はサムライアリ）

サムライアリ（本文 p. 190）
Polyergus samurai Yano, 1911
奴隷狩りで有名な種．クロヤマアリ隠蔽種群やハヤシクロヤマアリの巣を襲い繭や終齢幼虫を持ち帰る．

サムライアリ（本文 p. 195）
大あごはサーベル状に鋭く発達している．

ミツバアリ属（本文 p. 191）＊
Acropyga（写真はイツツバアリ）

イツツバアリ（本文 p. 192）
Acropyga nipponensis Terayama, 1985
有翅女王．口にくわえている白色のものは本種と共生関係にあるシズクアリノタカラカイガラムシ *Eumyrmococcus nipponensis*．

ミツバアリ（本文 p. 192）
Acropyga sauteri Forel, 1912

ミツバアリ（本文 p. 192）
結婚飛行に向かう新女王．新女王は結婚飛行の際に必ず，アリノタカラカイガラムシ *Eumyrmococcus smithi*（写真の白色のもの）を1個体口にくわえて飛び立つ．

ミツバアリ（本文 p. 192）
土中に営巣し，巣中にアリのタカラカイガラムシ（写真の白色のもの）が必ず見られる．

アシナガキアリ属（本文 p. 193）
Anoplolepis（写真はアシナガキアリ）

アシナガキアリ（本文 p. 193）
Anoplolepis gracilipes (Smith, 1857)
女王．

アシナガキアリ（本文 p. 193）
アフリカか熱帯アジア起源の外来種．

アシナガキアリ（本文 p. 193）

アシナガキアリ（本文 p. 193）

ケアリ属（本文 p. 194）＊
Lasius（写真はヒラアシクサアリ）

ハヤシケアリ（本文 p. 198）
Lasius hayashi Yamauchi & Hayashida, 1970
樹上で活動する個体を多く見かける．

トビイロケアリ（本文 p. 199）
Lasius japonicus Santschi, 1941
アブラムシを来訪し，甘露をもらい受ける．

トビイロケアリ（本文 p. 199）

トビイロケアリ（本文 p. 199）
脱翅女王.

ヒゲナガケアリ（本文 p. 199）
Lasius productus Wilson, 1955
林内に見られる.

カワラケアリ（本文 p. 199）
Lasius sakagamii Yamauchi & Hayashida, 1970
河原や海岸，公園等の乾燥した環境に多く見られる.

クロクサアリ隠蔽種群（本文 p. 200）
Lasius (Dendrolasius) fuji Radchenko, 2005 (s. l.)
働きアリがヤノクチナガオオアブラムシ *Stomaphis yanonis* に集まり，甘露をもらい受けている.

クロクサアリ隠蔽種群（本文 p. 200）

モリシタクサアリ（モリシタケアリ）（本文 p. 201）
Lasius capitatus (Kuznetsov-Ugamsky, 1928)
結婚飛行当日に巣から外に出た有翅女王の群れ．山地の森林に巣が見られる.

フシボソクサアリ（本文 p. 201）
Lasius nipponensis Forel, 1912

テラニシクサアリ（テラニシケアリ）（本文 p. 202）
Lasius orientalis Karawajew, 1912
山地帯から亜高山帯にかけて生息する．写真中央の赤褐色のアリズカムシは，好蟻性のニシカワクサアリアリズカムシ *Dendrolasiophilus nishikawai*．

テラニシクサアリ（本文 p. 202）
寄主のキイロケアリの働きアリが吐き戻しにより，液体質の栄養分を受け渡しているところ．

テラニシクサアリ（本文 p. 202）
本種はキイロケアリ（写真の黄褐色の個体）の巣に一時的社会寄生を行う．

ヒラアシクサアリ（クサアリモドキ）（本文 p. 202）
Lasius spathepus Wheeler, 1910
樹木の根元部分に作られたカートン製の巣．

コツブアリ属（本文 p. 204）
Brachymyrmex（写真はクロコツブアリ *B. patagonicus*；南アメリカ原産の人為的移入種．北米での分布拡大が顕著．）

アメイロアリ属（本文 p. 205）＊
（写真はリュウキュウアメイロアリ）

ケブカアメイロアリ（本文 p. 207）
Nylanderia amia (Forel, 1913)
裸地や草地等の乾いた環境に見られる．従来，九州以南に分布していたものが，近年，本州太平洋岸でも見られるようになって来た．

アメイロアリ（本文 p. 207）
Nylanderia flavipes (Smith, 1874)
土中に営巣する．

リュウキュウアメイロアリ（本文 p. 209）
Nylanderia ryukyuensis (Terayama, 1999)

サクラアリ属（本文 p. 210）＊
Paraparatrechina（写真はサクラアリ）

サクラアリ（本文 p. 211）
Paraparatrechina sakurae (Ito, 1914)
明るい環境を好み，路傍の乾燥した環境にも巣を作り生息する．

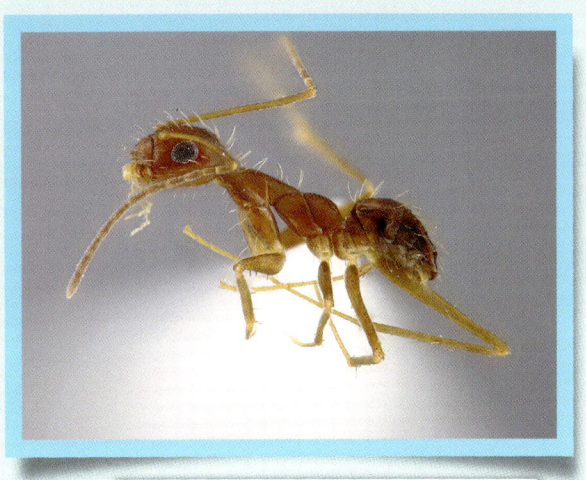

ヒゲナガアメイロアリ属（本文 p. 211）＊
Paratrechina（写真はヒゲナガアメイロアリ）

ヒゲナガアメイロアリ（本文 p. 212）
Paratrechina longicornis (Latreille, 1802)
素早く動き回る．女王は単為生殖を行う．

ヒゲナガアメイロアリ（本文 p. 212）

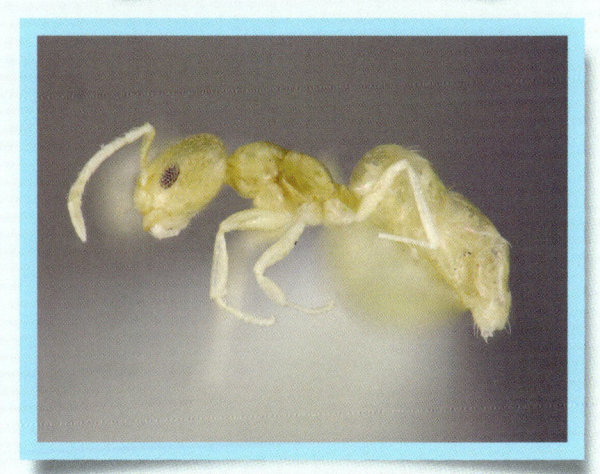

ヒメキアリ属（本文 p. 212）
Plagiolepis（写真はウスヒメキアリ *P. alluaudi*）

ウワメアリ属（本文 p. 213）
Prenolepis（写真はウワメアリ *P.* sp.；これまでのところ，九州と四国の太平洋岸からのみ得られている．）

オオアリ属（本文 p. 214）
Camponotus（写真はオキナワクロオオアリ *C. senkakuensis*；尖閣諸島の特産種．これまでに魚釣島からの3個体のみが得られている．）

クロオオアリ（本文 p. 223）
Camponotus japonicus Mayr, 1866
オスアリが，結婚飛行で飛び立つ準備のために巣から外に出ている．結婚飛行は夕方の5～6時頃に行われる．

クロオオアリ（本文 p. 223）
働きアリどうしが栄養交換を行っているようす．

ムネアカオオアリ（本文 p. 223）
Camponotus obscuripes Mayr, 1879
平地にも生息するが，山地に多く見られる．

ムネアカオオアリ（本文 p. 228）
女王．

ケブカクロオオアリ（本文 p. 224）
Camponotus yessensis Yasumatsu & Brown, 1951
体に多くの立毛がある．

ユミセオオアリ（本文 p. 225）
Camponotus kaguya Terayama, 1999
女王（中央）と働きアリ（下）．巣は土中に見られる．

ケブカアメイロオオアリ（本文 p. 226）
Camponotus monju Terayama, 1999

ケブカアメイロオオアリ（本文 p. 226）
女王.

ミカドオオアリ（本文 p. 227）
Camponotus kiusiuensis Santschi, 1937
働きアリと幼虫.

クサオオアリ（本文 p. 227）
Camponotus keihitoi Forel, 1913
樹上営巣性種.

ケブカツヤオオアリ（本文 p. 227）
Santschi, 1937
比較的自然度の高い樹林に見られる.

ヨツボシオオアリ（本文 p. 227）
Camponotus (Myrmentoma) quadrinotatus Forel, 1886
樹上営巣性種.

ホソウメマツオオアリ（本文 p. 228）
Camponotus bishamon Terayama, 1999
南西諸島に普通に見られる樹上性種．本州南岸部まで生息する．

イトウオオアリ（本文 p. 228）
Camponotus itoi Forel, 1912
樹上営巣性．巣は公園の植林等でも見られる．

ナワヨツボシオオアリ（本文 p. 229）
Ito, 1914
兵アリ（大型働きアリ）と働きアリ（小型働きアリ）．

ナワヨツボシオオアリ（本文 p. 234）

ウスキオオアリ（本文 p. 230）
Camponotus yambaru Terayama, 1999
沖縄島北部の山原地帯のみに生息する．

ヒラズオオアリ（本文 p. 231）
Camponotus nipponicus Wheeler, 1928
兵アリの頭部は，特徴的な切断状となっている．頭部を栓のように使って，巣の入り口を守る．

アカヒラズオオアリ（本文 p. 231）
Camponotus shohki Terayama, 1999

トゲアリ属（本文 p. 232）
Polyrhachis（写真はチクシトゲアリ）

タイワントゲアリ（本文 p. 233）
Polyrhachis latona Wheeler, 1909
巣は木の根元や土中に作る．単雌性でコロニー構成は小さく，100個体以下の働きアリからなる．

タイワントゲアリ（本文 p. 233）

クロトゲアリ（本文 p. 233）
Polyrhachis dives Smith, 1857
植物の葉や枯れ枝を用いたカートン製の巣を作って生活する．多雌性．

クロトゲアリ（本文 p. 233）
女王と働きアリ．

クロトゲアリ（本文 p. 233）
働きアリの攻撃姿勢．この姿勢で腹端から蟻酸を放出する．

チクシトゲアリ（本文 p. 234）
Polyrhachis moesta Emery, 1887
樹上性．

トゲアリ（本文 p. 234）
Polyrhachis lamellidens Smith, 1874

トゲアリ（本文 p. 234）

トゲアリ（本文 p. 234）
本種の巣は樹幹の洞に見られる．そのために，大きな樹木がない樹林でないと安定して巣を営むことができない．

トゲアリ（本文 p. 234）
樹幹上を歩行する働きアリ．

緒　言

　日本列島は，生物地理学的に少なくとも3つの観点から非常に興味深い地域である．第一点としては，東洋区と旧北区の2つの動物地理区にまたがっていることである．南千島から南西諸島まで，日本列島自体が南北に細長く，典型的な旧北区と判断される北海道から，広く旧北区系種と東洋区系種が混在した動物相を示す地域が広がっている．さらに，多くの部分が亜熱帯に属する琉球列島では，東洋区系種を中心とした熱帯，亜熱帯に生息する動物種や種群が多く見られる．そもそも近年日本全域が，多くの生物群で多様性の高い地域と見なされており，さらに，生物多様性の高さは陸上生態系のみならず，世界有数の規模のサンゴ礁を含む海洋生態系にも及ぶとされている．そして，これらの多くの生物群で，種レベル，遺伝子レベルの多様性の減少が今日，危惧されてもいる．

　第二点目として，日本には複数の気候区分が認められる点が挙げられる．大陸部の縁に位置することから，多雨で，自然植生として基本的に森林が発達する．よって琉球列島を中心とした亜熱帯地域には亜熱帯多雨林が発達し，暖温帯（暖帯）に照葉樹林が，冷温帯（温帯）に夏緑樹林が見られ，北海道東部から北部にかけての寒温帯（亜寒帯）には針葉樹林が広がる．同時に，山国でもあり，本州中部には標高3000 mを越す高い山岳地域を擁している．そのために，例えば，本州中部山岳地帯では，低地では自然植生として照葉樹林帯であるが，山に登るにつれて，夏緑樹林帯，針葉樹林帯と変化し，標高約2500 m以上の高地では森林限界を超え，寒帯の気候に該当する高山帯となっている．これらの気候区分や植生に対応して，日本には熱帯・亜熱帯系の動物から，北方系あるいは高山性の動物までもが生息する．

　第三点目は，島嶼生物地理学，あるいは地理生態学的な観点からの面白さである．複雑な地史を経て形成された由来の異なる大小さまざまな島々から構成される日本列島は，生物の侵入や絶滅，種分化，生物相の変化や安定化など，多くの生物地理学的な現象の舞台となってきた．島は生態的に比較的閉じた単位と見なすことができ，島ごとの生物相を比較し，地史と重ね合わせることで，生物相の成り立ちを明らかにすることができる．また各島での環境条件の違いや生物への自然選択のかかり方の違いに着目して，生物種の生態や生活史の進化や多様化のプロセスを探ることも可能である．このように日本列島は実に好適な研究の場となっており，まさに「巨大な進化の実験場」と呼ぶにふさわしい．

　島嶼はその位置や由来によって異なるものの，概して生物の固有化が促進され，固有化率が高まることが知られている．特にこの傾向は，大陸から遠く隔てられ，過去に一度も大陸と陸続きになったことのない海洋島で特に顕著である．固有種には島が隔離された結果として遺伝的に分化することにより生じる場合（新固有と呼ぶ）や，他の地域では絶滅したものが，島だけに取り残されて固有化する場合（古固有と呼ぶ）がある．昆虫類では固有化が起こりやすく，琉球列島

のトカラ列島や奄美諸島，宮古諸島のような平坦で環境が比較的単純な島でも固有化が進んでいるグループが少なくない．また，小笠原諸島や大東諸島等は，大陸とは一度もつながったことのない海洋島であるため，そこでの生物進化はとりわけ興味深い．

　アリ類は，生物群集の中で高い現存量を示し，かつ自然林から都市域の公園や路傍に至る人為的な環境までのさまざまな立地に生息する．そのため日本でも北海道から沖縄まで，どの地域においても最も身近で目にとまる生物の1つである．また，女王を中心に複数個体が集団生活を営む社会性昆虫であり，巣は複数年間維持されることから，年間を通じて採集や観察を行うことが可能である．そのためアリ類は，古くから多くの人々の興味を引きつけ，アリ学"Myrmecology"という独特の言葉まで造られるほど注目を浴びてきた．

　本書は，このようなアリ類の日本産種の検索を可能とするとともに，これまでの分布や生態的知見をまとめたものである．アリに限らず，多様に富んだ環境をもつ日本列島に生息するさまざまな生物群の多様性が解明されていくことにより，豊かな日本の自然に対して多くの知的関心が引き出され，理解がさらに深められることを期待する．そして，日本の自然を我々のかけがえのない共有財産として大切にする心が育まれることを願う．本書もその一助となれば幸いである．

　　　2014年6月

　　　　　　　　　　　　　　　　　　　　　　　　寺山　守・久保田敏・江口克之

執筆協力者
（敬称略，50音順）

　本書の執筆に際しまして，下記の方々にさまざまなお力添えをいただきました．厚く御礼を申し上げます（著者一同）．

上田昇平	大河原恭祐	小川尚史	沖田一郎	喜田和孝
木野田君公	木野村恭一	久保田栄	久保田宏	小松　貢
酒井春彦	佐藤俊幸	高嶺英恒	萩原康夫	増子恵一
丸山宗利	山根正気			

Chris Schmidt　　　Steven O. Shattuck

第3刷に際しての付記：2014年度以降の主要な分類学的変更点

　本書が出版される際に，最新の分類学的知見を取り入れようと，編集可能時間のぎりぎりまで修正努力を行なったつもりである．その結果，本書にSchimidt(2013)やSchimidt & Shattuck(2014)を取り込み，最新の知見によるハリアリ亜科Ponerinaeの分類体系を反映させることができた．
　しかし，アリ科においては本書出版後も，分子情報を用いての亜科，族，属レベルでの高次系統解析の研究結果が次々と発表されている．今回の増刷に際して，本書出版後の主要な分類研究の成果による変更点をここに提示しておく．

1) 分子系統解析の結果から，クビレハリアリ亜科Cerapachyinaeとヒメサスライアリ亜科Aenictinaeがサスライアリ亜科Dorylinaeに統合され，さらにクビレハリアリ属Cerapachysが単系統群ではないことが示された（Brady, et al., 2014）．

2) 分子系統解析の結果，フタフシアリ亜科Myrmicinaeが6族から構成される体系が構築された（Ward, et al., 2015）．ただし異論もある（Seifert, et al., 2016）．Ward ら（2015）の見解に準拠すれば，日本産の属は6族中，クシケアリ族Myrmicini，ナガアリ族Stenammini，トフシアリ族Solenopsidini，ハキリアリ族Attini，シリアゲアリ族Crematogasteriniの5族に位置づけられることになる．

3) 次の種で属名が変更となった．クビレハリアリ *Cerapachys biroi* Forel, 1907 ➡ *Ooceraea biroi*（Forel, 1907）；クロクビレハリアリ *Cerapachys daikoku* Terayama, 1996 ➡ *Lioponera daikoku*（Terayama, 1996）；ジュウニクビレハリアリ *Cerapachys hashimotoi* Terayama, 1996 ➡ *Parasyscia hashimotoi*（Terayama, 1996）；ツチクビレハリアリ *Cerapachys humicola* Ogata, 1983 ➡ *Syscia humicola*（Ogata, 1983）；カドヒメアリ *Monomorium sechellensis* Emery, 1894 ➡ *Syllophopsis sechellensis*（Emery, 1894）；ミゾヒメアリ *Monomorium destructor*（Jerdon, 1851）➡ *Trichomyrmex destructor*（Jerdon, 1851）；シワヒメアリ *Monomorium latinode* Mayr, 1872 ➡ *Erromyrma latinodis*（Mayr, 1872）；ヒラズオオアリ *Camponotus nipponicus* Wheeler, 1928 ➡ *Colobopsis nipponicus*（Wheeler, 1928）；アカヒラズオオアリ *Camponotus shohki* Terayama, 1999 ➡ *Colobopsis shohki*（Terayama, 1999）．*Pyramica*属は*Strumigenys*属へ統合されて用いられる現状から，本書に掲載した本属19種を*Strumigenys*属とする．

4) 次の種の種小名を変更する．ヒメノコギリハリアリ *Stigmatomma calignosa*（Onoyama, 1999）➡ *Stigmatomma calignosum*（Onoyama, 1999）；ケシノコギリハリアリ *Stigmatomma fulvida*（Terayama, 1987）➡ *Stigmatomma fulvidum*（Terayama, 1987）；ハカケウロコアリ *Strumigenys lacunosus* Lin & Wu, 1997 ➡ *Strumigenys lacunosa* Lin & Wu, 1997；ツボクシケアリ *Myrmica taediosa* Bolton, 1995 ➡ *Myrmica transsibirica* Radchenko, 1994；チクシトゲアリ *Polyrhachis moesta* Emery, 1887 ➡ *Polyrhachis phalerata* Menozzi, 1926．

5) 次の種の命名者名あるいは命名年を変更する．ヒメアギトアリ Terayama, 1999 ➡ Terayama, 1996；オノヤマクシケアリ Radchenko & Elmes, 2006 ➡ Radchenko & Elmes, 2006；エラブアシナガアリ Watanabe & Yamane, 1990 ➡ Nishizono & Yamane, 1990．

6) トゲハダカアリ *Cardiocondyla* sp. A の学名は *Cardiocondyla itsukii* Seifert, Okita & Heinze, 2017 に，カドハダカアリ *C.* sp. B は *Cardiocondyla strigifrons* Viehmeyer, 1922 になった．

7) 本書未収録種：ガマアシナガアリ *Aphaenogaster gamagumayaa* Naka & Maruyama, 2018（沖縄島）；*Myrmica kamtschatica* Kupyanskaya, 1986（択捉島）；*Leptothorax muscorum*（Nylander, 1946）（国後島）；*Temnothorax kurilensis*（Radchenko, 1994）（国後島）．

目　次

アリとは …………………………………………………………………… 1
アリ類の系統と分類 ……………………………………………………… 3
日本のアリ類の生態 ……………………………………………………… 9
日本のアリ類の多様性と生物地理 …………………………………… 21
検索と解説 ………………………………………………………………… 29
　　高次分類体系 …………………………………………………………… 29
　　本書で取り扱った分布情報 ………………………………………… 30
　　隠蔽種を含む種の表記について …………………………………… 31
　　検索表 …………………………………………………………………… 32
　　アリ科 Family Formicidae …………………………………………… 33
　　ハリアリ型亜科群 Poneromorph subfamilies …………………… 36
　　　ノコギリハリアリ亜科 Amblyoponinae ………………………… 36
　　　　ノコギリハリアリ族 Amblyoponini …………………………… 36
　　　　　ノコギリハリアリ属 *Stigmatomma* ………………………… 36
　　　カギバラアリ亜科 Proceratiinae ………………………………… 38
　　　　ハナナガアリ族 Probolomyrmecini …………………………… 39
　　　　　ハナナガアリ属 *Probolomyrmex* …………………………… 39
　　　　カギバラアリ族 Proceratiini …………………………………… 41
　　　　　ダルマアリ属 *Discothyrea* …………………………………… 41
　　　　　カギバラアリ属 *Proceratium* ………………………………… 42
　　　ハリアリ亜科 Ponerinae …………………………………………… 44
　　　　ハリアリ族 Ponerini ……………………………………………… 47
　　　　　ヒメアギトアリ属 *Anochetus* ………………………………… 47
　　　　　オオハリアリ属 *Brachyponera* ……………………………… 48
　　　　　トゲズネハリアリ属 *Cryptopone* …………………………… 50
　　　　　トゲオオハリアリ属 *Diacamma* ……………………………… 52
　　　　　ツシマハリアリ属 *Ectomomyrmex* …………………………… 53
　　　　　ホンハリアリ属 *Euponera* …………………………………… 54
　　　　　ニセハリアリ属 *Hypoponera* ………………………………… 56
　　　　　ハシリハリアリ属 *Leptogenys* ……………………………… 61
　　　　　アギトアリ属 *Odontomachus* ………………………………… 61
　　　　　コガタハリアリ属 *Parvaponera* …………………………… 63
　　　　　ハリアリ属 *Ponera* ……………………………………………… 63
　　サスライアリ型亜科群 Dorylomorph subfamilies ……………… 68
　　　クビレハリアリ亜科 Cerapachyinae …………………………… 68
　　　　クビレハリアリ族 Cerapachyini ………………………………… 68
　　　　　クビレハリアリ属 *Cerapachys* ……………………………… 68

ヒメサスライアリ亜科 Aenictinae	70
ヒメサスライアリ族 Aenictini	71
ヒメサスライアリ属 *Aenictus*	71
ムカシアリ型亜科 Leptanillomorph subfamily	72
ムカシアリ亜科 Leptanillinae	72
ジュズフシアリ族 Anomalomyrmini	72
ジュズフシアリ属 *Protanilla*	72
ムカシアリ族 Laptanillini	74
ムカシアリ属 *Leptanilla*	74
キバハリアリ型亜科群 Myrmeciomorph subfamilies	77
クシフタフシアリ亜科 Pseudomyrmecinae	77
クシフタフシアリ族 Pseudomyrmecini	77
ナガフシアリ属 *Tetraponera*	77
フタフシアリ型亜科群 Myrmicomorph subfamilies	78
フタフシアリ亜科 Myrmicinae	78
ウロコアリ族群 Dacetine tribe-group	84
ウロコアリ族 Dacetini	84
アゴウロコアリ属 *Pyramica*	84
ウロコアリ属 *Strumigenys*	94
トフシアリ族群 Solenopsidine tribe-group	100
ナガアリ族 Stenammini	100
ミゾガシラアリ属 *Lordomyrma*	100
ナガアリ属 *Stenamma*	101
ウメマツアリ属 *Vollenhovia*	103
トフシアリ族 Solenopsidini	108
カレバラアリ属 *Carebara*	108
ヒメアリ属 *Monomorium*	111
ヨコヅナアリ属 *Pheidologeton*	116
トフシアリ属 *Solenopsis*	117
クシケアリ族群 Myrmicine tribe-group	119
クシケアリ族 Myrmicini	119
ツヤクシケアリ属 *Manica*	119
クシケアリ属 *Myrmica*	120
オオズアリ族 Pheidolini	126
アシナガアリ属 *Aphaenogaster*	126
クロナガアリ属 *Messor*	134
オオズアリ属 *Pheidole*	135
シワアリ族 Tetramoriini	142
イバリアリ属 *Strongylognathus*	142
シワアリ属 *Tetramorium*	142
キシヨクアリ族群 Formicoxenine tribe-group	148
シリアゲアリ族 Crematogastrini	148
シリアゲアリ属 *Crematogaster*	148
カクバラアリ属 *Recurvidris*	153
キシヨクアリ族 Formicoxenini	154

　　　　ハダカアリ属 *Cardiocondyla* ･････････････････････････ 154
　　　　タカネムネボソアリ属 *Leptothorax* ･･･････････････････ 159
　　　　ムネボソアリ属 *Temnothorax* ･････････････････････ 160
　　　カドフシアリ族 Myrmecinini ･･･････････････････････････ 168
　　　　カドフシアリ属 *Myrmecina* ･･････････････････････････ 168
　　　　アミメアリ属 *Pristomyrmex* ･････････････････････････ 171
　　　ハチズメアリ族 Melissotarsini ････････････････････････ 173
　　　　ヒゲブトアリ属 *Rhopalomastix* ･･････････････････････ 173
　ヤマアリ型亜科群 Formicomorph subfamilies ･････････････････ 173
　　カタアリ亜科 Dolichoderinae ･･････････････････････････････ 173
　　　カタアリ族 Dolichoderini ･････････････････････････････ 175
　　　　ナミカタアリ属 *Dolichoderus* ････････････････････ 175
　　　　アルゼンチンアリ属 *Linepithema* ･･････････････････ 176
　　　　ルリアリ属 *Ochetellus* ･･･････････････････････････ 176
　　　　コヌカアリ属 *Tapinoma* ･･･････････････････････････ 177
　　　　ヒラフシアリ属 *Technomyrmex* ･･････････････････････ 179
　　ヤマアリ亜科 Formicinae ･･･････････････････････････････ 181
　　　ヤマアリ族 Formicini ･･･････････････････････････････ 184
　　　　ヤマアリ属 *Formica* ･･････････････････････････････ 184
　　　　サムライアリ属 *Polyergus* ･･････････････････････ 190
　　　ケアリ族 Lasiini ･････････････････････････････････ 191
　　　　ミツバアリ属 *Acropyga* ･･･････････････････････････ 191
　　　　アシナガアリ属 *Anoplolepis* ････････････････････ 193
　　　　ケアリ属 *Lasius* ･･････････････････････････････ 194
　　　ヒメキアリ族 Plagiolepidini ････････････････････････ 204
　　　　コブアリ属 *Brachymyrmex* ････････････････････････ 204
　　　　アメイロアリ属 *Nylanderia* ･････････････････････ 205
　　　　サクラアリ属 *Paraparatrechina* ････････････････････ 210
　　　　ヒゲナガアメイロアリ属 *Paratrechina* ････････････ 211
　　　　ヒメキアリ属 *Plagiolepis* ･････････････････････････ 212
　　　　ウワメアリ属 *Prenolepis* ･･････････････････････ 213
　　　オオアリ族 Camponotini ･････････････････････････････ 214
　　　　オオアリ属 *Camponotus* ････････････････････････ 214
　　　　トゲアリ属 *Polyrhachis* ･･･････････････････････ 232
　偶産種 ･･･ 235

日本産アリ類全種一覧 ･･･････････････････････････････････ 236

アリの採集・標本作製法 ････････････････････････････････ 250

アリの飼育法 ･･･ 261

和名索引 ･･･ 265

学名索引 ･･･ 271

事項索引 ･･･ 277

アリとは

アリ類は，膜翅目（ハチ目）アリ科に属する昆虫の総称で，基本的に女王を中心に，複数個体が巣の中で集団生活をおくる社会性昆虫（真社会性昆虫）である．中には女王が見られない種や，女王のみが見られる種もいるが，これらは社会性を獲得した後に生じた二次的な変化である．共通の女王由来の個体が一緒に生活し，互いに協力的にふるまう個体全体の集合をコロニーと呼ぶ．コロニーの構成員はオスと2つの階級（カースト）からなるメス（すなわち女王と働きアリ）に分けられる．これら3つの構成員は通常形態的に大きく異なっている．女王（メスアリ）は通常最も大きく，交尾前には翅をもつ．働きアリは性的にはメスであるが，産卵能力がないか，あるいは著しく劣り，コロニー内外のさまざまな仕事に従事する．野外で最も頻繁に見かけるのが働きアリである．同一コロニー内であっても働きアリのサイズには変異があり，極端な場合には2つ，あるいはいくつかの亜階級（サブカースト）に分けられる．大型の働きアリは，巣の防衛に関する仕事を行う場合が多く，兵アリと呼ぶこともある．

巣の大きさは種類によってさまざまで，働きアリ十数個体から構成されるものから，数十万個体になるものまで存在する．女王，働きアリや幼虫が集中して見られる物理的空間を巣と呼び，普通房室と坑道からなる．1つのコロニーに女王が1個体のみ生息する場合，単雌性（単雌制，単女王性）と呼ぶ．一方複数の女王が1つのコロニーの中に共存している種も多く見られ，多雌性（多雌制，多女王性）と呼ぶ．女王の寿命は通常長く，働きアリの寿命がせいぜい1年であるのに対して，10年以上生存するものも珍しくない．巣で生産されたアリの処女女王は，母巣から飛び出して結婚飛行を行い，オスとの交尾を終えると脱翅して物陰にひそみ，そこから巣を創設していくのが一般的である．コロニーが成熟し，新女王をつくり出せる大きさになるまでには通常数年かかる．構成個体数の小さい種は，1つの巣が1つのコロニーである場合が多いが，個

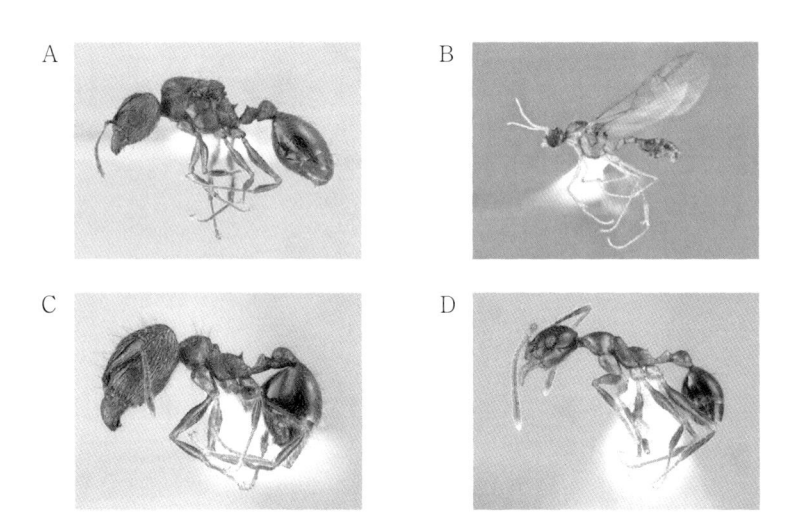

オオズアリ *Pheidole noda* のカーストとサブカースト　A：女王（メス），B：オス，C：大型働きアリ（兵アリ），D：小型働きアリ．（C, Dの写真は以下の文献より転載：山根正気・原田　豊・江口克之著『アリの生態と分類』南方新社，2010）

アリとは

体数の大きな種では，構成個体をあちこちに分散させて生息する場合が多く，この場合，複数の巣によって1つのコロニーが構成されることになる．巣を複数ヶ所に分散させて生息する場合，巣と巣の間を働きアリが行き交う生活様式をもつ．このように，巣間に直接的な坑道をもたずに分散して見られる複数の巣全体で，1つの集団として機能している場合を多巣性（制）と呼ぶ．顕著な多巣性の種は同時に多雌性でもある．さらに，多巣性のコロニーが巨大化し，遠く離れた巣間では直接協力しあうことが困難なほど複数の巣の広がりが大きくなった場合，スーパーコロニーと呼ぶ．スーパーコロニーの内部では，いくら距離的に離れていても働きアリどうしには行動面の断絶はなく，敵対性を示すことはない．

アリ類は陸上のさまざまな環境に適応して繁栄しており，特に熱帯や亜熱帯地域では，種数のみならず現存量においても非常に大きな値を示す．有名な例では，南米の熱帯多雨林での全動物の現存量の内の6分の1がアリであったといった報告があり，さまざまな食性をもつアリ類は，生物群集の構造に広範に，かつ大きな影響をもってかかわっており，他の昆虫類にとっては強力な捕食者でもある．

ハチの中には翅を退化させて一見アリのように見えるものも少なくないが，アリ類は，これらのハチとは，前伸腹節側面の後端下部に後胸腺と呼ばれる部分があること，胸部と腹部（膨腹部）との間にこれらをつなぐ独立した節（腹柄節）が1節か2節存在し（腹柄部と呼ぶ），かつこれらの節の背面が普通，山状に盛り上がることで形態的に区別される．ただし一部の種で，腹部とのくびれがやや不明瞭なことや，腹柄節の背面と腹面がほぼ平行なことがある．2013年1月の段階で，世界で21亜科308属12908種が報告されており，日本では2014年3月段階で，学名未決定種や隠蔽種，アルゼンチンアリ，アカカミアリ等の人為的移入定着種を含めて10亜科62属296種が得られている．

各亜科における日本のアリの属数および種数

亜科名	属数	種数
ノコギリハリアリ亜科	1	4
カギバラアリ亜科	3	8
ハリアリ亜科	11	31
クビレハリアリ亜科	1	4
クシフタフシアリ亜科	1	1
ヒメサスライアリ亜科	1	1
ムカシアリ亜科	2	8
フタフシアリ亜科	24	148
カタアリ亜科	5	7
ヤマアリ亜科	13	84
合　計　　　　10亜科	62属	296種

アリ類の系統と分類

1) アリ科の系統的位置

　従来，膜翅目は，広腰亜目（Symphyta）と細腰亜目（Apocrita）の2大群に大別され，さらに細腰亜目は寄生蜂下目（Parasitica）と有剣下目（Aculeata）の2大群に区別されていたが，近年の系統研究の結果ではこの分類仮説は支持されない．広腰亜目は側系統群を多く含み，さらに細腰亜目を寄生蜂類と有剣類の2群に区分する分類も系統を反映していないことが判明している．今日，細腰亜目を，ツノヤセバチ型上科群，ヤセバチ型上科群，クロバチ型上科群，ヒメバチ型上科群，そしてスズメバチ型上科群（＝有剣類）の5群に大別する見解や，ヤセバチ型上科群，クロバチ型上科群，ヒメバチ型上科群，スズメバチ型上科群（＝有剣類），そしてカギバラバチ上科群に大別する見解が提示されている．いずれにせよ，従来の有剣下目はここでは，5大群の1つのスズメバチ型上科群ということになる．さらに，これまで6上科から8上科，あるいは9上科にしばしば分類されてきた有剣類は，形態形質を用いた系統解析の結果を踏まえて，セイボウ上科，スズメバチ上科，ミツバチ上科の3上科を設定し，ハナバチ類を1科として分類階級を設定した場合，そこに19科程度を認める区分がなされるようになってきた．また，3上科の系統関係は，セイボウ上科がスズメバチ上科とミツバチ上科の姉妹群となることが一般に受け入れられてきた．

　スズメバチ上科の中には現在12科，あるいは研究者によっては11科が認められている．形態形質をもとにしたスズメバチ上科内の科の系統解析の結果，ムカシツチバチ科が基幹部で分岐し，その後にアリバチ科，ミコバチ科，ベッコウバチ科，コツチバチ科からなるグループと，コオロギベッコウバチ科，クビレアリバチ科，アリ科，ツチバチ科，ドロバチ科，ハナドロバチ科，スズメバチ科からなるグループに2分枝することが示された．ムカシツチバチ科は，スズメバチ上科の中で祖先形質を多くもつハチであるが，日本では見られない．孤独性の狩りバチ類が中心となる中で，アリ科とスズメバチ科ではすべての種が真社会性である．特にスズメバチ科では初期的なものから高度な真社会性段階のものまでが見られ，さまざまな形状の巣をつくり，コロニー構成もまちまちである．今日の系統解析の結果から，アリ科とスズメバチ科はそれぞれ独立に真社会性を獲得し，複雑な社会構造を発達させていったことが示唆されている．

　一方で近年，複数の遺伝子座を用いて行われた分子系統解析の結果によると，これまでスズメバチ上科とされてきたものは側系統群となり，そのため複数の単系統群に分画する分類体系が提唱されている．それによると，スズメバチ型上科群に従来のセイボウ上科とミツバチ上科のほか，スズメバチ上科（スズメバチ科 Vespidae とトゲヒゲバチ科 Rhopalosomatidae のみから構成される），クモバチ上科，ツチバチ上科，コツチバチ上科，アゴバチ上科（Thynnoidea）およびアリ上科を認め，合計8上科に分類することになる．アリ上科にはアリ科のみが所属する．

2) アリ科の高次分類

　アリの各属を亜科に所属せしめた最初の分類体系はロジャー（J. Roger）により1863年に提示されたものである．ただし，

Subfamily Formicidae 中に今日のヤマアリ亜科 Formicinae とカタアリ亜科 Dolichoderinae を含み，Subfamily Poneridae の中には今日の多くのグループが包含されているなど，現行の分類体系とは大きく異なるものである．なお，亜科名が接尾辞"—inae"で統一されてくるのは，1895年以降である．

　20世紀に入ると，アリ類を5亜科に区分する様式や7亜科に大別する見解が提出され，中には15亜科に区分する考えもあった．1950年代以降になると，9亜科に区分する分類体系や11亜科から構成されるという見解が提出された．

　1990年以降になると，盛んに高次系統解析がなされるようになり，分岐分類学的手法による亜科レベルでの系統解析による研究がいくつも発表された．これらの近年の系統解析の結果を反

アリ類の亜科数の推移

Linnaeus, 1758.	*Formica* 属のもとに17種を記載
Olivier, 1791.	これまでに記載されたアリ64種をリストアップ
Roger, 1863.	Formicidae と Poneridae の2群に大別
Emery, 1910～1925.	5亜科を設定
Wheeler, 1922.	7亜科に区分
Brown, 1954.	9亜科に区分
Wilson, 1971.	11亜科に区分
Bolton, 1994.	16亜科に区分
Bolton, 2003.	21亜科に区分
Saux, Fisher & Spicer, 2004	Apomyrminae 亜科を Amblyoponinae 亜科へ統合
Rabelibg & Verhaagh in Rabelibg, Brown & Verhaagh, 2008	Martialinae 亜科を創設

アリ科の現行の高次分類

Family Formicidae　アリ科

1) Poneromorph subfamilies　ハリアリ型亜科群

　　Subfamily Amblyoponinae　ノコギリハリアリ亜科, Subfamily Proceratiinae　カギバラアリ亜科, Subfamily Ectatomminae　デコメハリアリ亜科, Subfamily Ponerinae　ハリアリ亜科, Subfamily Heteroponerinae　チガイハリアリ亜科, Subfamily Paraponerinae　サシハリアリ亜科

2) Dorylomorph subfamilies　サスライアリ型亜科群

　　Subfamily Cerepachyinae　クビレハリアリ亜科, Subfamily Ecitoninae　グンタイアリ亜科, Subfamily Leptanilloidinae　クビレムカシアリ亜科, Subfamily Aenictinae　ヒメサスライアリ亜科, Subfamily Dorylinae　サスライアリ亜科, Subfamily Aenictogitoninae　ルイサスライアリ亜科

> 3) **Leptanillomorph subfamily　ムカシアリ型亜科**
>
> 　　Subfamily Leptanillinae　ムカシアリ亜科
>
> 4) **Myrmeciomorph subfamilies　キバハリアリ型亜科群**
>
> 　　Subfamily Myrmeciinae　キバハリアリ亜科, Subfamily Pseudomyrmecinae　クシフタフシアリ亜科
>
> 5) **Myrmicomorph subfamilies　フタフシアリ型亜科群**
>
> 　　Subfamily Agroecomyrmecinae　ジュウニンアリ亜科, Subfamily Myrmicinae　フタフシアリ亜科
>
> 6) **Formicomorph subfamilies　ヤマアリ型亜科群**
>
> 　　Subfamily Aneuretinae　ハリルリアリ亜科, Subfamily Dolichoderinae　カタアリ亜科, Subfamily Formicinae　ヤマアリ亜科
>
> 7) **Martialomorph subfamily　マルスアリ型亜科**
>
> 　　Subfamily Martialinae　マルスアリ亜科
>
> **化石亜科**
>
> 　　Subfamily Armaniinae　イニシエアリ亜科, Subfamily Sphecomyrminae　アカツキアリ亜科, Subfamily Brownimeciinae　ブラウンハリアリ亜科, Subfamily Formiciinae　ムカシヤマアリ亜科

映させ，1994年に亜科レベルの分類として16亜科プラス4化石亜科の体系が発表された．さらに，2003年に，現生のアリ類に6つの亜科群を認め，21亜科プラス4化石亜科に区分する分類体系が提出された．その後，ハナレハリアリ亜科 Apomyrminae をノコギリハリアリ亜科へ統合する見解が提出された．一方で，ブラジルから系統的に古い形質を多く備えた地中性のアリが発見された．このアリは分子系統解析においても，現行のすべてのアリの亜科とは系統図の基幹部分から分枝する結果が示され，本種によりマルスアリ亜科 Martialinae が設立された．よって，現行の分類ではアリ類は21亜科に区分されることになる．

3) 形態

　昆虫類は，体が頭部，胸部，腹部の3部分からなるが，アリを含む膜翅目の体は，腹部第1節が胸部に付着し，胸部および腹部第1節で外見上の胸部を形成するやや特殊な体形になっている．以下は，特にことわりがない限り，働きアリに見られる形態的特徴である．

　頭部には1対の触角，複眼があり，単眼は消失している種が多い．触角は4～12節からなり，一番基方の節は長く，柄節と呼ぶ．柄節の次に梗節が続き，その後の節は鞭節である．鞭節の先端の2～5節は大きく発達する場合が多く，特に棍棒部あるいは棍棒節と呼ぶ．複眼は大きく発達するものから，退化して完全に消失している種まである．単眼は，働きアリでは消失しているものが多いが，一部の種やグループでは見られる．大腮はよく発達するものが多く，大腮の上に頭盾と呼ばれる構造が見られる．頭部の中央部付近には，通常額葉と呼ばれる突出部があり，こ

れの外縁およびそこから後方に伸びる隆起縁をを額隆起縁と呼ぶ．

　胸部は前胸と中胸が発達する一方，後胸は小さい．また，真の胸部の後に，もと腹部第 1 節であった前伸腹節が一体化しており，みかけ上の胸部を形づくっている（本書では，以降単に胸部と記す）．前胸と中胸は背板と側板が認められ，特に中胸側板はよく発達する．後胸背板は小さく，背面で溝になっている場合，これを後胸溝と呼ぶ．後胸側板は前伸腹節の側面域の下方に位置する．前伸腹節後背縁に 1 対の刺，あるいは突起をもつ場合，これを前伸腹節刺と呼ぶ．

　胸部とみかけ上の腹部との間には，これらをつなぐ腹柄節と呼ばれる結節が 1 節，あるいは 2 節見られる．2 節ある場合は，後方のものを後腹柄節と呼ぶ．これらは，もとは腹部の体節で，腹部第 2 節と第 3 節が変形したものである．腹柄節の下部には突起が見られる場合が多く，腹柄節下部突起と呼ぶ．アリ類は，腹柄節および後腹柄節が発達することにより，腹部の可動範囲が著しく高まっているが，これは，土中生活を容易にする形態上の適応であると考えられる．

　アリの真の腹部第 1 節は前伸腹節であり，腹柄節が腹部第 2 節に該当する．後腹柄節がある場合，それが腹部第 3 節となる．これらを除いたもの，すなわち腹部第 3 節あるいは第 4 節以降がアリのみかけ上の腹部である．そのために特に膨腹部と呼ぶ場合もある（本書では，膨腹部を分かりやすく腹部と記す）．このように，体節の相同性を考えるとアリの腹部は他の昆虫類とは大

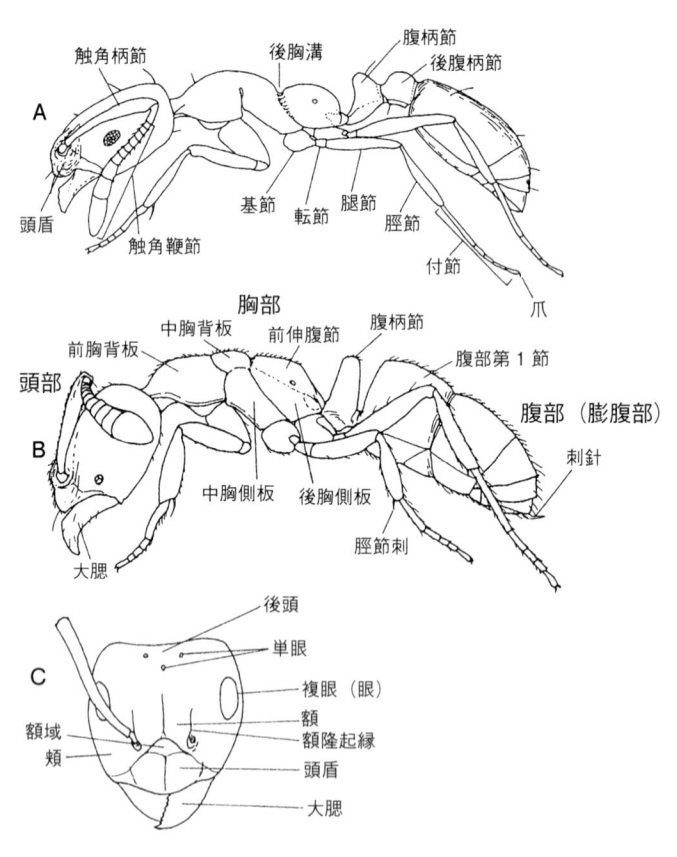

働きアリの外部形態　A：フタフシアリ亜科，B：ハリアリ亜科，C：ヤマアリ亜科．

きく異なる．腹部の体節は，背側の背板と腹側の腹板からできている．女王と働きアリの腹端には，種によっては刺針（さしばり）が発達する．オスでは交尾器が見られる．

　前脚は前胸から，中脚は中胸から，後脚は後胸から出ており，各脚は基方から，基節，転節，腿節（たいせつ），脛節（けいせつ），付節からなり，付節の先端に2本の爪が見られる．

4）種の認識と種分類

　種は生物分類の基本単位の1つである．しかし，種を生物学的に定義づける段階になると，多くの概念が存在し，統一的な見解は得られていない．これまでに発表された種概念は20以上にものぼる．しかし，昆虫類の種認識の基準として，マイアー（E. Mayr）の種概念である「現実に，または潜在的に，交配が可能な自然集団の全群で，他の同様な集団から生殖的に隔離されているものを種と見なす」が，現在最も違和感なく受け入れられているものであろう．ただし，実際の分類作業に入ると多くの困難が伴う．交配可能性，つまり遺伝子交流の有無を逐一確認していく作業ははなはだ困難で，そのために，実際の分類作業では，これまでに蓄積されてきた情報から，形態形質の不連続性をもとに，別種か否かを判断する場合が圧倒的に多い．種が遺伝子を共有する基本的に閉鎖群であれば，種としての共通の形態や生理作用，生態等が認められるであろうことを前提にしている．今日一般に行われている種の認定は，形態を中心としたこれらの情報から，間接的に遺伝子交流の有無を推定していることになる．

　種の認識で難しい点は，形態が大きく異なっていても別種であるとは限らないし，形態的に区別不可能であっても，遺伝子交流がなく，別種である例が少なくない点であろう．正確な分類学的判断を下すためには，個体群を形態的にも多様性をもつ存在としてとらえ，後述するようなコロニー構成員間の形態差，個体変異や地理的変異などを十分に把握しておくことが重要である．一方，形態的に識別が困難なそれぞれの種を隠蔽種あるいは同胞種と呼んでおり，アリ類でもこれまでに考えられていた以上に多くの割合で，隠蔽種が存在する可能性が高い．これらの変異の存在と隠蔽種の存在が，種の認定を誤らせる場合が多い．さらに，種の存在様式にも不連続部分が存在し，区分が困難な状態が必ず存在する．種分化が生じるならば，種分化の途上にある個体群どうしを区分することは困難であろう．あるいは種分化の途上にある2つの集団が二次的に接触し，交雑帯をつくることもさまざまな生物群で知られている．さらに，種分化の間もない段階では，遺伝子の部分的な交流が少なからず生じ得ることも近年指摘されている．

4-1）変異の存在

　変異には，大きくは外因による環境変異と遺伝子や染色体に生じる突然変異とがあるが，これらが複雑に関連して発現する場合がしばしばであろう．特に，社会性昆虫であるアリ類は1つのコロニーの中に，カーストやサブカーストが存在し，生殖階級のメス（女王），オス，労働階級の働きアリ（職蟻（しょくぎ））との間で形態が大きく異なる．さらに，働きアリ内でも体サイズが多型になっていて，大型の個体（大型働きアリ，大型職蟻とか兵アリと呼ぶ）から小型の個体（小型働きアリあるいは小型職蟻と呼ぶ）までが見られる場合もあり，1つの種内の形態差をさらに大きくしている．女王やオスでも，1つの種で，複数の形態をもつ多型を示す種が少なくない．完全変態

を行うアリ類は，幼虫，あるいは蛹と成虫との間の形態差が著しい．研究目的によっては，幼虫や蛹と成虫を対応させ，幼虫や蛹でも種が特定でき，種名がわかるようにしておく必要がある．1集団中の個体間で変異が認められると同時に（個体変異），地理的な広がりの中で個体群間にも変異が認められる（地理的変異）．そうした例はアリ類でも多く見られる．今日，詳細に計量的な比較を行えば，アリ類の多くの種でも地理的変異が検出されるであろう．分類学では，他地域の個体群と明確に区別できる集団を亜種と見なして，アリ類でも過去には盛んにこれらに亜種名を与える記載が行われてきた．しかしこれらには，微細な相違を示すにすぎないものから，種分化の途上にある段階のものまでさまざまな段階を含んでおり，亜種そのものは連続的な概念である．また，変異が相対的に大きく，不連続な場合を多型と呼び，さまざまな多型現象が見られる．遺伝的な要因だけでなく，生態的要因によっても多型が示される場合があり，寄生虫や寄生蜂の寄生を受けることによって，体の大きさや形態が変化する場合がある．さらに，巣の初期段階と成熟した段階とで，働きアリの形態がしばしば異なり，時には行動までもが変化をきたし，分類をさらに難しくしている．

通常の個体変異の幅から大きく外れ，極端な形態を示すものは異常型と呼ぶ．突然変異によるものと発生上のトラブルによるものが主であろう．

4-2) 隠蔽種の存在

昆虫では，形態形質による分類が困難な隠蔽種（同胞種）を含む分類群が多く存在すると思われる．隠蔽種は，遺伝子レベルでの比較，染色体の核型の比較，体表炭化水素の相違のような生化学分野での比較の他に，生息場所や交尾時期の相違，越冬様式の違いなどの生態研究からも検出される．形態差が全く認められないが，遺伝子交流のない個体群が発見される場合も多い．マダガスカルのアリ類の形態形質により分類された既記載種90種を対象に，ミトコンドリアDNAを用いての解析（DNAバーコード法）を行ったところ，分子レベルで種と認定できるものは，形態形質による分類の1.3倍もの種数となったという報告がある．また，ヨーロッパで普通に見られるトビイロシワアリの一種 *Tetramorium caespitum* では，ミトコンドリアDNAによる分子系統解析と体表炭化水素の組成比較から7種に区分された．

日本のアリを例に挙げれば，九州以北の平野部の路傍にごく普通に見られるクロヤマアリには，体表炭化水素の組成から現在4つの型が認められ，これらの分布が重なっている地域でも，中間的な組成を示すものが表れないことが判明している．これらは形態的な区分が困難でも，それぞれが独立した隠蔽種と判断される．樹上性のナワヨツボシオオアリでは，当初，生態研究から単雌性の巣と多雌性の巣とが見られることが判明した．その後，詳細な生態研究が行われ，単雌性のものは平野部に生息し，春に新女王がつくられ，7月に結婚飛行が行われるが，多雌性のものは主に山地に生息し，秋に新女王がつくられるが，新女王はそのまま巣内で越冬し，翌年の5月頃にオスアリと巣内で交尾し，もっぱら分巣で増殖することが判明した．雌雄間の交尾時期が完全に異なることから，これらの2つのグループ間で遺伝子交流はなく，それぞれが別種と判定されるに至った．現在，後者はヤマヨツボシオオアリと呼ばれている．同様に，日本およびその周辺地域に見られる普通種のオオハリアリで，ミトコンドリアのCOI遺伝子のDNA解析により，

明らかに種レベルで異なる2群が存在することが判明し，隠蔽種として記載された．一方は裸地から林縁に生息し，もう一方は林内に生息する．以前ハダカアリと呼ばれていたものとヒヤケハダカアリは，一時，外部形態からの識別は不可能ということから，同物異名と見なされたが，遺伝子解析の結果，これらは少なくとも日本で3種が存在することが判明した．さらに，これまでシワクシケアリと呼ばれていたものにも，少なくとも5種が混在することがわかってきた．

今後，検出力の高い分子レベルの系統解析はもとより，生理，生化学から行動，生態までの多くの情報を取り入れて種認識がなされていけば，現在の主に形態形質により種と認定されている現行の種数に対して，さらに多くの種が実在する事実が日本でも明らかになっていくものと考えている．

日本のアリ類の生態

1) クロオオアリの生活環

最初に，アリ類の一般的な生活例として，路傍や空き地に普通に見られるクロオオアリの生活史を示す．

東京近辺では5～6月頃に，南九州では4～5月頃の風のない夕方に新女王とオスアリが一斉に飛び出す．これを結婚飛行と呼ぶ．これらの新女王とオスは前年の8月頃に羽化しており，巣中でそのまま越冬したものである．

複数の巣から同時に飛び立った新女王とオスアリは，外で他の巣の個体と交尾する．交尾を終えた女王は，地上で翅を切り取り，巣となる安全な場所を探す．一方，オスは交尾を終えると寿命となり死んでしまう．女王とオスの形態差は大きく，一見して識別可能である．アリの場合，一生のうち一度だけの結婚飛行で（ただし新女王1個体が複数のオスと交尾する種が多い），オスから受け取った精子はメスの腹部にある貯精のうに貯えられる．貯えられた精子は女王の一生の間生存する．一方，系統的には大きく異なるが真社会性の昆虫であるシロアリでは，常に受精のために精子の補充が必要で，そのため王と呼ばれるオスが女王と一緒に見られる．女王は石の下などに小部屋をつくり，最初の産卵を行う．約15～30日で卵から最初の幼虫が孵る．卵から成虫までは40～70日ほどかかり，最初の働きアリが出るまでは女王は全く餌をとらず，自分の体内の栄養を幼虫に与える．特にいらなくなった飛翔筋を溶かし，幼虫のためにエネルギーに振り替える．そのために，巣をつくり始めた10週後には女王の体重は結婚飛行時の約60％ほどにまで減少する．最初の働きアリは小さいが，コロニーの個体数が増えるにつれてサイズが標準の値に近づき，大型の働きアリ個体も出現する．

秋までに働きアリは十数頭ほどの個体数となる．1年目の女王個体の死亡率は高く，ほとんどの個体は他の動物に捕食されたり，感染症等で1年以内に死んでしまうと推定される．

冬を越すと，3～4月から活動を開始する．働きアリは巣を拡大し，巣外へ盛んに餌を探しにいく．昼行性で昼間に盛んに活動する．一方，女王は産卵を再開する．働きアリの寿命は1年以

内であるが，女王アリの寿命は長く，女王の寿命が巣の寿命になる．巣は年ごとに働きアリの個体数を増して大きくなっていく．働きアリは連続的な多型を示し，大型の個体と小型の個体の体重差は4倍ほどもある．飼育記録では，1年で10～20頭，2年で30～100頭，3年で120頭，5年で450頭，6年で500頭という数字がある．野外で7, 8年経つと，働きアリが1000～2000個体見られる成熟したコロニーとなり，そこから新女王とオスが毎年生産されるようになる．

巣は開けた場所に見られ，庭や空き地，路傍や畑等に見られ，掘り出した土ですりばちのようなちょっとしたアリ塚を形成する．働きアリが1000個体を越す成熟した巣では，深さが1.5mほどになる．

2）コロニーの構成員

アリのコロニーの構成員は，卵，幼虫，蛹を除くと，オスと2つの階級（カースト）からなるメス（女王と働きアリ）に分けられる．これら3つの構成員は通常形態的に大きく異なっている．また，オスは新女王とともに特定の時期に限って見られる場合が普通である．女王（メスアリ）は通常体サイズが最も大きい．働きアリは性的にはメスであるが，産卵能力がないか，あるいは著しく劣り，コロニー内外のさまざまな仕事に従事する．同一コロニー内であっても働きアリのサイズには変異があり，極端な場合には2あるいはいくつかの亜階級（サブカースト）に分けられ，大型のものを特に兵アリと呼ぶ場合がある．

女王（メス）

女王は巣の中で産卵のみを行う個体で，寿命は長い．海外で行われた室内飼育の記録によると，女王の寿命の現在の世界記録はヨーロッパトビイロケアリ *Lasius niger* の29年，これに次ぐものがキイロケアリ *Lasius flavus* の22.5年となっている．日本では，クロオオアリの15年の飼育記録が最長のようである．多くの種では女王は交尾前には翅をもつ．ただし，グンタイアリ，サスライアリ，ムカシアリの女王は羽化した段階で翅をもたない．そのために，グンタイアリやサスライアリではオスが処女女王のいるコロニーに入り込み，自ら翅を落とし，処女女王を見つけると交尾を行う．この場合，コロニーは分巣で増えていく．ムカシアリの詳しい生態は不明であるが，同様のものと推定される．他にも，トゲオオハリアリやトゲムネアミメアリのように翅をもたない女王のみが見られる種があり，このような女王を特に職蟻型女王と呼ぶ．

交尾は結婚飛行を行う種であれば，巣外で行われるが，種によって1回交尾と多数回交尾のものとがある．女王の産卵数は種によってまちまちである．

オス

女王に比べて小型で短命であるが，形態は働きアリのように退化的特殊化が少なく，系統推定のための有効な形質を多く残す場合が多い．種によっては形態の大きく異なる2型が見られる．例えば，日本のハダカアリ類では，有翅のものと無翅のものとが見られるものが多い．

アリを含む膜翅目では，受精しない卵が発生してオスとなることから，オスの染色体数は女王や働きアリの半分のnである．日本のアリで染色体数の調べられた種として現在，4亜科に52種が知られており，最も少ないものはテラニシハリアリの$2n = 7$（働きアリで$2n = 7$，オスア

リで n = 4）である．最も多いものは，サムライアリ，ヤマクロヤマアリ，クロヤマアリの $2n$ = 54 である．ヤマアリ属は染色体数が多く，$2n$ = 52 か $2n$ = 54 を示している．

働きアリ

性的にはメスであるが，通常産卵能力を欠き，産卵以外の仕事に従事するカーストである．ただし，働きアリで卵巣小管をもつ種ともたない種とがあり，女王不在下では卵巣が発達し，産卵を行う種もいる．

種によって働きアリが単型のものと，多型のものがある．多型では，大型の個体と小型の個体の2型に分かれるものと，連続的な多型を示す場合とがある．

日本のアリで最も体重の大きなものは，大型働きアリでは，ムネアカオオアリ（36 mg）かクロオオアリ（35 mg）であろう．これらのアリでは，自分の5倍の重さの餌をくわえて歩き，25倍の重さの餌を引きずることができる．寿命は長くても1年程度である．一方，最も体重の小さいものはムカシアリの働きアリの 0.01 mg である．ムカシアリの体は細長いため，体長ではヒメコツノアリやコツノアリが小さな値をとるが，体重ではムカシアリ類が最小であろう．2型の場合，アズマオオズアリでは小型働きアリの生重量が平均 0.20 mg であるのに対して，大型働きアリ（兵アリ）が 0.60 g で約3倍の差が見られる．連続的多型を示すヨコヅナアリに至っては，最大サイズの大型兵アリと働きアリとの体重差は約 500 倍もある．

卵

小型で，巣中に固められて置かれている場合が多い．アシジロヒラフシアリの卵で重さが 0.0006 mg という測定値がある．一般に，アリが行列の際に口でくわえている白いものを，「アリの卵」と呼んでいるが，実体は幼虫や繭である場合がほとんどである．幼虫に餌として与えるための卵（栄養卵）をつくり出す種も少なからず見られる．

幼虫・蛹

日本のアリで，幼虫の齢数がわかっているものは 11 種のみで，3 齢から 5 齢までが見られる．ノコギリハリアリでは働きアリ，オスアリ，女王アリともに幼虫齢期が 5 齢であった．幼虫の期間は夏場で数週間というのが一般的なようである．沖縄のクロトゲアリでは，約 27 日という報告がある．

幼虫の形態は卵形のものから細長いものまでまちまちである．ムカシアリの幼虫は体全体が細長く，頭部は餌であるジムカデの節間膜に食い入りやすい構造となっている．カドフシアリの頭部も細長く伸びており，餌のダニを食べやすい構造になっている．さらに，ニセハリアリの幼虫では巣壁に張り付くための突起をいくつか備え，特異な形態となっている．

アリの卵期や幼虫期を調べた研究は少なく，女王が産み落とした卵から成虫になるまでの期間が報告されているものは，日本ではこれまでのところ 8 種のみである．温度によって発育速度が異なるが，オオハリアリで 25 日，クロヤマアリで 30 日，クロオオアリで 40 〜 71 日，ムネアカオオアリで 36 〜 68 日という報告がある．

3) 女王個体数

従来のアリの巣のイメージは，1つの巣に女王が1個体のみ見られるものであろう．しかし，今日，1つのコロニーに複数の女王が存在する種が多いことが判明している．1つのコロニーに1個体の女王が見られる場合を単雌性と呼び，複数個体見られるものを多雌性と呼ぶ．多雌性でも，巣中に見られる女王が数個体である場合を特に寡雌性と呼ぶ場合がある．その一方，1つの巣に数十，数百個体の女王が見られる典型的な多雌性のものもある．特にアルゼンチンアリのような巨大なスーパーコロニーを形成する種では，1つのコロニーが数え切れないほどの巣から構成されることから，コロニー単位で見た場合，女王数は莫大な数にのぼる．

寡雌性の種の場合，複数の女王がそれぞれ産卵している種がいる一方，タカネムネボソアリのように，複数の女王が見られても，産卵はその中の1個体のみが行っている場合もある．

巣の創設においても，女王1個体から始めるものがいる一方，複数の女王が集まって始めるものもいる．また，ヒメアリ，トフシアリ，クロナガアリ，アズマオオズアリ，キイロシリアゲアリ，チクシトゲアリでは女王1個体から巣を創設する場合と，複数個体が集まった多女王で創設する場合とがある．クロヤマアリでは，最初単独の女王で創設するが，巣の成長に伴って多雌性となっていくようである．一方，チクシトゲアリでは，女王の単独創設と複数個体による創設の両方が見られるが，複数個体が集まって巣を創設した場合でも，巣が成長していくにつれて，女王個体数は1個体のみとなっていく．

4) 結婚飛行の時期

温帯以北に生息するアリでは，特定の時期に結婚飛行が行われる場合が普通である．一方，熱帯や亜熱帯では，アカカミアリやオオシワアリのように長い期間に渡って新女王やオスの巣からの飛出が見られるものもある．南北に細長い日本では，地域によって結婚飛行の時期がずれてくるので，本書に示されている結婚飛行の時期は，その種のおよその飛出の時期として見ていただきたい．

日本では多くの種で，7～9月の夏期に結婚飛行が行われている．4～5月の春に結婚飛行を行う種として，クロナガアリ，アメイロアリ，コツノアリ，ウメマツアリ，アメイロオオアリ等が挙げられ，これらの種では，前年に新女王とオスが巣内でつくられ，これらが冬を越して春に飛び出す．ミツバアリは，3月下旬から6月にかけて結婚飛行が行われ，その際に，新女王はアリノタカラカイガラムシ1個体を必ず口でくわえて飛び立つことが知られている．5～6月に結婚飛行を行うものとして，ヒガシクロヤマアリ，ハヤシクロヤマアリ，クロオオアリ，ミカドオオアリ，ヨツボシオオアリが挙げられる．

秋に結婚飛行を行うものとして，チクシトゲアリ（9～10月；四国では8～9月），トフシアリ，テラニシシリアゲアリ，ハリブトシリアゲアリ（9～10月），クロトゲアリ，トゲアリ（8～11月），サクラアリ（10～11月）が見られ，山地性の種ではハラクシケアリ隠蔽種群，オモビロクシケアリが9～10月に飛出の記録がある．そのほか，クロニセハリアリやモリシタカギバラアリの結婚飛行が10月に行われている．

5) コロニーサイクル（巣あるいはコロニーの一生）

アリでは，1つの巣ないしコロニーに通常数百から数千頭の働きアリ個体が見られる．そしてこれらは，最初は1頭の女王からスタートしていると思われてきた．確かにクロオオアリやトビイロケアリでは1頭の女王により巣が創設される．しかしながら，前述のとおりクロナガアリやキイロシリアゲアリのように複数の女王により創設される場合も多いことがわかってきた．さらに，アルゼンチンアリのように女王は母巣から離れず，結婚飛行を行わない種もいる．

アリのコロニー構成員の増加を野外で調査することは困難である．室内飼育下では，1年でクロナガアリで4〜7頭，クロヤマアリ隠蔽種群で15〜30頭になるという数字がある．野外の例では北海道のムネアカオオアリの1年目の冬の平均働きアリ数は3.67という報告がある．巣として生き残るには大変な道のりがあると推定される．一般に，創設巣が成長し，女王を生産できる成熟巣に至るまで生残する確率は0.1％程度といわれている．

コロニーが新女王とオスアリを生産できる成熟段階に至るまでには，少なくとも4，5年を要する．クロナガアリで，創設後7，8年目に新女王の飛出が見られる．本種では羽化した新女王は，冬を越して春に結婚飛行が行われるので，創設後，6，7年で新女王が羽化したことになる．クロオオアリでは創設後7，8年で新女王が羽化し，やはり冬を越すために，8，9年後に結婚飛行が見られる．サムライアリは例外的に新女王の出現が早く，3年目から出現する．後述する奴隷狩りを行うことにより，効率よく巣を大きく成長させることができるのかもしれない．

スーパーコロニーをつくる種や一部の多雌性の種を除くと，女王の寿命がそのアリのコロニーの寿命に近似できよう．シロアリでは二次生殖虫が生産され50年以上も巣が維持されることがあるが，アリでは女王の寿命から，最大で30年程度と思われる．日本では，ヒラアシクサアリ（クサアリモドキ）で15年間野外で巣が維持された例がある．

6) 巣とコロニー

6-1) 巣性とコロニーサイズ

巣の構造を示す言葉として，単巣性と多巣性といった区分がある．1つのコロニーが坑道で連結した1つの巣で生活しているものを単巣性と呼ぶ．典型的なものとして，ウロコアリ類の巣やコロニーサイズの小さなハリアリ類が該当する．ただし，ハリアリ類では蛹室を比較的離れた場所につくる場合があり，多巣性と見誤る場合がある．多巣性との報告があるアメイロアリもおそらく単巣性である．一方，コロニーサイズが大きくなる種では，離れた場所複数ヶ所に巣を分散させ，巣間を働きアリが行き来することで，それら全体が1つのコロニーとして機能している場合が多い．この様式を多巣性と呼ぶ．

さらに巨大化すると，敵対性はないが距離的に巣と巣の間を働きアリが行き交うことができない状況となり，特にスーパーコロニー，あるいは融合コロニーと呼ぶ．どちらも1970年代以降に使われ出した用語であるが，同一の実体を示す用語である．日本の種では，アルゼンチンアリ

のほか，トビイロシワアリやオオシワアリ，アシジロヒラフシアリ等がスーパーコロニーを形成する．

コロニーの大きさは種類によってさまざまで，働きアリ十数個体から構成されるものから数十万個体にまで大きくなるものまで存在する．また，上述のようにまとまった1つの集団となり生活するものから，小さな巣をあちこちに分散させて，全体として1つの集団となって生活するものもある．

コロニーサイズで最小のものは，成熟コロニーで女王1頭，働きアリ十数頭からなるもので，ヒメノコギリハリアリ，ヒメアギトアリ，ツチクビレハリアリがこのクラスである．概してハリアリ亜科，ノコギリハリアリ亜科，カギバラアリ亜科ではコロニーサイズの小さいものが多く，働きアリ数が数十個体からなるものが多い．フタフシアリ亜科では数十個体の小さなコロニーをなすものから10万個体を超すものまで見られる．カタアリ亜科，オオアリ亜科では，数百から数千個体のものが多く見られる．

エゾアカヤマアリでは，北海道の石狩浜の海岸線20 kmにわたって実質1つとなる巨大なコロニーが存在した．それは約45000巣からなり，女王個体数は約100万個体，働きアリは約3億個体と見積もられた．このスーパーコロニーは1990年代までは世界最大の規模のものであった．しかし，その後の護岸工事による生息適性地の減少や，生息地域に道がつくられることによる分断化とともに，サンドバギー等の乗り入れによる環境悪化もあり，現在の推定巣数（夏期の臨時巣を除く）は約300巣にまで減少してしまった．その一方，近年，外来種のアルゼンチンアリの巨大なコロニーが瀬戸内につくられており，実際に広島市から山口県の柳井市の働きアリどうしは，全く争わず巣内に受け入れられることが判明した．ここだけでも全長約50 kmものスーパーコロニーということになる．この瀬戸内の大集団は，大阪府，愛知県，神奈川県にも侵入し，急速に広がりつつある．さらに，この日本のスーパーコロニーは，ヨーロッパの6000 kmにも及ぶスーパーコロニー，北米のカリフォルニアの集団，オーストラリア，ニュージーランドの集団と全く闘争しないことから，これらは大陸を越えた巨大な血縁集団で，世界最大の家族集団とみなされる．大陸を跨いだ地球規模でのスーパーコロニーであることから，特にメガコロニーという言葉までつくられている．構成する個体数は莫大で，測定不能としか言いようがない．

6-2）巣構造

アリの巣がどのような形をしているのかは，意外と調べられていない．特に土中に営巣するものは巣の形を調べるのが難しいからである．土壌中のアリの巣はその種の営巣場所によって柔軟な形態を示す．ただし，種ごとに巣の基本構造はある程度決まっている．樹上性のものでは枯れ枝や幹の枯死部のような植物の自然の空間を主に利用する．この場合，営巣空間が限られてくることから，あちらこちらに分巣をつくるものが多い．体サイズの大きなトゲアリでは，広い空間が確保できる幹の空洞を巣として利用する．クロクサアリでは樹木の根際を巣として利用する．アカヤマアリでは，落葉を集め塚をつくる．

林床性で小さな集団をつくる種では，堅果中を巣としたり，石下に1つの部屋からなる巣をつくり生活するもの，腐倒木や落葉層中の落枝中に営巣するもの等が多く見られる．ハシリハリア

リは落葉層の間を巣として利用する．また，カギバラアリ類の巣では，レンズ状の大きな房室が数個ある巣をつくり，アシナガアリでは広い房室が地下に階層状に並ぶ形状の巣をつくる．

　土中深くに巣をつくるものでは，地表面に巣口があり，坑道で巣室がつながっているものが多い．クロオオアリやクロヤマアリ隠蔽種群では分枝状の巣をつくる．クロオオアリの成熟巣で深さ約 1.5 m，クロヤマアリ隠蔽種群で 2 m ほどになる．クロナガアリは巣を垂直に掘っていくため調べやすく，幾例もの報告がある．本種は世界一深い巣をつくる種として有名で，これまでの最深記録は 7 m である．平均でも 3～4 m ほどあり，そこに 30～45 室の巣部屋が見られる．よって，巣を完全に掘り取る場合，土木作業用の小型ショベルカーを用いて巣の横を掘り下げ，そこから壁面を削りつつ調べていくことが必要である．本種は草食性で，種子を集め，巣にため込む．種子が深い場所から見つかることから，考古学者を混乱させたという事例も起こっている．

7) 食性

アリの食性は多岐にわたっており，半翅目昆虫の甘露や植物の蜜を中心に集めるものから，捕食性でジムカデやトビムシ等の土壌動物を捕えて餌とするもの等さまざまである．

　ノコギリハリアリ亜科，カギバラアリ亜科，ハリアリ亜科に属する種は，基本的に肉食性である．ノコギリハリアリ亜科のノコギリハリアリは働きアリの体長の何倍もあるジムカデを狩って餌とする．カギバラアリ亜科のカギバラアリ属とダルマアリ属では節足動物の卵を餌として集める．特にダルマアリとメダカダルマアリは，クモの卵を専食する．日本産の種での観察例はないが，インドネシアのハナナガアリの一種はフサヤスデを捕らえ，餌とする．

　ハリアリ亜科の種では，広食性のものから狭食性のものまでが見られ，アギトアリのように広食性で，死骸も巣へ運ぶものから，ツヤオオハリアリやナカスジハリアリのようにシロアリを専門的に捕食するものまで見られる．ハシリハリアリは，陸生等脚類やシロアリ類の専食者と推定されている．ケブカハリアリは比較的地中深くに巣をつくり，ヒメキイロケアリのような土中性の他種アリ類を餌としているようである．ムカシアリ亜科では，ムカシアリがジムカデ類を専門に狩ることが知られており，ジュズフシアリではジムカデ類を専食する可能性がある．

　アリ類を専食するアリも知られている．例えば，クビレハリアリ亜科の種は他種アリ類の巣を襲い，幼虫や蛹を奪い餌としている．クビレハリアリのような地上徘徊性の種では，地上に巣口を開くアリの巣を襲い，樹上性のクロクビレハリアリでは，樹上性の他種アリ類の巣を襲うものと推定される．ヒメサスライアリ亜科の種も他種アリ類の巣を襲う．ヒメサスライアリ類では，定常的な巣をもたず，ビバークサイトを移動させながら生活している．夜行性で，夜間に行列をつくり餌とするアリの巣を襲う．

　フタフシアリ亜科では，多様な食性が認められる．クロナガアリは"収穫アリ"としてよく知られ，春先に結婚飛行を行うために巣口を開くが，その後巣口をまた閉じて，夏の間は地上には出てこない．そしてイネ科やタデ科植物の多くが種子を実らせる秋に巣を開き，働きアリは盛んに種子を集めて巣に運び込み，これらの種子を常食としている．秋から冬にかけてため込んだ種子の量は 1 万 7 千から 9 万個となり，働きアリ数が 400 頭を越える巣では，重さにして 60～

70 gに達するという報告がある．その他，ナガアリ類も種子食のようであり，雑食性のトビイロシワアリでも巣中に種子がため込まれているようすを目にすることができる．

　大腮の長いウロコアリ属のウロコアリ，オオウロコアリやキタウロコアリでは落葉土層中を歩きまわり，トビムシ類を発達した大腮と腹端の刺針とで狩って餌としている．また，トカラウロコアリやイガウロコアリはトビムシ類の他，コムカデやヒメミミズ等を，セダカウロコアリではナガコムシ，ハサミコムシやコムカデ類を中心に狩って餌としている．さらに，カドフシアリやキイロカドフシアリは土壌性のササラダニ類を餌として生活しており，幼虫の頭部は細長く，ササラダニを食べるのに適した形態となっている．これらの捕食性のアリを飼育する場合，生きた特定の餌動物を準備しておかなければならない．

　カタアリ亜科とヤマアリ亜科では，多くの種が直接的あるいは間接的に植物に由来する液体を食する．具体的には花蜜や花外蜜腺からの分泌物，アブラムシやカイガラムシが出す甘露が主要な餌メニューである．これらの亜科の種では，液体食を大量に取り込めるように，腹部の背板と腹板が節間膜を介して大きく離れることで，容積を増す構造になっている．北米やオーストラリアのミツツボアリの仲間では，それが極端に発達し，巣内で液体成分の貯蔵の役割を果たす腹部が球状に膨大する働きアリまで見られる．アカヤマアリやエゾアカヤマアリでは，液体食者であると同時に，鱗翅目幼虫等の他の昆虫類を積極的に襲って餌とすることから，植食性害虫の異常発生時には森林保護のための生物的防除として利用されてもいる．

　ミツバアリ属では特定のカイガラムシ類と強い食的共生関係を結び，巣内で特定のカイガラムシを住まわせ，そこから餌として甘露を摂取する．働きアリはほとんど巣外に出ない．

8) 社会寄生

　社会性昆虫のアリが，他種のアリの巣内に入り込み生活することを社会寄生と呼んでいる．社会寄生種は特定の種にしか寄生できない場合が普通で，そのために寄主となるアリが生息していて，初めてこれらの寄生性種の生息が可能となってくる．日本でも少なからずの社会寄生種が知られている．生活環のほとんどを特定の他種アリの巣中で生活する恒久的社会寄生の段階へ至るまでの過程として，奴隷狩りを行うものがやがて恒久的社会寄生の段階に至った場合と，一時的社会寄生性の種が，やがて恒久的社会寄生種に移行した場合とが基本的に考えられる．さらに，盗食共生が社会寄生への入り口となる可能性もある．ある種が他種の巣の近くに営巣し，他種の巣中に侵入し，餌をかすめ取るような生活をしていたものが，やがて他種に受け入れられ自由に巣内に出入りできるようになることを盗食共生と呼ぶ．盗食共生者がさらに他種の巣中で生活できるようになり，恒久的社会生活の段階へ達する可能性も考えられる．盗食「共生」といっても，相手方に際立った被害が生じれば，これは種間関係としてはもはや片利共生ではなく寄生関係ということになり，それを防ごうとする防衛機構も進化しやすくなるであろう．

8-1) 奴隷使用

　サムライアリは奴隷狩りを行うアリとして有名である．サムライアリの働きアリは集団でクロヤマアリ隠蔽種群やハヤシクロヤマアリの巣を襲い，主に蛹（繭）を自分の巣に持ち帰る．蛹か

ら羽化した働きアリは幼虫の世話，巣の修繕，餌探しといった一連の仕事を行う．その一方，サムライアリは一切そのような仕事をせず，通常は巣中で奴隷個体から餌をもらい受けて生活し，奴隷の個体数が少なくなると巣外へ奴隷狩りに出かける．サムライアリの大顎はサーベル状に特殊化し，奴隷狩りを行うには好都合であるが，日常的な仕事には不適な形態をしている．女王に通常の型と職蟻型の2タイプが見られ，職蟻型女王はもっぱらオスを生産する個体であることが判明している．ただし，奴隷狩りの際に，働きアリと行動を共にする観察例もあり，奴隷狩りの際にも寄主アリの巣への侵入をうかがっている可能性もある．

サムライアリと同様のサーベル状に特殊化した大顎をもつ種として，日本では他にイバリアリが挙げられる．しかし，現在わずかに山梨県増富，同甲斐市と岡山県鷲羽山の3ヶ所からの採集記録しかなく，生態は基本的に不明である．イバリアリ属は，海外では奴隷使用の種から恒久的社会寄生に近づいた生態をもつ種までが見られ，日本の本種の生態解明が期待される．

アカヤマアリも他のヤマアリ属の種を襲い奴隷とするが，随意的で，生存上不可欠な行動ではない．これまでのところ，ヤマクロヤマアリなど4種のアリを奴隷として使役していた例が知られている．

その他，ハリナガムネボソアリの巣中で見つかるヤドリムネボソアリは，生態について詳細な研究がなされていないが，晩夏に奴隷狩りが観察されており，サムライアリと類似の生活様式をもつことが推定される．

8-2) 一時的社会寄生

体の背面に顕著な刺をもち，特徴的な形態をしているトゲアリでは，女王が他の種のアリの巣に侵入し，やがてその巣を乗っ取ってしまう一時的社会寄生を行う．本種は晩夏から秋に結婚飛行が行われ，新女王はその年のうちに寄主アリの巣内に侵入する．ただし，腐倒木から越冬個体が得られた例があることから，一部の個体は女王が単独で越冬し，翌春，寄主の巣に侵入する可能性もある．いずれにせよ，本種は結婚飛行を遅く行い，低温で寄主アリの活動の鈍い状態にある時期を狙って侵入を果たしやすくしている可能性があろう．トゲアリの新女王は，最初クロオオアリやムネアカオオアリの働きアリ数の少ないサイズの小さな巣の中に侵入し，それらの女王を噛み殺すことによって巣を乗っ取る．最初はクロオオアリやムネアカオオアリの働きアリがトゲアリの女王を助け，巣の維持に努めるが，これらが寿命などで死んでいくことで，やがてはトゲアリの女王が産み出す働きアリと入れ替わる．寄主がクロオオアリの場合，クロオオアリが巣にいなくなった後に，巣を土中から樹木の洞へ移動させると思われる．

ヤマアリ亜科ケアリ属のアメイロケアリ亜属やクサアリ亜属の種は，ケアリ属の他種に一時的社会寄生を行う．フタフシアリ亜科ではヌカウロコアリがウロコアリやキタウロコアリに一時的社会寄生を行うようで，ヌカウロコアリの女王がこれらの巣中から得られている．また，オモビロクシケアリの女王はツヤクシケアリの巣に侵入する際に，ツヤクシケアリの働きアリの触角柄節や頸部を大顎で挟んで体を押さえ付け，自分の体をツヤクシケアリの体に擦りあわせる行動を取ることが観察されている．このようにして，寄主アリの体表の化学物質を身にまとうことにより化学的に擬態して，巣内への侵入を果たしていると考えられる．これらの一時的社会寄生を行

う種の女王は，相対的にサイズが小さいことが知られている．オモビロクシケアリの女王は寄主のツヤクシケアリの働きアリとほぼ同じサイズとなっており，侵入した巣内ではこのことが一種の擬態の効果を発揮している可能性もある．また，一般則として，系統的に近縁な種が寄主となる傾向があることも知られている．

　一時的社会寄生では，寄生者の女王が寄主となる種の巣への侵入に成功し，産卵を始めると，1つの巣に2種が存在する混合コロニーの状態となる．通常，アリでは同一の種であっても巣が異なれば，激しく相手個体を排除する行動をとる．ところが社会寄生関係にない種間でも稀に混合コロニーが見出される．例えばトビイロケアリとキイロケアリの混合コロニーが国内で数例発見されている．成因は不明であるが，系統的に近いものほど巣内に侵入しやすい要素をもっており，社会寄生に移行しやすい前提があるものと思われる．社会寄生者の女王がどのような仕組みで寄主コロニーに受け入れられるかは今のところあまりわかっていないが，このような混合コロニーの存在は，数こそ少ないが社会寄生の進化の起点を考える上で重要な現象であろう．

社会寄生を行う日本のアリ

寄生者	寄主
奴隷狩り	
サムライアリ	クロヤマアリ隠蔽種群，ハヤシクロヤマアリ
イバリアリ	トビイロシワアリ
ヤドリムネボソアリ	ハリナガムネボソアリ
アカヤマアリ（随意的に奴隷狩りを行う）	
	クロヤマアリ隠蔽種群，ヤマクロヤマアリ，ハヤシクロヤマアリ，ツヤクロヤマアリ
一時的社会寄生	
オモビロクシケアリ	ツヤクシケアリ，エゾクシケアリ（？）
ヌカウロコアリ	ウロコアリ，キタウロコアリ，ミナミウロコアリ
ツノアカヤマリ	クロヤマアリ隠蔽種群，ヤマクロヤマアリ
エゾアカヤマアリ	おそらくヤマアリ属の種に一時的社会寄生
アメイロケアリ	トビイロケアリ，ハヤシケアリ
ヒゲナガアメイロケアリ	トビイロケアリ，ハヤシケアリ
ミヤマアメイロケアリ	おそらくケアリ属の種に一時的社会寄生
フシボソクサアリ	ヒゲナガケアリ
クロクサアリ隠蔽種群	アメイロケアリ，ヒゲナガアメイロケアリ
ヒラアシクサアリ	トビイロケアリ
テラニシクサアリ	キイロケアリ
モリシタクサアリ	おそらくケアリ属の種に一時的社会寄生
トゲアリ	クロオオアリ，ムネアカオオアリ；ミカドオオアリ（？）
キノムラヤドリムネボソアリ（働きアリが存在せず，女王，職蟻型女王のみが見られる）	
	ハヤシムネボソアリ
恒久的社会寄生	
ヤドリウメマツアリ（働きアリが存在せず，女王のみが見られる）	
	ヒメウメマツアリ

キノムラヤドリムネボソアリは，働きアリを欠き，有翅女王と無翅女王のみが見られるアリで，ハヤシムネボソアリの巣に寄生する．キノムラヤドリムネボソアリの女王は，最初巣の外でハヤシムネボソアリの働きアリを殺し，おそらくこれによって寄主コロニーのにおい（化学物質）を体につけ，その後巣内に侵入する．巣内に侵入すると，女王を1頭ずつ殺していき，最後にキノムラヤドリムネボソアリの女王1頭とハヤシムネボソアリの働きアリおよびその幼虫のみの状態にする．その後女王は産卵を開始し，越冬した幼虫から，翌年有翅と無翅の新女王が羽化する．有翅女王はおそらく分散個体であり，その一方，無翅女王は歩いて周囲のハヤシムネボソアリの巣に入り込む．これにより，寄生されたハヤシムネボソアリの巣は翌年崩壊する．働きアリのいないキノムラヤドリムネボソアリがもし巣内でハヤシムネボソアリの女王を殺さなければ，巣内に長く留まる恒久的社会寄生が可能である．ほとんど抵抗しないハヤシムネボソアリの女王をわざわざすべて殺し，せっかく寄生できた巣をなぜ1年で使い捨てるのか，今後の解明が待たれる．

8-3) 恒久的社会寄生

相手の女王を殺さない状態になると，完全に1つの巣に2種のアリが生息するようになる．このようになったものを恒久的社会寄生（完全社会寄生）と呼ぶ．寄生者は相手に完全に依存し，二次的に働きアリを生産しなくなった種も見られる．日本ではヤドリウメマツアリがこの段階に達している．ヤドリウメマツアリは，働きアリを欠き，女王とオスアリのみが見られる．女王は，寄主のヒメウメマツアリの働きアリとほぼ同じサイズで，岐阜県長良川の河川敷では57％の巣に本種が見られた．有翅女王とオスは8月から9月にかけて出現する．しかし，交尾を行わずにどちらもそのまま巣内で冬を越し，翌春結婚飛行を行うものと推定される．

8-4) 盗食共生

体長1.5mm程度の小型のトフシアリは"泥棒アリ"の呼称があり，巣の坑道を大型の他種のアリの巣につなげ，そこから食料を盗食すると言われている．ただし，本種は土中での有力な捕食者であることも知られており，特に30cm以深の土中での活動が顕著でもある．さらに，ノコバウロコアリではトゲズネハリアリの巣に近接して巣をつくり，働きアリがトゲズネハリアリの巣中に入り，食物を盗み出す生活を営んでいる可能性が高い．

9) コロニー維持と効率化

9-1) アリのコミュニケーション

大きなコロニーを維持させるためには多量の餌資源を効率よく手に入れなければならない．また，個体間で連携のとれた動きをとり，コロニー全体での各種活動の効率を最大化するために，餌探しのみならず，給餌や衛生管理，巣や餌場の防衛，個体認識やカースト認識などさまざまな場面でコロニー構成員の間でコミュニケーションが行われている．

アリには多くの外分泌腺が見られ，それらから分泌されるさまざまな化学物質がフェロモン物質としてコミュニケーションに利用されている．フェロモンは，通常リリーサーフェロモンとプライマーフェロモンとに大別される．警報フェロモンや道しるベフェロモンはリリーサーフェロ

モンであり，階級分化フェロモンはプライマーフェロモンである．

アルゼンチンアリの女王では，働きアリの女王分化を抑える化学物質を放出していることが推定され，実験的に女王が1頭存在する集団をつくると，そこでは新女王が生まれないが，女王を除去した集団を飼育すると，複数の女王が出てくる．物質は特定されていないが，ミツバチの階級分化フェロモンと同様の役割を果たす物質が存在すると推定されている．

警報フェロモンは多くのアリで知られており，大腮腺やデュフォー腺，尾節腺から放出されるものが多い．例えば巣中に外敵が侵入すると，それに気づいた個体がこのフェロモンを出し，これに反応して巣仲間は侵入者に対する警戒行動をとる．クロクサアリの仲間は，サンショウのような特有のにおいがするが，これは大腮腺から放出されるシトロネラールやデンドラシンであり，警報フェロモンとして機能する．

道しるべフェロモンは，アリが行列をつくるときに機能する化学物質である．多くのアリの種で道しるべフェロモンの存在が知られているが，放出する分泌腺が特定されているものは60種ほどで，さらにフェロモン物質として機能する具体的な物質名が特定されているものはわずかに，20種程度である．アルゼンチンアリでは，Z-9-ヘキサデセナールが主要な道しるべフェロモンとなっている．このフェロモン物質は20 cmの線上に10～100 ng（1 ngは10億分の1 g）というごくわずかな量で，道しるべフェロモンとしての効果を現す．これを使って，盛んに巣の移動や餌場への個体の大量動員がなされる．

餌場等への個体の動員は，種によっていくつかの方法があり，1個体が1個体から数個体をつれていくタンデムランニング，オオアリ類でよく見かける数個体から10数個体程度を動員するグループ動員などがあるが，アリ道をつくる大量動員は最も効果的なものであり，道しるべフェロモンを最大限有効に用いた方法といえよう．また，道しるべフェロモンを使った場合，帰巣も楽に行われる．単独で餌探しを行うクロヤマアリでは，巣の位置を太陽の方角から読み取り，巣の近くに達すると，巣のにおいや巣の周辺の石や草等のランドマークを頼りに巣口を探しだす．行列を形成して集団採餌を行うトビイロケアリでも，フェロモン物質のみならず，視覚情報も利用して巣外での活動を行っている．

一般にアリでは，同一種でもコロニーが異なれば激しく争う．つまり，コロニーの「仲間」と別のコロニーの「よそもの（＝敵）」とを区別することができる．この認知機能は，体表にある炭化水素の組成や割合によってなされている．種が異なると，体表炭化水素の組成が異なり，そして同一種であってもコロニーが異なると体表炭化水素の成分の割合が異なる．アリはこれを触角で認知し，コロニーの仲間と別のコロニーの敵とを識別しつつ生活している．

さらに，発音器官をもつアリも少なくなく，これらの種では聴覚による音響コミュニケーションも行っている．発音により救助を求める，動員を誘導する等の機能が知られている．

10) 分業

同一種の働きアリのなかに，サイズや体形の異なる個体が見られる場合がある．さらに小型の働きアリに対して大型の働きアリ（兵アリ）が見られる種も多い．

コロニー内での活動の効率化を図るために分業は重要である．ミツバチの働きバチでは約1ヶ月の寿命の中で，齢による分業が行われていることがよく知られている．若い個体が内勤で，年をとった個体が，蜜や花粉を採取に出かける外勤となる．アリでも同様な分業が見られ，日本のものでは，少なくともアミメアリの若い個体は内勤で，年をとった個体は外勤となる．コロニーサイズの小さなノコギリハリアリでも分業が知られている．

アリではサブカーストによっても分業が見られる．特に兵アリをもつ種の兵アリと働きアリとで比較的顕著な分業が見られる．ヒラズオオアリやアカヒラズオオアリの兵アリでは平らな頭部を使って，巣の入り口を塞ぎ，働きアリが触角で叩くと，退いて巣口を開け，出入りできるようにする．オオズアリの兵アリは大型の餌を噛み切る働きを担っている．また，リュウキュウオオズアリの兵アリは腹部を膨らませることができ，巣内で食糧貯蔵の役割も担っている．

日本のアリ類の多様性と生物地理

1) 所産種数

南北に細長い日本では，緯度によって種多様度は大きく変化するとともに，種組成も大きく異なってくる．これまでのアリの分布記録をまとめると，北海道には65種が分布している．それに対して，四国ではほぼ100種が，九州では130種が，そして南西諸島では190種が記録されている．特に，沖縄県には，偶発的な分布と思われるものを除き146種が生息する．この数字は，日本全土の総種数の50％にもあたる．沖縄県が日本全土の0.6％の面積しか持ち合わせないことを考えると，傑出した多様性の高さといえる．また，沖縄のアリのうち，86種は台湾にも生息するアリで，東洋区との関連が強いことがわかる．一方，北海道ではヤマアリ属やケアリ属，クシケアリ属のような旧北区系の種や属が優占する．

海洋島の小笠原諸島では，後述する放浪種の割合が非常に高いことで特徴づけられるほか，宮古，八重山諸島に生息するサキシマウメマツアリが小笠原諸島からも得られているなど，南西諸島や台湾に生息するアリが少なからず記録されており，ハナダカハリアリ，ミナミフトハリアリ，ヨコヅナアリ，キバブトウロコアリなど，海流による南方地域からの分散の影響も考えられる．

2) 多様性

2-1) 種数・面積関係

面積の小さな地域と大きな地域を比較した場合，大きな地域ほどより多くの生物種数が見られることが古くから知られている．この面積の増加に伴い，そこに見られる生物種数が一定の規則性をもって増加する現象を種数・面積関係と呼び，群集生態学における包括的な規則性の1つである．沖縄県と北海道を比較すると，面積あたりの所産種数が沖縄県の方が高いことがわかる．沖縄・宮古・八重山諸島に属する大陸につながったことのある島々（大陸島）のうちの26島で，種

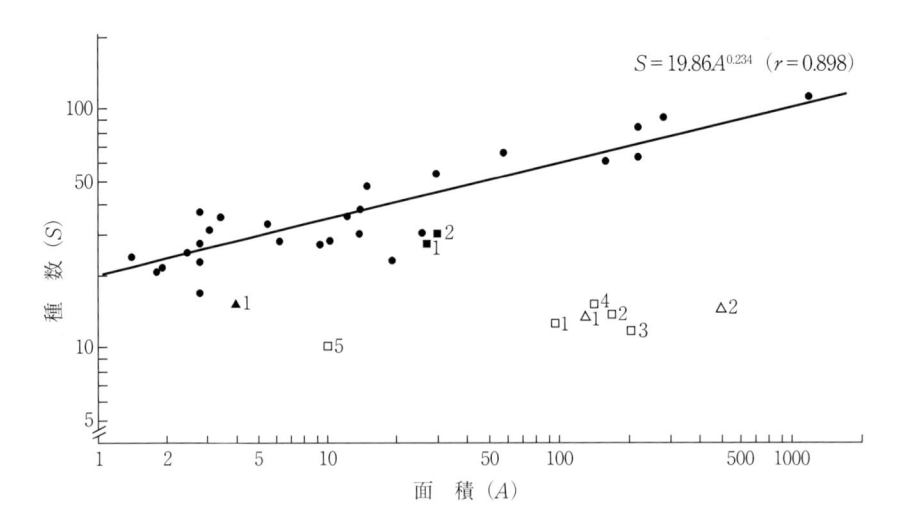

沖縄県の島嶼と北海道におけるアリ類の種数・面積関係からの多様性の比較　▲1：尖閣諸島釣魚島，■1：大東諸島北大東島，■2：大東諸島南大東島．□1～□5：北海道の島嶼，□1：礼文島，□2：利尻島，□3：色丹島，□4：奥尻島，□5：渡島大島．△1，△2：マリアナ諸島，△1：サイパン島，△2：グアム島．

　数（S）と島面積（A）の関係を見ると，ベキ関数による回帰に高い相関が示され，回帰式は $S = 19.86 A^{0.234}$（$\text{Log } S = 0.234 \log A + 1.298$, $r = 0.898$）となった．北海道の島嶼はすべてこの回帰式の下側に位置する．琉球列島の魚釣島（面積 4.3 km^2，15種）は，この回帰式の値よりも低い値として示されたが，大陸とつながったことのない大海に浮かぶ島（海洋島）である南大東島と北大東島の種数は，沖縄・宮古・八重山の値と比較して特に低い値とは判断されなかった．放浪種の侵入による種数の増加が考えられる．巣を維持するために，多くの餌資源を必要とするスズメバチ属のハチでは，各島での分布から島の面積が 200 km^2 を超すと，2，3種が生息可能で，面積が 30 km^2 程度以下の小島では，おそらく餌資源の関係から生息不可能であることが示されている．しかし，アリではかなり小さな島でも複数の種が生息していることがわかる．

　この種数・面積関係は多くの動物群で研究され，その存在が明らかにされてきた．またこの現象の要因解明の研究も進められている．

　動物種数を決定する要因が面積以外のものに支配されている可能性は十分考えられる．北琉球の例では，面積的にはそれほど変わりなくとも，平坦な種子島と山岳地域をもつ屋久島とでは後者により多くの種が見られる．環境と生物の関連，あるいは生物間の相互作用を連想すれば，単純に面積のみで生物種数が決定されるとは考えにくいであろう．トカラ列島での島の面積，植物種数と所産種数との比較でも，島の面積よりも植物種数にアリの種多様性が影響を受けているように解釈できる解析結果が出ている．やや古い研究であるが，琉球列島を含む日本のアリの島嶼の分布資料から，アリの所産種数とそれに影響を及ぼす主要な属性と考えられる植物種数，島面積，標高，温量指数，陸塊からの距離との関係を重回帰分析によって解析した結果がある．それによると，アリの所産種数は複数の要因が関連しつつ決定されていると同時に，種数に最も影響を与える要因は，面積そのものよりも，この解析で用いた属性では植物種数によって決定される

ことが示されている．群集を構成する生物間に生態的関連があり，それらのかかわりが生物群集全体の多様性を高めているともいえよう．ただし，植物種数は面積の影響を強く受けていることから，面積はアリの所産種数と間接的に相関しているのであろう．

2-2) 種多様度

日本各地の樹林内での種数とコロニー数を調査した資料をもとに，多様度指数を用いたアリの種多様度を比較した結果がある．種多様度においては，琉球列島の亜熱帯林での数値が九州以北の暖帯照葉樹林，温帯落葉広葉樹林，亜寒帯針葉樹林のいずれよりも最も高い値を示しており，琉球列島の亜熱帯林でのアリ群集の種多様性の高さがうかがえる．前述の種数・面積曲線の比較からも，日本の高緯度地域ほど種多様性が低く，低緯度地域で種多様性が高いという，多様性の緯度的傾斜を示すことができる．

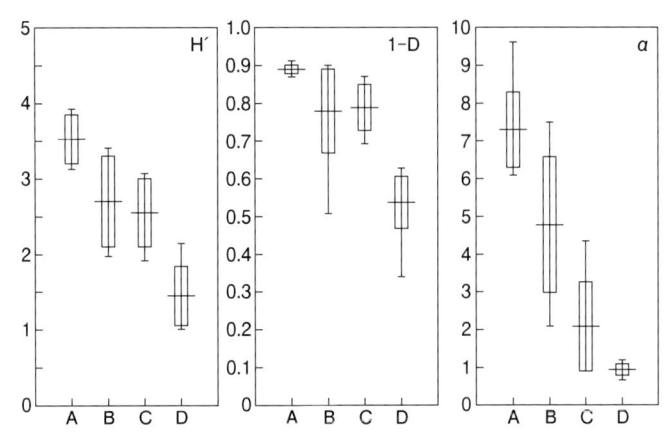

日本の各樹林に見られるアリ群集の多様性　A：亜熱帯多雨林，B：暖帯照葉樹林，C：温帯落葉広葉樹林，D：亜寒帯針葉樹林．H'：シャノン・ウィーナー関数，$1-D$：シンプソンの多様度指数，$α$：フィッシャーの多様度指数．

2-3) 種密度，巣密度，個体群密度・現存量

日本でアリの種密度，巣密度について測定された結果がある．奄美，沖縄諸島の亜熱帯多雨林での種密度は $4.0～6.0/m^2$（平均値は 4.75），巣密度は $5.5～9.5/m^2$（平均値は 7.23）という値が得られている．暖帯照葉樹林の数値も高く，亜熱帯林との統計的な有意差は認められなかった．一方で，その他の森林環境の値と比べると有意に高かった．

アリの面積あたりの個体数を測定した資料は少なく，これまでのところ日本では，アカマツ林（茨城県），落葉広葉樹林（群馬県），モミ林（千葉県），暖帯照葉樹林（熊本県），冷温帯草原（山梨県）での調査結果があるにすぎず，これらの調査結果から，本土の樹林での平均的な個体群密度は，$1 m^2$ あたり 100 から 1000 個体といったところである．また，沖縄島ではサトウキビ畑での測定値があり，アリの個体群密度が平均 1275 個体 $/m^2$ という値が得られている．組成としてはアメイロアリ属とヒメアリ属が多く見られた．

現存量を測定することは大変な労力を伴うが，国内でアリの現存量を測定した研究結果が幾つか存在する．山梨県朝霧高原の草地では，生重量で $1 m^2$ あたり 11.33 g という大きな値が得られ

日本のアリ類の多様性と生物地理

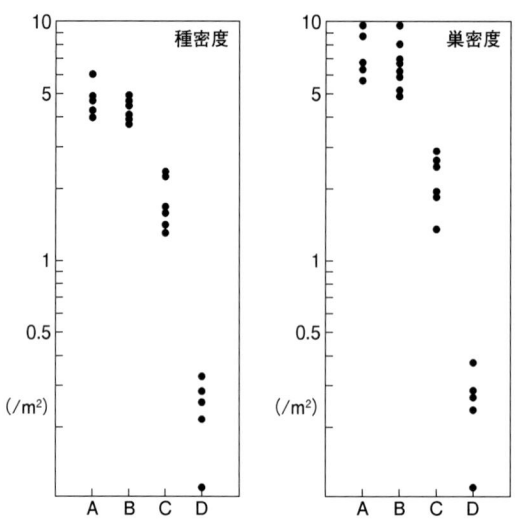

日本の各樹林に見られるアリ群集の種密度と巣密度　A：亜熱帯多雨林，B：暖帯照葉樹林，C：温帯落葉広葉樹林，D：亜寒帯針葉樹林．

ているが，照葉樹林の土壌中で $1\,m^2$ あたり 0.22 〜 2.13 g，陽樹林のアカマツ林で 0.01，0.03 g といった値が得られている．八重山諸島西表島の浦内川のマングローブ林では，0.092 g/m^2 という値を示した．

日本の各植生におけるアリの現存量

調査地域	生息環境	現存量（g/m^2）
林床性アリ群集		
山梨県朝霧高原	温帯草原	11.332
神奈川県真鶴	暖帯照葉樹林	2.930
千葉県清澄	温帯常緑樹林（モミ，ツガ林）	0.193
茨城県那珂郡	暖帯陽樹林（アカマツ林）	0.025
茨城県那珂郡	暖帯陽樹林（アカマツ林）	0.010
熊本県水俣	暖帯照葉樹林（山腹）	0.225
熊本県水俣	暖帯照葉樹林（尾根）	1.314
樹上性アリ群集		
神奈川県真鶴	暖帯照葉樹林	0.05 〜 0.06
千葉県清澄	暖帯照葉樹林（二次林）	0.02 〜 1.66
熊本県水俣	暖帯照葉樹林	0.052
沖縄県西表島	亜熱帯マングローブ林	0.092

3）固有種

日本の動物相は固有率が高いことが知られており，昆虫のみならず，両生類，爬虫類，哺乳類に至るまで高い固有率を示す．アリ類では，同定の難しい隠蔽種を除いて，120種の固有種が認められ，固有種率は約40％になる．特に南西諸島に固有種が多く認められ，とりわけアシナガアリ属やウメマツアリ属で島，あるいは群島単位での固有化が目立っている．もちろん，日本の周辺地域のアリ類研究が進展し，新知見が加わっていくことで数値は多少変わるであろうが，大きく変わるとは思われない．

亜科単位で見ると，所産種数の多いフタフシアリ亜科で多くの固有種が見られ，アゴウロコアリ属やムネボソアリ属等で固有種が多く認められる．さらに，ムカシアリ亜科では8種のうち7種が固有種であり，クビレハリアリ亜科でも4種のうち3種が固有種である．

ヤマアリ亜科では，所産種数の多いオオアリ属で固有種が多く見られ，かつ，小さな島での固有化も少なくない．大東諸島のダイトウオオアリ，尖閣諸島のオキナワクロオオアリ，南硫黄島からのイオウヨツボシオオアリなどが挙げられる．

各亜科における日本のアリの固有種数　分類の困難な隠蔽種および学名未決定種を除く．固有種率は，亜科ごとの所産種数に対する固有種の割合．

亜科名	固有種数	固有種率
ノコギリハリアリ亜科	2	0.50
カギバラアリ亜科	3	0.38
ハリアリ亜科	7	0.23
クビレハリアリ亜科	3	0.75
ムカシアリ亜科	7	0.88
フタフシアリ亜科	65	0.44
カタアリ亜科	0	0.00
ヤマアリ亜科	30	0.36

4）人為的移入種・放浪種の日本への侵入

アリ類では，物資の移動や交通機関に便乗して人為的環境を中心に新しい環境に侵入し，分布を拡大させた種が多く見られる．世界で見ると，人為的移入種は少なくとも7亜科49属147種にのぼるという．そしてこれらの人為的移入種の中で，とりわけ移動能力にたけ，分布を世界的に拡大させた種を特に放浪種（tramp species）と呼び，147種のうち29種が放浪種と見なされている．例えば，ニュージーランドでは，動植物検疫でこれまでに66種の海外からのアリが確認されている．このようなアリ類の地球レベルでの頻繁な移動は，船舶を中心とした長距離移動ができる交通網が全世界に広がりはじめた17世紀以降のことといわれている．

放浪種は熱帯，亜熱帯に多く見られ，特に秀でた移住能力と高い増殖力，耐乾性をもち，ヒトの居住地域のような攪乱された環境に侵入，定着する一方，森林にはほとんど入り込めない．そのため攪乱の程度の大きい場所や，海洋島のような生息環境（ニッチ）が十分埋まっていない地

域ほど放浪種の占める割合が高くなる．例えば，太平洋の島々においては放浪種の割合は高く，ポリネシアでは 83 種のうち 38 種（46 %）が，メラネシアの東端にあるフツナ島およびウォリス諸島では 36 種のうちの 14 種（39 %）が放浪種を含む外来種であった．また，ニュージーランドでは 31 種のうちの 20 種（65 %）のアリが外来種によって占められている．ハワイに至っては現在生息している約 40 種のアリのすべてがここ 400 年の間に他地域から入り込んだ移入種である．

　日本でも，多くの外来種の侵入を受けており，4 亜科 19 属 38 種がこれに該当する．そして，特に環境攪乱を多く受けてきた海洋島の小笠原諸島では，所産種数（49 種）のほぼ半数が放浪種を中心とした外来種であると判断されている．つまり，小笠原諸島の今日の種数は，本来生息するであろうものの 2 倍にも高まっていることが推定され，本来のアリ群集とは構造的にもかなり異質なものとなっている可能性が高い．そのため，アリ類の種組成を比較した場合，小笠原諸島が一見すると特異な地域のようである．また，南西諸島においても奄美大島，沖縄島，石垣島や西表島に生息するアリの種のそれぞれ少なくとも 20 %強は放浪種を中心とした外来種と判断されている．これらの外来種は，路傍や半裸地などの攪乱された環境に多く生息している．

　さらに，人為的移入種の中で，侵入先で個体群密度を著しく増加させ，広域に拡がり，在来生態系を攪乱する種のことを特に侵略的外来種と呼ぶ．侵略的外来種は，多くの場合農作物害虫，衛生害虫としても世界的に警戒されている．アカカミアリは，ヒトに刺咬被害を与える種で，火山列島の硫黄島と南鳥島，琉球列島の沖縄島，伊江島（現在は確認できず）に侵入している．アルゼンチンアリは本州西部に侵入，定着した後，急速に日本各地に広まりつつある．ほかにも「世界の侵略的外来種ワースト 100」に指定されており，世界的規模で生態系攪乱を引き起こしている種のアシナガキアリとツヤオオズアリが琉球列島を中心に侵入・定着しており，在来の生態系への悪影響が危惧されている．

日本の人為的移入アリ

　人為的移入種 (introduced species)：他地域から人為的に持ち込まれ，野外での定着が認められるもの（温室等で偶発的に見出されたものを除く．東京都の *Tetraponera allaborans* 等定着できなかったものも除く）．

　T：放浪種 (tramp species)．人為的移入種の中でも，特に交易の発達等の人為により分布を世界的に拡大し，熱帯・亜熱帯を中心に広域に分布する種．

　I：侵略的外来種 (invasive species)．人為的移入種の中で，侵入先で個体群密度を著しく増大させ，広域に拡がり，生態系等に大きく影響を与える種．

分類群	原産地
ハリアリ亜科 Ponerinae	
オガサワラハリアリ *Ponera swezeyi*	不明
カドフシニセハリアリ *Hypoponera opaciceps* （T）	ブラジル
マルフシニセハリアリ *Hypoponera zwaluwenburgi*	不明
クロニセハリアリ *Hypoponera nubatama*	不明
トビニセハリアリ *Hypoponera punctatissia* （T）	熱帯アメリカ？　ヨーロッパ？
フタフシアリ亜科 Myrmicinae	
ミナミオオズアリ *Pheidole fervens* （T）	熱帯アジア

インドオオズアリ *Pheidole indica* (T)	不明
ツヤオオズアリ *Pheidole megacephala* (T, I)	アフリカ？
ナンヨウテンコクオオズアリ隠蔽種群 *Pheidole parva* (s. l.)	東南アジア
トゲハダカアリ *Cardiocondyla* sp. A	東南アジア？
カドハダカアリ *Cardiocondyla* sp. B	東南アジア？
キイロハダカアリ *Cardiocondyla obscurior*	東南アジア
ヒヤケハダカアリ *Cardiocondyla kagutsuchi*	東南アジア
ヒメハダカアリ *Cardiocondyla minutior*	東南アジア？
ウスキイロハダカアリ *Cardiocondyla wroughtonii* (T)	熱帯アジアおよびオーストラリア
オオシワアリ *Tetramorium bicarinatum* (T)	東南アジア
イカリゲシワアリ *Tetramorium lanuginosum* (T)	東南アジア
サザナミシワアリ *Tetramorium simillimum* (T)	ヨーロッパ？
ナンヨウシワアリ *Tetramorium tonganum*	太平洋諸島
クロヒメアリ *Monomorium chinense*	熱帯アジア
ミゾヒメアリ *Monomorium destructor* (T)	アフリカ？　熱帯アジア？
フタイロヒメアリ *Monomorium floricola* (T)	インド？　東南アジア？
シワヒメアリ *Monomorium latinode* (T)	熱帯アジア
イエヒメアリ *Monomorium pharaonis* (T)	アフリカ？
カドヒメアリ *Monomorium sechellense*	アジア？
アカカミアリ *Solenopsis geminata* (T, I)	中央〜南アメリカ
ヨコヅナアリ *Pheidologeton diversus*	東南アジア
トカラウロコアリ *Pyramica membranifera* (T)	アフリカ？　ヨーロッパ？
ミノウロコアリ *Strumigenys godeffroyi*	ポリネシア
ヨフシウロコアリ *Strumigenys emmae* (T)	アフリカ？
カタアリ亜科 Dolichoderinae	
ルリアリ *Ochetellus glaber*	東南アジア
アワテコヌカアリ *Tapinoma melanocephalum* (T)	不明
アシジロヒラフシアリ *Technomyrmex burnneus* (T)	東南アジア
アルゼンチンアリ *Linepithema humile* (T, I)	南アメリカ
ヤマアリ亜科 Formicinae	
クロコツブアリ *Brachymyrmex patagonicus*	南アメリカ
ウスヒメキアリ *Plagiolepis alluaudi*	アフリカ？　インド？
アシナガキアリ *Anoplolepis gracilipes* (T, I)	アフリカ？　熱帯アジア？
ケブカアメイロアリ *Nylanderia amia*	熱帯アジア
ヒゲナガアメイロアリ *Paratrechina longicornis* (T, I)	東南アジア？

5) アリ類の国内移入

アリの国内での人為的移動もとりわけ多く，植物の移動・植栽に伴った人為的な移入が頻繁に生じている．また，外来種がいったん国内に侵入，定着し，そこを拠点としてさらに分布を広げる例も多く見られる．すでに述べたアルゼンチンアリの他にも，例えばオオシワアリは，生息が不可能と思われる地域でも温室や昆虫館等でしばしば発見される．東京都内の植物温室複数カ所を対象とした調査では，本種の他

に，キイロオオシワアリ，キイロハダカアリ，コヌカアリ，ウスヒメキアリ，ヒゲナガアメイロアリ，ケブカアメイロアリの生息が確認されており，アリ類の頻繁な国内移入を裏づけている．

　香川県丸亀市と名古屋市の昆虫園や温室施設で発見されたアシナガキアリは，これらの施設がガジュマル等の生木を沖縄から移植しており，その際に樹木とともに運び込まれたことが考えられている．また，北海道の札幌市中央区のビル3階からツヤオオズアリが発見されたことがあり，沖縄からの移入の可能性が高い．さらには，硫黄島に侵入，定着したアカカミアリの交尾後の女王複数個体が，硫黄島から小笠原父島経由で本土に向かう途中の船内で発見された事例もある．

日本での国内移入種　国内に生息しているもの（海外からの移入，定着した種を含む）が，人為的に国内の別地点に人為的に運搬されたと判断あるいは推定されるもの（温室等からの記録を含む）．T：放浪種，H：温室等の室内からの記録．

分類群	国内分布	移入先
ハリアリ亜科　Ponerinae		
アギトアリ *Odontomachus monticola*	屋久島，種子島，口永良部島	鹿児島県本土（?），北九州市，岡山県，兵庫県，三重県，神奈川県，東京都
トビイロハリアリ *Hypoponera schauislandi*（T）	琉球列島，小笠原諸島	北海道屈斜路湖湖畔
フタフシアリ亜科　Myrmicinae		
オオシワアリ *Tetramorium bicarinatum*（T）	本州太平洋岸以南	北海道丸瀬布町（H），石川県白山市（H），福島県いわき市（H），茨城県水戸市（H），千葉県富津市（H），東京都，埼玉県さいたま市
キイロオオシワアリ *Tetramorium nipponense*	本州太平洋岸以南	東京都，福島県いわき市（H）
キイロハダカアリ *Cardiocondyla obscurior*	琉球列島	名古屋市（H），東京都（H），福島県いわき市（H）
ツヤオオズアリ *Pheidole megacephala*（T）	南西諸島	北海道札幌市（H）
カドヒメアリ *Monomorium sechellense*	琉球列島，小笠原諸島	東京都（H）
フタイロヒメアリ *Monomorium floricola*（T）	南西諸島，小笠原諸島	三重県津市，愛知県田原市
イエヒメアリ *Monomorium pharaonis*（T）	（汎世界）	関東地方以南（本土では家屋の中で生活する）
カタアリ亜科　Dolichoderinae		
コヌカアリ　*Tapinoma sakuya*	本州太平洋岸以南	東京都（H）
アシジロヒラフシアリ *Technomyrmex burnnrus*（T）	九州南部・四国南部以南	千葉県富津市（H），静岡県下田市（H），東京都
アルゼンチンアリ *Linepithema humile*（T）*		山口県，広島県，徳島県，岡山県，兵庫県，大阪府，京都府，岐阜県，愛知県，静岡県，神奈川県，東京都
ヤマアリ亜科　Formicinae		
ウスヒメキアリ　*Plagiolepis alluaudi*	小笠原諸島	東京都（H）
アシナガキアリ *Anoplolepis gracilipes*（T）	南西諸島	香川県丸亀市（H），名古屋市（H）
ヒゲナガアメイロアリ *Paratrechina longicornis*（T）	南西諸島，小笠原諸島	東京都（H）**

ケブカアメイロアリ *Nylanderia amia*	南西諸島，小笠原諸島	鹿児島県，山口県，広島県，兵庫県，静岡県，神奈川県，東京都
トビイロケアリ　*Lasius japonicus*	屋久島以北	沖縄島
カワラケアリ　*Lasius sakagamii*	屋久島以北	沖縄島
オガサワラオオアリ *Camponotus ogasawarensis*	小笠原諸島	東京都大田区
アカヒラズオオアリ *Camponotus shohki*	沖縄諸島，先島諸島	東京都（H）
クロトゲアリ　*Polyrhachis dives*	八重山諸島	沖縄島（？：戦前は見られず，八重山からの人為的移入と推定した）

*：アルゼンチンアリは，海外からの複数回（最低5回）の日本への侵入（一次侵入）が推定されており，さらに一次侵入個体群の国内の他地域への侵入（二次侵入）が起こっている．しかし，一次侵入地域と二次侵入地域との識別が困難なため，移入先には本種の生息地を県単位ですべて示しておいた．

**：本種は海外で，アシナガキアリと同様に crazy ant と呼ばれ，家屋害虫としてよく知られる種であるが，2012年に神戸市のポートアイランドや市内，横浜市本牧埠頭で次々と発見されている．これらの分布は海外からの移入の可能性が高いが，上野動物園の館内での記録を暫定的に国内移入として取り扱った．

検索と解説

1）高次分類体系

本書で採用したアリ科の高次分類体系（亜科，族，属の配置）は以下の表の通りである．

日本のアリ類の属と系統的位置

Family Formicidae　アリ科
　Poneriomorph subfamilies　ハリアリ型亜科群
　　Subfamily Amblyoponinae　ノコギリハリアリ亜科
　　　Amblyoponini ノコギリハリアリ族：*Stigmatomma*
　　Subfamily Proceratiinae　カギバラアリ亜科
　　　Probolomyrmecini ハナナガアリ族：*Probolomyrmex*
　　　Proceratiini カギバラアリ族：*Discothyrea*, *Proceratium*
　　Subfamily Ponerinae　ハリアリ亜科
　　　Ponerini ハリアリ族：*Anochetus, Brachyponera, Cryptopone, Diacamma, Ectomomyrmex, Euponera, Hypoponera, Leptogenys, Odontomachus, Parvaponera, Ponera*
　Dorylomorph subfamily　サスライアリ型亜科
　　Subfamily Cerapachyinae　クビレハリアリ亜科
　　　Cerapachyini クビレハリアリ族：*Cerapachys*
　　Subfamily Aenictinae　ヒメサスライアリ亜科
　　　Aenictini ヒメサスライアリ族：*Aenictus*
　Leptanillomorph subfamily　ムカシアリ型亜科
　　Subfamily Leptanillinae　ムカシアリ亜科
　　　Anomalomyrmini ジュズフシアリ族：*Protanilla*
　　　Laptanillini ムカシアリ族：*Leptanilla*
　Myrmeciomorph subfamilies　キバハリアリ型亜科群
　　Subfamily Pseudomyrmecinae　クシフタフシアリ亜科

Pseudomyrmecini クシフタフシアリ族：*Tetraponera*
Myrmicomorph subfamilies　フタフシアリ型亜科群
　Subfamily Myrmicinae　フタフシアリ亜科
　　Dacetine tribe group　ウロコアリ族群
　　　Dacetini ウロコアリ族：*Pyramica, Strumigenys*
　　Solenopsidine tribe groups　トフシアリ族群
　　　Stenammini ナガアリ族：*Lordomyrma, Stenamma, Vollenhovia*
　　　Solenopsidini トフシアリ族：*Carebara, Monomorium, Pheidologeton, Solenopsis*
　　Myrmicine tribe groups　クシケアリ族群
　　　Myrmecini クシケアリ族：*Manica, Myrmica*
　　　Pheidolini オオズアリ族：*Aphaenogaster, Messor, Pheidole*
　　　Tetramoriini シワアリ族：*Tetramorium*
　　Formicoxenine tribe groups　キショクアリ族群
　　　Crematogastrini シリアゲアリ族：*Crematogaster, Recurvidris*
　　　Formicoxenini キショクアリ族：*Cardiocondyla, Leptothorax, Temnothorax*
　　　Myrmecinini カドフシアリ族：*Myrmecina, Pristomyrmex*
　　　Melissotarsini ハチヅメアリ族：*Rhopalomastix*
Formicomorph subfamilies　ヤマアリ型亜科群
　Subfamily Dolichoderinae　カタアリ亜科
　　Dolichoderini カタアリ族：*Dolichoderus, Linepithema, Ochetellus, Tapinoma, Technomyrmex*
　Subfamily Formicinae　ヤマアリ亜科
　　Formicini ヤマアリ族：*Formica, Polyergus*
　　Lasiini ケアリ族：*Acropyga, Anoplolepis, Lasius*
　　Plagiolepidini ヒメキアリ族：*Brachymyrmex, Nylanderia, Paraparatrechina, Paratrechina, Plagiolepis, Prenolepis*
　　Camponotini オオアリ族：*Camponotus, Polyrhachis*

2) 本書で取り扱った分布情報

　本書では，北海道，本州，四国，九州といった各種の大域的な分布を示すと同時に，渉猟できた島嶼の分布記録も示した．島嶼の記録では，比較的よく調査が行われたと判断される島の記録および重要と判断される記録のある島を取り上げた．

　国内分布と国外の分布では，大域的な分布を示した．特に国内分布では，基本的に北海道，本州，四国，九州，小笠原諸島，南西諸島（あるいは琉球列島）の大区分とし，伊豆諸島は本州に含めた．

　島嶼の分布は，北海道，本州，四国，九州本土の属島のほか，千島列島，伊豆諸島，小笠原諸島，南西諸島を取り上げた．対馬と屋久島は生物地理学上特に重要な位置づけをもつが，ここでは対馬を九州の属島として，屋久島を大隅諸島の島として位置づけた．

千島列島：国後島，択捉島
北海道の属島：色丹島，礼文島，利尻島，天売島，焼尻島，奥尻島，渡島大島，渡島小島
本州の属島：飛島（山形），佐渡島（新潟），舳蔵島（石川），七ツ島（荒三子島，御厨島，大島：石川），壱岐諸島（島前，島後，西ノ島：島根），金華山島（宮城），沖ノ島（千葉），猿島（神奈川），江ノ島（神奈川），城ケ島（神奈川），野島（愛知），佐久島（愛知），沖ノ島（和歌山），

地島（和歌山），桃頭島（三重），宮島（広島）
伊豆諸島：大島，利島，新島，式根島，神津島，三宅島，御蔵島，八丈島，青ヶ島
小笠原諸島
　小笠原群島
　　聟島列島：聟島，媒島
　　父島列島：父島，兄島，弟島，東島，南島，西島
　　母島列島：母島，平島，向島
　火山列島：北硫黄島，硫黄島（中硫黄島），南硫黄島
　孤立島嶼：西之島新島，南鳥島
四国の属島：広島（香川），手島（香川），牛島（香川）
九州の属島：玄海島（福岡），志賀島（福岡），能古島（福岡），大島（福岡），地島（福岡），対馬（長崎），壱岐（長崎），平戸島（長崎），黒子島（長崎），五島列島（福江島，中通島，平島：長崎），青島（宮崎），甑島列島（上甑島，中甑島，下甑島：鹿児島）
南西諸島
　大東諸島：北大東島，南大東島
　尖閣諸島：魚釣島，北小島，南小島
　琉球列島
　　宇治諸島：家島，向島　　　草垣諸島：上之島
　　口ノ三島：黒島，硫黄島，竹島
　　大隅諸島：種子島，屋久島，馬毛島，口永良部島
　　トカラ列島：口之島，臥蛇島，中之島，平島，諏訪之瀬島，小島，悪石島，小宝島，宝島，横当島
　　奄美諸島：喜界島，奄美大島，加計呂麻島，請島，与路島，徳之島，沖永良部島，与論島
　　沖縄諸島：硫黄鳥島，伊平屋島，伊是名島，沖縄島，古宇利島，伊江島，水納島，瀬底島，宮城島，平安座島，浜比嘉島，薮地島，津堅島，久高島，屋我地島
　　慶良間諸島：渡嘉敷島，座間味島，粟国島，渡名喜島，慶留間島，阿嘉島，久米島
　　宮古諸島：池間島，宮古島，伊良部島，下地島，来間島
　　多良間諸島：多良間島
　　八重山諸島：石垣島，竹富島，黒島，小浜島，西表島，鳩間島，内離島，外離島，波照間島，与那国島

3）隠蔽種を含む種の表記について

微細であっても外部形態によって識別が可能であるものは，独立した種として個別に種の検索表に載せ，種の記述を行った．しかしながら，形態による区別の甚だ困難な隠蔽種群においては，本書では「クロヤマアリ隠蔽種群 *Formica japonica* (s. l.)」，「ハラクシケアリ隠蔽種群 *Myrmica ruginodis* (s. l.)」の表記を用いた．学術論文では *Formica japonica* complex や *Formica* sp. cf.

japonica 等の表記法がある．これらの隠蔽種が少なくないことが判明しつつある現状において，これらについての表記を，今後，各地で行われる生物相調査の報告や日常での使用で，混乱が生じないように工夫すべきであろうと考えた．隠蔽種群レベルでの同定であれば，上記の学名表記とし，種レベルでの同定であれば通常の学名表記とする，あるいは念を入れて *Formica japonica* (s. str.) とすることで混乱を回避しつつ，より有効な情報を提供することが可能になるであろう．この表記法は，女王のみで種間の区分が可能な種においても適用可能である．特にツルグレン装置等による土壌動物調査では，働きアリのみが得られるケースが多く，種レベルでの同定が不可能な場合であっても，より精度の高い情報提供のために，隠蔽種群での表記が可能な場合はそれを用いるべきであろう．

4) 検索表

以下の検索表は，日本に生息する亜科，亜科中の属，属中の種のものを提供し，図や写真によって正確に同定がなされるようにした．検索表は，基本的に最も採集されやすい働きアリでのものである．ただし，女王やオスアリで区別可能な場合はこれらの形質も使用し，分布情報が有効である場合はそれも利用した．ここでの検索表は，日本のアリに限り有効な記述である．

本検索表は，例えば **1a** と **1aa** が，**1b** と **1bb** がそれぞれセットとなり，両者間の記述を比較し，該当する方に進んで行く様式である．検索速度を高めるために，2セットの比較のみならず，3セット以上が同時に比較できるようにした部分も多い（この場合，例えば **1a**，**1aa**，**1aaa** の3つの記述を同時に参照する）．検索表中には，検索部分を示す図のほかに該当する種の全型，あるいは頭部や胸部を示す図も，可能な範囲で挿入した．

各属の解説は「分類・形態」，「生態」，「分布」の項目に分けて解説し，各種の解説は，「分類・形態」，「生態」，「分布」，「島嶼の分布」の項目に分けて解説した．形態の記述は，特にことわりがない場合働きアリのものである．

アリ科　Formicidae

アリ科は，前伸腹節側面の後端下部に後胸腺と呼ばれる部分があること（一部の属では二次的に退化する，あるいは後胸腺開口部を欠く），胸部と腹部との間にこれらをつなぐ独立した節（腹柄部）が1節か2節存在し，かつこれらの節の背面が普通山状に盛り上がることで，有剣膜翅類の他の科と区別される．ただし一部の種で，腹部とのくびれがやや不明瞭になっていたり，腹柄節の背面と腹面がほぼ平行なことがある．

日本のアリ類は2014年3月段階で，学名未決定種や隠蔽種，アルゼンチンアリ，アカカミアリ等の人為的移入定着種を含めて10亜科62属296種となる．

亜科の検索表　アリ科

1. a. 腹柄は2節（腹柄節と後腹柄節）からなる．
   b. 腹部末端の背板は単純で，微少な鋸歯の列はない．
   c. 頭盾前縁側方に小突起はない．
   　　　　　　　　　　　　　　　2. へ　　　　　フタフシアリ亜科

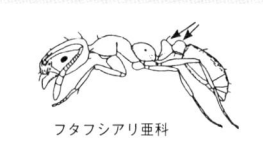

   aa. 腹柄は1節（腹柄節）からなる．
   bb. 腹部末端の背板は単純で，微少な刺の列はない．
   cc. 頭盾前縁側方に小突起はない．
   　　　　　　　　　　　　　　　5. へ　　　　　ハリアリ亜科

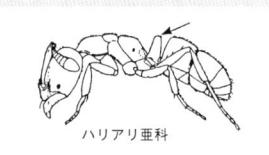

   aaa. 腹柄は1節あるいは2節からなる．
   bbb. 腹部末端の背板に微小な刺の列がある．
   ccc. 頭盾前縁側方に小突起がある．
   　　　p.68　クビレハリアリ亜科 Cerapachyinae　　クビレハリアリ亜科

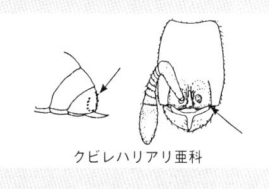

2. a. 触角の挿入部は額葉によって多少なりともおおわれている（アミメアリ属を除く）．
   b. 前伸腹節刺をもつものともたないものがあるが，触角挿入部が裸出している種の場合は顕著な前伸腹節刺がある．
   c. 複眼をもつ．
   　　　　　　　　　　　　　　　3. へ　　　　　フタフシアリ亜科

   aa. 額葉や額隆起縁の有無にかかわらず，触角の挿入部は完全に露出している．
   bb. 顕著な前伸腹節刺はない．
   　　　　　　　　　　　　　　　　　　　　　　ヒメサスライアリ亜科

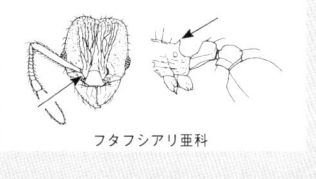

アリ科

cc. 複眼を欠く.	4. へ

3. a. 付節末端の爪は単純.
   b. 複眼の長径は大腮を除いた頭長の 1/4 以下.
   c. 額葉は互いに離れる（ヒゲブトアリ属を除く）.

   p.78　フタフシアリ亜科 Myrmicinae

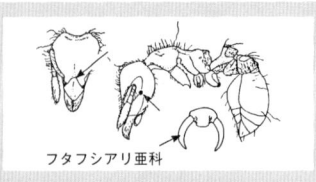

   フタフシアリ亜科

   aa. 付節末端の爪には歯状突起がある.
   bb. 複眼は大きく，長径は大腮を除いた頭長の約 1/3.
   cc. 額葉は互いに接する.

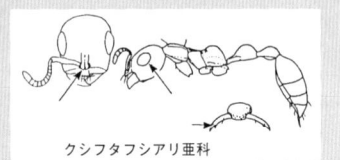

   p.77　クシフタフシアリ亜科 Pseudomyrmecinae

   クシフタフシアリ亜科

4. a. 触角は 8 〜 10 節からなる.
   b. 明瞭な直立する額隆起縁がある.
   c. 前・中胸縫合線は背面で消失するか不明瞭.

   p.70　ヒメサスライアリ亜科 Aenictinae

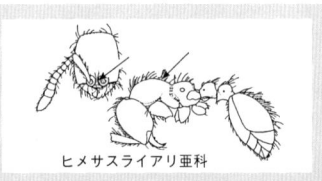

   ヒメサスライアリ亜科

   aa. 触角は 12 節からなる.
   bb. 額隆起縁はないか，あっても極めて不明瞭.
   cc. 前・中胸縫合線は背面でも明瞭に認められる.

   p.72　ムカシアリ亜科 Leptanillinae

   ムカシアリ亜科

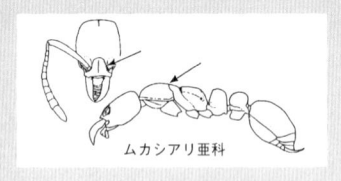

5. a. 腹柄節は大きく，側方から見て丘部の幅が広い.
   b. 腹部第 1 節と第 2 節の間がくびれる（アギトアリ属とヒメアギトアリ属を除く）.
   c. 腹部第 1 節の背板と腹板は融合しているため第 1 節は筒状となる.
   d. 腹部末端に機能的な刺針をもつ. 6. へ

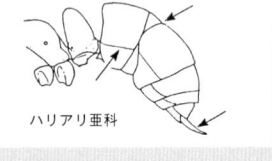

   ハリアリ亜科

   aa. 腹柄節は小さく，側方から見て丘部の幅は狭い.
   bb. 腹部第 1 節と第 2 節の間はくびれない.
   cc. 腹部第 1 節の背板と腹板は融合していない．よって，腹部が縮んだ際には，第 1 背板側方が第 1 腹板側方の上に重なる．また，腹部が膨らんだ際に，第 1 節の腹板と背板の間に白い節間膜が認められる.

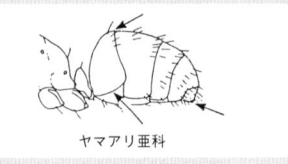

   ヤマアリ亜科

| dd. 腹部末端に刺針をもたない. | 7. へ |

6. a. 腹柄節は山形で，その後面全面で腹部と接続しない．
   b. 明瞭な前・中胸縫合線が胸部背面に見られる．
   c. 頭盾前縁にペグ状の突起列をもたない．
   d. 額葉は横に張り出し，触角の挿入部の大部分が隠される（ただしハシリハリアリ属では挿入部はかなり露出する）．
   e. 触角挿入部は頭部の前縁から離れた場所にある．
   　　　p.44　ハリアリ亜科 Ponerinae

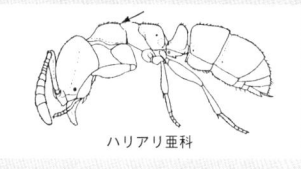

   aa. 腹柄節は後面全面で腹部と接続する．
   bb. 明瞭な前・中胸縫合線が胸部背面に見られる．
   cc. 頭盾前縁にペグ状の突起列をもつ．
   dd. 額葉は横に張り出し，触角の挿入部の大部分は隠される．
   ee. 触角挿入部は頭部の前縁から離れた場所にある．
   　　　p.36　ノコギリハリアリ亜科 Amblyoponinae

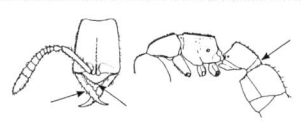

   aaa. 腹柄節は山形で，その後面全面で腹部と接続しない．
   bbb. 前・中胸縫合線は背面で消失するか，あるいは不明瞭．
   ccc. 頭盾前縁にペグ状の突起列をもたない．
   ddd. 額葉は横に張り出さないか，弱く張り出す程度で，触角の挿入部は完全にあるいは大部分露出している．
   eee. 触角挿入部は頭部の前縁近くに位置する．
   　　　p.38　カギバラアリ亜科 Proceratiinae

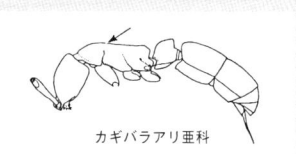

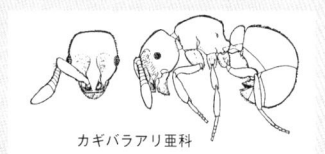

7. a. 腹部末端は円錐形で丸く開口し，多くの属ではその周囲が毛で取り囲まれる（トゲアリ属は周毛を欠く）．
   　　　p.181　ヤマアリ亜科 Formicinae

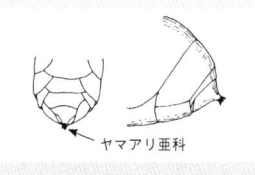

> **aa.** 腹部末端の開口部はスリット状で，周囲に顕著な環状の毛列はない．
>
> p.173　カタアリ亜科　Dolichoderinae

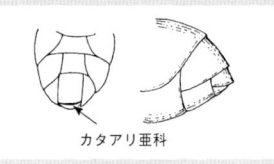

[ハリアリ型亜科群　Poneriomorph subfamilies]

ノコギリハリアリ亜科　Amblyoponinae

分類・形態　本亜科は，腹柄節の後面全体が膨腹部背側に接続していることと，頭盾前縁に顕著な歯状の突起列をもつ（例外がある）ことで他の亜科の働きアリと容易に区別される．

　従来，ノコギリハリアリ族 Amblyoponini としてハリアリ亜科の一群に位置づけられていたが，近年，本族を独立したノコギリハリアリ亜科 Amblyoponinae へと昇格させて用いられるようになった．

生態　肉食性で，土壌中の節足動物を捕えて餌としている．

分布　2008年に創設された Opamyrma 属を含めて，世界に13属約120種が記載されており，日本では Stigmatomma 1属のみが知られている．

ノコギリハリアリ族　Amblyoponini

ノコギリハリアリ属　Stigmatomma Roger, 1859

分類・形態　体長1〜13 mm の小型から中型のアリ．体は細長く，腹柄節の後端部は広く腹部に接続すること，大腮が鎌状で細長く，歯列をもつが咀嚼縁が分化しないこと，頭盾前縁に数個の歯が並ぶことで日本産の他属と区別される．

　日本産の種には長く Amblyopone の属名が適用されてきたが，本属は近年 Amblyopone, Xymmer, Stigmatomma の3属に分割された．日本産の種はすべて Stigmatomma に位置づけられる．

生態　林床性のアリで，土中や腐倒木，腐切株等に営巣し，土中の節足動物を捕食する．特定の動物を餌として狩る種から，広く昆虫類を狩る種までが見られる．

分布　世界に約65種が記載されており，日本には4種が分布する．

種の検索表　ノコギリハリアリ属

> **1. a.** 触角は12節からなる．
> 　　**b.** 大腮の歯は2列に並ぶ．

c. 体長 3 mm 以上.
　d. 体色は赤褐色.

p.38　　ノコギリハリアリ　*Stigmatomma silvestrii*

　aa. 触角は 11 節からなる.
　bb. 大腮の歯は 2 列に並ぶ.
　cc. 体長 2 mm 程度.
　dd. 黄褐色.

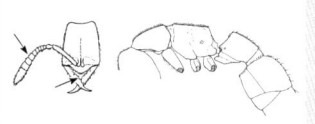

p.38　　ヤイバノコギリハリアリ　*Stigmatomma sakaii*

　aaa. 触角は 11 節からなる.
　bbb. 大腮の歯は 1 列.
　ccc. 体長 2 mm 程度.
　ddd. 体色は黄褐色.

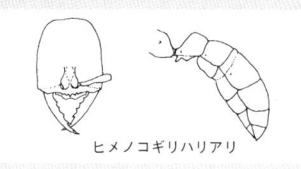

p.37　　ヒメノコギリハリアリ　*Stigmatomma caliginosum*

　aaaa. 触角は 10 節からなる.
　bbbb. 大腮の歯は 1 列.
　cccc. 体長 1.5 mm の小型種.
　dddd. 体色は淡黄色.

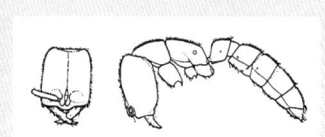

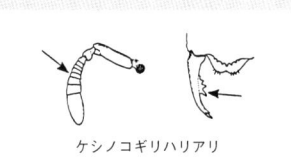

p.38　　ケシノコギリハリアリ　*Stigmatomma fulvidum*

ヒメノコギリハリアリ　*Stigmatomma caliginosum*（Onoyama, 1999）

分類・形態　体長 2 mm の小型で黄褐色のアリ．触角は 11 節からなる．頭盾前縁に 5 本の歯状突起をもち，大腮は細長く，1 列で 7 個の歯をもつ．腹柄節下部突起は前方に突出する．

生態　稀な種で，照葉樹林の土中に巣が見られる．コロニーは小さく，1 頭の女王と 10 頭程度の働きアリからなる．結婚飛行は 8 月に行われる．

分布　国内：本州，九州．

ケシノコギリハリアリ　*Stigmatomma fulvidum* (Terayama, 1987)

分類・形態　体長1.5 mmの微小種．体色は淡黄色．触角は10節からなり，大腮には6個の歯が1列に並ぶ．腹柄節下部突起は前端で高まる．

生態　土中に営巣する．

分布　国内：琉球列島．稀な種．

島嶼の分布　沖縄諸島：沖縄島，平安座島，宮城島．

ヤイバノコギリハリアリ　*Stigmatomma sakaii* (Terayama, 1989)

分類・形態　体長2 mm．体は黄褐色．触角は11節からなり，大腮には歯が2列に並ぶ．腹柄節下部突起は中央付近で高まる．

生態　沖縄では石下から，台湾では土中から得られている．

分布　沖縄島．国外：台湾．稀な種．

島嶼の分布　沖縄諸島：沖縄島．

ノコギリハリアリ　*Stigmatomma silvestrii* Wheeler, 1928

分類・形態　体長3.5〜4.5 mm．体は赤褐色．触角は12節からなり，大腮の歯は2列に並ぶ．頭盾前縁に7本の歯状突起をもつ．腹柄節下部突起の下縁後端部は角ばる．

生態　林内の土中に営巣し，ジムカデ類を主に捕食する．巣は土中10〜30 cmほどの深さの場所に多い．コロニーは50個体以下の働きアリからなる（最多の記録は56個体）．1つのコロニーに1個体の女王がいる場合が多いが，2〜3個体が見られる場合もある．女王は自分の幼虫を大腮で傷つけ，そこからにじみ出て来る体液を吸うことで栄養を獲得している．有翅虫は8月に巣内に出現し，8〜9月に結婚飛行が行われる．新女王は昼に母巣から飛出する．幼虫は女王，オスになるものも含めて5齢まであり，日本のアリでは最多の齢数となる．通常，平野部の照葉樹林内に見られるが，本州中部では標高1000 m以上の山地で得られた例もある．

分布　国内：北海道，本州，四国，九州，南西諸島．国外：朝鮮半島，台湾．

島嶼の分布　本州：宮島，沖ノ島，沖ノ島．九州：上甑島，対馬．伊豆諸島：利島，式根島，三宅島，御蔵島，口ノ三島：黒島．大隅諸島：種子島，屋久島，口永良部島．トカラ列島：口之島．奄美諸島：徳之島，沖永良部島．沖縄諸島：沖縄島，伊平屋島，伊是名島．慶良間諸島：渡嘉敷島．八重山諸島：石垣島，西表島．大東諸島：南大東島．

カギバラアリ亜科　Proceratiinae

分類・形態　腹柄部は腹柄節1節のみからなる．前・中胸縫合線は背面で消失する．額隆起縁は小さいか，あるいは左右の隆起縁が融合し，薄い垂直の仕切り，あるいは台地状に隆起する．そのために，頭部を正面から見て，触角挿入部は全部あるいは大部分が露出する．腹端に針をもつ．

長くハリアリ亜科に位置づけられていたが，近年独立した亜科と位置づけられるようになった．
生態 肉食性で，他の節足動物あるいはその卵を餌としている．
分布 世界で3属約130種が記載され，日本には3属すべてが分布する．

属の検索表 ｜ カギバラアリ亜科

1.
- a. 腹部第2節の背板は腹板に比べて著しく肥大する．
- b. 腹部の後方は腹方へ著しく湾曲する．

  →**2.へ**

- aa. 腹部第2節の背板は腹板に比べ，わずかに大きい程度．
- bb. 腹部先端は後方を向き，著しく湾曲することはない．

  p.39 **ハナナガアリ属** *Probolomyrmex*

2.
- a. 触角は12節からなり，末端節は他の鞭節を合わせた長さより短い．
- b. 頭盾前縁は大腮をおおいかくすほどは突出しない．
- c. 大腮は3個以上の明瞭な歯をもつ．
- d. 腹部第1背板は第2背板に比べて小さい．

  p.42 **カギバラアリ属** *Proceratium*

- aa. 触角は9節以下からなり，末端節は他の鞭節を合わせた長さとほぼ同長かより長い．
- bb. 頭盾前縁は中央で方形に突出し，大腮の一部をおおいかくす．
- cc. 大腮に明瞭な歯がない．
- dd. 腹部第1背板は第2背板に比べて大きい．

  p.41 **ダルマアリ属** *Discothyrea*

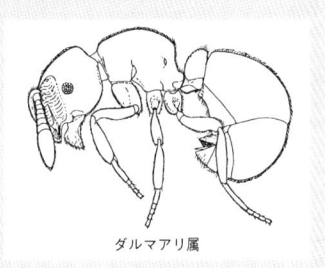

ハナナガアリ族　Probolomyrmecini
ハナナガアリ属　*Probolomyrmex* Mayr, 1901

分類・形態 小型の細長いアリで体長は3mm以下．頭盾が著しく前方に突出し，大腮を完全におおいかくす．また，触角の基部は裸出し，左右は接近して中央の垂直な隆起板によって仕切ら

れる．働きアリに複眼はなく，大腮などの一部の場所を除いて明瞭な立毛をもたない．

生態 林縁を中心に生息し，竹林からも得られる．コロニーは十数頭から数十程度の個体からなり，土中に営巣する．東南アジア産の種でフサヤスデを狩って餌とする報告がある．

分布 世界の熱帯・亜熱帯地域から20種が記載されており，日本では琉球列島から2種が得られている．

種の検索表　　ハナナガアリ属

1. a. 腹柄節は短く，高さが長さよりも大きい．
   b. 腹柄節下部突起は大きく発達する．

   p.40　ハナナガアリ　*Probolomyrmex okinawensis*

   aa. 腹柄節は長く，高さよりも長さの方が大きい．
   bb. 腹柄節下部突起は小さい．

   p.40　ホソハナナガアリ　*Probolomyrmex longinodus*

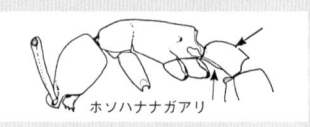

ホソハナナガアリ　*Probolomyrmex longinodus* Terayama & Ogata, 1988

分類・形態 体長2.5 mm．体は赤褐色．触角柄節は細長く，頭蓋の全長の3/4の長さ．腹柄節は長く，高さより長さが大きい．腹柄節下部突起はほとんど発達しない．

生態 照葉樹林の林床から林縁部にかけて生息する場合が多いが，竹林の土中のような林縁の環境にも営巣している．1つのコロニーは数十個体（最大で47個体）からなる．多雌性で，1つの巣に3～13個体の女王が見られる．ただし，受精しているものは，その中の1個体のみである．

分布 国内：琉球列島（南琉球）．国外：台湾，タイ等から得られている．

島嶼の分布 八重山諸島：石垣島，与那国島．

ハナナガアリ　*Probolomyrmex okinawensis* Terayama & Ogata, 1988

分類・形態 体長2 mm．体は赤褐色．触角柄節は頭蓋の全長の1/2程度．腹柄節は短く，高さが長さより大きい．腹柄節下部突起は発達し，板状の垂直な隆起板となる．

生態 照葉樹林の林床から得られている．

分布 国内：琉球列島（沖縄島）．採集例は少なく稀な種．

島嶼の分布 沖縄諸島：沖縄島．

カギバラアリ族　Proceratiini
ダルマアリ属　*Discothyrea* Roger, 1863

分類・形態　小型のずんぐりとしたアリ．体長は1～3mm程度．頭盾が前方に突出し，大腮にかかる．左右の額隆起縁が融合し台地状に隆起する．触角先端節が著しく膨らみ，他の鞭節を合わせた長さよりも長い．日本産の種では触角が8～9節からなる．膨腹部はカギバラアリ属と同様に第1節，第2節の背板が腹板に比べて肥大し，第3節以降は腹方から前方を向く．ただし，第1節が第2節よりも大きい点でカギバラアリ属とは異なる．

生態　林床に生息し，腐倒木，土中に営巣する．節足動物の卵を捕食する．

分布　世界の温帯から熱帯にかけて32種が記載されている．日本から2種が知られている．

種の検索表　ダルマアリ属

1. a. 複眼は小さく，かつ弱く突出する程度．
   b. 触角は8節からなる．
   c. 腹部第1背板は弱く浅い点刻が散在する．
        p.41　ダルマアリ　*Discothyrea sauteri*

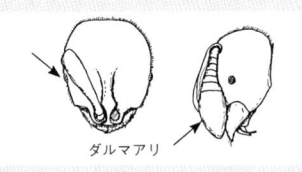

   aa. 複眼は比較的大きく，かつ突出する．
   bb. 触角は9節からなる．
   cc. 腹部第1背板は比較的明瞭に点刻される．
        p.41　メダカダルマアリ　*Discotyrea kamiteta*

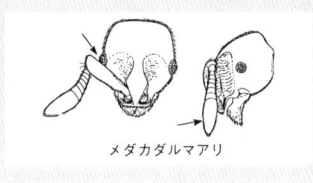

メダカダルマアリ　*Discothyrea kamiteta* Kubota & Terayama, 1999

分類・形態　体長2mm強．体は赤褐色．触角は9節からなり，複眼は大きく顕著に突出する．腹部第1節の点刻はより深く明瞭．

生態　照葉樹林の林床に生息し，腐倒木等に営巣する．野外で巣内に節足動物の卵が見出されており，室内実験では，クモの卵を選択的に捕食することが判明したことから，これらを餌としているものと推定される．

分布　国内：沖縄島からのみ採集されている．

島嶼の分布　沖縄諸島：沖縄島．慶良間諸島：慶留間島．

ダルマアリ　*Discothyrea sauteri* Forel, 1912

分類・形態　体長2mm．体は赤褐色．触角は8節からなる．複眼は小さく数個の個眼からなり，弱く突出する程度．腹部第1節の点刻は浅く不明瞭．

生態　多雌性のコロニーと単雌性のコロニーの両方が見られる．コロニーは働きアリ数十個体か

ら構成される．クモの卵を専門に捕食する．単雌創巣であるが，多雌による創巣もあるかも知れない．

分布　国内：本州，四国，九州，南西諸島．国外；台湾．

島嶼の分布　九州：中通島，志賀島．伊豆諸島：三宅島．大隅諸島：種子島，屋久島．沖縄諸島：沖縄島．慶良間諸島：久米島．八重山諸島：石垣島，西表島，与那国島．尖閣諸島：魚釣島．

カギバラアリ属　*Proceratium* Roger, 1863

分類・形態　体長 2.5～3.5 mm のやや小型のアリ．腹部が特異な形態をしたアリで，腹部第1節，第2節の背板が腹板に比べて肥大し，第3節以降が腹方ないし前方を向く．第2節が第1節より大きい点でダルマアリ属と区別できる．触角は12節で棍棒部をもたない．また頭盾前縁は大腮にはかからない．

生態　腐倒木や土中に営巣し，ムカデやクモ等の節足動物の卵を捕食することが知られている．コロニーサイズは小さく，働きアリ200個体以下からなる．

分布　世界の温帯から熱帯にかけて78種が知られており，日本からは4種が得られている．

種の検索表　カギバラアリ属

1. a. 腹柄節は鱗片状で，薄く高い．
　　 b. 頭盾前縁は水平で，中央部は前方に突出しない．
　　　　p.43　ヤマトカギバラアリ　*Proceratium japonicum*

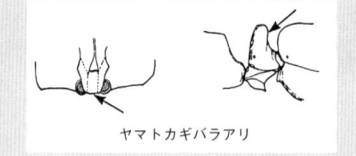

　　 aa. 腹柄節は長さが高さよりも長く，背面を緩やかな弧をえがく．
　　 bb. 頭盾前縁中央部は前方に突出する．
　　　　p.44　ワタセカギバラアリ　*Proceratium watasei*

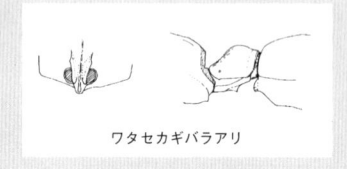

　　 aaa. 腹柄節はこぶ状で長さと高さがほぼ等しい．
　　 bbb. 頭盾前縁の中央部は前方に突出する．　2. へ

2. a. 腹柄節前方背面の突起は弱く，背面から見て左右の突起間に暗色の縁取りはない．
　　　　p.43　イトウカギバラアリ　*Proceratium itoi*

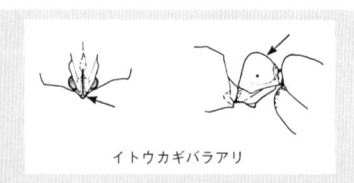

　　 aa. 腹柄節前方背面の突起は顕著で，背面から見て

左右の突起間に暗色の縁取りがある．	
p.43　モリシタカギバラアリ　*Proceratium morisitai*	モリシタカギバラアリ

イトウカギバラアリ　*Proceratium itoi* (Forel, 1917)

分類・形態　体長3 mm．体は黄褐色から赤褐色．頭盾前縁の中央部は前方に突出し，三角形状．腹柄節は側方から見てこぶ状に盛り上がり，前縁，後縁ともになだらかに傾斜する．腹柄節下部突起は小さい．

生態　林内の土中に営巣する．コロニーは単女王の場合と，女王が2，3個体見られる場合とがあり，働きアリ100〜200個体からなる．8月に有翅虫が巣内に出現し，8〜9月に結婚飛行が行われる．昼間に母巣からの飛出が見られる．単雌創巣の場合と，多雌創巣の場合とがある．ムカデ，ツチカメムシ等節足動物の卵を探し，巣内に運んで餌とする．

分布　国内：本州，四国，九州，琉球列島．国外：朝鮮半島，台湾，中国．

島嶼の分布　伊豆諸島：式根島，口ノ三島：硫黄島，トカラ列島：臥蛇島，種子島，奄美諸島：奄美大島，徳之島，沖縄諸島：沖縄島，慶良間諸島：渡嘉敷島，宮古諸島：宮古島，八重山諸島：石垣島，西表島．

ヤマトカギバラアリ　*Proceratium japonicum* Santschi, 1937

分類・形態　体長2.5 mm．体は黄褐色．頭盾前縁は直線状．腹柄節は短く，側方から見て前縁・後縁ともにほぼ垂直．腹柄節下部突起は大きく三角形状で，下端の角はやや後方を向く．胸部背縁の形状は地理的変異を示し，本州のものではほぼ直線状であるが，南西諸島産のものでは緩やかな弧をえがく．

生態　照葉樹林の林床に生息し，腐朽木中によく巣が見られる．単雌性であるが，1つのコロニーに2個体の女王が見られる場合もある．コロニーは働きアリが数十から150頭程度からなる．8月に結婚飛行が見られる．

分布　国内：本州，四国，九州，南西諸島，小笠原群島（母島）．国外：台湾．

島嶼の分布　本州：宮島，猿島，沖ノ島，金華山島．九州：対馬．伊豆諸島：式根島，三宅島，八丈島．小笠原群島：母島．大隅諸島：屋久島．トカラ列島：口之島，中之島．奄美諸島：奄美大島，徳之島，与論島．沖縄諸島：沖縄島，屋我地島．慶良間諸島：渡嘉敷島．八重山諸島：石垣島，西表島，与那国島．

モリシタカギバラアリ　*Proceratium morisitai* Onoyama & Yoshimura, 2002

分類・形態　体長3〜3.5 mm．赤褐色．イトウカギバラアリ *P. itoi* に類似するが，側方から見て，腹柄節前縁部がより急角度で背縁につながり，腹柄節下部突起はより大きく，先端が尖ること（変異がある），背面から見て，腹柄節前縁は黒く縁取りされることで，女王，働きアリともに区別

される.

生態 照葉樹林の林床に生息する．単雌性で，1つのコロニーの構成個体数はイトウカギバラアリよりも少ないようである．10月に結婚飛行が行われる．

分布 本州．

島嶼の分布 本州：壱岐．伊豆諸島：大島．

ワタセカギバラアリ *Proceratium watasei* (Wheeler, 1906)

分類・形態 体長3.5mmほどの中型のアリ．体は赤褐色．眼は小さい．触角柄節は長く，頭部の後縁にほぼ達する．腹柄節は長く，背縁はなだらかな山形となる．

生態 照葉樹林の林床に生息する．単雌性で，1つのコロニーの働きアリ数は100以下で，通常40〜50個体からなる．8〜9月の夜に結婚飛行が行われる．単雌創巣．ムカデ等の節足動物の卵を餌としている．

分布 国内：本州，四国，九州．国外：朝鮮半島．

島嶼の分布 本州：沖ノ島，桃頭島，島後，舳倉島，佐渡島．四国：手島．九州：上甑島，志賀島．伊豆諸島：大島．

ハリアリ亜科　Ponerinae

分類・形態 腹柄部が腹柄節1節のみからなること，腹部末端に刺針をもつこと，膨腹部第1節と第2節の間がくびれること（アギトアリ属とヒメアギトアリ属では不明瞭となる），腹部第1節の背板と腹板が融合し，筒状になることで他の亜科と区別される．腹端の針は機能的で，種によっては刺されるとかなりの痛みを感じる．

生態 肉食性の種が多く，数十から数百個体程度の小さなコロニーをつくる種が多い．

分布 世界で47属約1400種が記載されており，熱帯雨林地帯に多くの種が分布する．日本からは11属31種が記録されている．

属の検索表 | ハリアリ亜科

1. a. 腹柄節背面後方に1対の明瞭な刺をもつ．
   b. 中胸側板の上部に小さな，しかし明瞭なくぼみをもつ．
   　　　p.52 **トゲオオハリアリ属** *Diacamma*

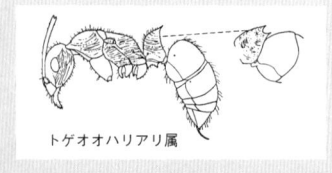

   aa. 腹柄節背面に刺はない．
   bb. 中胸側板の上部にくぼみはない．　　2.へ

2.	a. 頭盾前縁中央は著しく前方へ突出する. b. 脚付節末端の爪は櫛歯状. 　　　p.61　**ハシリハリアリ属**　*Leptogenys*	ハシリハリアリ属
	aa. 頭盾前縁はほぼ直線状か弧状をえがく程度. bb. 脚付節末端の爪は単純で，櫛歯状にならない. 　　　　　　　　　　　　　　　　3. へ	ハシリハリアリ属　ハリアリ属
3.	a. 大腮は棒軸状で，それらの挿入部は頭部前縁の中央付近に互いに隣接する. b. 頭部側縁は前方から見て複眼の後方でくびれる. 　　　　　　　　　　　　　　　　4. へ	ヒメアギトアリ属
	aa. 大腮は多少とも三角形で，それらの挿入部は頭部前縁の両側方に離れて位置する. bb. 頭部側縁は前方から見て複眼の後方でくびれない. 　　　　　　　　　　　　　　　　5. へ	ヒメハリアリ属
4.	a. 背方から見て，頭部後縁の横断線は中央でＶ字状に刻まれ，頭部後縁中央部を縦に走る正中線に合流する. b. 大型のアリで，体長は7 mm を越える. 　　　p.61　**アギトアリ属**　*Odontomachus*	アギトアリ属
	aa. 背方から見て頭部後縁の横断線は中央部でもほぼ直線状で，頭部後縁中央部を縦に走る正中線はない. bb. 小型のアリで，体長5 mm 以下. 　　　p.47　**ヒメアギトアリ属**　*Anochetus*	ヒメアギトアリ属
5.	a. 中脚脛節の外側には短い刺状の剛毛を複数そなえる.	

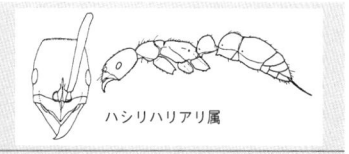

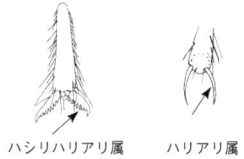

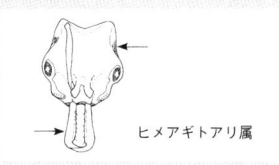

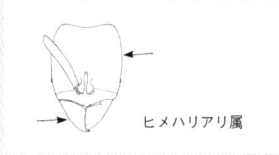

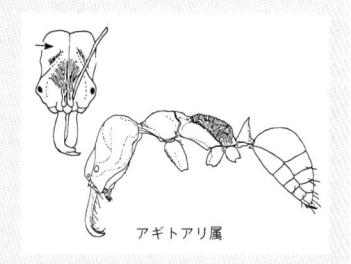

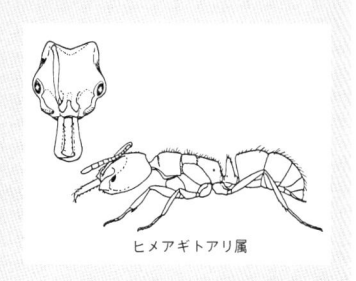

ハリアリ亜科

b. 大腿の外側基部付近に円形から楕円形の小孔がある．

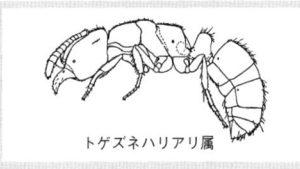

　　　　　p.50　**トゲズネハリアリ属**　*Cryptopone*

aa. 中脚脛節の外側に刺状の剛毛はない．
bb. 大腿の外面基部付近に小孔はない（オオハリアリ属とホンハリアリ属を除く）．

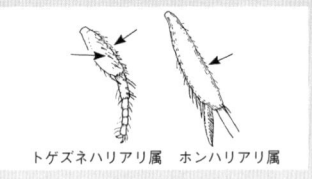

　　　　　　　　　　　　　　　　　6. へ

6. a. 側面から見て，前胸と中胸は明瞭に盛り上がり，前伸腹節と段差をつくる．
　b. 前伸腹節気門は円状．

　　　　　p.48　**オオハリアリ属**　*Brachyponera*

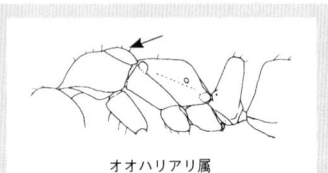

aa. 側面から見て，胸部はほぼ平らか，緩やかな弧をえがく．
bb. 前伸腹節気門は細長くスリット状．

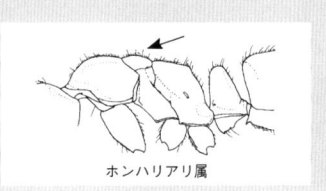

　　　　　　　　　　　　　　　　　7. へ

7. a. 中胸側板の側面域に斜めに走る溝がある．
　b. 大型種で体長 7 mm 程度．

　　　　　p.52　**ツシマハリアリ属**　*Ectomomyrmex*

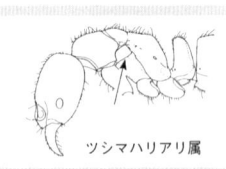

aa. 中胸側板の側面域に斜めに走る溝はない．
bb. より小型で体長 5 mm 以下．

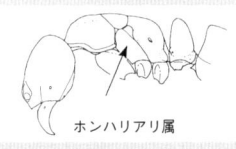

　　　　　　　　　　　　　　　　　8. へ

8. a. 後脚の脛節刺は 2 本で，針状と櫛歯状のものからなる．
　b. 体長 4〜5 mm のより大型の種．

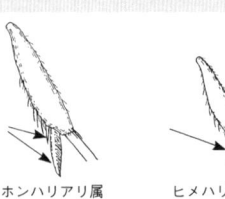

　　　　　　　　　　　　　　　　　9. へ

aa. 脛節刺は 1 本で，櫛歯状．
bb. 小型でほとんどのものは体長 3.5 mm 以下．

　　　　　　　　　　　　　　　　　10. へ

9. a. 大腮の基部外側面に小孔がある.
   b. 腹柄節下部突起の前方に小窓はない.
      p.54 　ホンハリアリ属　*Euponera*

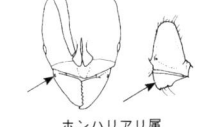

   a. 大腮の基部外側面に小孔はない.
   b. 腹柄節下部突起の前方に小窓がある.
      p.63 　コガタハリアリ属　*Parvaponera*

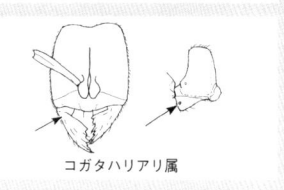

10. a. 腹柄節下部突起の側面に小窓がある.
    b. 腹柄節下部突起の後端には1対の刺状突起がある（一部不明瞭な種がある）.
    c. 大腮鬚・下唇鬚ともに2節からなる.
       p.63 　ハリアリ属　*Ponera*

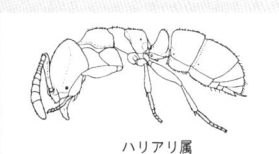

    aa. 腹柄節下部突起の側面に小窓はない.
    bb. 腹柄節下部突起の後端はなだらかで，刺状突起をもたない.
    cc. 大腮鬚・下唇鬚ともに1節からなる.
       p.56 　ニセハリアリ属　*Hypoponera*

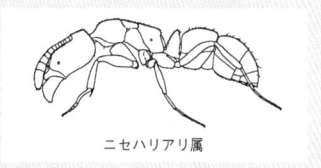

ハリアリ族　Ponerini

ヒメアギトアリ属　*Anochetus* Mayr, 1861

分類・形態　中型から比較的小型のアリで体長3〜6 mm．．大腮はアギトアリ属と同様に長く直線状で，先端部で急激に内側に折れ曲がり，かつ頭部前縁の中央部に接続する．ただし，頭頂部から後頭部にかけて正中線がないことでアギトアリ属と区別される．また，腹柄節は背方に強く隆起するが，鋭く尖ることはない．膨腹部第1背板と第2背板の間のくびれは不明瞭．

生態　森林内の土中や石下に営巣する．一部の種では草地や裸地的な環境にも見られる．

分布　世界の熱帯・亜熱帯に約100種が記載されている．日本では宮古島と石垣島からヒメアギトアリ *A. shohki* 1種が得られている．

ヒメアギトアリ　*Anochetus shohki* Terayama, 1999

分類・形態　体長4 mm．頭部は褐色，胸部，腹柄節は暗褐色，腹部は黒褐色．脚は黄褐色．頭部は五角形で長さと幅はほぼ等しい．大腮は直線状で先端に3歯をそなえる．触角柄節は頭部後

縁に達さない．

生態　やや開けた環境に生息し，登山道の道路脇や海岸付近の石下等から得られている．コロニーは小さい．

分布　国内：琉球列島．

島嶼の分布　宮古諸島：宮古島．八重山諸島：石垣島．

オオハリアリ属　*Brachyponera* Emery, 1900

分類・形態　体長 3〜7 mm の小型から中型のアリ．体表は平滑で光沢をもつ部分が多い．大腮の基部背側面に小孔をもつ．複眼は比較的小さく，頭部側面の大腮基部近くに位置する．前胸・中胸背縁は側方から見ると弧を描き，前伸腹節背縁よりも高く隆起する．明瞭な後胸溝をもつ．中胸側板側面域の後背部に小さな丸い葉片部がある．前伸腹節気門は円形．腹柄節は側方から見て高く薄い．中脚脛節の外側に，刺状の剛毛はない．また，脛節刺は 2 本存在し，1 本は針状で，もう 1 本は櫛歯状．ハリアリ亜科の中では，女王と働きアリのサイズ差が大きい属である．

　本属は，ツシマハリアリ属 *Ectomomyrmex* やケブカハリアリ属 *Trachymesopus* 等とともに 200 以上の種を含むフトハリアリ属 *Pachycondyla* に包含されていた．しかし，近年の分子系統解析の結果，フトハリアリ属とされていたものは多系統群であることが明瞭で，そのため系統を反映させて再分類が行われた結果，19 の属に区分された．この結果 *Pachycondyla* 属そのものは，南米のみに生息し，11 種のみからなる小さな属と位置づけられるに至った．

生態　土中や倒木等に営巣する．広食性の捕食者および腐食者と考えられているが，シロアリを専食する種も知られている．

分布　アフリカからアジア，オーストラリアにかけて分布し，18 種が記録されている．日本には 3 種が生息する．

種の検索表　オオハリアリ属

1. a. 触角柄節が頭部後縁を越える長さは，触角第 2 節の長さにほぼ等しい．
   b. 前伸腹節側面に細かな彫刻があり，光沢はない．
   　　2. へ

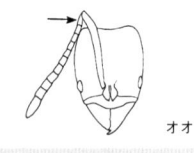

   オオハリアリ

   aa. 触角柄節が頭部後縁を越える長さは，触角第 2 節の長さより短い．
   bb. 前伸腹節側面には彫刻がなく，表面は滑らかで光沢をもつ．
   　p.50　ツヤオオハリアリ　*Brachyponera luteipes*

   ツヤオオハリアリ

2.
- a. 腹柄節背面は後方から見てより強く弧をえがく.
- b. 背方から見て，前胸背板前側縁は丸みを帯びる.

　p.49　オオハリアリ　*Brachyponera chinensis*

オオハリアリ

- aa. 腹柄節背面は後方から見てより緩やかな弧をえがく.
- bb. 背方から見て，前胸背板前側縁は角ばる.

　p.50　ナカスジハリアリ　*Brachyponera nakasujii*

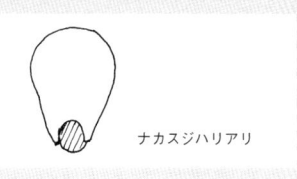

ナカスジハリアリ

オオハリアリ　*Brachyponera chinensis*（Emery, 1894）

分類・形態　体長 3.5 mm. 体は黒色で，大腮と脚は明褐色. 触角柄節は頭部後縁を触角第 2 節の長さ分越える. 前伸腹節側面は細かく彫刻され（変異あり），光沢はない. オスの体色は象牙色で，大腮が痕跡的である.

　近年，各地個体のミトコンドリア DNA（COI 遺伝子）による分子系統解析の結果，日本産のオオハリアリとされていたものの中に 2 種が混在することが判明した. この分子レベルで区分された 2 種は，詳細な形態比較の結果，外部形態でも識別可能となり，一方はナカスジハリアリ *B. nakasujii* として記載された.

生態　近似のナカスジハリアリよりも，より攪乱された環境に多く見られ，公園や路傍，市街地等に多く見られる. 多雌性で多巣性である. シロアリ等の昆虫類を餌にするほか，植物の種子も集め，雑食性の傾向が強い. 9 月に結婚飛行が行われ，夜に飛出する. 卵と幼虫を合わせた期間は 10 日，前蛹の時期を含み蛹の期間は 15 日で，よって卵から働きアリが羽化するまで 25 日との報告がある. 幼虫齢数は 4 齢. 日本からアメリカ合衆国やニュージーランドに運ばれ，外来種として定着している.

分布　国内：本州，四国，九州，南西諸島，小笠原諸島. 国外：朝鮮半島，台湾，中国，インドシナ半島，タイなどに分布し，人為的移入種としてニュージーランドや北米からも記録されている.

島嶼の分布　四国：広島，手島. 伊豆諸島：大島，利島，式根島，神津島，御蔵島，三宅島，八丈島. 小笠原群島：父島，母島. 大隅諸島：種子島，屋久島. 奄美諸島：奄美大島，請島，加計呂麻島，徳之島，沖永良部島，与論島. 沖縄諸島：沖縄島，硫黄鳥島. 八重山諸島：石垣島，西表島，与那国島.

島嶼の分布（参考：近年，2 種に区分されたことから，これまでの分布記録は再検討を要する. 以下の分布はオオハリアリかナカスジハリアリ，あるいは両種の分布記録になる.）

本州：飛島，宮島，沖ノ島，地島，桃頭島，江ノ島，猿島，城ケ島，七ツ島大島，高島，島後，西ノ島，金華山島. 九州：上甑島，中甑島，下甑島，福江島，中通島，平島，玄海島，地ノ島，能古島，志賀島，大島，壱岐，平戸島，黒子島，対馬. 伊豆諸島：大島，利島，新島，式根島，

神津島，三宅島，御蔵島，八丈島，青ヶ島．小笠原群島：父島，母島．草垣群島：上之島．大隅諸島：種子島，屋久島．トカラ列島：中之島，諏訪之瀬島，悪石島，宝島，横当島．奄美諸島：奄美大島，加計呂麻島，徳之島，沖永良部島，与論島．沖縄諸島：沖縄島，硫黄鳥島，伊平屋島，伊是名島，宮城島，久高島，屋我地島．慶良間諸島：渡嘉敷島．宮古諸島：宮古島．八重山諸島：石垣島，西表島，黒島，波照間島，与那国島．

ツヤオオハリアリ　*Brachyponera luteipes*（Mayr, 1862）

分類・形態　体長2.5〜3 mm．体は黒色で，大腮と脚は明褐色．オオハリアリ*B. chinensis*に類似するが，相対的に短い触角柄節と光沢のある前伸腹節によって区別される．オスアリでの区別は容易で，本種では体が黒色で，大腮が細長く伸長し腹面に向かって曲がる．

生態　林内から林縁にかけて見られ，倒木や切株中に営巣する．多雌性で，巣は働きアリ200個体程度になる．シロアリを専門的に捕食する．

分布　国内：琉球列島（来間島以南）．国外：台湾，中国南部からタイにかけて分布する．

島嶼の分布　宮古諸島：来間島．八重山諸島：石垣島，西表島，与那国島．

ナカスジハリアリ　*Brachyponera nakasujii*（Yashiro, Matsuura, Guenard, Terayama & Dunn, 2010）

分類・形態　体長3〜3.5mm．体は黒色で，大腮と脚は明褐色．オオハリアリ*P. chinensis*に極めて類似するが，腹柄節は前方から見て，より幅広く，背縁はほぼ平らであることと，背面から見て，前胸前側縁が角ばることで区別される．本種の方が，やや小型である．

生態　林内から林縁部にかけて比較的普通に見られ，倒木や切株中にしばしば営巣する．ただし，人為的攪乱を強く受けた樹林には見られない．働きアリは比較的敏捷に動きまわる．肉食性のアリで，シロアリを好んで捕食する．

分布　国内：本州，四国，九州，琉球列島．

島嶼の分布　伊豆諸島：大島，利島，御蔵島，三宅島，八丈島．口ノ三島：黒島．大隅諸島：種子島．トカラ列島：臥蛇島．奄美諸島：奄美大島，請島，与路島，徳之島，与論島．

トゲズネハリアリ属　*Cryptopone* Emery, 1892

分類・形態　体長2〜6 mmの小型から中型のアリ．複眼は非常に小さいか，あるいはない（日本産のものには小さい眼がある）．大腮の基部背側面に小孔がある．中脚脛節の外側に多くの頑強な刺状の剛毛をもち，中脚および後脚の脛節にそれぞれ針状と櫛歯状の2つの脛節刺をもつ．

生態　森林内の倒木中や土中に巣をつくる．日本の種では，双翅目や甲虫目の幼虫を捕えて餌としている．

分布　世界に広く分布するが，熱帯・亜熱帯アジアに種数が多い．これまでのところ24種が知られており，日本からは2種が記録されている．

| 種の検索表 | トゲズネハリアリ属 |

1.
- a. 腹柄節下部突起はよく発達し，明瞭な三角形を示す．
- b. 腹柄節は側方から見てより薄い．
- c. 頭盾背縁は側方から見てなだらかな弧をえがく．

  p.51　トゲズネハリアリ　*Cryptopone sauteri*

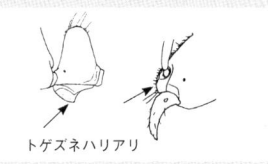

- aa. 腹柄節下部突起は小さく，腹面部はほぼ直線状．
- bb. 腹柄節は側方から見てより厚い．
- cc. 頭盾背縁は側方から見て明瞭な角をつくる．

  p.51　ハナダカハリアリ　*Cryptopone tengu*

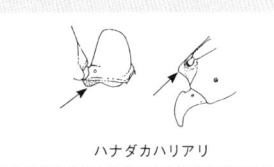

トゲズネハリアリ　*Cryptopone sauteri*（Wheeler, 1906）

分類・形態　体長 3.5 〜 4 mm．体は黄色から黄褐色．大腮は 9 〜 10 歯をもつ．頭盾の側方から見た輪郭はなだらかな弧状．腹柄節下部突起はよく発達し，三角形状．

生態　腐倒木や林床中に営巣する．単雌性で，8月下旬から9月にかけて結婚飛行が見られる．林床や朽ち木中のシロアリ，双翅類や甲虫類の幼虫等を捕食する．幼虫齢数は 4 齢．

分布　国内：本州，四国，九州，琉球列島（徳之島以北）．国外：朝鮮半島．

島嶼の分布　本州：宮島，沖ノ島，地島，沖ノ島，猿島，城ケ島，島後，金華山島．九州：中通島，能古島，大島，壱岐，平戸島，黒子島，対馬．伊豆諸島：大島，利島，式根島，三宅島，御蔵島，八丈島．口ノ三島：黒島．大隅諸島：屋久島．奄美諸島：奄美大島，徳之島．

ハナダカハリアリ　*Cryptopone tengu* Terayama, 1999

分類・形態　体長 3.5 〜 4 mm．体は黄褐色から赤褐色．大腮は 8 歯をもち，かつ先端の 4 歯は基部側の 4 歯より大きい．頭盾中央が著しく隆起し，頭盾の側方から見た輪郭はほぼ直角に曲がる．腹柄節下部突起は前方に小さく存在する程度で，腹柄節腹面は側方から見て概して直線状となる．

　奄美大島以北に分布するトゲズネハリアリ *P. sauteri* とは，腹柄節下部突起が小さく，腹柄節の腹面部は概して直線状となる点，腹柄節は側方から見てより厚い点，頭盾背縁は側方から見て明瞭な角をつくる点で区別される．

生態　朽ち木の中や林床中に営巣する．

分布　国内：琉球列島，小笠原諸島．

島嶼の分布　小笠原諸島：母島．奄美諸島：奄美大島，徳之島．沖縄諸島：沖縄島．八重山諸島：西表島．

トゲオオハリアリ属　*Diacamma* Mayr, 1862

分類・形態　大型のアリで体長は 8 mm 以上．頭部は前方から見て卵形，頭盾前縁は三角形状に突出する．複眼は大きく発達する．中胸側板の背方に明瞭なくぼみをもつ．機能的女王ではこのくぼみは翅芽跡(しがせき)（後述）によって埋められている．腹柄節は大きく，後背に 1 対の刺状突起をもつ．頭部，胸部，腹柄節表面には線状や指紋状の強い条溝がある．

　本属の胸部には，特異的に翅芽跡と呼ばれる突起があり，これをかじり取られると働きアリとして働き，切り取られない個体はやがてオスと交尾して機能的女王（gamergate）となり産卵を開始する．

生態　土中，木の空洞，石垣の間隙等に営巣する．巣には翅をもつ一般的な女王が存在せず，特定の働きアリが女王の役目を果たす．新たに女王となった個体は，巣から外に出て，巣口の近くでフェロモンを用いてオスを呼び寄せ交尾を行う．コロニーは数十から数百個体からなり，分巣で増える．

分布　東洋区およびオーストラリア区から 26 種が記載されているが，亜種として記載されているものも多く，分類学的に混乱した状態にある．日本からはトゲオオハリアリ *Diacamma indicum* 1 種のみが分布する．

トゲオオハリアリ　*Diacamma indicum* Santschi, 1920

分類・形態　体長 10 mm．体は黒褐色から黒色で，脚は赤褐色．頭部，胸部，腹柄節，腹部第 1 節は条溝でおおわれている．

　日本産の本種には，これまでに *D. rugosum* や *D. rugosum geometricum* var. *anceps* といった学名が与えられてきたが，少なくとも *rugosum* ではない．むしろ，*D. indicum* に非常に類似した形態をもち，オス交尾器の形態も *D. indicum* と一致することから本種と見なす見解が示されている．遺伝子レベルでの解析ではインド産の *D. indicum* とされる個体群とは分布が隔絶しており，個体群間に直接の遺伝子交流はないが，同一種との研究結果も示されている．以上を踏まえて，本書では本種を暫定的に *D. indicum* と見なした．

生態　比較的日当りのよい林縁部の土中，木の空洞，石垣の間隙等に営巣する．本種には形態的に働きアリと識別できる女王はいない．1 つのコロニーは 20～400 個体の働きアリからなり，環境条件が悪化すると容易に移動して，営巣場所を変える．分巣で増える．

　日本産の本種が，インド，スリランカに比較的広く分布する個体群と同一種であった場合，断続的な分布パターンから，どちらかの個体群が人為的移入により定着した可能性が考えられる．

分布　国内：琉球列島（奄美大島以南）．国外：台湾，インド，スリランカ．

島嶼の分布　奄美諸島：奄美大島，徳之島，沖永良部島．沖縄諸島：沖縄島，瀬底島，慶良間諸島：久米島．宮古諸島：宮古島．

ツシマハリアリ属　*Ectomomyrmex* Mayr, 1867

分類・形態　体長 5～13 mm の中型から大型のアリ．頭部や胸部に細かな条刻をもつ．大腮に

10以上の歯をそなえる．大腮基部背側面に小孔はない．複眼は比較的小さく，頭部側面のやや前方に位置する．前胸から腹柄節後背部にかけての胸部背縁は，側方から見て概して平ら．中胸側板の側面域は斜行する溝によって明瞭に二分される．前伸腹節気門はスリット状．後脚の脛節刺は2本存在し，1本は針状で，もう1本は櫛歯状．

フトハリアリ属 *Pachycondyla* に包含されていたが，近年の分子系統解析の結果，独立属とみなされるに到った．ホンハリアリ属 *Euponera* やハリアリ属 *Ponera* の大型種に類似の種が見られるが，前者とは，大顎基部背側面に小孔を持たないことや中胸側板側面域が二分されることで，後者とは，中胸側板側面域が二分されること，腹柄節下部突起に前方に小窓がないこと，後脚の脛節刺が2本あることで区別される．

生態 林床を徘徊し，広範に節足動物を捕食する．種によってはシロアリ類を好んで補食する．コロニーは小さく，通常100個体以下の働きアリからなる．

分布 アジアとオーストラリアに限って分布し，27種が本属に位置づけられる．日本には2種が生息する．

種の検索表　ツシマハリアリ属

1. a. 腹柄節は側方から見て，上方でより細まり，背縁は突出する．
   b. 大腮基部にしわをもたない．
   　p.53　ツシマハリアリ　*Ectomomyrmex* sp. A

   aa. 腹柄節は側方から見て，より幅広く，背縁はより緩やかな弧をえがく．
   bb. 大腮基部に幾条かのしわをもつ．
   　p.54　ミナミフトハリアリ　*Ectomomyrmex* sp. B

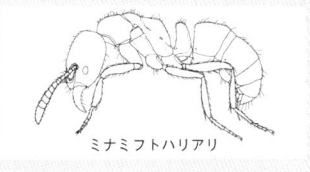

   ミナミフトハリアリ

ツシマハリアリ　*Ectomomyrmex* sp. A

分類・形態 体長約7 mmで，日本産ハリアリ類の中では大型の種．体は黒色．中胸側板の側面域に斜めに走る溝がある．従来ツシマハリアリ1種と思われていたが，対馬から中国，朝鮮半島のものは，側方から見て，腹柄節の背縁がより細まり，大顎基部にしわをもたないことで，九州から南西諸島，台湾にかけて生息するものと区別され，ここでは別種として取り扱った．

日本から記載された *Pachycondyla japonica* は，*Ectomomyrmex javanus* の同物異名とされたが，今日 *E. javanus* とされる種には複数種が混在する可能性が高く，少なくとも日本産の種は *javanus* とは別のものであろう．本種には *Ectomomyrmex japonica*（Emery, 1902）の学名が適用されると思われるが，詳細は今後の本種群のアジアレベルでの分類研究を待ちたい．

生態 林内の土中や林縁部の石下等に営巣する．

分布 国内：対馬．国外：中国，朝鮮半島．

島嶼の分布 九州：対馬．

ミナミフトハリアリ　*Ectomomyrmex* sp. B

分類・形態 体長約7 mm．体は黒色．中胸側板の側面域に斜めに走る溝があることから，ツシマハリアリを除く他の種とは容易に区別される．

　本種には *Ectomomyrmex javanus* あるいは *Pachycondyla javana* の学名が与えられていたが，東南アジアに広く分布する本種には，複数の種が混在している可能性が高く，かつ，少なくとも日本のものも2種に区分される．九州，南西諸島，小笠原群島の個体群と対馬の個体群は，腹柄節の形態や大腿基部のしわの形状が異なる．本種には *Ectomomyrmex sauteri* Forel, 1912の学名が適用される可能性が高いと思われるが，詳細は今後のアジアレベルでの分類研究を待ちたい．戦前に鹿児島から記録されたシロヤマハリアリも本種であろう．

生態 林内の土中や林縁部の石下等に営巣し，しばしば林床の地上部を単独で徘徊する個体が見られる．

分布 国内：九州，南西諸島，小笠原群島（母島）．国外：台湾，東南アジア（?）．

島嶼の分布 奄美諸島：奄美大島．沖縄諸島：沖縄島，平安座島，宮城島，慶良間諸島：渡嘉敷島．宮古諸島：宮古島，伊良部島，下地島．多良間諸島：多良間島．八重山諸島：石垣島，西表島，竹富島，波照間島，与那国島．尖閣諸島：魚釣島．

ホンハリアリ属　*Euponera* Forel, 1891

分類・形態 体長4〜10 mmの中型から大型のアリ．大腿は三角形状で，基部背側面に小孔をもつ．複眼は小型（長径に個眼が3〜4個並ぶ程度）から中程度の大きさ．前胸から腹柄節後背縁にかけての胸部背縁は，側方から見て概して平ら．前伸腹節気門はスリット状．腹柄節は方形で，一部の種で鱗片状．腹柄節下部突起に小孔はない．中脚脛節の外側に，刺状の剛毛はない．また，後脚の脛節刺は2本存在し，1本は針状で，もう1本は櫛歯状．頭部や胸部背面に多くの立毛や軟毛をもつ種（日本産の種が該当）がいる一方で，体毛が粗である種も見られる．

　フトハリアリ属 *Pachycondyla* に包含されていたが，近年の分子系統解析の結果，独立属とみなされるに到った．

生態 樹林内に生息し，土中や落葉下，倒木等に営巣する．コロニーサイズは小さく，十数頭から数十頭程度からなる．南アフリカのある種では，1個体の職蟻型女王のみがコロニー内で産卵するという繁殖システムを持つ．日本産のケブカハリアリ *E. pilosior* では，地中性のアリ類を餌としていることが報告されている．

分布 熱帯アフリカから東アジア・東南アジアにかけて25種が分布し，日本には2種が生息する．

| 種の検索表 | ホンハリアリ属 |

7. a. 腹柄節下部突起は台形で，下縁の前端と後端は角ばる．

p.55　ケブカハリアリ　*Euponera pilosior*

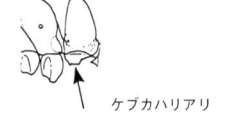

aa. 腹柄節下部突起は下端部の弱く角ばる亜三角形．

p.55　アカケブカハリアリ　*Euponera sakishimensis*

ケブカハリアリ　*Euponera pilosior* Wheeler, 1928

分類・形態　体長4.5～5 mm．体は暗赤褐色から黒褐色で，触角，大腮，脚は赤褐色．大腮に10歯をそなえ，基部外側面に小孔がある．胸部背縁はほぼ平ら．腹柄節下部突起は台形で前縁と後縁は多少とも角ばる．

　本種は当初 *Euponera* 属で記載されたが，後に *Trachymesopus* 属へ移され，さらに *Pachycondyla* 属へ移属された．*Trachymesopus* 属にケブカハリアリ属の和名が与えられていたが，本属は現在 *Pseudoponera* 属の新参異名となっている．*Euponera* 属の種は日本産のように体に多く毛をはやす種から，比較的少ない種までが含まれている．そのため，本属にケブカハリアリ属の和名は適用せず，ホンハリアリ属の名称を与えた．

生態　巣は林床の土中の比較的深い場所に見られるが，道路脇や畑等の開けた場所の石下等にも，数頭の働きアリが見られる機会が多い．単雌性で1つの巣は働きアリ十数頭からなる．8～9月に結婚飛行が行われる．アリ食性で，ヒメキイロケアリ *Lasius talpa* 等の地中性のアリ類を捕らえて餌としているようである．

分布　国内：本州，四国，九州，小笠原諸島，南西諸島．国外：朝鮮半島．

島嶼の分布　本州：沖ノ島．九州：対馬．伊豆諸島：八丈島．小笠原群島：父島，母島，兄島，弟島．火山列島：南硫黄島．口ノ三島：硫黄島．大隅諸島：種子島，屋久島，口永良部島．トカラ列島：口之島，臥蛇島，中之島，悪石島，宝島．奄美諸島：奄美大島，加計呂麻島，徳之島，与論島．沖縄諸島：沖縄島，瀬底島，伊計島，平安座島，津堅島．慶良間諸島：渡嘉敷島，久米島．

アカケブカハリアリ　*Euponera sakishimensis*（Terayama, 1999）

分類・形態　体長4.5～5 mm．体色は一般に前種より明るく，赤褐色から暗褐色．頭部と腹部第2節から末端節までが，胸部から腹部第1節までよりも多少濃色になる場合が多い．触角，大腮，脚は赤褐色．大腮に10歯をそなえ，基部外側面に小孔がある．胸部背面は側方から見てほ

ぼ平ら．腹柄節下部突起は下端部が弱く角ばった三角形．

　沖縄島以北に分布する前種，ケブカハリアリ E. pilosior に非常に類似するが，腹柄節下部突起の形態で区別される．台湾には，近似の別種が生息する．

生態　土中に営巣し，林縁部の地上を単独で徘徊する働きアリをよく見かける．

分布　国内：琉球列島（宮古島以南）．

島嶼の分布　宮古諸島：宮古島，伊良部島，下地島，池間島，来間島．多良間諸島：多良間島．八重山諸島：石垣島，西表島，黒島，与那国島．

ニセハリアリ属　*Hypoponera* Santschi, 1938

分類・形態　黄色から黒褐色の小型のアリ．体長は 1.5～3 mm 程度．複眼は小さく，これを欠く種もある．大腮の歯は先端部に 3～4 個で，それに続いて数個の小歯がある．大腮の基部背側面に小孔はない．中脚と後脚の脛節にそれぞれ 1 本の櫛歯状の脛節刺がある．腹柄節下部突起の前方部には小孔がなく，後端に刺状の小突起をもたない．ハリアリ属 *Ponera* に似るが，腹柄節下部突起の形態で通常は区別される．また，ハリアリ属に比べて本属の方が小型の種が多い．種によって無翅の職蟻型オスが報告されている．

生態　森林性のものが多く，土中に営巣する．種によっては開けた環境に生息する．トビムシを狩って餌とするようである．単雌性の種と多雌性の種とが見られる．

分布　世界の熱帯・亜熱帯を中心に広く分布し，これまでに約 145 種が記載されている．日本では 8 種が分布する．

種の検索表　ニセハリアリ属

1. a. 腹柄節は側方から見て丸く厚い．
   b. 腹柄節下部突起は小さく目立たない．

   マルフシニセハリアリ

   p.60　マルフシニセハリアリ　*Hypoponera zwaluwenburgi*

   aa. 腹柄節は側方から見て薄い．
   bb. 腹柄節下部突起はよく発達する．

   2. へ

   ニセハリアリ

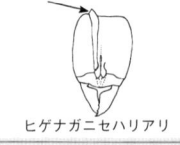

2. a. 正面から見て，触角柄節は頭部後縁の角に達するか越える．

   3. へ

   ヒゲナガニセハリアリ

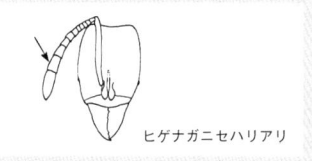

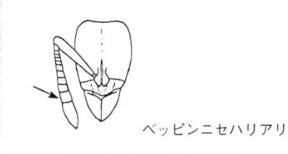

	aa. 触角柄節は短く，正面から見て頭部後縁の角に達しない． 6. へ	ニセハリアリ
3.	a. 腹柄節の前面と後面は側方から見てほぼ平行． b. 腹柄節の前背縁は側方から見て角ばる． c. 複眼は4〜5個の個眼からなる． p.59 カドフシニセハリアリ *Hypoponera opacipes*	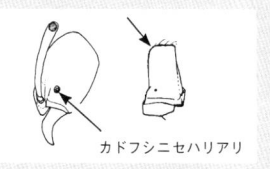 カドフシニセハリアリ
	aa. 腹柄節の前面と後面は側方から見て上方へ向かって収束する． bb. 腹柄節の前背縁は側方から見て明瞭に角ばらない． cc. 複眼は1個の個眼からなる． 4. へ	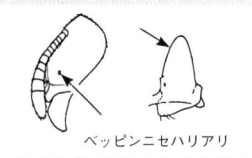 ベッピンニセハリアリ
4.	a. 触角第9〜11節の長さはそれぞれ幅と等しいかより長い． b. 体は黄色． p.58 ヒゲナガニセハリアリ *Hypoponera nippona*	ヒゲナガニセハリアリ
	aa. 触角第9〜11節はそれぞれ長さよりも幅の方が広い． bb. 体色は赤褐色から黒色． 5. へ	ベッピンニセハリアリ
5.	a. 複眼は1個の個眼のみからなり，頭盾後縁からやや離れた位置にある． b. 体色は赤褐色から黒褐色． p.58 ベッピンニセハリアリ *Hypoponera beppin*	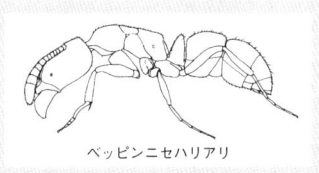 ベッピンニセハリアリ
	aa. 複眼は3個の個眼からなり，頭盾後縁の近くの位置にある． bb. 体色は黒褐色から黒色． p.59 クロニセハリアリ *Hypoponera nubatama*	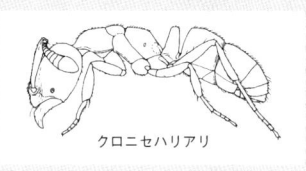 クロニセハリアリ

6. a. 前伸腹節の斜面部の側縁の少なくとも下半分は角をつくる．

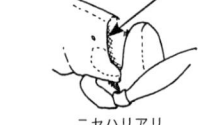

p.60　ニセハリアリ　*Hypoponera sauteri*

aa. 前伸腹節の斜面部の側縁は丸みを帯び角ばらない．

7. へ

7. a. 腹柄節は比較的薄い．
b. 複眼は頭盾後縁からやや離れた所（頭盾後縁から複眼前端部までは複眼直径の約3〜4倍）にある．

p.59　トビニセハリアリ　*Hypoponera punctatissima*

aa. 腹柄節は比較的厚い．
bb. 複眼は頭盾後縁のごく近く（頭盾後縁から複眼前端部までは複眼直径の約2倍）にある．

p.60　フシナガニセハリアリ　*Hypoponera ragusai*

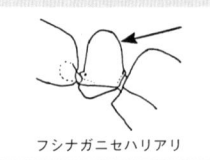

ベッピンニセハリアリ　*Hypoponera beppin* Terayama, 1999

分類・形態　体長3 mm．本属としては大型の種．体は赤褐色から黒褐色．眼は黒い1個の個眼からなり，頭盾後縁から離れた場所に位置する．触角柄節は頭部後縁中央に達する．触角棍棒部は6節からなる．後胸溝はわずかにくびれる．前伸腹節斜面部の側縁は角ばる．腹柄節は薄く，後方から見て左右に狭い．腹柄節下部突起は三角形状．

生態　林内や林縁部の土中に営巣する．

分布　国内：本州（中部以南），四国，九州，南西諸島．国外：台湾．

島嶼の分布　九州：志賀島，平戸島．大隅諸島：種子島，屋久島．トカラ列島：口之島．奄美諸島：奄美大島，徳之島．沖縄諸島：沖縄島．尖閣諸島：南小島．

ヒゲナガニセハリアリ　*Hypoponera nippona*（Santschi, 1937）

分類・形態　体長2.5 mm弱．体は黄色から黄褐色．触角柄節は比較的長く頭部後縁中央に達する．複眼は1個の個眼のみからなり，頭盾後縁からかなり離れた場所に位置する．後胸溝は明瞭に深くくびれる．腹柄節は後方から見て左右に広く楕円状．

生態　単雌性かつ単巣性で，土中や倒木，腐葉層等に営巣する．本土で8月下旬に結婚飛行が見られた．

分布　国内：本州（関東以南），四国，九州，琉球列島．国外：朝鮮半島，台湾．

島嶼の分布 九州：上甑島，下甑島．大隅諸島：種子島，屋久島．トカラ列島：中之島．奄美諸島：奄美大島，徳之島．沖縄諸島：沖縄島．宮古諸島：宮古島，池間島．八重山諸島：石垣島，西表島．

クロニセハリアリ　*Hypoponera nubatama* Terayama & Hashimoto, 1996

分類・形態 体長 2.5 mm．濃褐色から黒色の小型のアリ．眼は小さく 3 個の個眼からなる．腹柄節は側方から見て，薄く，背面はせまい凸状となる．腹柄節下部突起は台形状．

生態 公園や河原などの乾燥した場所の石下などに見られる．ベランダの植木鉢の下に巣が見られた例もある．1つの巣に 1〜8 頭ほどの女王が見られるが，基本的に多雌性である．さらに，通常の形態をした女王とオスアリのほか，翅をもたない職蟻型の女王とオスが見られる．10 月に結婚飛行が行われる．おそらく移入種で，近年，本州で急速に分布を広げている種である．特に関東地方では，河川敷を中心に急速に分布が広がっている．主にトビムシ類を狩って餌とする．

分布 本州，九州，種子島，屋久島．

島嶼の分布 本州：城ケ島，猿島．大隅諸島：種子島，屋久島．

カドフシニセハリアリ　*Hypoponera opaciceps*（Mayr, 1887）

分類・形態 体長 3 mm の本属の中では大型の種．体は濃褐色から黒褐色．複眼は 4〜5 個の個眼からなり，頭盾後縁の近くに位置する．前伸腹節斜面部の側縁は角ばる．腹柄節の幅は厚さの約 2 倍．腹柄節下部突起は台形状．

生態 女王，オスともに有翅の型と無翅の型が存在する．放浪種で，原産地はブラジルと推定されている．

分布 国内：琉球列島．国外：台湾，東南アジア，ニューカレドニア，ポリネシア，ブラジル．人為的に分布を拡大し，広く生息する．

島嶼の分布 奄美諸島：奄美大島．沖縄諸島：沖縄島，硫黄鳥島，平安座島．八重山諸島：波照間島，与那国島．

トビニセハリアリ　*Hypoponera punctatissima*（Roger, 1859）

分類・形態 体長 2.5 mm．体は赤褐色から褐色．触角柄節は頭部後縁中央に達しない．複眼は 1〜3 個の個眼からなり，頭盾後縁からやや離れた頭部側面に位置する．腹柄節は薄い．腹柄節下部突起は亜三角形状．

本種は従来，*Hypoponera bondroiti* や *H. schauinslandi* の学名が使われてきた種である．

生態 土中に営巣し，多雌性かつ多巣性である．女王に有翅のものと無翅のものの二型があり，オスにも大型で無翅，体色が暗褐色ものと，小型で無翅，体色が黄色ものが存在する．放浪種で，熱帯アメリカかヨーロッパが起源とされている．

分布 国内：小笠原諸島，南西諸島．北海道からも記録があるが，この記録（屈斜路湖畔）は人為的移入による一時的な分布である可能性が高い．一方，小笠原群島ではそれほど稀ではない．

国外：台湾，ハワイ，ポリネシア，オーストラリア，ニュージーランド，アフリカ，カナダ，ヨーロッパ．

島嶼の分布　小笠原群島：父島，西島，向島．火山列島：南硫黄島．沖縄諸島：沖縄島，平安座島，屋我地島．宮古諸島：宮古島，下地島．大東諸島：北大東島，南大東島．

フシナガニセハリアリ　*Hypoponera ragusai* (Emery, 1894)

分類・形態　体長 2.5 mm．体は黄色から黄褐色．触角柄節は頭部後縁中央に達しない．複眼は 1～3 個の個眼からなり，頭盾後縁のごく近くに位置する．腹柄節は厚い．腹柄節下部突起は亜三角形状．

本種には *Hypoponera gleadowi* の学名が長く適用されてきた．

生態　土中に営巣する．

分布　国内：四国，琉球列島．国外：朝鮮半島，台湾，インド，ハワイ，北米，ヨーロッパ，アフリカ．人為的移入によって世界各地に分布を拡大したものと思われる．

島嶼の分布　沖縄諸島：沖縄島．慶良間諸島：渡嘉敷島．宮古諸島：宮古島，来間島，下地島．八重山諸島：石垣島，西表島，小浜島，与那国島．

ニセハリアリ　*Hypoponera sauteri* Onoyama, 1989

分類・形態　体長 2 mm．体は淡黄色から黄褐色．触角柄節は頭部後縁中央に達しない．眼は 1 個の個眼からなり，頭盾後縁からやや離れて位置する．前伸腹節斜面部の側縁は丸く，角をつくらない．ヒゲナガニセハリアリに最も類似するが，触角柄節が短く，頭部後縁に達しない．

生態　単雌性かつ単巣性で，石下，倒木，腐葉層，土中等に営巣する．1 つのコロニーは数十個体の働きアリからなる．結婚飛行は 8 月に行われ，夕方から夜にかけて有翅虫が飛出する．主にトビムシ類を狩って餌とする．本州では林床部の最普通種の 1 つである．

分布　国内：北海道（奥尻島），本州，四国，九州，南西諸島．国外：朝鮮半島，台湾．

島嶼の分布　北海道：奥尻島．本州：宮島，沖ノ島，桃頭島，猿島，城ケ島，沖ノ島，金華山島．九州：上甑島，下甑島，中通島，平島，志賀島，壱岐，対馬，平戸島，黒子島．伊豆諸島：大島，利島，式根島，三宅島，御蔵島，八丈島，青ヶ島．小笠原群島：父島，母島，兄島，弟島，聟島，西島，南島，口ノ三島：黒島，硫黄島．大隅諸島：種子島，屋久島．トカラ列島：口之島，横当島．奄美諸島：徳之島，沖永良部島．沖縄諸島：沖縄島，伊平屋島，伊是名島．慶良間諸島：渡嘉敷島．宮古諸島：宮古島．八重山諸島：石垣島，西表島．

マルフシニセハリアリ　*Hypoponera zwaluwenburgi* (Wheeler, 1933)

分類・形態　体長 2.5 mm．体は黄色．眼を欠く．中胸側板の後背方の角に円く縁取られた膨らみがある．前伸腹節斜面部の側縁は丸い．腹柄節は丸く厚い．腹柄節下部突起は発達しない．

生態　放浪種の 1 つで，太平洋地域の島嶼では，人為的に分布が拡大している．沖縄で 6 月に結婚飛行が観察された．

分布 国内：琉球列島．国外：台湾，ハワイ，ポリネシア．
島嶼の分布 沖縄諸島：沖縄島，瀬底島．宮古諸島：宮古島，池間島．

ハシリハリアリ属　*Leptogenys* Roger, 1861

分類・形態 体長 4 mm 以上の中型から大型のアリ．頭盾前縁は著しく前方に突出する．触角柄節は長く，頭部後縁を優に越える．複眼が発達する．大腮は頭盾におおわれず，鎌型となるものが多い．一般に歯は発達しない．前・中胸背板は多少とも隆起する．中脚と後脚には針状と櫛歯状の脛節刺がそれぞれ 2 本ずつあり，付節末端の爪が櫛歯状になる種が多い．

生態 肉食性で，敏捷に林床を動きまわり，倍脚類や等脚類，シロアリ等の林床性節足動物を餌としている．照葉樹林の石下，落葉下，倒木下などに巣が見出され，コロニーあたりの働きアリ数は種によってさまざまで，数十個体から，1000 個体を超える種までがある．

分布 世界の熱帯・亜熱帯に広く分布し，約 260 種が記載されている．日本にはハシリハリアリ *L. confuchii* 1 種のみが分布する．

ハシリハリアリ　*Leptogenys confucii* Forel, 1912

分類・形態 体長 4.5 mm．体は暗赤褐色から黒褐色．脚は黄褐色．頭部，胸部ともに細長く，頭盾前縁の突出部は三角形状．大腮は細長く，咀嚼縁に歯を欠く．付節末端の爪は働きアリ，女王（職蟻型），オスともに櫛歯状になる．

生態 巣は照葉樹林の石下，落葉下，倒木下などに見出され，コロニーあたりの働きアリ数は数十個体（50 個体を超えない）と少ない．動作はすばやい．有翅の女王は知られておらず，1 巣に 1 個体の職蟻型女王がいる．単巣性．

分布 国内：九州（佐多岬），琉球列島．国外：台湾．
島嶼の分布 トカラ列島：中之島，宝島．奄美諸島：喜界島，奄美大島，徳之島．沖縄諸島：沖縄島．

アギトアリ属　*Odontomachus* Latreille, 1804

分類・形態 大型のアリで体長は 7 mm 以上．大腮は特徴的に長く直線状で，先端部で急激に内側に折れ曲がる．また，大腮は頭部前縁の中央部付近に接続する．大腮を開いた場合，左右の大腮のつくる角度は最大 180° に達する．触角は細長い．複眼は発達し，前方の背面よりに位置する．頭部後縁の横断線は頭部背面で正中線となり前方に向かって走る．腹柄節は背方に強く隆起し，鋭く尖る．腹部第 1 背板と第 2 背板の間にくびれがない．

生態 日本産の種では，働きアリが単独でよく林床を歩行している．巣は林内の倒木中や石下，土中に見られる．単雌性の種が多く，一部多雌性の種が知られている．

分布 世界の熱帯・亜熱帯を中心に約 65 種が記載されている．日本には，アギトアリ *Odontomachus monticola* と，オキナワアギトアリ *O. kuroiwae* の 2 種が分布する．

| 種の検索表 | アギトアリ属 |

1.
- a. 頭部上部にまで縦皺が走る．
- b. 大腮の亜先端歯は幅よりわずかに長い．

p.62　アギトアリ　*Odontomachus monticola*

アギトアリ

- aa. 頭部上部に縦皺はない．
- bb. 大腮の亜先端歯は長さが幅の2倍以上．

p.62　オキナワアギトアリ　*Odontomachus kuroiwae*

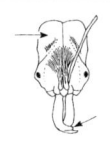

オキナワアギトアリ

オキナワアギトアリ　*Odontomachus kuroiwae*（Matsumura, 1912）

分類・形態　体長10 mm前後．頭部，胸部は褐色，腹部は黒褐色．アギトアリ *O. monticola* とは，頭部縦皺が頭部上部に達しないことや，大腮の亜先端歯は長く，長さが幅の2倍以上あることで容易に区別される．触角柄節や鞭節は細長く，脚も長い．

生態　沖縄島北部では，林床部を単独で徘徊する個体をよく見かける．比較的広食性で，シロアリ等の昆虫のほか，昆虫の死骸等も大腮でくわえて巣へ運ぶ．石下，倒木下，土中に営巣する．

分布　国内：琉球列島．

島嶼の分布　奄美諸島：沖永良部島．沖縄諸島：沖縄島，伊平屋島，伊是名島，伊計島．

アギトアリ　*Odontomachus monticola* Emery, 1892

分類・形態　体長10 mm前後．日本産のハリアリ類の中で最大種．体は赤褐色から黒褐色．頭部は長さが幅よりも大きく，前面から見て側縁の中央付近はへこむ．触角は細長く，柄節は頭部後縁を軽く越える．

生態　林床部を単独で徘徊する個体をよく見かける．昼間も巣外の活動が見られるが，夜の方が盛んに活動する．指で触れるなどで驚かせると，開いた大腮を地面に打ちつけ，その反動で後方へ飛び上がる行動を見せる．大腮が発達しているが，比較的広食性で，生きている昆虫のほか，昆虫の死骸や有機物の付着した小石までを巣に運ぶ．石下，倒木下，土中に営巣し，多雌性で大きなコロニーをつくる可能性が高い．本州では，8月下旬から10月にかけて結婚飛行が観察されている．

分布　国内：本州，九州，大隅諸島．従来，九州（鹿児島）と大隅諸島（屋久島，種子島，口永良部島）に限って分布していたが，近年，北九州市，岡山，大阪，三重，神奈川，東京で発見された．屋久島では平地から標高1000 m付近の山地にも生息する．国外：中国，台湾，インドシナ半島北部に分布し，マレーシア，インドネシア等の熱帯圏には生息しない．

島嶼の分布　大隅諸島：種子島，屋久島，口永良部島．

コガタハリアリ属　*Parvaponera* Shattuck & Schmidt, 2014

分類・形態　体長4～6 mmの小型から中型のアリ．複眼は小さく，2～4個の個眼からなり，眼を欠く種も見られる．大腮は三角形状で，基部背側面に小孔はない．前胸から腹柄節後背部にかけての胸部背縁は，側方から見て概して平ら．前伸腹節気門はスリット状．腹柄節下部突起は三角形状で大きく，前方に小窓をもつ．あるいは下縁部に1対の刺状突起をもつ．中脚脛節の外側に，刺状の剛毛はない．また，脛節刺は2本存在し，1本は針状で，もう1本は櫛歯状．

　近年までフトハリアリ属 *Pachycondyla* に位置づけられていたが，分子系統解析の結果，2014年に *Belonopelta darwinii*（ダーウィンハリアリ）をタイプ種として新属として記載された．本種の分類学的位置はこれまで定まらず，*Belonopelta* 属で発表された後，*Pachycondyla*, *Pseudoponera*, *Trachymesopus* の諸属に位置づけられて来た経緯がある．

生態　情報の乏しい属である．ダーウィンハリアリの有翅女王は灯火に飛来することが知られており，さらに腐倒木中に巣が見られた例がある．退化的な複眼から，地中あるいは林床部に生活する可能性が高い．

分布　熱帯アフリカから東南アジア，オーストラリアにかけて4種が知られる．日本からはダーウィンハリアリ *P. darwinii* 1種が得られている．

ダーウィンハリアリ　*Parvaponera darwinii* (Forel, 1893)

分類・形態　体長4 mm．体は黄褐色．大腮に不規則な7歯を備え，基部外側面に小孔はない．眼は小さく，3，4個の個眼からなる．胸部背面は緩やかな弧をえがく．腹柄節は側方から見て台形状で，前縁は弱くへこむ．腹柄節下部突起は発達し，三角形状となり，前方に小窓をもつ．

生態　有翅女王個体はしばしば灯火に飛来し，これらが採集される．

分布　国内：琉球列島．国外：東南アジア一帯，オーストラリア北部から南アフリカにかけて広く分布する．

島嶼の分布　沖縄諸島：沖縄島．八重山諸島：石垣島，西表島．

ハリアリ属　*Ponera* Latreille, 1804

分類・形態　体長2～4 mmほどの小型から中型のアリ．複眼は通常小さい．大腮の基部背側面に小孔はない．中脚と後脚の脛節に1本の櫛歯状の脛節刺がある．腹柄節下部突起の前方部に小孔があり，後端には通常1対の刺状の小突起がある．

生態　森林の林床部に生息し，土中に営巣する．コロニーは小さく，働きアリ十数個体から数十個体で構成される．

分布　東洋区，オーストラリア区を中心に約55種が記載されている．日本では現在8種が得られている．

種の検索表　ハリアリ属

1. a. 胸部背面に明瞭な後胸溝がある（体色は赤褐色）.
    p.65　コダマハリアリ　*Ponera alisana*

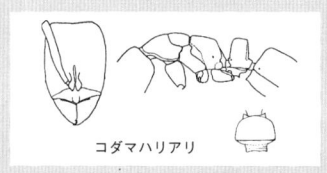

   aa. 明瞭な後胸溝はない.　2.へ

2. a. 側方から見て腹柄節の後面上部は下部よりも後方へ突出する.
   b. 背方から見て腹柄節後縁は強くへこむ.
   c. 体は赤褐色.
    p.67　アレハダハリアリ　*Ponera takaminei*

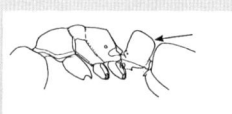

   aa. 側方から見て腹柄節の後面上部は下部よりも後方へは突出しない.
   bb. 背方から見て腹柄節後縁は直線状か弱くへこむ程度.
   cc. 体は黒褐色から黒色（オガサワラハリアリは黄色）.　3.へ

3. a. 腹部第1節は長く，背面から見て幅よりも明かに長い.
    p.66　ホソヒメハリアリ　*Ponera bishamon*

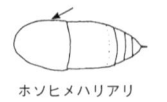

   aa. 腹部第1節は背面から見て幅とほぼ等しい長さとなる.　4.へ

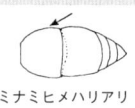

4. a. 複眼は大きく20個以上の個眼からなる.
   b. 腹柄節後面は背方から見てへこまず直線状.
    p.66　マナコハリアリ　*Ponera kohmoku*

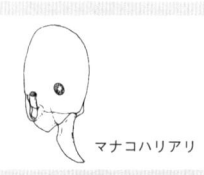

   aa. 複眼は小さく，10個以下の個眼からなる.
   bb. 腹柄節後面は背方から見て多少ともへこむ.　5.へ

5. a. 中胸と前伸腹節の背部の点刻は密で，点刻間の距離は点刻の直径の 0.5 倍以下．
   b. 体長は 3 mm 以上．
   p.66　テラニシハリアリ　*Ponera scabra*

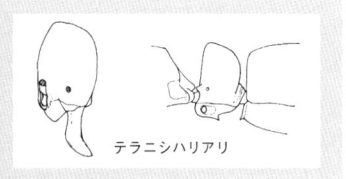

   aa. 中胸と前伸腹節の背部の点刻は粗からまばらで，点刻間の距離は点刻の直径の 1.0 倍以上．
   bb. 体長 2.5 mm 以下．　　　　　　6. へ

6. a. 中胸背板と側板を分割する縫合線は消失する．
   b. 体色は黄色．
   p.67　オガサワラハリアリ　*Ponera swezeyi*

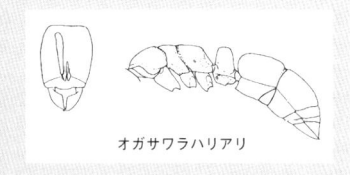

   aa. 中胸背板と側板を分割する縫合線は明瞭．
   bb. 体色は黒色から黒褐色．　　　　7. へ

7. a. 背方から見て，腹柄節は厚く，幅は厚さの 2 倍以下．
   p.66　ヒメハリアリ　*Ponera japonica*

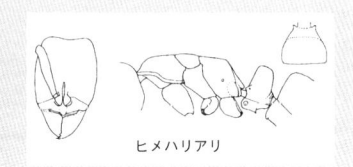

   aa. 背方から見て，腹柄節は薄く，幅広く，幅は厚さの 2 倍以上．
   p.67　ミナミヒメハリアリ　*Ponera tamon*

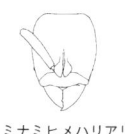

コダマハリアリ　*Ponera alisana* Terayama, 1986

分類・形態　体長 3 mm．体色は赤褐色．触角柄節は頭部後縁に近づくかとどく程度．眼は小さい．明瞭な後胸溝が胸部背面に見られ，他種とは容易に区別される．腹柄節は側方から見て長方形で，背縁はほぼ平ら．背方から見て丘部の前縁から側縁にかけて半円状となり，後縁は直線状．

生態　日本では屋久島の山地からのみ得られている．基産地の台湾では標高約 1400 m 地点のスギ林の土中から得られた．

分布　国内：屋久島．国外：台湾．

島嶼の分布　大隅諸島：屋久島．

ホソヒメハリアリ　*Ponera bishamon* Terayama, 1996

分類・形態　体長2 mm. 体は黒褐色から黒色. 眼は小さい. 腹柄節は厚く, 腹柄節下部突起の下方後端の1対の歯は小さく鈍い. 腹部第1節は細長く, 背方から見て明かに長さが幅よりも長い.

生態　土中に営巣するが, やや稀.

分布　国内：琉球列島（沖縄島以南）. 国外：台湾.

島嶼の分布　沖縄諸島：沖縄島. 宮古諸島：宮古島. 多良間諸島：多良間島. 八重山諸島：石垣島, 西表島, 与那国島.

ヒメハリアリ　*Ponera japonica* Wheeler, 1906

分類・形態　体長2 mmほどの小型のアリ. 体色は黒褐色. 触角柄節は短く, 頭部後縁に達しない. 腹柄節は横から見て台形状. 腹柄節下部突起の下方後端の1対の歯は明瞭で, 先端は尖る.

生態　森林の林床部に見られ, 石下, 落ち葉の間, あるいは土中に巣をつくる. 巣は小さく, 働きアリが十数個体から数十個体からなる. 単雌創巣. 幼虫は繭をつくらずにそのまま蛹になる. 北海道と本州では平野部から山地にかけて生息し, 四国, 九州では主に山地に見られる.

分布　国内：北海道, 本州, 四国, 九州. 国外：朝鮮半島.

島嶼の分布　北海道：奥尻島, 渡島大島. 本州：宮島, 沖ノ島, 猿島, 沖ノ島, 島後, 金華山島. 九州：中通島, 平戸島, 対馬. 伊豆諸島：御蔵島, 八丈島, 青ヶ島.

マナコハリアリ　*Ponera kohmoku* Terayama, 1996

分類・形態　体長3.5〜4 mm. 体は黒色. 日本産の本属の種としては最も大型. また, 本属のものとしては複眼が大きく20個以上の個眼からなる. 背方から見て腹柄節後縁はへこまず直線状. 中・後胸縫合線は背面でも明瞭.

生態　照葉樹林等の林床部に生息し, 土中に分布する. 1つのコロニーは数十個体からなる. 屋久島では8月中旬に新女王が巣中で見られた.

分布　国内：本州（南部）, 四国, 九州, 屋久島, 口永良部島.

島嶼の分布　九州：上甑島, 中甑島, 下甑島, 対馬. 口ノ三島：硫黄島. 大隅諸島：屋久島, 口永良部島.

テラニシハリアリ　*Ponera scabra* Wheeler, 1928

分類・形態　体長3.5 mmほどのやや小型のアリ. 体は黒褐色から黒色. 眼は小さい. 腹柄節は横から見て, 背縁の前端が後端よりも高い位置にある. 腹柄節下部突起の前方部に小孔があり, 後端には1対の刺状の小突起がある.

　屋久島から記載されたヤクシマハリアリ *P. yakushimensis* は, 腹柄節は側方から見て前縁と後縁はほぼ平行, 背縁後端はより角ばるが, 本種の同物異名とされた.

生態　林内の土中に巣をつくるが, 林縁部や畑地の土中でも見られることがある. 単雌創巣であ

るが，巣中には1～8頭程度の女王が見られる．ただしこれらの女王で，産卵を行うものは1個体のみである．コロニーは小さく20～50個体程度からなる．広食性で，多くの節足動物の卵，幼虫，成虫を捕食する．幼虫は繭をつくり，その中で蛹になる．

分布 国内：本州，四国，九州，屋久島．国外：韓国．

島嶼の分布 本州：飛島，沖ノ島，猿島，城ケ島，金華山島．九州：上甑島，下甑島，福江島，能古島，志賀島，大島，壱岐，平戸島，対馬．伊豆諸島：大島，利島，八丈島．大隅諸島：種子島，屋久島．

オガサワラハリアリ　*Ponera swezeyi* (Wheeler, 1933)

分類・形態 体長2 mm弱の小型の種．体色は黄色．中胸背板と中胸側板を分ける縫合線が退化消失していることで，他種との区別は容易．体表は，点刻が少なく滑らか．

生態 小笠原諸島では照葉樹林の林床から得られている．人類の交易に付帯して分布を広げた種と考えられている．

分布 国内：小笠原諸島．国外：ハワイ，マレーシア．

島嶼の分布 小笠原群島：父島，母島．

アレハダハリアリ　*Ponera takaminei* Terayama, 1996

分類・形態 体長3～3.5 mm．体は赤褐色から濃赤褐色．複眼は小さく数個の不明瞭な個眼からなる．腹柄節は厚く，側方から見て上部が盛り上がっており，後縁上部が下部よりも明瞭に後方へ突出する．腹柄節の背面は平たく，背方から見て後縁は強くへこむ．体の彫刻は荒い．

生態 土中に生息する．

分布 国内：琉球列島（沖縄島以南）．国外：台湾．

島嶼の分布 沖縄諸島：沖縄島，古宇利島．慶良間諸島：渡嘉敷島，久米島．宮古諸島：宮古島，下地島．多良間諸島：多良間島．

ミナミヒメハリアリ　*Ponera tamon* Terayama, 1996

分類・形態 体長2.5 mm．体は黒褐色から黒色．眼は小さい．腹柄節は薄く，側方から見て後縁は明瞭な角をつくらず前縁につながる．腹柄節下部突起の下方後端の1対の歯は明瞭に突出し，先端は尖る．腹部第1節は幅広く，背方から見て明らか長さよりも幅が広い．北海道から九州にかけて分布するヒメハリアリ *P. japonica* に最も類似するが，側方から見て薄く，後背縁に明瞭な角をつくらない腹柄節によって区別される．

生態 照葉樹林の土中に営巣する．単雌性で巣は数十個体からなる．単雌創巣．近似種のヒメハリアリの幼虫は繭をつくらず裸蛹になると報告されているが，本種では繭をつくりその中で蛹になる．

分布 国内：九州（佐多岬），琉球列島．琉球列島では比較的普通に見られる．国外：台湾．

島嶼の分布 口ノ三島：黒島．大隅諸島：屋久島．トカラ列島：口之島，臥蛇島，中之島，宝島，

横当島．奄美諸島：奄美大島，加計呂麻島，徳之島，沖永良部島．沖縄諸島：沖縄島，伊平屋島，伊是名島，瀬底島，平安座島，浜比嘉島，宮城島，津堅島，久高島，屋我地島．慶良間諸島：渡嘉敷島，久米島．宮古諸島：宮古島，池間島．八重山諸島：石垣島，西表島，竹富島，波照間島．

［サスライアリ型亜科群　Dorylomorph subfamilies］

クビレハリアリ亜科　Cerapachyinae

分類・形態　体の細長いアリで，膨腹部末端節背板の後方に刺状の突起列があること，前・中胸縫合線は背面で消失すること，頭盾前縁側方に小突起があることで他亜科と区別される．腹柄部は，腹柄節1節のみからなる種と腹柄節と後腹柄節2節からなる種が存在する．

生態　肉食性で他のアリやシロアリ類を襲って餌としている．

分布　世界で7属約220種が記載されており，熱帯・亜熱帯を中心に分布する．日本にはクビレハリアリ属 *Cerapachys* のみが分布する．

クビレハリアリ族　Cerapachyini

クビレハリアリ属　*Cerapachys* Smith, 1857

分類・形態　体長 2.5〜3.5 mm 程度の比較的小型のアリ．触角は 9〜12 節で柄節は太い．触角柄節の基部は露出し，その挿入部前方と正中線側は隆起縁で縁取られる．種によっては複眼が消失する場合がある．胸部は側方から見て背縁がほぼ水平で，前中胸縫合線は消失し，後胸溝も深く刻まれることはない．腹柄節には明瞭な柄をもたない．日本産の種では，腹部第1節と第2節との間に明瞭なくびれがある．あるいは，腹部第1節が後腹柄節様の形態となる．

生態　肉食性で，地表活動性の種が多いが，一部樹上性の種も見られる．

分布　本亜科の属の中で最も種数が多く約 155 種が熱帯，亜熱帯を中心に記載されている．

種の検索表　クビレハリアリ属

1. a. 腹柄節は背面から見て幅広く，前側縁は角ばる．
   b. 体は黒色．
   c. 体表面の点刻は小さくまばら．
   　p.69　クロクビレハリアリ　*Cerapachys daikoku*

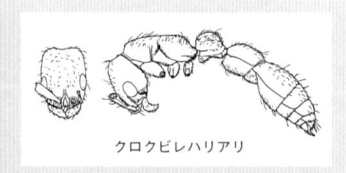

　　クロクビレハリアリ

aa. 腹柄節は背面から見てほぼ長さと幅が等しく，前側縁は丸い．

bb.	体は赤褐色から暗褐色.
cc.	体表面の点刻は大きく密.　　2.へ

2. a. 前胸背板の前縁は丸みを帯び，隆起縁とならない（触角は11節からなる）.
　　　p.70　**ツチクビレハリアリ**　*Cerapachys humicola*

　　aa. 前胸背板の前縁は顕著な隆起縁となる.　　3.へ

3. a. 触角は12節からなる.
　　b. 腹部第2節は短く，腹柄節と腹部第1背板を合わせた長さより短い.
　　　p.70　**ジュウニクビレハリアリ**　*Cerapachys hashimotoi*

　　aa. 触角は9節からなる.
　　bb. 腹部第2節は長く，腹柄節と腹部第1背板を合わせた長さより長い.
　　　p.69　**クビレハリアリ**　*Cerapachys biroi*

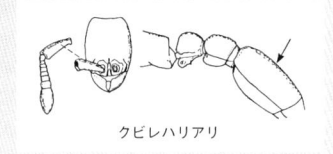

クビレハリアリ　*Cerapachys biroi* Forel, 1907

分類・形態　体長2.5 mm. 体色は赤褐色. 触角は9節で働きアリは眼を欠く. 体表面は荒い点刻でおおわれる. 腹部第1節は後腹柄節様の形態となる. 腹部第2節は長く，腹柄節と腹部第1背板を合わせた長さよりも長い.

生態　照葉樹林の中や林縁に生息し，林床の石下や土中などに営巣する. マツ林のような環境からも得られている. 1つの巣は，通常数百個体からなり，小さな眼をもつ職蟻型女王が見られる. ただし，アミメアリ *Pristomyrmex punctatus* と同様に例外的な繁殖様式をもつアリで，働きアリが産雌性単為生殖によって産卵し，増殖する. 他種アリ類の巣を襲い，幼虫や蛹を餌とする.

分布　国内：九州（鹿児島県），南西諸島. 国外：台湾，中国，東南アジア，インド，ポリネシア，西インド諸島と広く分布する.

島嶼の分布　大隅諸島：種子島. 奄美諸島：奄美大島，徳之島，沖永良部島. 沖縄諸島：沖縄島，硫黄鳥島，瀬底島，宮城島，津堅島，久高島，屋我地島. 慶良間諸島：渡嘉敷島. 宮古諸島：宮古島，池間島，来間島，下地島. 八重山諸島：石垣島，西表島，波照間島，与那国島. 大東諸島：北大東島，南大東島.

クロクビレハリアリ　*Cerapachys daikoku* Terayama, 1996

分類・形態　体長3 mm. 体は黒色で，体表面に小さな点刻がまばらに分布し，光沢をもつ. 触

角は12節からなり，発達した複眼をもつ．

生態 樹上性で中空の枝等に営巣し，枝上を行列を組んで進む行動が観察されており，樹上性のアリの巣を襲い，それらの幼虫や蛹を餌としていると推定されている．採集例は少なく，稀．

分布 国内：本州，九州，琉球列島．

島嶼の分布 奄美諸島：奄美大島．沖縄諸島：沖縄島．

ジュウニクビレハリアリ *Cerapachys hashimotoi* Terayama, 1996

分類・形態 体長3.5 mm．体は赤褐色．触角は12節で，複眼をもつ．体表面は荒い点刻でおおわれる．腹部第2節は短く，腹柄節と腹部第1背板を合わせた長さよりも短い．一見クビレハリアリ *C. biroi* に類似するが，12節からなる触角と，比較的短い腹部第2節によって容易に区別される．

生態 地表から得られている．稀な種で，数例の採集記録があるのみ．

分布 国内：琉球列島（八重山諸島）．

島嶼の分布 八重山諸島：石垣島，西表島．

ツチクビレハリアリ *Cerapachys humicola* Ogata, 1983

分類・形態 体長2.5 mmの小型で細長いアリ．体色は赤褐色．触角は11節からなり，働きアリは眼を欠く．体表面は細かい網目状の彫刻でおおわれる．前胸背板の前縁部は隆起縁とならない．腹部第2節は細く長い．

生態 照葉樹林の林床に生息する．巣は小さく，1つの巣に十数個体の働きアリが見られる程度で（最大記録で21個体），1頭の女王が見られるほか，複数の女王が見られる場合がある．

分布 国内：本州，九州．

島嶼の分布 本州：宮島．九州：対馬．

ヒメサスライアリ亜科　Aenictinae

分類・形態 腹柄部が腹柄節と後腹柄節の2節からなること，直立した板状の額隆起縁をもち触角の挿入部が裸出すること，複眼を欠くこと，前・中胸縫合線は背面で消失すること，腹部末端節の背板に刺状の突起列をもたないことで他亜科と区別できる．女王とオスの腹柄部は腹柄節1節のみからなり，腹柄節と後腹柄節の2節からなる働きアリとは形状が異なる．本亜科はヒメサスライアリ属 *Aenictus* の1属のみからなる．

生態 本亜科は，サスライアリ亜科 Dorylinae やグンタイアリ亜科 Ecitoninae とともに"軍隊アリ"としてよく知られている．永住的な巣をつくらずコロニーは移動しながら生活する．他種のアリの巣を襲い幼虫や蛹を略奪し，餌とする．女王は無翅の職蟻型で，オスはしばしば灯火に飛来する．女王は巣外への飛出がなく，一方でオスが処女女王のいるコロニーに入り込み，交尾を

行う．交尾した女王は，コロニーの一部を伴い分封する．

分布 東洋区の熱帯・亜熱帯に広く分布し，一部がエチオピア区とオーストラリア区にも見られる．現在，約160種が記載されている．

ヒメサスライアリ族　Aenictini

ヒメサスライアリ属　*Aenictus* Shuckard, 1840

分類・形態 小型から中型のアリで体長は1.5〜4 mm程度．触角が8〜10節からなり，働きアリは眼を欠く．女王は無翅．オスは大型で，大腮は鎌状，複眼が発達する．

生態 永住的な巣をつくらず，コロニーは放浪しながら生活する．他種のアリの巣を襲い，幼虫や蛹を餌とする．女王は無翅の形態で羽化してくることから，巣外への飛出はない．オス個体がコロニー内に入り込み，新女王を探し，交尾を行う．

分布 現在，約160種が記載されており，日本ではヒメサスライアリ *A. lifuiae* 1種のみが琉球列島に生息する．

ヒメサスライアリ　*Aenictus lifuiae* Terayama, 1984

分類・形態 体長2〜2.5 mm．体サイズに若干の変異がある．黄褐色で，頭部，腹部，脚は黄色味が強い．大腮は亜三角形で7〜8歯をそなえ，触角は10節からなる．前・中胸縫合線は背面で消失する．腹柄節下部突起は小さな葉状で，前縁下部がやや角ばる．眼を欠く．

日本でチャイロヒメサスライアリ *Aenictus ceylonicus* として報告されたものは，すべて本種と判断される．この種は，熱帯，亜熱帯アジアに広域に生息するとされていたが，大腮や腹柄節下部突起等に地域差が多く見られ，詳細な分類研究の結果，いくつかの種に分割された．真の *A. ceylonicus* は東南アジアには生息しない．

生態 照葉樹林の林床や林縁部に生息し，コロニーは土中や木の幹の地表に接した空洞部等で採集されている．夜行性で，昼間は活動を止めているが，夜になると行列を作って林内を歩き回る．沖縄島では8月に飛出したオスアリが得られており，台湾でも8月の夕刻にコロニーから飛出の直前にあったオスアリが得られている．

分布 国内：琉球列島（沖縄島，西表島）．国外：台湾．

島嶼の分布 沖縄諸島：沖縄島．八重山諸島：西表島．

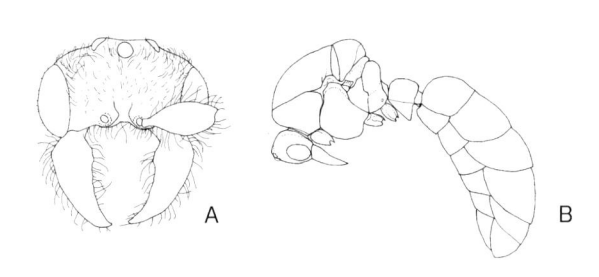

ヒメサスライアリのオス　A：頭部．B：全形，側面．

[ムカシアリ型亜科　Leptanillomorph subfamily]

ムカシアリ亜科　Leptanillinae

分類・形態　腹柄節が2節からなること，額隆起縁を欠くこと，眼を欠くこと，明瞭な前・中胸縫合線が認められることで他亜科と区別される．

生態　野外での詳しい生態はほとんど未知であるが，ムカシアリ属 *Leptanilla* の種は小型のジムカデ類を専門に襲って餌としているようである．

分布　近年，新属として *Forcotanilla* が創設され，6属に約55種が記載されている．旧世界の温帯から熱帯地域に分布する．ただし，*Phaulomyrma* 属と *Yavenella* 属ではオスしか知られていない．日本では2属8種が得られており，さらに八重山諸島や屋久島等からムカシアリ属の学名不祥のオス個体が得られている．

属の検索表　ムカシアリ亜科

1. a. 触角柄節は短く，頭部の中ほどかわずかにそれを越える程度．
   b. 大腮は小さく，それらを閉じた時側方から見て顕著に突出しない．
   c. 頭盾は短く後縁の境界は不明瞭．
   d. 体長2mm以下の小型種．
   　　p.74　**ムカシアリ属** *Leptanilla*

- aa. 触角柄節は長く頭部後縁を越える．
   bb. 大腮は閉じた時側方から見て顕著に突出する．
   cc. 頭盾は大きく台形で，後縁の境界は明瞭．
   dd. 体長は3mm以上．
   　　p.72　**ジュズフシアリ属** *Protanilla*

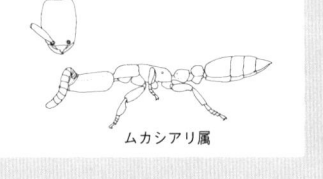

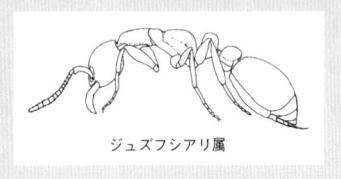

ジュズフシアリ族　Anomalomyrmini
ジュズフシアリ属　*Protanilla* Taylor, in Bolton, 1990

分類・形態　体長2〜4mm程度の比較的小型のアリ．数珠状の触角鞭節をもち，触角柄節は長く，頭部後縁を越える．大腮の形態は特徴的で，側方から見て細長く発達し，腹面には杭状の突起を複数そなえる．種によっては，椀状に背方に大きく膨らむ．頭盾は台形で後縁の境界は明瞭である．ムカシアリ属 *Leptanilla* に比べて本属の種は大型で，体長は3mm以上ある．腹柄

部は働きアリ，女王ともに2節からなる．

　日本産のキバジュズフシアリは，従来 *Anomalomyrma* 属に位置づけられていたが，近年，本属についての再検討がなされた結果，*Protanilla* 属の種と見なされるに至った．

生態　発達した大腮は180°まで開き，その状態で地表部を歩行する個体が観察されている．

分布　東洋区に6種が記録されているが，分類研究は不十分な状態にある．日本ではジュズフシアリ *P. lini* とキバジュズフシアリ *P. izanagi* の2種が生息する．

種の検索表　｜　ジュズフシアリ属

1.　a.　大腮は側方から見て細長い．
　　　　p.73　ジュズフシアリ　*Protanilla lini*

**　　aa.**　大腮は側方から見て椀状で，背方に顕著に隆起する．
　　　　p.73　キバジュズフシアリ　*Protanilla izanagi*

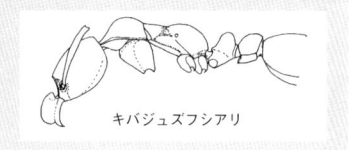

キバジュズフシアリ　*Protanilla izanagi* Terayama, 2013

分類・形態　体長3 mm．体は黄色から褐色．数珠状の触角鞭節をもち，触角柄節は長く，頭部後縁を越える．大腮は長く大きく発達し，側方から見て，上方に大きく膨れ上がり，膨れた部分の内側には短く太い毛が多く見られる．頭盾は台形で，後縁の境界は明瞭．前脚腿節は大きく，幅が広い．

　従来，*Anomalomyrma* sp. とされていた種である．

生態　稀な種で，落葉広葉樹林や照葉樹林の落葉層から採集されている．林内の地上部を徘徊する働きアリが観察されている．単雌性で，働きアリが十数個体からなるコロニーが得られている．

分布　国内：本州，九州．

ジュズフシアリ　*Protanilla lini* Terayama, 2009

分類・形態　体長3 mm．体は黄色から褐色．大腮は細長い三角形状で，腹面には杭状の突起を10個前後をそなえる．側方から見て大腮は先端の1/3付近から内側へ強く曲がる．

生態　腐倒木下や土中に営巣する．コロニーは数十個体からなる．室内の飼育実験では，ムカデ類をよく狩って餌としていた．

分布　国内：南九州，南西諸島．国外：台湾．

島嶼の分布　大隅諸島：屋久島．奄美諸島：奄美大島，徳之島．沖縄諸島：沖縄島，平安座島．八重山諸島：石垣島．尖閣諸島：魚釣島．

ムカシアリ族 Leptanillini
ムカシアリ属 *Leptanilla* Emery, 1870

分類・形態 働きアリの多くは体長1mm前後の微小なアリで，体は扁平でかつ細長い．複眼，額隆起縁はなく，触角の基部は露出する．大腮の咀嚼縁は短く，3～4歯を備える．働きアリの腹柄部は腹柄節と後腹柄節の2節からなるが，女王とオスでは腹柄部が1節のみからなる．また，女王は羽化した時点で無翅で，巣から外へ飛出することはない．

生態 土中に生息し，ジムカデ類を捕らえて餌とする．幼虫の胸部には体液が浸出する孔状の特別な器官があり，女王はここから幼虫の体液を栄養分として取り込む．働きアリは触角を細かく振動させながら歩行する．

分布 旧世界に43種が知られている．日本からは6種が得られているが，いずれの種も稀で採集例は少ない．また，学名不詳のオス個体が幾つかの地域から報告されている．

種の検索表 ムカシアリ属

1. a. 腹部第1節は背方から見て，前方部が後方に比べて狭まる． ……… 2.へ

   aa. 腹部第1節は背方から見て側縁は直線状で，前側方の縁は角ばる． ……… 3.へ

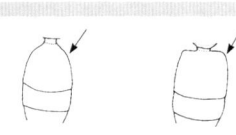

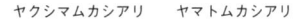

2. a. 大腮に4歯をそなえる．
   b. 後腹柄節後縁は背方から見て直線状で，後側縁は角ばる．
      p.76 ヤクシマムカシアリ *Leptanilla tanakai*

   aa. 大腮に3歯をそなえる．
   bb. 後腹柄節後縁は背方から見て弧をえがき，後側縁は丸みを帯び角ばらない．
      p.75 トサムカシアリ *Leptanilla kubotai*

3. a. 頭盾前縁は前方に突出し，中央部はへこむ．
      p.76 オガサワラムカシアリ *Leptanilla oceanica*

   aa. 頭盾前縁は切断状で，前方に突出しない． ……… 4.へ

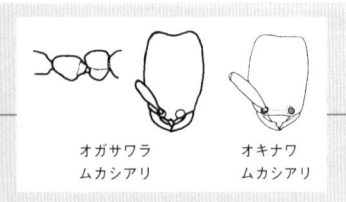

4.	a.	大腮に4歯をそなえる.
		p.75　ヤマトムカシアリ　*Leptanilla japonica*

	aa.	大腮に3歯をそなえる.
		5.へ

ヤマトムカシアリ　　ヒコサンムカシアリ

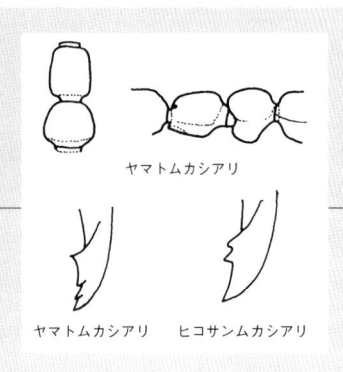

5.	a.	触角末端節は触角第11節と第10節を合わせた長さより長い.
		p.76　ヒコサンムカシアリ　*Leptanilla morimotoi*

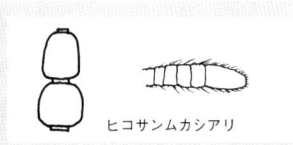

	aa.	触角末端節は触角第11節と第10節を合わせた長さより短い.
		p.76　オキナワムカシアリ　*Leptanilla okinawensis*

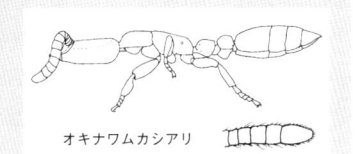

ヤマトムカシアリ　*Leptanilla japonica* Baroni Urbani, 1977

分類・形態　体長1mm前後．体は淡黄色で，大腮に4歯をもつ．眼はなく，触角の基部は裸出する．触角柄節は短く，頭部の中ほどかわずかにそれを越える．

　働きアリの腹柄節は2節からなるが，女王アリとオスアリでは1節のみからなる．

生態　林内の土中に生息し，おそらく土中を移動しながら生活している．単雌性で1つのコロニーは働きアリ200〜300個体からなる．小型のジムカデ類を専門に襲って餌としている．働きアリは触角を細かく振動させながら歩行する．7月にオスアリが得られている．女王や働きアリは，幼虫がもつ特殊な浸出器官より幼虫の体液を摂取して栄養分としている．

分布　国内：本州．

トサムカシアリ　*Leptanilla kubotai* Baroni Urbani, 1977

分類・形態　体長1.5mm．体は淡黄色．大腮に3歯をもつ．腹部第1節は背方から見て，前方部が後方部に比べて狭まり，前側縁は角ばらない．腹柄節腹面は下方に隆起しない．また，後腹柄節後縁は背面から見て弧状で，後側縁は角ばらない．日本産の本属の種では最も大きい．

生態　林内の土中から得られている．

分布　国内：四国（高知）．

ヒコサンムカシアリ　*Leptanilla morimotoi* Yasumatsu, 1960

分類・形態　体長1mm程度．淡黄色．大腮に3歯をもつ．触角末端節は長く，第11節と第10節を合わせた長さよりも長い．背方から見て腹柄節側面はほぼ平行で，前縁の両側の角でのみ丸まる．腹面は下方に隆起する．腹部第1節は背方から見て，側縁はほぼ平行で，前側縁は角ばる．
生態　土中に営巣する．
分布　国内：九州（福岡県，鹿児島県）．

オガサワラムカシアリ　*Leptanilla oceanica* Baroni Urbani, 1977

分類・形態　体長1mm．体色は黄色．大腮に3歯をもつ．頭盾前縁が前方に突出し，中央がへこむ特徴的な形態により，容易に他種と区別される．
生態　土中に営巣する種であろう．
分布　国内：小笠原諸島から1例のみ得られている．
島嶼の分布　小笠原諸島：聟島．

オキナワムカシアリ　*Leptanilla okinawensis* Terayama, 2013

分類・形態　体長1mm．体は淡黄色で，大腮に3歯をもつ．触角末端節は短く，その手前の第10節と11節を合わせた長さよりも短い．腹部第1節は背方から見て側縁は直線状で，前側方の縁は角ばる．腹柄節腹面は下方に隆起する．腹部第1節は背方から見て，側縁はほぼ平行で，前側縁は角ばる．女王は体長1.8mm程度．腹柄部は1節のみからなる．
　九州から得られているヒコサンムカシアリ *L. morimotoi* に酷似するが，触角末端節は短く，その手前の第10節と11節を合わせた長さよりも短いことで区別される．
生態　樹林内の土中から得られている．
分布　国内：稀な種で，沖縄島から2例が記録されているのみ．
島嶼の分布　沖縄諸島：沖縄島．

ヤクシマムカシアリ　*Leptanilla tanakai* Baroni Urbani, 1977

分類・形態　体長1mm．体は淡黄色で，大腮に4歯をもつ．頭部後縁は正面から見て中央部が少しくぼむ．腹部第1節は背方から見て，前方部が後方に比べて狭まる．また，腹柄節腹面は下方に隆起しない．後腹柄節後縁は背面から見て直線状で，後側縁は角となる．
生態　土中に営巣する．
分布　国内：屋久島から得られている．今のところ，基産地からの採集例以外の記録はない．
島嶼の分布　大隅諸島：屋久島．

[キバハリアリ型亜科群　Myrmeciomorph subfamilies]

クシフタフシアリ亜科　Pseudomyrmecinae

分類・形態　付節の爪が櫛歯状になること，大きく発達した複眼をもつこと，額葉が互いに近接し，頭盾後部が後方に突出しないこと，明瞭な前・中胸縫合線が認められることで他の亜科とは区別される．アジア産の種では細長い腹柄節と後腹柄節をもつものが多い．

　系統的には，オーストラリアに主に生息するキバハリアリ亜科 Myrmeciinae に最も近縁であるとされる．

生態　多くの種は樹上性で，植物体の空洞などに営巣する．また，種によっては特定の植物種と強い共生関係をもち，植物は巣として用いることのできる空間を提供し，そこで生活する本亜科のアリは，植物にやってくる植食性昆虫を撃退する．

分布　世界の熱帯から亜熱帯にかけて3属約230種が記載されている．日本からはナガフシアリ属 *Tetraponera* のオオナガフシアリ *T. attenuata* 1種のみが得られている．また，東京都内から，東南アジアに広く分布するナガフシアリ *T. allaborans* が得られた事があるが，明らかに海外からの人為的移入である．

クシフタフシアリ族　Pseudomyrmecini

ナガフシアリ属　*Tetraponera* Smith, 1852

分類・形態　働きアリの体長3～7mm程度．発達した複眼と2節からなる長い腹柄節をもち，かつ体全体が著しく細長いことから野外でも他属との区別は容易である．

生態　樹上性で，立木の枯れ枝や枯れ竹等に営巣する．台湾では普通に見られ，木の枝や葉上をよく歩行している．そのため灌木のすくい取り採集や叩き網採集でよく採集される．また，地上を徘徊する働きアリ個体もよく見かける．基本的に広食性で，他の昆虫類を捕食するほか，植物の蜜やアブラムシやカイガラムシなどの同翅類昆虫の甘露等の液体成分を餌とする．

分布　旧世界の熱帯，亜熱帯から約95種が記載されている．日本では，オオナガフシアリ *T. attenuata* の脱翅した女王1個体のみが，南西諸島の沖縄島北部の与那覇岳の樹木でのスイーピングによって採集されている．海外に生息しているものが，一時的に飛来したものか，土着のものかの確認が必要な状況にある．

オオナガフシアリ　*Tetraponera attenuata* Smith, 1877

分類・形態　働きアリの体長5～6mm．女王は10mm程度で体色は黒色．触角柄節と基方の鞭節は淡色となる場合が多い．大腮には5つの歯をそなえる．また頭盾前縁の中央部には2つの弱い突起がある．体の表面に立毛を多くもつ．

生態　樹上営巣性．

分布　国内：沖縄島北部の与那覇岳から得られている．国外：台湾，中国南部からフィリピン，

インドネシア，タイからインドにかけて広く分布する．

島嶼の分布　沖縄諸島：沖縄島．

［フタフシアリ型亜科群　Myrmicomorph subfamilies］

フタフシアリ亜科　Myrmicinae

分類・形態　腹柄部は腹柄節と後腹柄節の2節からなる．複眼は時に著しく退化するが，ごく一部の属を除いて存在する．ほとんどの種で，頭部の額葉は触角挿入部をおおう．触角は4～12節からなり節数，形状ともに変化に富む．触角先端の2～5節は棍棒節を形成するものが多い．前・中胸縫合線は背面で消失するか，痕跡的である．腹部末端に針をもつ種ともたない種がいる．

　本亜科は，現在6族群が認められ24族に区分されている．

生態　種数が多く，土中に生息するものから，地表活動性のもの，樹上性のものまでさまざまである．食性も多様に分化している．

分布　アリ科の中で最多の141属を含み，形態的にも生態的にも多様性に富むグループである．世界に広く分布し，約6100種が記載されている．日本からは24属148種が記録されている．

属の検索表　フタフシアリ亜科

1. a. 触角は4節か6節からなる．
   b. 触角棍棒部は2節からなる． …… 2.へ

   aa. 触角は9～10節からなる．
   bb. 触角棍棒部は2節からなる． …… 3.へ

   aaa. 触角は11～12節からなる．
   bbb. 触角棍棒部は2節以上からなる，あるいは不明瞭． …… 5.へ

   ウロコアリ属
   トフシアリ属　アミメアリ属

2. a. 大腮の挿入部は互いに接近する．
   b. 大腮は直線的もしくはゆるくカーブする棒軸状．
   c. 大腮内側背縁に連続的な小歯をもたない．
   p.94　**ウロコアリ属**　*Strumigenys*

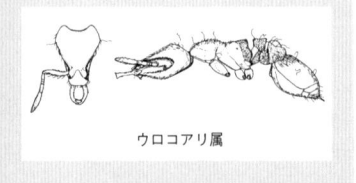

   ウロコアリ属

aa. 大腮の挿入部は左右に離れる. bb. 大腮は大部分の種では三角形状で，一部の種では棒軸状. cc. 大腮内側背縁に連続した小歯列をもつ（一部の種ではもたない）. 　　　　　　p.84　アゴウロコアリ属　*Pyramica*	ノコバウロコアリ属

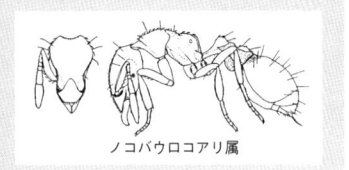

3.
a. 触角先端節は著しく大きく平たい.
b. 額葉は互いに接近し間隔が狭い.
c. 後腹柄節後面は全面で腹部と連結する.
　　　　　　p.173　ヒゲブトアリ属　*Rhopalomastix*

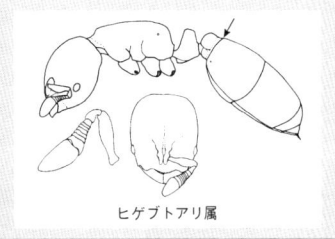

ヒゲブトアリ属

aa. 触角先端節は極端に肥大することなく，砲弾型（ただし，標本の状態によっては縮んで平たくなる場合がある）.
bb. 額葉は互いに離れている.
cc. 後腹柄節後面は下部のみで腹部と連結する.
　　　　　　4. へ

4.
a. 働きアリは単型もしくは連続的な多型を示す.
b. 頭盾前縁中央部に1本の剛毛をもつ.
　　　　　　p.117　トフシアリ属　*Solenopsis*

トフシアリ属

aa. 働きアリは顕著な2型を示す.
bb. 頭盾前縁には対合した複数の剛毛をもつ.
　　　　　　p.108　カレバラアリ属　*Carebara*

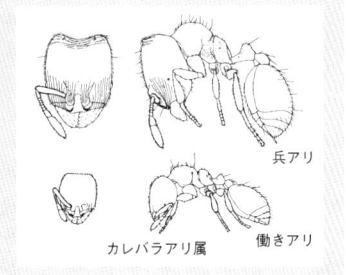

兵アリ
カレバラアリ属　働きアリ

5.
a. 後腹柄節は腹部の背方と接続する.
b. 前伸腹節気門は前伸腹節の後面よりに位置する.
　　　　　　p.148　シリアゲアリ属　*Crematogaster*

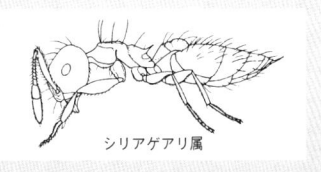

シリアゲアリ属

フタフシアリ亜科

フタフシアリ亜科

aa. 後腹柄節は腹部基部端に接続する．
bb. 前伸腹節気門は前伸腹節後面にまでかかることはない． 6.へ

6. a. 前伸腹節刺は前方に向かって反り返る．
p.153 カクバラアリ属 *Recurvidris*

カクバラアリ属

aa. 前伸腹節刺は前方に向かって反り返らないか，あるいは前伸腹節に刺がない． 7.へ

ハダカアリ属

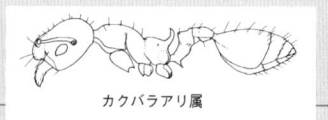

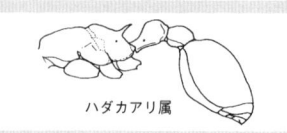

7. a. 腹柄節の丘部はほとんど隆起せず，腹柄節は全体として亜円筒型．
b. 前伸腹節背側縁の前方に1対の小突起をもつ．
c. 頭部腹面側方には隆起縁による輪郭がある．
p.168 カドフシアリ属 *Myrmecina*

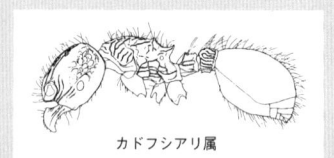

カドフシアリ属

aa. 腹柄節の丘部が山型に隆起し，柄部と区別される．
bb. 前伸腹節背側縁の前方に小突起はない．
cc. 頭部腹面側方には隆起縁による輪郭はない．
8.へ

ミゾガシラアリ属

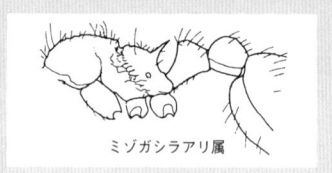

8. a. 触角棍棒部は2節からなる．
b. 触角は11節からなる．
p.116 ヨコヅナアリ属 *Pheidologeton*

大型働きアリ

小型働きアリ

aa. 触角棍棒部は3節以上からなる，あるいは不明瞭．
bb. 触角は12節からなる（一部の種では11節）．
9.へ

ヨコヅナアリ属（働きアリの連続多型を示す）

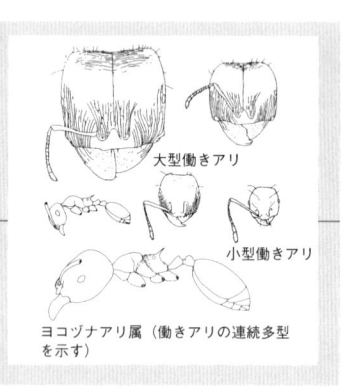

9. a. 頭盾前縁に複数の小突起をもつ．
b. 額隆起縁がほとんど張り出さず，そのため触角挿入部が裸出する．
c. 触角は11節からなる．

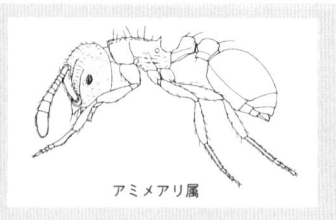

アミメアリ属

	p.171	アミメアリ属 *Pristomyrmex*

aa. 頭盾前縁に複数の小突起はない.
bb. 額隆起縁は張り出し,触角挿入部は少なくとも部分的には隠される.
cc. 触角は 12 節からなる. 　　　10. へ

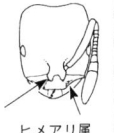

10. a. 頭盾前縁中央部は著しく前方に突出し,大腮の一部にかかる.
　　b. 触角収容溝は顕著で頭部後方角付近まで伸張する.
　　　　　p.100 　ミゾガシラアリ属 *Lordomyrma*

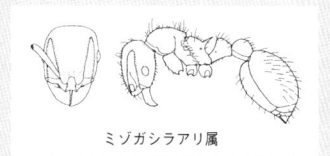

aa. 頭盾前縁は大腮にかかるまで伸張することはない.
bb. 触角収容溝はないか,あっても頭部後方角まで伸張しない. 　　　11. へ

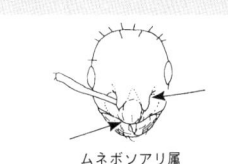

11. a. 大腮はサーベル状.
　　　　　p.142 　イバリアリ属 *Strongylognathus*

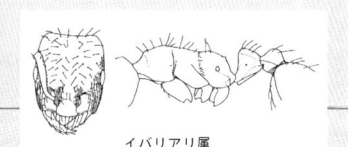

aa. 大腮は通常の三角形状. 　　　12. へ

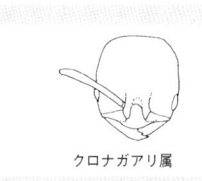

12. a. 触角棍棒部は 3 節からなる. 　　　13. へ

aa. 触角棍棒部は 4 節からなる,あるいは不明瞭. 　　　19. へ

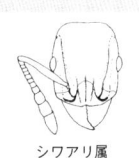

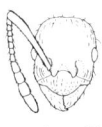

13. a. 腹柄節後縁は側方から見てへこむ.
　　b. 腹柄節後縁背部は突出する.
　　　　　p.103 　ウメマツアリ属 *Vollenhovia*

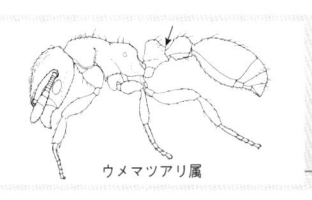

フタフシアリ亜科

- aa. 腹柄節後縁は側方から見てほぼ直線状.
- bb. 腹柄節後縁背部は突出しない. 　14. へ

14. a. 頭部や胸部背面に体毛を欠く.
    b. 後腹柄節は背面から見て幅が長さの約2倍.
      p.154　ハダカアリ属　*Cardiocondyla*

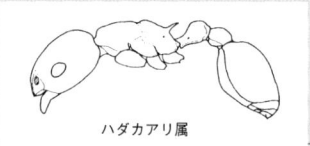

    aa. 頭部や胸部背面に体毛をもつ.
    bb. 後腹柄節は背面から見て幅は長さの1.5倍以下.
      15. へ

15. a. 前伸腹節の後背部は角ばることはあっても，刺もしくは小歯状の突起を形成することはない.
    b. 頭盾前縁中央に1本の剛毛をもつ.
      p.111　ヒメアリ属　*Monomorium*

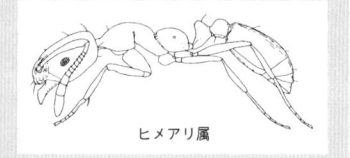

    aa. 前伸腹節の後背部に1対の刺もしくは小歯状の突起を形成する.
    bb. 頭盾前縁中央の剛毛は対になる. 　16. へ

16. a. 胸部を側方から見て前中胸が明瞭に隆起する.
    b. 働きアリは顕著な2型を示す.
      p.135　オオズアリ属　*Pheidole*

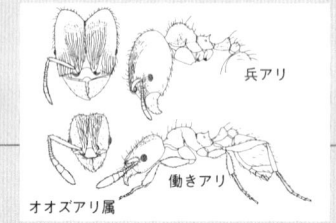

    aa. 胸部を側方から見たとき，背方の輪郭は全体的に平らか，ゆるやかに弧を描くが，前中胸のみが明瞭に隆起することはない.
    bb. 働きアリは顕著な2型を示さない（通常単型，一部の種で多型のものがある）. 　17. へ

17. a. 頭盾両側部は触角挿入部の前方で顕著な隆起線を形成する.
    b. 前伸腹節の気門は前伸腹節刺の先端から基部までを引き延ばした線の後方に位置する.
    c. 大腮は普通7歯をもち，先端の3歯は大きい.
      p.142　シワアリ属　*Tetramorium*

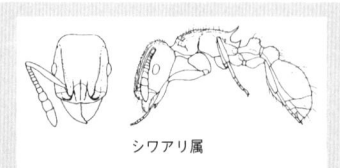

aa. 頭盾両側部は隆起線を形成しない．
bb. 前伸腹節の気門は前伸腹節刺の先端から基部までを引き延ばした線の前方に位置する．
cc. 大腮は5〜6歯をそなえ，歯は基部に向かうほど小さくなる． 18. へ

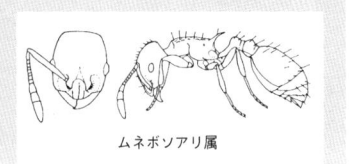

18. a. 頭盾中央に縦走する隆起線をもつ．
b. 触角は12節からなる（1種を除く）．
p.160 ムネボソアリ属 *Temnothorax*

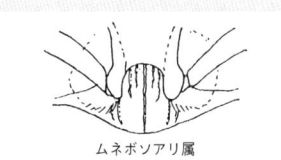

aa. 頭盾中央に縦走する隆起線はない．
bb. 触角は11節からなる．
p.159 タカネムネボソアリ属 *Leptothorax*

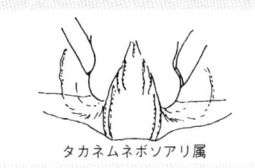

19. a. 触角柄節は長く，頭部後縁をはるかに越える．
p.126 アシナガアリ属 *Aphaenogaster*

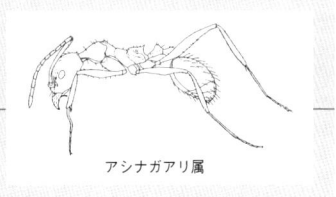

aa. 触角柄節は比較的短く，頭部後縁をわずかに越える程度． 20. へ

20. a. 前伸腹節刺を欠く．
b. 頭部腹面に太く長い剛毛がある．
p.134 クロナガアリ属 *Messor*

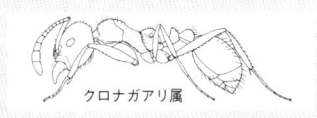

aa. 前伸腹節刺を欠く．
bb. 頭部腹面に太く長い剛毛はない（通常の体毛はある）．
p.119 ツヤクシケアリ属 *Manica*

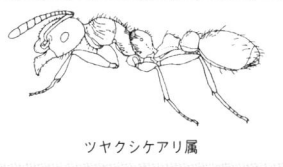

aaa. 前伸腹節刺をもつ．
bbb. 頭部腹面に太く長い剛毛はない（通常の体毛はある）． 21. へ

21. a. 腹柄節下部突起をもつ．
    b. 頭盾中央に1対の縦走隆起縁はない．
    c. 脚の脛節刺は櫛歯状．
       p.120　クシケアリ属　*Myrmica*

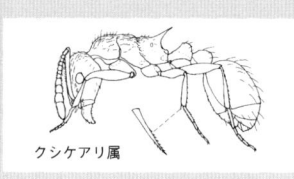

    aa. 腹柄節下部突起を欠く．
    bb. 頭盾中央に1対の縦走隆起縁をもつ．
    cc. 脚の脛節刺は単純な針状．
       p.101　ナガアリ属　*Stenamma*

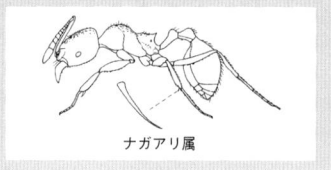

[ウロコアリ族群　Dacetine tribe - group]

ウロコアリ族　Dacetini

アゴウロコアリ属　*Pyramica* Brown, 1948

分類・形態　体長1〜3 mm程度の小型のアリ．頭部は前方から見て亜三角形で後縁中央はくぼむ．大腮は三角形状であるが，一部の種では棒軸状，挿入部は左右に離れる．大腮内側背縁に連続した小歯列を通常もつ（一部の種ではもたない）．触角は4節か6節からなり，棍棒部は2節からなる．腹柄節，後腹柄節に海綿状の付属物が発達する．

　従来のトカラウロコアリ属 *Trichoscapa*，ヒラタウロコアリ属 *Pentastruma*，ヌカウロコアリ属 *Kyidris*，セダカウロコアリ属 *Epitritus* およびノコバウロコアリ属 *Smithistruma* は本属の新参異名と見なされている．さらに近年，本属をすべてウロコアリ属 *Strumigenys* の新参異名と見なす見解もある．この場合，ウロコアリ属が800以上の種を内包する巨大な1つの属となる．現段階では，信頼度の高い系統解析がまだなされていないことから，本書では，暫定的に本属とウロコアリ属をそれぞれ独立した属とする見解を採用しておく．

生態　林床性の種が多く，トビムシやコムシ，ササラダニ，ムカデ等の土壌動物を狩って餌としている．また一次的社会寄生や盗食共生を行う種も知られている．日本産種では，ヌカウロコアリ *P. mutica* がウロコアリ *Strumigenys lewisi* やキタウロコアリ *S. kumadori* への一時的社会寄生種であり，ノコバウロコアリ *P. incerta* はトゲズネハリアリ *Cryptopone sauteri* の盗食共生者である可能性が指摘されている．

分布　大きな属で，オーストラリアを除く世界の熱帯から温帯にかけて分布し，約350種が記載されている．日本には19種が生息している．

| 種の検索表 | アゴウロコアリ属

1. a. 大腮は棒軸状.
   b. 上唇の先端は伸長し，大腮の間から明瞭に見える.
   2. へ
   セダカウロコアリ

   aa. 大腮は三角形状.
   bb. 上唇の先端は伸長することはなく，大腮の間から明瞭には見えない.
   3. へ
   イガウロコアリ

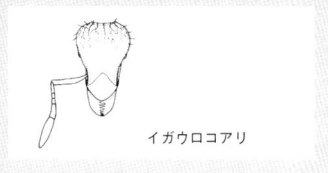

2. a. 大腮の棒軸部に2本の刺状の小歯をもつ.
   b. 中胸背板は前伸腹節上に張り出す.
   c. 前伸腹節刺は明瞭.
   d. 体長約2 mm.
   p.90　セダカウロコアリ　*Pyramica hexamera*
   セダカウロコアリ

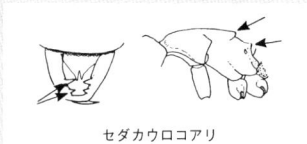

   aa. 大腮の棒軸部に小歯をもたない.
   bb. 中胸背板は前伸腹節上に張り出さない.
   cc. 前伸腹節刺は不明瞭.
   dd. 体長約1 mmの小型種.
   p.91　ヒメセダカウロコアリ　*Pyramica hirashimai*
   ヒメセダカウロコアリ

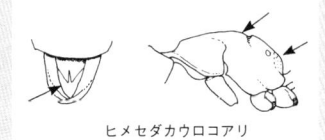

3. a. 前伸腹節の側縁に海綿状付属物はない.
   b. 胸部背面は明瞭な二山を示す.
   p.93　ヌカウロコアリ　*Pyramica mutica*
   ヌカウロコアリ

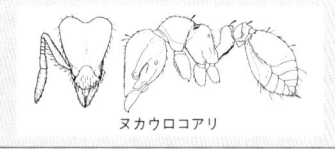

   aa. 前伸腹節の側縁に海綿状付属物がある.
   bb. 胸部背面は明瞭な二山をとはならない.　4. へ

4. a. 大腮の基部には顕著な縁があり，閉じた状態で頭盾と大腮の間に横断する溝が形成される.
   b. 前胸背板の側方は隆起縁をもち，肩は角ばる.
   c. 頭部は頭頂に1対の棍棒状毛のみをもつ.
   p.93　トカラウロコアリ　*Pyramica membranifera*
   トカラウロコアリ

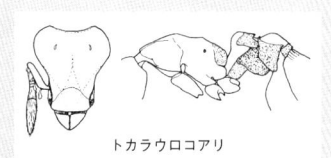

フタフシアリ亜科──ウロコアリ族

フタフシアリ亜科──ウロコアリ族

aa. 大腮の基部に縁はなく，閉じた状態で頭盾との間に溝は形成されない．
bb. 前胸背の肩部は角ばらない．
cc. 頭頂に1対の棍棒状毛はない．あるいは多くの毛をもつ． 5. へ

5. a. 頭部背面は側方から見て平ら．
b. 頭部と胸部の背面は体毛を欠く． 6. へ

aa. 頭部背面は側方から見て多少とも隆起し，弧状となる．
bb. 頭部と胸部の背面に体毛をもつ． 7. へ

6. a. 大腮は短く，触角第5節とほぼ同じ長さ．
b. 頭盾前縁は比較的大きくくぼむ．
p.94　ヒメヒラタウロコアリ　*Pyramica sauteri*

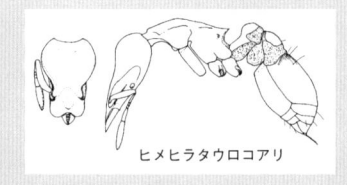

aa. 大腮は比較的長く，触角第5節の長さよりも明らかに長い．
bb. 頭盾前縁はわずかにくぼむ．
p.90　ヒラタウロコアリ　*Pyramica canina*

7. a. 前胸背板には彫刻がなく，滑らかで光沢がある．
b. 側方から見て胸部背縁は前胸前縁から前伸腹節後縁にかけて強く弧をえがく．
p.93　ツヤウロコアリ　*Pyramica mazu*

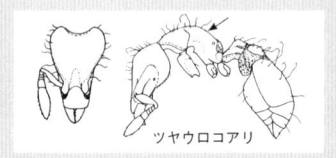

aa. 頭部後方と前胸背板には網目状もしくはすじ状の彫刻がある．
bb. 側方から見て胸部背縁は前胸前縁から前伸腹節後にかけて1つの弧をえがかない． 8. へ

8. a. 大腮はやや長く，中ほどで大きく折れ曲がる．
p.93　キバオレウロコアリ　*Pyramica morisitai*

aa. 大腮は側方から見て軽く弧をえがく程度で明瞭に折れ曲がることはない. 　　　　　　　　　　　　　9. へ	キバオレウロコアリ　イガウロコアリ

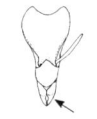

9. a. 頭部の体毛は円状か楕円状. 　　　　　　　　　　　　　10. へ	
aa. 頭部の体毛は針状か棍棒状あるいは鱗片状で,円状になることはない. 　　11. へ	マルゲウロコアリ　ケブカウロコアリ

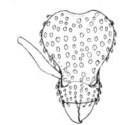

10. a. 後腹柄節側面の海綿状突起の発達は弱い（沖縄島以南に分布）. p.90　マルゲウロコアリ　*Pyramica circothrix*	マルゲウロコアリ
aa. 後腹柄節側面の海綿状突起は大きく発達する（本州に分布）. p.91　ヒロシマウロコアリ　*Pyramica hiroshimensis*	ヒロシマウロコアリ

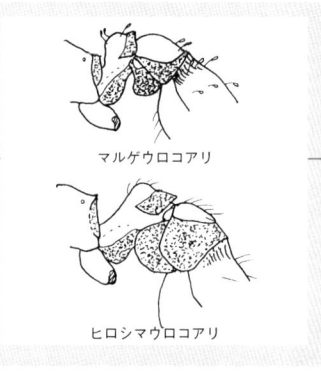

11. a. 頭盾前縁はほぼ直線状か弱くへこむ. 　　　　　　　　　　　　　12. へ	ホソノコバウロコアリ
aa. 頭盾前縁は下方に突出する. 　　　　　　　　　　　　　14. へ	ヤマトウロコアリ

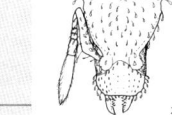

12. a. 頭部は，先方が膨らむ鱗片状の伏毛でおおわれる. 　　　　　　　　　　　　　13. へ	
aa. 頭部の伏毛は，弧状となるが，先方は膨らまない. p.94　ヤミゾウロコアリ　*Pyramica terayamai*	ヤミゾウロコアリ

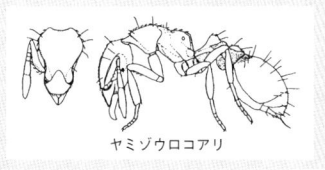

フタフシアリ亜科——ウロコアリ族

87

フタフシアリ亜科──ウロコアリ族

13. a. 前胸肩部に1本の長い鞭状の立毛をもつ．
    b. 中胸に顕著な棍棒状の立毛はない．
    c. 頭盾前縁は弱くへこむ．
        p.91　ノコバウロコアリ　*Pyramica incerta*

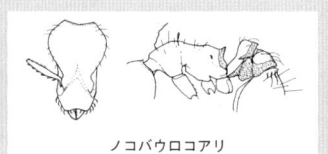

    aa. 前胸肩部に1本の長い鞭状の立毛はない．
    bb. 中胸に1対の顕著な棍棒状の立毛をもつ．
    cc. 頭盾前縁は直線状．
        p.94　ホソノコバウロコアリ　*Pyramica rostrataeformis*

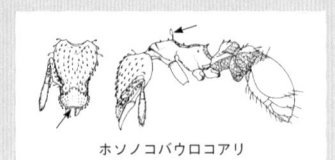

14. a. 頭部と胸部背面に多くの立毛をもち，長い鞭状の立毛も多く見られる．
        p.92　キチジョウウロコアリ　*Pyramica kichijo*

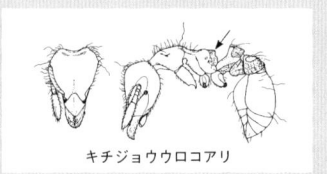

    aa. 頭部と胸部背面に鞭状の立毛はないか，あっても若干のみ．　15.へ

15. a. 頭盾は幅と長さがほぼ等しいか，やや幅が長い程度．
    b. 頭部側縁に鞭毛状の長毛はない．　16.へ

    aa. 頭盾は長く，幅よりも長さが長い．
    bb. 頭部側縁に鞭毛状の長毛をもつ．
        p.92　マナヅルウロコアリ　*Pyramica masukoi*

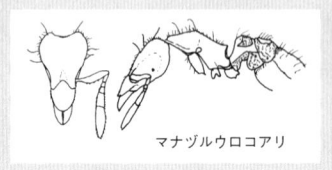

16. a. 頭部後縁は多少とも角ばる．
    b. 頭部背面の体毛はすべて鱗片状の伏毛．
        p.92　ヤマトウロコアリ　*Pyramica japonica*

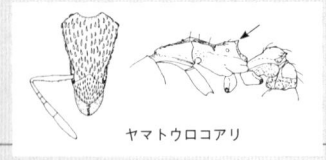

    aa. 頭部後縁は緩やかに湾曲する．
    bb. 頭部背面の体毛は単純もしくは多少先端が太くなり，少なくとも後頭部には立毛がある．　17.へ

17. a. 頭部背面および胸部背面の体毛は比較的密で，頭部では頭盾を除く前方部にも立毛がある．
    b. 胸部の立毛の長さは複眼の直径以上．
        p.92　ケブカウロコアリ　*Pyramica leptothrix*

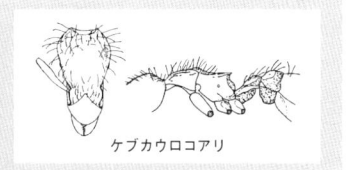

   aa. 頭部背面および胸部背面の体毛は比較的まばらで，頭部では後方部に立毛があるが頭盾を除く前方部ではすべて伏毛．
    bb. 胸部の立毛は複眼の直径より短い．　18. へ

18. a. 中脚脛節および後脚脛節に短立毛はほとんど見られない．
        p.89　イガウロコアリ　*Pyramica benten*

   aa. 中脚脛節および後脚脛節に多数の短立毛をもつ．
        p.89　ミヤコウロコアリ　*Pyramica alecto*

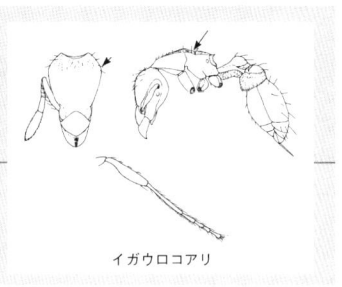

ミヤコウロコアリ　*Pyramica alecto* Bolton, 2000

分類・形態　体長 2.5 mm．体は黄褐色．頭部や胸部に長い立毛をもたない．イガウロコアリ *P. benten* に形態的に類似するが，中脚脛節および後脚脛節に多数の短立毛をもつことで区別される．

生態　未知．

分布　国内：本州（京都）．

イガウロコアリ　*Pyramica benten*（Terayama, Lin & Wu, 1996）

分類・形態　体長 1.5～2 mm．体は褐色から赤褐色．頭盾は幅広く，前縁は中央が突出する．頭部後側縁は緩やかに湾曲する．後頭部に立毛をいくらかもつが，頭盾を除く前方部では全て伏毛．胸部背面の体毛は比較的まばらで，胸部の立毛は複眼の直径より短い．これらの立毛の長さや数には変異が見られ，非常に短い個体や数の少ない個体が見られる．このような立毛の個体変異は女王でも認められる．

生態　コロニーは単雌性の場合と，女王 2～6 頭からなる多雌性の場合とがある．単雌性の場合，コロニーは 80～140 頭程の働きアリで構成される．トビムシ類の中でも，特にアヤトビムシ属を好んで狩り，他に中気門ダニ等の土壌動物も食べる．林縁から公園緑地等のやや開けた場所の土中に営巣する．

分布　国内：本州，四国，九州，琉球列島．国外：台湾．

島嶼の分布　本州：金華山島．九州：上甑島，志賀島，大島，対馬．伊豆諸島：三宅島．大隅諸

島：屋久島．奄美諸島：奄美大島．沖縄諸島：沖縄島．八重山諸島：石垣島，西表島．

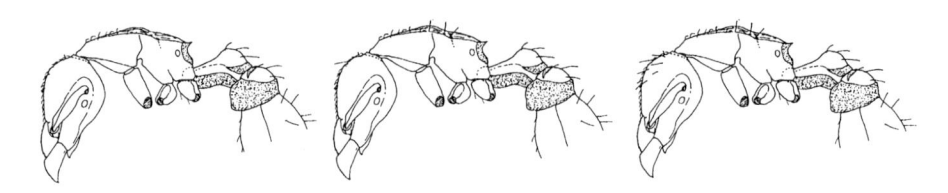

イガウロコアリの働きアリでの立毛の変異

ヒラタウロコアリ　*Pyramica canina* (Brown & Boisvert, 1979)

分類・形態　体長2.5〜3 mm. 体は黄褐色．前方から見て頭部の後方は大きく横に広がり，頭盾の前縁はわずかにへこむ．側方から見て頭部は薄く背面が平ら．大腮はやや細長い三角形で平たい．頭部から腹柄節にかけて明瞭な体毛がない．

生態　主に照葉樹林の林床に生息し，土中や枯れ枝の中などに営巣する．狭食性でアヤトビムシ類を専門に狩って餌としている．

分布　国内：本州（関東以南），四国，九州．

島嶼の分布　本州：桃頭島．四国：広島．九州：上甑島，中通島，玄海島，相ノ島，志賀島．伊豆諸島：三宅島，八丈島，口ノ三島：硫黄島．大隅諸島：屋久島．

マルゲウロコアリ　*Pyramica circothrix* (Ogata & Onoyama, 1998)

分類・形態　体長1.5 mm程度の小型種．体は赤褐色．頭部には円状の体毛が豊富に見られる．頭盾は長さの方が幅よりも長く，前縁はほぼ直線状で両側縁は角ばる．頭盾外周には鱗片状の毛が並ぶ．触角柄節は基方約1/3のところで顕著に幅広くなる．

生態　照葉樹林の林床に生息し，土中に営巣する．

分布　国内：琉球列島（沖永良部島以南）．

島嶼の分布　奄美諸島：沖永良部島．沖縄諸島：平安座島，沖縄島．慶良間諸島：渡嘉敷島，久米島．八重山諸島：石垣島．

セダカウロコアリ　*Pyramica hexamera* (Brown, 1958)

分類・形態　体長約2 mm. 体は黄褐色．頭部は前面から見て中ほどで顕著に張り出す．頭盾は幅広く，前縁は直線状．大腮は棒軸状で左右の挿入部は離れており，棒軸部に2本の刺状の小歯をもつ．頭部はへら状の毛でおおわれる．頭盾前縁にはそれらの毛がない．中胸背板は前伸腹節上に張り出す．前伸腹節刺は明瞭で刺状．

生態　単雌性で単巣性．コロニーは数十頭から構成される．産雌性単為生殖を行うことが確認されている．林床の土中に生息し，コムシ類を主に狩り，他にトビムシ類やコムカデ類も狩る．働きアリは，待ち伏せ型の狩猟様式を採り，頭部を地表につけて動かず，餌が頭部の上に乗ったと

ころを，大腮で捕える．

分布 国内：本州（関東以南），四国，九州，南西諸島，小笠原群島．国外：朝鮮半島，台湾．日本から合衆国に人為的に運ばれた報告がある．

島嶼の分布 本州：沖ノ島．九州：志賀島，黒子島．伊豆諸島：大島，八丈島，青ヶ島．小笠原群島：父島．沖縄諸島：沖縄島，伊是名島．慶良間諸島：渡嘉敷島．宮古諸島：宮古島．八重山諸島：石垣島，西表島．大東諸島：北大東島，南大東島．

ヒメセダカウロコアリ　*Pyramica hirashimai*（Ogata, 1990）

分類・形態 体長1 mm程度の小型種．黄褐色．頭部は前面から見て中ほどで顕著に張り出す．頭盾は幅広く，前縁は直線状．大腮は棒軸状で左右の挿入部は離れ，棒軸部には小歯をもたない．頭部頭盾前縁にへら状の体毛が並ぶ．中胸背板は前伸腹節上に張り出さない．前伸腹節刺は不明瞭で突起とならない．

沖縄島産の働きアリでは，大腮の棒軸部基部に円盤状の毛が2～3本見られるが，本州産のものではそれらの毛は存在しない．ここでは地理的変異として取り扱った．

生態 広葉樹林の林床から得られている．

分布 国内：本州（関東以南），四国，九州，琉球列島．国外：台湾．

島嶼の分布 九州：平戸島，対馬．伊豆諸島：利島．大隅諸島：屋久島．奄美諸島：奄美大島，徳之島．沖縄諸島：沖縄島，平安座島．

ヒロシマウロコアリ　*Pyramica hiroshimensis*（Ogata & Onoyama, 1998）

分類・形態 体長1.5 mm．体は黄褐色．頭盾前縁は直線状，頭盾外周は鱗片状の毛が並ぶ．触角柄節は基方約1/4のところで顕著に幅広くなる．眼は小さく4個の個眼のみからなる．マルゲウロコアリ *P. circothrix* に類似するが，後腹柄節側面の海綿状突起が大きく発達することで区別される．

生態 土中に営巣する．数例の採集記録があるのみ．

分布 国内：本州（広島，岐阜）．

ノコバウロコアリ　*Pyramica incerta*（Brown, 1949）

分類・形態 体長1.5 mm．体は黄褐色から赤褐色．頭盾の前縁は弱くへこみ，頭盾外周は鱗片状の毛で縁取られる．前胸，中胸背板に立毛が複数見られ，長毛はほとんどないが，前胸背の肩の部分に1本の長い波状毛がある．

生態 照葉樹林の林床部に生息し，切り株や朽ち木中に巣が見られる．しばしばトゲズネハリアリ *Cryptopone sauteri* と一緒に採集され，本種がトゲズネハリアリの盗食共生を行っている可能性が指摘されている．

分布 国内：本州，四国，九州．

島嶼の分布 九州：中通島，壱岐，平戸島．伊豆諸島：三宅島．大隅諸島：屋久島．

ヤマトウロコアリ　*Pyramica japonica*（Ito, 1914）

分類・形態　体長2 mm. 体は赤褐色. 頭部側縁後方は, 前面から見てやや角ばる. 背面の体毛は全て鱗片状の伏毛. 頭盾前縁は中央が突出する. 眼は大きく, 触角末端節の幅より大きい. 前・中胸は平らでほとんど隆起しない.

生態　土中に営巣し, トビムシ類を狩って餌とする.

分布　国内：本州（中部以南）, 四国, 九州, 琉球列島. 国外：朝鮮半島, 台湾.

島嶼の分布　奄美諸島：奄美大島. 沖縄諸島：沖縄島. 八重山諸島：西表島.

キチジョウウロコアリ　*Pyramica kichijo*（Terayama, Lin & Wu, 1996）

分類・形態　体長1.5 mm程度の小型種. 体は黄褐色. 頭盾は幅より長さがわずかに長く, 前縁は中央が突出する. 複眼は小さく, 直径は触角柄節の最大幅よりも小さい. 前伸腹節後縁の薄板上縁部は発達し, 下縁部は弧状に凸となる. 前伸腹節刺をもたない. 頭部と胸部背面に多くの立毛をもち, 長い波状毛が存在することから, ナミゲウロコアリの和名で紹介される場合もある.

生態　照葉樹林の林床に生息する.

分布　国内：琉球列島（沖縄島）. 稀な種. 国外：台湾.

島嶼の分布　沖縄諸島：沖縄島.

ケブカウロコアリ　*Pyramica leptothrix*（Wheeler, 1929）

分類・形態　体長1.5 mm. 褐色から赤褐色. 頭部側縁は緩やかに湾曲し, 角ばらない. 頭盾前縁は中央が突出する. 眼は比較的大きい. 頭部背面および胸部背面の体毛は比較的密で, これらの長さは複眼の直径以上ある.

生態　林床の土中などに営巣する.

分布　国内：琉球列島. 国外：台湾.

島嶼の分布　沖縄諸島：沖縄島. 宮古諸島：宮古島. 八重山諸島：西表島.

マナヅルウロコアリ　*Pyramica masukoi*（Ogata & Onoyama, 1998）

分類・形態　体長1.5 mm. 体は黄褐色. 頭部は著しく細長い. 頭盾は正面から見て, 長さが幅よりも顕著に長く, 外周に鱗状毛はない. 複眼は小さい. 前・中胸は隆起しない. 前伸腹節後縁の薄板は発達せず, 下縁部はへこむ. 頭部と胸部に体毛が多く, 長い波状毛がまざる.

生態　照葉樹林の林床に生息し, 土中に営巣する. 稀な種で, 採集例は少ないが, おそらく単雌性かつ単巣性.

分布　国内：本州.

ツヤウロコアリ　*Pyramica mazu*（Terayama, Lin & Wu, 1996）

分類・形態　体長1.5 mm弱の小型種．黄褐色．頭盾前縁はほぼ直線状．側方から見て，胸部背縁は前胸前縁から前伸腹節後縁にかけて強く弧をえがく．前伸腹節刺はない．前胸背板には彫刻がなく，滑らかで光沢がある．頭部と胸部背面には比較的長い立毛を多くもつ．

生態　単雌性で単巣性．20個体ほどからなる小さいコロニーをつくる．トゲダニ科，トビムシ類，コムカデ類を狩って餌としている．照葉樹林の林床に生息し，土中に営巣する．

分布　国内：本州，四国，九州，琉球列島．国外：台湾．

島嶼の分布　大隅諸島：屋久島．トカラ列島：横当島．沖縄諸島：平安座島，沖縄島．

トカラウロコアリ　*Pyramica membranifera*（Emery, 1869）

分類・形態　体長2 mm．体は黄褐色．頭部は亜三角形で，前方部はあまり幅が狭まらない．大腮は短く三角形状で基縁が稜縁となり，そのため大腮を閉じた状態で頭盾との間に溝ができる．前胸背板の肩部は角ばる．体の背表面にほとんど体毛を欠き，頭部後方に1対の明瞭な鱗片状の立毛をもつ．

生態　比較的開けた場所に生息し，土中に営巣する．多雌性で，広範に節足動物を狩る．日本では9月中旬に結婚飛行が見られる．産雌性単為生殖が確認されている．またオスが発見されておらず，存在しない可能性がある．

分布　国内：本州（関東以南），四国，九州，小笠原群島，火山列島，琉球列島，尖閣諸島．国外：世界の熱帯から暖帯にかけて広く分布し，人為的に分布を拡大した放浪種とされている．

島嶼の分布　本州：野島．伊豆諸島：三宅島，八丈島，青ヶ島．小笠原群島：父島，母島，智島．火山列島：硫黄島．大隅諸島：屋久島．トカラ列島：中之島，平島．奄美諸島：奄美大島，沖永良部島．沖縄諸島：沖縄島，硫黄鳥島，宮城島．慶良間諸島：渡嘉敷島．宮古諸島：宮古島．八重山諸島：西表島，波照間島，与那国島．尖閣諸島：魚釣島．

キバオレウロコアリ　*Pyramica morisitai*（Ogata & Onoyama, 1998）

分類・形態　体長1 mm強の微小種．体は黄色．大腮はやや長く，先端から約1/3の部分で大きく折れ曲がる．また，閉じた状態で基部に隙間が存在し，かつ折れ曲がった部分よりも先端の部分でも隙間がある．頭盾前縁は突出する．眼は小さく，2～3個の個眼のみからなる．前伸腹節斜面部に海綿状付属物をもつがその幅は前伸腹節刺の長さよりも小さい．

生態　やや開けた環境の石下から得られている．

分布　国内：大隅諸島（口永良部島），徳之島，沖縄島およびその周辺から記録さている．比較的稀な種．

島嶼の分布　大隅諸島：口永良部島．奄美諸島：徳之島．沖縄諸島：沖縄島，伊平屋島．慶良間諸島：渡嘉敷島．

ヌカウロコアリ　*Pyramica mutica*（Brown, 1949）

分類・形態　体長1.5 mmで体は赤褐色から黄褐色．大腮は短く，亜三角形状．大腮の基部は閉

じた状態で明瞭な隙間ができる．頭部は三角形状．頭部の頭頂に1対，中胸背板に1対のへら状の立毛が存在する．腹柄節および後腹柄節の海綿状突起はあまり発達しない．

生態 林縁からやや開けた場所にかけて生息し，土中や倒木中に営巣する．本州ではウロコアリ *Strumigenys lewisi* とキタウロコアリ *S. kumadori* の巣から女王が得られており，これらの種に一時的社会寄生をするものと思われる．7，8月に結婚飛行が見られる．コロニーは大きくなり，働きアリの数は数百から1000個体以上になる．

分布 国内：本州，四国，九州，琉球列島．国外：朝鮮半島，台湾，中国，インドネシア．

島嶼の分布 本州：沖ノ島．九州：対馬．伊豆諸島：式根島，八丈島．口ノ三島：黒島，硫黄島，竹島．大隅諸島：屋久島．奄美諸島：奄美大島，沖永良部島．沖縄諸島：沖縄島，硫黄鳥島．

ホソノコバウロコアリ *Pyramica rostrataeformis* (Brown, 1949)

分類・形態 体長1.5 mm．体は黄褐色．頭盾前縁は直線状で，頭盾外周は鱗片状の毛で縁取られる．前胸および中胸背板に毛はほとんどないが，中胸背板に1対の棍棒状の顕著な立毛をもつ．

生態 樹林の林床部から得られている．また，切り株中に巣が見られた報告がある．

分布 国内：本州，四国，九州，屋久島．

島嶼の分布 本州：金華山島．大隅諸島：種子島，屋久島．

ヒメヒラタウロコアリ *Pyramica sauteri* (Forel, 1912)

分類・形態 体長2 mm．体は黄褐色．頭部は前方から見て前側縁は角ばり，頭盾前縁は大きくへこむ．側方から見て頭部は薄く背面が平ら．大腮はやや細長い亜三角形で平たい．頭部から腹柄節にかけて明瞭な体毛がない．

生態 トビムシ類を狩って餌としている．照葉樹林の林床に生息し，土中や枯れ枝などに営巣する．

分布 国内：琉球列島（沖縄島以南）．国外：台湾，中国南部．

島嶼の分布 沖縄諸島：沖縄島，慶良間諸島：渡嘉敷島．八重山諸島：石垣島，西表島．

ヤミゾウロコアリ *Pyramica terayamai* Bolton, 2000

分類・形態 体長約2 mm．体は黄褐色．頭部は長く，網状の彫刻でおおわれる．また，弧状となった伏毛でおおわれる．頭盾前縁は直線状，複眼は非常に小さく1，2個の個眼のみからなる．前胸肩部に長い立毛が1本見られる．腹柄節，後腹柄節に海綿状付属物が発達する．

生態 単雌性かつ単巣性と思われる．

分布 国内：本州（栃木）．稀な種で，これまでに八溝山地の栃木県と茨城県の県境からの1例のみが記録されている．

ウロコアリ属 *Strumigenys* Smith, 1860

分類・形態 体長4 mm以下の小型のアリ．大腮は特徴的な細い棒軸状となる（海外の種では例

外もある).大腮の左右の挿入部は近接し,先端部は2個の針状の歯が二又になって存在し,歯の間に小歯がある場合が多い.また,亜先端部には1～2本の歯がある場合が多い.複眼は触角収容溝の下縁に位置する.触角は4節か6節からなる.腹柄節,後腹柄節には海綿状の付属物をそなえる.

触角が4節からなるヨフシウロコアリ属 *Quadristruma* は,本属の新参異名と見なされている.

生態 多くの種は樹林の林床の落葉層や朽木中に生息し,長い大腮を使ってトビムシ類等を狩って餌としている.

分布 大きなグループで,世界で約490種が記載されている.特に熱帯,亜熱帯で種数が多い.日本からは10種が知られている.

種の検索表　ウロコアリ属

1.
a. 大腮の亜先端部に小歯を欠く(個体によっては微小歯をもつ).
b. 頭部には3対の鞭状の長毛をもつ.
p.98　ハカケウロコアリ　*Strumigenys lacunosas*

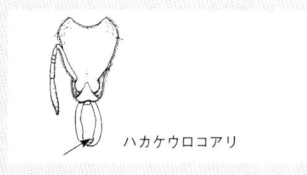

aa. 大腮の亜先端部に明瞭な小歯をもつ.
bb. 頭部には2対以下の鞭状の長毛をもつか鞭状の毛をもたない.
2. へ

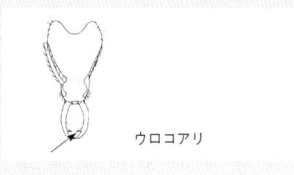

2.
a. 前伸腹節斜面部の両側の薄板は狭く,前伸腹節刺の長さの約1/2の幅で海綿状の薄板とはならない.
b. 頭盾前縁は明瞭にえぐれる.
3. へ

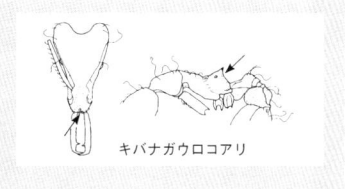

aa. 前伸腹節斜面部の両側に幅広い薄板が発達し,前伸腹節刺の長さと同程度の幅をもち,海綿状の薄板となる.
bb. 頭盾前縁は直線状,あるいはわずかにへこむ程度.
4. へ

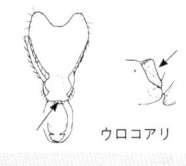

3.
a. 大腮はほぼ直線状でより長い.
b. 側方から見て頭部下縁はゆるい弧状.
p.100　キバナガウロコアリ　*Strumigenys stenorhina*

aa. 大腮は弱く弧をえがき，より短い．
bb. 側方から見て頭部下縁はより強く曲がった弧状．

p.97　キバブトウロコアリ　*Strumigenys exilirhina*

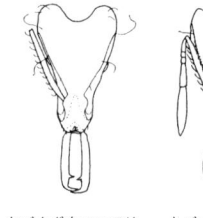

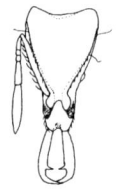

キバナガウロコアリ　キバブトウロコアリ

4. a. 大腮は触角末端節よりも短く，強く曲がった弧を
えがく．
   b. 小型種，体長 1.5 〜 2 mm 程度．　　　9. へ

aa. 大腮の長さは触角末端節とほぼ同じかより長い．
bb. 体長は 2 〜 3 mm．　　　5. へ

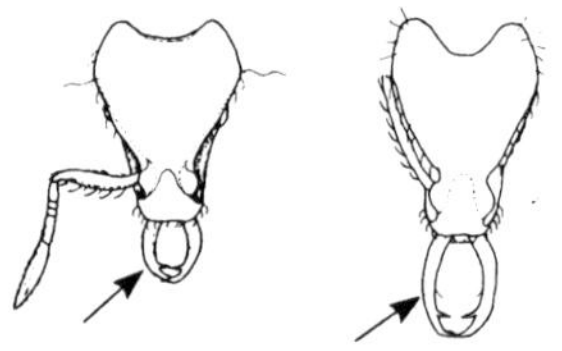

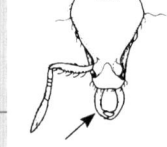

ヒメウロコアリ　ウロコアリ

5. a. 胸部背面に弧状となった毛を多く生やす．

p.98　ミノウロコアリ　*Strumigenys godeffroyi*

aa. 胸部背面に顕著に弧状となった毛はほとんど見
られない．　　　6. へ

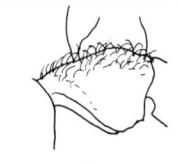

ミノウロコアリ

6. a. 中胸と前伸腹節の側面は細かく点刻され粗面とな
る．

p.100　カクガオウロコアリ　*Strumigenys strigatella*

aa. 中胸と前伸腹節の側面の大部分は点刻がなく滑
らか．　　　7. へ

7. a. 前伸腹節刺の下の薄板の外縁は刺のすぐ下で急に
狭くへこむ．
   b. 大腮の長さは頭部の長さの 1/2 よりも大きい（大
腮指数：大腮長／頭長 × 100 = 51 〜 53）．

p.99　オオウロコアリ　*Strumigenys solifontis*

オオウロコアリ

aa. 前伸腹節刺の下の薄板の外縁はほぼ直線状で急
にへこむことはない．
bb. 大腮の長さは頭長の長さの 1/2 よりもやや小さ

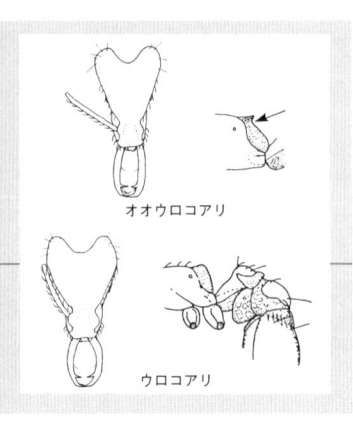

ウロコアリ

フタフシアリ亜科──ウロコアリ族

	い（大腿指数 45〜48）.	8. へ

8.	a.	触角収容溝後端と中胸背前部の長立毛は直線状.
		p.99　ウロコアリ　*Strumigenys lewisi*

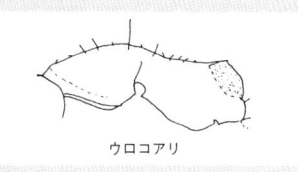

	aa.	触角収容溝後端と中胸背前部の長立毛は鞭毛状.
		p.98　キタウロコアリ　*Strumigenys kumadori*

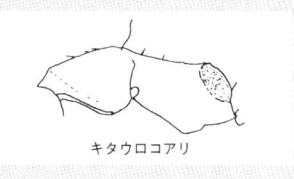

9.	a.	触角は6節からなる.
		p.99　ヒメウロコアリ　*Strumigenys minutula*

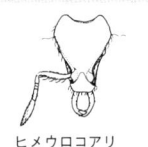

	aa.	触角は4節からなる.
		p.97　ヨフシウロコアリ　*Strumigenys emmae*

ヨフシウロコアリ　*Strumigenys emmae*（Emery, 1890）

分類・形態　体長1.5 mm．体は黄褐色．大腮は短い棒軸状で，強く内側に湾曲し，中程に小歯がある．触角は4節からなる．頭部から後腹柄節にかけて鱗片状から円状の体毛でおおわれる．目は小さく，触角収容溝の下縁に位置する．前伸腹節刺も小さい．

生態　放浪種で，人類の交易の発達に伴って世界の広域に分布を広げたものと考えられ，アフリカ原産とされている．比較的開けた場所の土中に生息する．

分布　国内：小笠原諸島，琉球列島，南大東島．国外：熱帯・亜熱帯地域に広く分布する．

島嶼の分布　小笠原群島：父島，兄島，聟島，東島．沖縄諸島：沖縄島，瀬底島，水納島．慶良間諸島：渡嘉敷島．大東諸島：北大東島，南大東島．

キバブトウロコアリ　*Strumigenys exilirhina* Bolton, 2000

分類・形態　体長2 mm．体は褐色．大腮はやや太くて短く，頭長の1/2の長さに達しない．外縁は弱く弧をえがき，亜先端部には小歯をもつ．頭盾前縁は明瞭にえぐれる．側方から見て頭部下縁はより強く弧状に突出する．前伸腹節斜面部の側方の薄板は狭く，前伸腹節刺の長さの約1/2の幅で海綿状の薄板とはならない．

生態　比較的開けた環境に生息し，沖縄ではサトウキビ畑の土中等に巣がよく見られる．

分布　国内：琉球列島，小笠原群島（父島）．国外：タイ，ネパール，インド，ブータン，ウォリス諸島．

島嶼の分布　小笠原群島：父島．沖縄諸島：沖縄島，伊是名島，平安座島．宮古諸島：池間島．

ミノウロコアリ　*Strumigenys godeffroyi* Mayr, 1866

分類・形態　体長 2 mm．体は黄色．大腮はほぼ直線状で亜先端部に歯をもつ．頭盾前縁は直線状．胸部の背縁に多くの弧状に曲った毛をもつ．前伸腹節の側面は平滑で光沢がある．前伸腹節斜面部側方に幅広い薄板が発達する．

生態　石下や落葉層中，倒木や切株中に営巣する．多雌性．

分布　国内：小笠原群島．国外：ポリネシア原産とされる放浪種で，世界各地で記録されている．日本では1999年以降に小笠原諸島から採集されており，小笠原への侵入は比較的近年であろうと推定される．

島嶼の分布　小笠原諸島：父島，母島．

キタウロコアリ　*Strumigenys kumadori* Yoshimura & Onoyama, 2007

分類・形態　体長 2 mm．体は黄色．大腮はやや弧をえがき，触角末端節とほぼ同長かより長い．亜先端部に小歯をもつ．頭盾前縁は直線状，あるいはわずかにへこむ程度．中胸と前伸腹節の側面の大部分は点刻がなく滑らか．前伸腹節斜面部の側方に幅広い薄板が発達し，前伸腹節刺の長さと同程度の幅をもつ．

ウロコアリ *S. lewisi* に似るが，働きアリで触角収容溝後端と中胸背前部の長立毛が鞭毛状であることで区別される．女王では，胸部が高まることと，複眼が大きいこと，さらに後方単眼が発達し，その周りが黒く縁取られることで区別は容易である．

生態　林床に生息し，石下や落葉層中，倒木や切株中に営巣する．基本的に単雌性であるが，2割程のコロニーは多雌性である．ただし，これらは機能的単雌性の可能性がある．単雌性のコロニーの場合，働きアリは数十から100個体程度で構成され，多雌性のコロニーの場合では300個体に達する．トビムシ類を中心に狩って餌としている．

分布　国内：北海道，本州，四国，九州．国外：朝鮮半島．

島嶼の分布　北海道：奥尻島，渡島小島．本州：桃頭島．伊豆諸島：利島，三宅島．

ハカケウロコアリ　*Strumigenys lacunosas* Lin & Wu, 1997

分類・形態　体長 2 mm．赤褐色．大腮はほぼ直線状で触角末端節とほぼ同長かより長い．亜先端部に通常小歯を欠く（個体によっては微小歯が認められる）．頭盾前縁は直線状，あるいはわずかにへこむ程度．中胸の側面は滑らかで光沢をもつ．前伸腹節斜面部の両側にはほとんど薄板が発達しない．頭部および胸部背面に多くの波状の立毛をもつ．

生態　樹林内の林床に生息する．

分布　国内：琉球列島（沖縄島）．国外：台湾．

島嶼の分布　沖縄諸島：沖縄島．

ウロコアリ　*Strumigenys lewisi* Cameron, 1887

分類・形態　体長 2 mm. 体は黄褐色. 大腮はやや弧をえがき, 触角末端節とほぼ同長かより長い. 亜先端部に小歯をもつ. 頭盾前縁は直線状, あるいはわずかにへこむ程度. 中胸と前伸腹節の側面の大部分は点刻がなく滑らか. 前伸腹節斜面部の側方に幅広い薄板が発達し, 前伸腹節刺の長さと同程度の幅をもつ.

　女王では, 胸部の形態に地理的変異が見られ, 琉球列島のものでは小盾板後縁がほぼ垂直になるが, 本州産のものでは小盾板後縁は傾斜し前伸腹節に連なる. キタウロコアリ *S. kumadori* の女王とは, 胸部が低いこと, 複眼が小さいこと, 後方単眼が小さいことで区別される.

生態　林床に生息し, 石下や落葉層中, 倒木や切株中に営巣する. 多雌性であるが, 機能的単雌性か寡雌性の可能性がある. 単巣性で, 働きアリは数十から100個体程度で構成され, 最大300個体ほどになる. 7月に有翅虫が巣中に出現し, 8月に結婚飛行が見られる. 単雌創設と多雌創設が行われるようである. トビムシ類を中心に狩って餌としている.

分布　国内：本州, 四国, 九州, 琉球列島. 国外：朝鮮半島, 台湾, 中国, 東南アジア, 南アジア, ハワイ. 東アジアから東南アジア, 南アジアにかけて広域に分布するとされているが, 働きアリでは区別がきわめて困難な複数の隠蔽種が存在する可能性があり, 再確認が必要である. 分子系統解析等の手法により, 最終的な判断を下す必要があろう. ハワイからの記録では, 日本から人為的に運ばれて来たとされている.

島嶼の分布　本州：飛島, 宮島, 沖ノ島, 地島, 桃頭島, 江ノ島, 猿島, 城ケ島, 沖ノ島, 島後, 金華山島. 四国：手島. 九州：上甑島, 下甑島, 福江島, 中通島, 平島, 玄海島, 相ノ島, 地ノ島, 能古島, 志賀島, 壱岐, 平戸島, 対馬. 伊豆諸島：大島, 利島, 式根島, 神津島, 三宅島, 御蔵島, 八丈島, 青ヶ島. 口ノ三島：黒島, 硫黄島, 竹島. 大隅諸島：種子島, 屋久島, 口永良部島. トカラ列島：口之島, 臥蛇島, 中之島, 宝島. 奄美諸島：奄美大島, 請島, 与路島, 徳之島, 沖永良部島. 沖縄諸島：沖縄島, 伊是名島, 平安座島, 屋我地島. 慶良間諸島：渡嘉敷島. 宮古諸島：宮古島. 八重山諸島：石垣島, 西表島, 与那国島.

ヒメウロコアリ　*Strumigenys minutula* Terayama et Kubota, 1989

分類・形態　体長 1.5～2 mm の小型種. 体は黄褐色. 大腮は触角末端節よりも短く, 強く曲がる弧をえがく. 亜先端部には小歯をもつ. 前伸腹節斜面部の両側に幅広い薄板が発達する.

生態　草地や畑, 竹林などの石下や土中に営巣する. 多雌性で300個体ほどのコロニーから成る.

分布　国内：琉球列島および大東諸島. 国外：台湾, 香港.

島嶼の分布　奄美諸島：徳之島. 沖縄諸島：沖縄島, 瀬底島, 古宇利島, 宮城島, 久高島. 慶良間諸島：渡嘉敷島. 八重山諸島：石垣島, 西表島. 大東諸島：北大東島, 南大東島.

オオウロコアリ　*Strumigenys solifontis* Brown, 1949

分類・形態　体長 2.5～3 mm. 体は黄色から黄褐色. 大腮は長く, 触角末端節とほぼ同じかより長い. 亜先端部に針状の歯をもつ. 頭盾前縁は直線状, あるいはわずかにへこむ程度. 前伸腹

節の側面の大部分は点刻がなく滑らか．前伸腹節刺の下の海綿状薄板の外縁は刺のすぐ下で急にへこみ，その部分は幅が狭くなる．

生態 林縁のやや開けた環境に生息し，石下や土塊下等に巣が見られる．基本的に多雌性で，巣内に1〜14頭の女王が見られる．単巣性で，1巣の働きアリ数は200〜300個体であるが，最大で500個体を超す場合がある．ウロコアリ *S. lewisi* よりもやや広食性で，トビムシ類のほか，さまざまな節足動物を狩って餌とする．

分布 国内：本州，四国，九州，小笠原諸島，琉球列島．国外：台湾．

島嶼の分布 本州：沖ノ島．九州：下甑島．伊豆諸島：大島，利島，三宅島，御蔵島，八丈島．小笠原群島：父島，母島，兄島．大隅諸島：屋久島．トカラ列島：横当島．沖縄諸島：沖縄島，伊是名島．八重山諸島：石垣島．

キバナガウロコアリ　*Strumigenys stenorhina* Bolton, 2000

分類・形態 体長2mm．体は黄色から黄褐色．大腮はほぼ直線状で長く，亜先端部の小歯は小さくその先端は鈍い．頭盾前縁は明瞭にへこむ．側方から見て頭部下縁はゆるい弧状．中胸背と前伸腹節の側面は滑らか．前伸腹節斜面部の両側の薄板は狭く，前伸腹節刺の長さの約1/2の幅で海綿状の薄板とはならない．

生態 林内の石下や倒木中に営巣する．多雌性．

分布 国内：琉球列島（宮古，八重山諸島）．国外：中国（広東）．

島嶼の分布 宮古諸島：宮古島．八重山諸島：石垣島，西表島，竹富島，与那国島．

カクガオウロコアリ　*Strumigenys strigatella* Bolton, 2000

分類・形態 体長2mm．体は褐色．複眼前端付近での触角挿入部上縁はあまりへこまない．大腮の先端歯と亜先端歯との間隔は狭い．頭盾前縁は直線状．中胸と前伸腹節の全側面は細かく点刻され粗面となる．前伸腹節斜面部側方には幅広い海綿状の薄板が発達し，前伸腹節刺の長さと同程度の幅をもつ．

生態 照葉樹林内に生息する．

分布 国内：沖縄島北部と西表島からのみ得られている．稀．

島嶼の分布 沖縄諸島：沖縄島．八重山諸島：西表島．

[トフシアリ族群　Solenopsidine tribe-group]

ナガアリ族　Stenammini

ミゾガシラアリ属　*Lordomyrma* Emery, 1897

分類・形態 体長3〜5mm程度のアリ．頭盾中央部が隆起し，1対の隆起線が縦走する．触角は12節からなり，末端の3節は棍棒部を形成する．前・中胸背面は隆起し，後胸溝が顕著．日

本産のものは触角収容溝が顕著で，眼は触角収容溝の下方に位置する．

生態 照葉樹林の林床に主に生息し，土中，石下や落枝中に営巣する．

分布 ニューギニア，北東オーストラリアを中心にこれまでに33種が記載されている．日本からはミゾガシラアリ *L. azumai* 1種が知られている．

ミゾガシラアリ　*Lordomyrma azumai*（Santschi, 1941）

分類・形態 体長3 mm．体は黄褐色から赤褐色．触角収容溝が顕著に発達し，眼は触角収容溝の下方に位置する．前伸腹節刺は長く針状．直立した体毛が多く見られる．

生態 有翅虫は前年の9月に現れ，冬を越し，6月下旬から7月上旬にかけて結婚飛行が行われる．単雌性でかつ単巣性．1つのコロニーは30～40個体からなる．最大90個体の記録がある．おそらくセンチュウ類や双翅目の幼虫を餌としている．照葉樹林の林床の湿度の高い環境に生息し，土中，石下や落枝中に営巣する．稀な種．

分布 国内：本州（関東以南），四国，九州，屋久島．

島嶼の分布 本州：平戸島，桃頭島．大隅諸島：屋久島．

ナガアリ属　*Stenamma* Westwood, 1839

分類・形態 体長2.5～4 mmのやや小型のアリ．触角柄節は比較的短く，頭部後縁をわずかに越える程度．触角鞭節の先端部は4節からなる棍棒部を形成するか，あるいは棍棒部は不明瞭．複眼は比較的小さい．前・中胸背板は隆起する．腹柄節下部突起を欠く．

生態 林縁から林内に見られ，林床の土中に営巣する．種子食性と思われる．

分布 温帯系の属でほとんどは旧北区と新北区に分布し，約50種が記載されている．日本には千島列島の国後島から記録されたチシマナガアリ *S. kurilense* を含めて3種が生息する．

種の検索表 | ナガアリ属

1. a. 複眼は小さく，その長径は触角第9節の長さよりも短い．
　　p.102　ヒメナガアリ　*Stenamma nipponense*

aa. 複眼の長径は触角第9節の長さよりも長い．
　　2. へ

2. a. 腹柄節は後腹柄節よりも明瞭に長い．
　b. 後腹柄節は小さく，側方から見たとき，背縁はより強い弧をなす．
　　p.102　ハヤシナガアリ　*Stenamma owstoni*

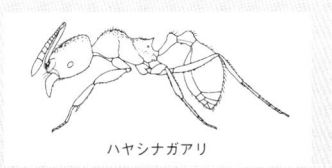

> aa. 腹柄節は短く，後腹柄節とほぼ同じ長さ．
> bb. 後腹柄節は幅広く，側方から見たとき，背縁は
>   緩やかな弧をなす．
>   p.102　チシマナガアリ　*Stenamma kurilense*

チシマナガアリ　*Stenamma kurilense* Arnoldi, 1975

分類・形態　体長 3.5 mm．ハヤシナガアリ *S. owstoni* に類似するが，腹柄節はより短く，後腹柄節とほぼ同じ長さであることと，後腹柄節は長さより幅が長く，背縁はより緩やかな弧をえがくことで区別される．

生態　不明．原記載以降の記録がなく，再発見が望まれる．

分布　国内：北海道（国後島）．

島嶼の分布　千島列島：国後島．

ヒメナガアリ　*Stenamma nipponense* Yasumatsu & Murakami, 1960

分類・形態　体長 2.5～4 mm．黄褐色から暗赤褐色．頭部および胸部は不規則な網目状の彫刻でおおわれる．複眼は小さく，その長径は触角第 9 節の長さよりも短い．腹柄節の柄部は長く，丘部は低い．

生態　林縁から林内に生息し，土中に営巣する．北海道で 9 月下旬の午前中に結婚飛行が観察されている．

分布　国内：北海道，本州，四国，九州．北海道では少なくない．

島嶼の分布　北海道：利尻島．本州：金華山島．

ハヤシナガアリ　*Stenamma owstoni* Wheeler, 1906

分類・形態　体長 2.5～4 mm．体色は黄褐色から暗赤褐色．頭部および胸部は不規則な網目状のしわでおおわれる．複眼はやや大きく，触角第 9 節の長さよりも大きい．ただし，複眼の大きさには多少とも個体変異が見られる．腹柄節は長い柄部をもつが，形態には多少とも個体変異が見られる．

生態　林縁から林内に見られ，林床の土中に営巣する．幼虫は種子食であると思われ，巣内に大量のリョウブの種子が蓄えられていたという報告がある．

分布　国内：本州，四国，九州，屋久島．屋久島では標高 1450 m 地点の高地から採集された．北海道からの古い記録があるが，ヒメナガアリ *S. nipponense* の誤りと判断される．国外：中国．

島嶼の分布　伊豆諸島：大島．大隅諸島：屋久島．

ウメマツアリ属　*Vollenhovia* Mayr, 1865

分類・形態　小型から中型の細長いアリ．体長は 2～3.5 mm 程度．頭部は縦長の長方形で，頭盾に 1 対の縦走隆起線をもつ．明瞭な額隆起縁はなく，額葉は比較的小さい．触角収容溝はない．大腮は三角形で 4～7 歯をもつ．触角は 12 節（稀に 11 節）からなり，先端の 3 節は棍棒部を形成する（一部に例外がある）．触角柄節は短く，頭部後縁に達しない．小腮鬚は 1～3 節からなるが，通常は 2 節である．複眼は発達する．腹柄節は柄部をもたないかもっても短く，後腹柄節よりも大きい．腹柄節の後背縁は比較的明瞭な隆起縁を形成する．通常，葉状の腹柄節下部突起をもつ．脚は短く，中，後脚に脛節刺を欠く．また，中胸腹板と後胸腹板の中央にはそれぞれ突起がある．日本産のものは形態的に比較的よくまとまっており，1 つの種群を形成するものと思われる．

生態　多くの種は，林内や林縁部に生息し，倒木や落枝中に営巣するが，樹上性の種も見られる．また，社会寄生種も知られる．

分布　アジア北東部，東南アジアからインド，ニューギニアを中心に，オーストラリア，オセアニアにかけて約 60 種が記載されている．日本からは，学名未決定種も含めて 8 種が記録されている．

種の検索表（働きアリを欠くヤドリウメマツアリ *V. nipponica* を除く）　ウメマツアリ属

1. a. 腹柄節下部突起が発達し，薄板状の部分は高さよりも長さの値が小さい．　2. へ
   サキシマウメマツアリ

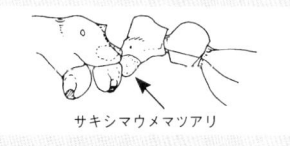

   aa. 腹柄節下部突起は小さく，薄板状の部分は高さよりも長さの値が大きい．　5. へ
   オキナワウメマツアリ

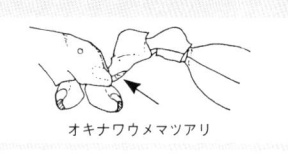

2. a. 頭部中央に暗褐色の斑紋がある．
   b. 体は赤褐色．　3. へ
   オオウメマツアリ　サキシマウメマツアリ

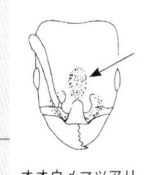

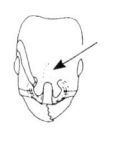

   aa. 頭部中央に斑紋はない．
   bb. 体は黄褐色（先島諸島，小笠原諸島に分布）．
   p.107　サキシマウメマツアリ　*Vollenhovia sakishimana*

3. a. 前伸腹節に通常明瞭な刺状の突起がある．
   b. 腹柄節丘部は側方から見て，背面から後面にかけ

てより緩やかに落ち込む（北海道から九州，大隅諸島に分布）.
　　　　　　　　　　　　　　　　　4. へ

aa. 前伸腹節の後側縁部は角ばることはあっても明瞭な突起にはならない.
bb. 腹柄節丘部は側方から見て，背面と後面は角をなし，後面は急激に落ち込んで後端の縁へつながる（奄美諸島に生息）.
　　p.105　オオウメマツアリ　*Vollenhovia amamiana*

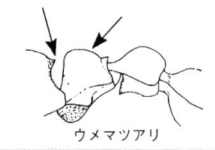

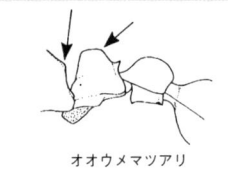

4. a. 背面から見て，後胸部が強くくびれ，そのため後胸背板の横幅は短い.
  b. 後胸溝が認められ（不明瞭な個体も見られる），側方から見て前伸腹節の背縁は弧状に盛り上がる.
  c. 女王は通常の翅をもつ.
　　p.105　ウメマツアリ　*Vollenhovia emeryi*

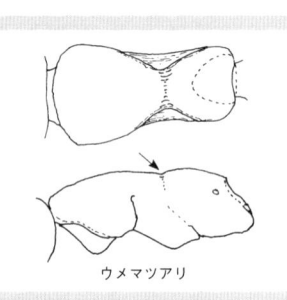

aa. 背面から見て，後胸部のくびれは弱く，そのため後胸背板の横幅は長い.
bb. 後胸溝は認められず，側方から見て中胸から前伸腹節の後背縁にかけて弱い弧をえがき，前伸腹節背縁は明瞭に盛り上がらない.
cc. 女王は短翅をもつ（長翅型の女王も見られる）.
　　p.107　ヒメウメマツアリ　*Vollenhovia* sp.

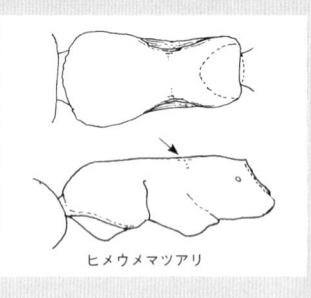

5. a. 前胸背面は全面に細かい縦じわがあり，中央に点刻やしわを欠く滑らかな縦走帯はない.
  b. 後腹柄節は側方から見てほぼ中央部で最も高まる.
  c. 後腹柄節背縁後部は側方から見て弧をえがく（四国，九州および沖永良部島以北に分布）.
　　p.105　タテナシウメマツアリ　*Vollenhovia benzai*

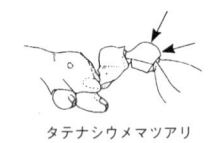

aa. 前胸から中胸背面にかけての中央部にはしわがなく，やや光沢をもつ縦の帯となる.
bb. 後腹柄節は側方から見て後方1/3の位置で最も高まる.

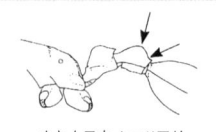

cc. 後腹柄節背縁後部は側方から見てへこむ（沖縄諸島に分布）. ......6. へ

6. a. 女王はすべて翅や肩板をもつ通常の形.
p.106 オキナワウメマツアリ *Vollenhovia okinawana*

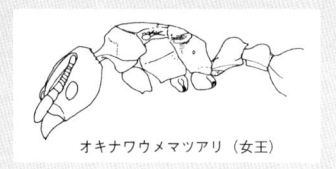

オキナワウメマツアリ（女王）

aa. 女王はすべて翅を欠く職蟻型.
p.107 ヤンバルウメマツアリ *Vollenhovia yambaru*

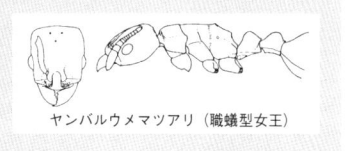

ヤンバルウメマツアリ（職蟻型女王）

オオウメマツアリ　*Vollenhovia amamiana* Terayama & Kinomura, 1998

分類・形態　体長3 mm. 体は赤褐色. 頭部前面には黒褐色の大斑をもつ. ウメマツアリに最も類似するが, 前伸腹節刺をもたないことと, 腹柄節丘部背面と後面が側方から見て角をなすことで区別される. 腹柄下部突起は大きく発達する. 後腹柄節背縁は側方から見て弧をえがく.

生態　林内の朽木中に巣が見られる.

分布　国内：奄美諸島のみに見られる.

島嶼の分布　奄美諸島：奄美大島, 徳之島.

タテナシウメマツアリ　*Vollenhovia benzai* Terayama & Kinomura, 1998

分類・形態　体長2.5 mm. 体は黄褐色から赤褐色. 頭部前面に黒褐色斑はない. 頭盾の縦走隆起線はほぼ平行. 後胸溝は背方で不明瞭. 前・中胸背面は一様に細かく点刻される. 前伸腹節刺を欠く. 腹柄節丘部後背部は側方から見て角ばらず, 腹柄下部突起は小さい. 後腹柄節背縁は側方から見て弧をえがく.

生態　多雌性で, 林内の土中や朽ち木中に営巣する. 奄美諸島の個体群では通常の形態の女王と職蟻型女王が得られており, 本土のものとは別種の可能性もあり, 今後の検討課題となっている.

分布　国内：本州, 四国, 九州, 琉球列島（沖永良部島以北）.

島嶼の分布　九州：上甑島, 能古島. 口ノ三島：黒島, 硫黄島. 大隅諸島：種子島, 屋久島. トカラ列島：口之島, 臥蛇島, 中之島, 平島, 諏訪之瀬島, 宝島. 奄美諸島：奄美大島, 喜界島, 請島, 与路島, 加計呂麻島, 徳之島, 沖永良部島.

ウメマツアリ　*Vollenhovia emeryi* Wheeler, 1906

分類・形態　体長2.5〜3 mm. 赤褐色から暗褐色. 頭部の頭盾上部に黒褐色の大斑をもつ. 脚は黄褐色. 頭盾の1対の縦走隆起線の間隔は先端に行くにつれて広まる. 胸部はほぼ平らで, 後

胸溝は弱く刻みつけられる（不明瞭な個体も見られる）．前伸腹節の背縁は弱く弧をえがく．前・中胸背面は一様に細かく点刻される．前伸腹節後側縁に歯状の突起をもつ．腹柄節丘部後背部は側方から見て角ばらず，下部突起は大きく発達する．後腹柄節背縁は側方から見て弧をえがく．

本種は，林内に比較的普通に見られ，通常の翅をもつ女王を生産する．一方，河川敷等に多く見られ，単翅型女王を生産する個体群が発見され，かつこれらは互いに別種であることが判明した．前者はウメマツアリ *V. emeryi* であり，後者にはヒメウメマツアリの和名を与えた．

生態 基本的に多雌性であるが，1巣あたりの平均女王数は多くなく数頭程度で，働きアリは数十から200個体程度からなる．平地から山地の林内の倒木や落枝中に営巣する．新女王とオスは7月頃に巣内で羽化し，そのまま巣中で冬を越し，翌年の4～5月の昼に結婚飛行を行う．巣外で交尾を行うが，もっぱら分巣で増殖し，女王のみによる単独創巣は稀である．また，女王の中に単為生殖を行うものがいる．本種の働きアリは，通常の有性生殖によってつくり出される．しかし，新女王は母親の遺伝子のみを受け継ぎ，オスでは父親の遺伝子のみを受け継ぐという，非常に特殊な生殖様式をもつことが知られている．

分布 国内：北海道，本州，四国，九州，大隅諸島．国外：朝鮮半島．日本から合衆国に人為的に運ばれた報告がある．

島嶼の分布 北海道：奥尻島．本州：飛島，沖ノ島，地島，猿島，城ケ島，沖ノ島，島後，金華山島．九州：上甑島，下甑島，平島，玄海島，相ノ島，地ノ島，能古島，志賀島，大島，壱岐，平戸島，黒子島，対馬．伊豆諸島：大島，利島，新島，式根島，神津島，三宅島，御蔵島，八丈島，青ヶ島，口ノ三島：黒島．大隅諸島：種子島，屋久島，口永良部島．奄美諸島：奄美大島．

ヤドリウメマツアリ　*Vollenhovia nipponica* Kinomura & Yamauchi, 1992

分類・形態 女王の体長2 mm程度．働きアリをもたない恒久的社会寄生種である．体色は赤褐色．寄主アリの働きアリと同程度の体サイズで，より淡い色彩から寄主アリの巣中で本種を識別することが可能である．オスも小型で，前方に角をもつ腹柄節下部突起により容易に区別できる．

生態 短翅型女王をもつヒメウメマツアリ *Vollenhovia* sp. のコロニーに，相手の女王を殺さない恒久的社会寄生を行う．働きアリは存在せず，女王とオスアリのみが見られる．有翅の女王とオスは8，9月に出現するが，そのまま巣内で冬を越し，翌春，巣から飛び出していく．

分布 国内：本州，四国，九州．

オキナワウメマツアリ　*Vollenhovia okinawana* Terayama & Kinomura, 1998

分類・形態 体長2.5 mm．体は黄褐色から赤褐色．本州の中国地方，四国，九州にかけて生息するタテナシウメマツアリ *V. benzai* に最も類似するが，前胸から中胸にかけての背面中央部に点刻を欠く光沢をもった縦走帯があることと，後腹柄節を側方から見て，後背縁近くがへこむことで区別される．女王は通常の有翅型のみが得られている．

生態 林内の朽ち木中に営巣する．

分布 国内：琉球列島．沖縄島では南部から北部にかけての全域に生息する．

島嶼の分布　奄美諸島：与路島，与論島．沖縄諸島：沖縄島，伊是名島，屋我地島．慶良間諸島：渡嘉敷島．

サキシマウメマツアリ　*Vollenhovia sakishimana* Terayama & Kinomura, 1998
分類・形態　体長2 mm．体は黄色から明褐色．頭部前面に黒褐色斑をもたない．脚および触角は黄褐色．頭盾の縦走隆起線はほぼ平行．後胸溝は背方で不明瞭．前・中胸背面は一様に細かく点刻される．前伸腹節後側縁に歯状の突起をもつ．腹柄節丘部後背部は側方から見て角ばらず，腹柄下部突起は大きく発達する．後腹柄節背縁は側方から見て弧をえがく．
生態　多雌性で，1巣あたりの女王数は平均3.8個体という報告がある．林内の朽木や枯枝中に営巣する．
分布　国内：琉球列島（宮古，八重山諸島），小笠原群島．
島嶼の分布　小笠原群島：母島．宮古諸島：宮古島．八重山諸島：石垣島，西表島，黒島，小浜島，与那国島．

ヤンバルウメマツアリ　*Vollenhovia yambaru* Terayama, 1999
分類・形態　体長2.5 mm．体は黄褐色から赤褐色．前述のオキナワウメマツアリ *V. okinawana* とは働きアリでは区別できないが，本種の女王はすべて職蟻型であることで区別できる．
生態　林内の朽ち木中に営巣する．女王はすべて職蟻型．
分布　沖縄島では中北部にかけて生息する．
島嶼の分布　沖縄諸島：沖縄島，伊是名島．慶良間諸島：渡嘉敷島．

ヒメウメマツアリ　*Vollenhovia* sp.
分類・形態　体長2.5～3 mm．赤褐色から暗褐色．頭部の頭盾上部に黒褐色の大斑をもつ．脚は黄褐色．前胸から前伸腹節までの背縁は平らで，後胸溝は不明瞭．前・中胸背面は一様に細かく点刻される．前伸腹節後側縁に歯状の突起をもつ．腹柄節丘部後背部は側方から見て角ばらず，下部突起は大きく発達する．後腹柄節背縁は側方から見て弧をえがく．

ウメマツアリ *V. emeryi* とは，働きアリでは後胸部のくびれが背面から見て弱く，そのため後胸背板の横幅がより長いこと，後胸溝が不明瞭であること，前伸腹節背縁の盛り上がりが弱いことで区別される．また，ウメマツアリの女王は通常の形態の翅をもつのに対して，本種の女王個体は体サイズがより小さく，基本的に短翅型で（長翅型の女王も生産される），中胸背板の形態も異なる（ウメマツアリでは前縁が三角形状となり，中央部がヒメウメマツアリよりもより前方へ突出した形状となり，ヒメウメマツアリでは前縁中央部が角ばらず，前縁全体が弧状となる）．分子系統解析の結果，これらの間では遺伝子交流がなく，別種と判定されるに至っている．
生態　多雌性でコロニー当たり10個体以上の女王が見られる．新女王は，巣内で交尾を行い，分巣で増える．河川敷の倒木等に営巣が多く見られるが，山地にも生息し，ウメマツアリが生息する場所と同様の環境にも生息する．また，単為生殖を行う女王も室内飼育で観察されている．
分布　国内：本州，四国．

トフシアリ族　Solenopsidini

カレバラアリ属　*Carebara* Westwood, 1840

分類・形態　体長1〜5mm程度の小型のアリで，日本産の種で働きアリが大型の兵アリ（大型働きアリ）と小型の働きアリ（小型働きアリ）の明瞭な2型に分かれる．触角は8〜11節からなり，先端の2節は棍棒部を形成する．複眼は小さい．後胸溝は明瞭．兵アリの頭部は顕著に発達し，しばしば頭頂部に1対の突起をもつ．働きアリは体長2mm以下で，頭頂部に突起をもつことはない．

　近年，*Oligomyrmex* 属を *Carebara* 属のシノニムと見なす見解がある一方，*Oligomyrmex* の属としての独立性を主張する見解がある．本報では，暫定的に日本産の種を *Carebara* 属として取り扱うが，分子系統解析を含む今後の詳細な検討を待ちたい．

生態　土中に営巣する．大型働きアリは巣の防衛や食物の噛み砕きのほか，巣内で液体の栄養分の貯蔵の役を担っている．

分布　熱帯・亜熱帯を中心に約160種が記載されている．日本からは5種が記録されている．

種の検索表　カレバラアリ属

1. a. 兵アリの複眼は大きく，長径は触角柄節の幅以上ある．
   b. 兵アリの中胸側板側面に斜行する溝がある．
   c. 働きアリの前伸腹節刺は針状．　　2. へ

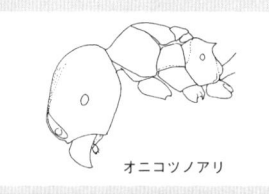

   aa. 兵アリの複眼は小さく，長径は触角柄節の幅より短い．
   bb. 兵アリの中胸側板側面に斜行する溝は持たない．
   cc. 働きアリの前伸腹節刺は不明瞭か，前伸腹節後側縁が薄板状の隆起縁となる．　　3. へ

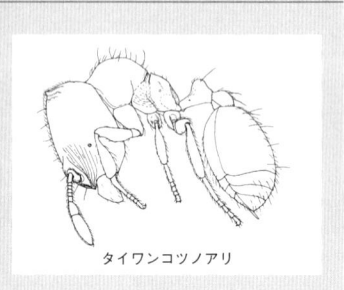

2. a. 兵アリ，働きアリともに腹柄節下部突起は角ばり，刺状にはならない．
   b. 兵アリの前伸腹節後側縁は稜縁化する．
   c. 働きアリの複眼は，頭部側面の中央に位置する．
   　　p.109　オオコツノアリ　*Carebara borealis*

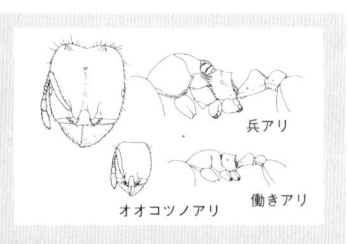

   aa. 兵アリ，働きアリともに腹柄節下部突起は明瞭な刺状となる．

bb. 兵アリの前伸腹節後側縁は丸みを帯び，稜縁化しない．
cc. 働きアリの複眼は，頭部側面の前方に位置する．
p.110　オニコツノアリ　*Carebara oni*

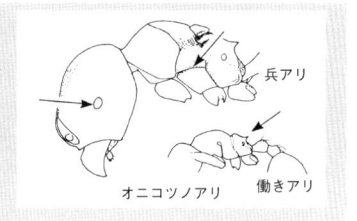

3. a. 兵アリの頭部の上半分は平滑．
   b. 兵アリの頭頂付近には幾条かの横に走る隆起線が存在する．
   c. 働きアリの頭部は平滑．
   d. 働きアリの前伸腹節を側方から見たとき，背後部は丸く弧をえがき，角をなさない．
   p.110　タイワンコツノアリ　*Carebara sauteri*

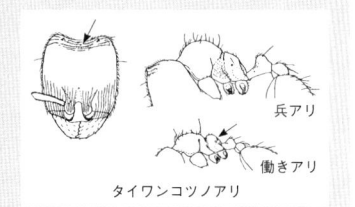

aa. 兵アリの頭部は密に点刻される．
bb. 兵アリの頭頂付近に隆起線はない．
cc. 働きアリの頭部は点刻でおおわれる．
dd. 働きアリの前伸腹節を側方から見たとき，背後部は角をなす．　　　　　4. へ

4. a. 兵アリの頭頂部には発達した1対の突起をもつ．
   b. 兵アリの腹柄節下部突起は角ばるのみ．
   c. 働きアリの前胸背板は点刻でおおわれる．
   p.111　コツノアリ　*Carebara yamatonis*

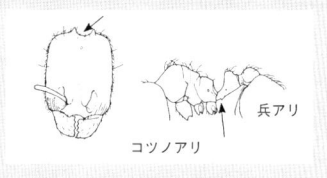

aa. 兵アリの頭頂部の突起は小さい．
bb. 兵アリの腹柄節下部突起は刺状．
cc. 働きアリの前胸背板は平滑．
p.110　ヒメコツノアリ　*Carebara hannya*

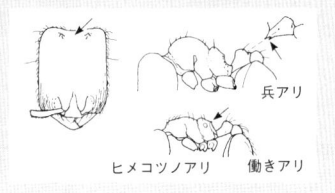

オオコツノアリ　*Carebara borealis*（Terayama, 1996）

分類・形態　兵アリの体長3mm．体は黄褐色．頭頂部に明瞭な1対の突起をもつ．正面から見て頭部の後縁中央部はへこみ，頭幅は前方でやや狭くなる．複眼は小さく5個以上の個眼からなり，頭部側面のほぼ中央に位置する．触角は9節からなる．前・中胸は顕著に隆起する．中胸側板の側面域は斜行する溝によって2分割される．前伸腹節に歯状の突起をもつ．腹柄節下部突起

は角ばるが，刺状とはならない．

働きアリの体長1.5 mm. 体色は黄褐色．大腮に5歯をそなえ，触角は9節からなる．複眼は1個の個眼からなり，頭部側面のほぼ中央に位置する．頭部および前胸背板の表面にほとんど彫刻はなく滑らか．中胸から後腹柄節にかけては細かい点刻でおおわれる．前伸腹節は歯状で上方を向く．

生態 夏緑樹林の林床から得られている．稀な種で，これまでに2例のみの採集記録がある．青森県からの記録は，ベイトトラップに集まってきたものである．

分布 国内：本州（秋田県，青森県）．

ヒメコツノアリ　*Carebara hannya*（Terayama, 1996）

分類・形態 兵アリの体長1.5 mm. 体は黄褐色．頭部は細長く，頭頂部には小さな突起がある．複眼は小さく，長径は触角柄節の幅より短い．触角は9節からなる．前・中胸背板の背縁は弧状となり，中胸側板側面に斜行する溝はない．刺状の腹柄節下部突起をもつ．

働きアリの体長は1 mm以下で日本産のフタフシアリ亜科の中で最も小さい．体は黄褐色．頭部は点刻でおおわれる．複眼は1個の個眼からなる．前胸背板はほぼ平滑で光沢をもつ．前伸腹節刺は不明瞭．

生態 林内から林縁にかけて生息し，土中や腐朽木中に営巣する．

分布 国内：琉球列島．

島嶼の分布 沖縄諸島：沖縄島，伊是名島，平安座島，宮城島．慶良間諸島：渡嘉敷島．八重山諸島：石垣島，西表島．

オニコツノアリ　*Carebara oni*（Terayama, 1996）

分類・形態 兵アリは本属の中では大型で体長は約3.5 mm. 体は赤褐色，頭部は黒褐色．頭部は幅よりもわずかに長い．頭頂部の小突起には個体変異があり，明瞭な突起となるものから完全に欠くものまである．複眼は大きく，長径は触角柄節の幅以上ある．触角は9節からなる．中央に単眼をもつものが多い．胸部は盾板と小盾板が区別され，中胸側板側面に斜行する溝がある．

働きアリの体長は1 mm. 体は黄褐色．頭部は平滑．複眼は2〜3個の個眼からなる．前胸背板は平滑で光沢をもつ．前伸腹節刺は針状．

生態 照葉樹林の林床に生息し，土中や腐朽木中に巣が見られる．

分布 国内：琉球列島．国外：台湾．

島嶼の分布 沖縄諸島：沖縄島．慶良間諸島：渡嘉敷島．

タイワンコツノアリ　*Carbara sauteri*（Forel, 1912）

分類・形態 兵アリの体長2 mm. 体は赤褐色．頭部はほぼ平滑で光沢をもつ．頭頂部に明瞭な1対の突起をもち，突起付近には4〜6本の横じわがある．複眼は小さく，長径は触角柄節の幅より短い．触角は9節からなる．前・中胸背板は顕著に隆起し，中胸側板側面に斜行する溝はな

い．前伸腹節後縁は側方から見て弧をえがき，角ばらない．腹柄節下部突起は角ばるが，刺状にはならない．

働きアリの体長は1mm．体は赤褐色．頭部表面は平滑で光沢をもつ．複眼は1個の個眼からなる．触角は9節からなる．前胸背板は点刻でおおわれ，前伸腹節後縁は側方から見て弧をえがき，角ばらない．前伸腹節刺は不明瞭．

生態 台湾では林内に生息し，石下や土中に生息する．

分布 国内：尖閣諸島．国外：台湾．台湾では比較的普通に見られるが，日本では尖閣諸島（北小島）のみから得られている．

島嶼の分布 尖閣諸島：北小島．

コツノアリ *Carebara yamatonis* (Terayama, 1996)

分類・形態 兵アリの体長2mm．体色は赤褐色で頭部は胸部より暗色．頭部は密に点刻され，光沢を欠く．頭頂部に明瞭な1対の突起をもち，突起間はU字状にへこむ．複眼は小さく，長径は触角柄節の幅より短い．触角は9節からなる．前・中胸背板は顕著に隆起し，中胸側板側面に斜行する溝はない．前伸腹節は側方から見て角をなす．腹柄節下部突起は角ばるが，刺状にはならない．

働きアリの体長は1mm．体色は赤褐色．頭部表面は点刻でおおわれる．複眼は1個の個眼からなる．触角は9節からなる．前胸背板は点刻でおおわれ，前伸腹節刺は不明瞭．八重山諸島産のものは頭部の表面彫刻が本州産のものよりもやや弱い．

琉球から本州にかけて広く分布する本種にしばしば *Oligomyrmex sauteri* の学名が用いられてきたが，真の *O. sauteri*（= *Carebara sauteri*）は日本では尖閣諸島のみから得られている．

生態 照葉樹林の林床に生息し，石下，土中，朽ち木中に営巣する．多雌性で，本州では秋に羽化した新女王が，そのまま巣内で越冬し，翌年の4～5月に結婚飛行を行う．単雌創巣と思われる．

分布 国内：本州，四国，九州，琉球列島．

島嶼の分布 本州：猿島，城ヶ島，沖ノ島．四国：手島．九州：相ノ島，志賀島，壱岐，平戸島，黒子島（長崎），対馬．伊豆諸島：大島，利島，式根島，三宅島，御蔵島．大隅諸島：種子島，屋久島，口永良部島．トカラ列島：口之島，臥蛇島，宝島．奄美諸島：奄美大島，加計呂麻島，徳之島，沖永良部島．沖縄諸島：沖縄島，伊平屋島，屋我地島．慶良間諸島：渡嘉敷島．八重山諸島：石垣島，西表島．

ヒメアリ属 *Monomorium* Mayr, 1855

分類・形態 体長4mm以下の小型で細長いアリ．大腮に3～5歯をもつ．頭盾前縁中央部は多少とも突出し，側方は隆起縁でふちどられる．頭盾前縁中央は1本の顕著な剛毛をもつ．触角は通常12節（一部の種で11，10節；日本産の種はすべて12節）で，3節からなる棍棒部をもつ．前伸腹節刺はない．腹柄節下部突起は小さいか不明瞭．

生態 裸地や草地，林縁等の開けた環境に生息する種が多く，一部森林内に生息する種が見られる．土中や石下に営巣するものから樹上性の種までが知られる．イエヒメアリ *M. pharaonis* は有名な家屋害虫で，しばしば家屋内に営巣し，被害をもたらす．

分布 汎世界的に分布し，これまでに約390種が記載されている．日本からは9種が記録されている．

種の検索表 ヒメアリ属

1. a. 複眼は小さく，1〜2個の個眼からなる．
   b. 前伸腹節を側方から見たとき，後背縁は明瞭に角ばる．
   　　p.116 カドヒメアリ *Monomorium sechellense*

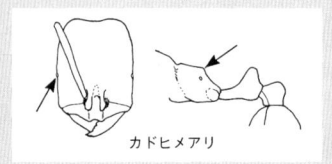

   aa. 複眼はより大きく，5個以上の個眼からなる．
   bb. 前伸腹節を側方から見たとき，後背縁は丸く，明瞭には角ばらない（イエヒメアリでは多少角ばる）． 2.へ

2. a. 頭部と胸部の表面に細かい点刻がある．
   　　p.115 イエヒメアリ *Monomorium pharaonis*

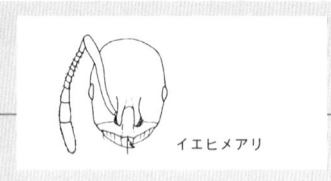

   aa. 頭部と胸部の表面に彫刻はなく，滑らかで光沢がある． 3.へ

3. a. 前伸腹節に条線状のしわがある． 4.へ

   aa. 前伸腹節にしわはない． 5.へ

4. a. 大腮に4歯をそなえる．
   b. 後胸溝は深く顕著．
   　　p.114 ミゾヒメアリ *Monomorium destructor*

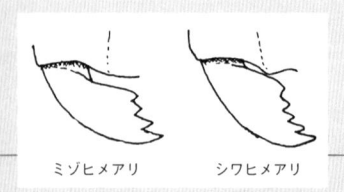

   aa. 大腮に5歯をそなえる．
   bb. 後胸溝は背面で浅い．

| | p.115 | シワヒメアリ | *Monomorium latinode* |

5. a. 体は褐色から黒色の単色.
　　　p.113　クロヒメアリ　*Monomorium chinense*

　aa. 頭部と腹部は褐色から黒褐色で，胸部は明褐色の2色性.
　　　p.114　フタイロヒメアリ　*Monomorium floricola*

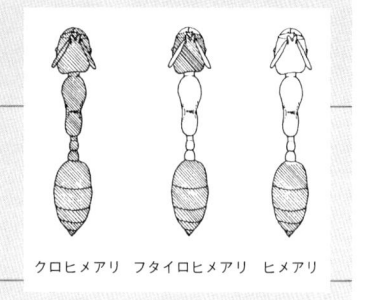

　aaa. 頭部, 胸部は黄色から黄褐色.　　　6. へ

クロヒメアリ　フタイロヒメアリ　ヒメアリ

6. a. 腹部は胸部よりも明かに暗色で褐色から黒褐色.
　　b. 腹部第1節の側方に紋はない.
　　　p.115　ヒメアリ　*Monomorium intrudens*

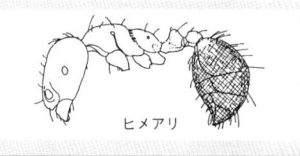

ヒメアリ

　aa. 腹部は胸部と同色で黄色から黄褐色.
　bb. 腹部第1節の側方に褐色の紋をもつ.
　　　p.114　フタモンヒメアリ　*Monomorium hiten*

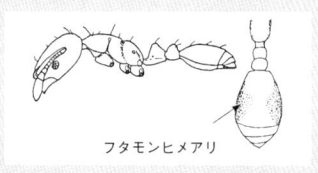

フタモンヒメアリ

　aaa. 腹部は胸部と同色で黄色から黄褐色.
　bbb. 腹部第1節の側方に褐色の紋はない.
　　　p.116　キイロヒメアリ　*Monomorium triviale*

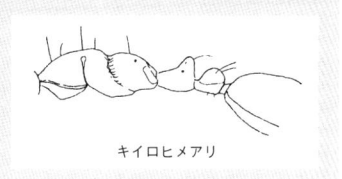

キイロヒメアリ

クロヒメアリ　*Monomorium chinense* Santschi, 1925

分類・形態　体長 1.5 mm. 体は褐色から黒色の単色. 複眼は10個以上の個眼からなる. 腹柄節腹縁は側方から見て弧をえがく. 体表面に彫刻はなく滑らかで光沢がある.

生態　林縁から草地の乾いた環境に多く, 土中に営巣する. 多雌性で, 本州では8月に結婚飛行が見られる. 熱帯アジア原産の人為的移入種.

分布　国内：本州, 四国, 九州, 小笠原諸島, 南西諸島. 南西諸島ではほぼ全域に分布し, 普通種である. 国外：朝鮮半島, 台湾, 中国等から知られる.

島嶼の分布　九州：上甑島, 下甑島, 福江島, 中通島, 平島, 相ノ島, 地ノ島, 志賀島, 壱岐, 平戸島. 伊豆諸島：八丈島. 小笠原群島：父島, 母島, 兄島, 聟島, 東島, 西島, 南島. 火山列島：硫黄島. 口ノ三島：黒島, 硫黄島, 竹島. 大隅諸島：種子島, 屋久島. トカラ列島：口之島,

臥蛇島, 中之島, 平島, 諏訪之瀬島, 悪石島, 子宝島, 宝島, 横当島. 奄美諸島：奄美大島, 喜界島, 請島, 与路島, 加計呂麻島, 徳之島, 与論島. 沖縄諸島：沖縄島, 硫黄鳥島, 伊平屋島, 伊是名島, 瀬底島, 伊計島, 宮城島, 平安座島, 浜比嘉島, 津堅島, 久高島, 屋我地島. 慶良間諸島：渡嘉敷島, 粟国島, 渡名喜島, 久米島. 宮古諸島：宮古島, 池間島, 来間島, 下地島. 八重山諸島：石垣島, 西表島, 竹富島, 黒島, 小浜島, 波照間島, 与那国島. 尖閣諸島：魚釣島, 北小島, 南小島. 大東諸島：北大東島, 南大東島.

ミゾヒメアリ *Monomorium destructor* (Jerdon, 1851)

分類・形態 体長 3～3.5 mm. 本属としては大型の種であるが, 体サイズにはコロニー内で変異がある. 体は黄褐色から赤褐色で, 腹部は黒褐色. 複眼は大きく, 20 個前後の個眼からなる. 大腮に 4 歯をそなえる. 後胸溝が深く顕著. 前伸腹節に横断する条線状のしわがある.

生態 開けた環境に生息し, 人家周辺にも見られる. アフリカか東南アジア原産の放浪種である.

分布 国内：琉球列島, 火山列島（硫黄島）および南鳥島（マーカス島）から得られている. 国外：熱帯・亜熱帯に広く分布する.

島嶼の分布 火山列島：硫黄島. 南鳥島. 沖縄諸島：沖縄島. 八重山諸島：黒島. 大東諸島：南大東島.

フタイロヒメアリ *Monomorium floricola* (Jerdon, 1851)

分類・形態 体長 1.5 mm. 頭部と腹部は褐色から黒褐色で, 胸部は明褐色の 2 色性. 複眼は 10 個前後の個眼からなる. 腹柄節腹縁は側方から見てほぼ直線状. 体表面に彫刻はなく滑らかで光沢がある.

生態 比較的開けた場所に多く生息する. 樹上性で, 樹皮下, 枯れ枝中に営巣する. インドか東南アジア原産の移入種.

分布 国内：本州（愛知, 和歌山）, 小笠原諸島, 琉球列島, 大東諸島. 国外：熱帯・亜熱帯に広く分布する.

島嶼の分布 小笠原群島：父島, 母島, 兄島, 向島. 大隅諸島：屋久島, 口永良部島. トカラ列島：臥蛇島. 奄美諸島：奄美大島, 加計呂麻島, 請島, 与路島, 徳之島, 沖永良部島, 与論島. 沖縄諸島：沖縄島, 硫黄鳥島, 伊平屋島, 伊是名島, 平安座島, 伊計島, 屋我地島. 慶良間諸島：渡嘉敷島, 久米島. 宮古諸島：宮古島, 下地島. 多良間諸島：多良間島. 八重山諸島：石垣島, 西表島, 竹富島, 黒島, 小浜島, 波照間島, 与那国島. 大東諸島：北大東島, 南大東島.

フタモンヒメアリ *Monomorium hiten* Terayama, 1997

分類・形態 体長 1.5 mm. 体は黄色から黄褐色, 腹部第 1 節の側方に褐色の紋をもつ. 複眼は 10 個前後の個眼からなる. 腹柄節腹縁は側方から見て弱く弧をえがく. 体表面に彫刻はなく滑らかで光沢がある. 日本産本属の他種とは, 胸部および腹部の色彩および斑紋で容易に区別される.

生態 林縁から草地にかけて生息し, 石下等に営巣する.

分布 国内：琉球列島. 国外：台湾.
島嶼の分布 大隅諸島：屋久島. 奄美諸島：徳之島, 沖永良部島. 沖縄諸島：沖縄島, 平安座島. 八重山諸島：石垣島, 西表島, 与那国島.

ヒメアリ　*Monomorium intrudens* Smith, 1874
分類・形態 体長1.5 mm. 頭部, 胸部は黄色から黄褐色, 腹部は胸部よりも明らかに暗色で褐色から黒褐色. 複眼は10個以上の個眼からなる. 腹柄節腹縁は側方から見て弧をえがく. 体表面に彫刻はなく滑らかで光沢がある.
生態 林縁から草地にかけて生息し, 西南日本では最普通種の1つである. 多雌性かつ多巣性で, 1つのコロニーに2〜50頭の女王が見られ, 2000頭以上の働きアリから構成される. 結婚飛行は7〜8月. 枯れ枝中に多くの巣が見つかる. 働きアリは草や木にもよく登り, 葉上でも見られる.
分布 国内：本州, 四国, 九州, 南西諸島. 国外：朝鮮半島, 台湾.
島嶼の分布 本州：沖ノ島, 地島, 猿島, 城ヶ島, 沖ノ島, 舳倉島, 島後, 西ノ島. 四国：手島. 九州：上甑島, 中甑島, 下甑島, 福江島, 中通島, 玄海島, 相ノ島, 地ノ島, 志賀島, 壱岐, 平戸島, 対馬. 伊豆諸島：大島, 式根島, 御蔵島, 八丈島, 青ヶ島. 口ノ三島：黒島, 竹島. 大隅諸島：種子島, 屋久島. トカラ列島：口之島, 臥蛇島, 中之島, 悪石島, 宝島. 奄美諸島：奄美大島, 与路島, 徳之島, 沖永良部島, 与論島. 沖縄諸島：沖縄島, 硫黄鳥島. 宮古諸島：宮古島, 来間島. 八重山諸島：与那国島. 大東諸島：北大東島, 南大東島.

シワヒメアリ　*Monomorium latinode* Mayr, 1872
分類・形態 体長3 mm. 体は黄褐色から赤褐色で, 腹部は黒褐色. 複眼は大きく, 20個前後の個眼からなる. 大腮に5歯をそなえる. 後胸溝は背面で浅い. 前伸腹節後縁は角ばる. 腹柄節腹縁は弱く弧をえがく. 中胸側面および前伸腹節には細かい条線状のしわが縦走する.
生態 枯れ枝に巣が見られる. 熱帯アジア原産の放浪種.
分布 国内：琉球列島（沖永良部島以南）. 国外：熱帯・亜熱帯に広く分布する.
島嶼の分布 奄美諸島：沖永良部島, 与論島. 沖縄諸島：沖縄島, 伊是名島, 瀬底島, 津堅島. 慶良間諸島：粟国島. 宮古諸島：宮古島. 八重山諸島：石垣島, 西表島, 与那国島.

イエヒメアリ　*Monomorium pharaonis* (Linnaeus, 1758)
分類・形態 体長2〜2.5 mm. 体は黄色から黄褐色. 複眼は大きく, 20個程度の個眼からなる. 後胸溝は顕著で, 前伸腹節後縁は多少角ばる. 腹柄節腹縁は側方から見てほぼ直線状. 頭部と胸部に細かい点刻が密にあり, 光沢はない.
生態 多雌性で, コロニーは分巣によって増える. 1巣あたりで数十から数百の構成員からなる. アフリカ原産とされるが, 汎世界的に分布し, 家屋害虫として有名である. 本州では暖房設備のある家屋内にのみ営巣し, 野外での生息は確認されていない. 昭和の初期に侵入してきたとされ

ており，戦後は急速に各地で増殖している．琉球列島では，野外の草地や家屋周辺の野外で営巣している．幼虫は女王，オスともに3齢を経て蛹となる．

分布 国内：本州，四国，九州，小笠原諸島，南西諸島．国外：汎世界的に分布する．

島嶼の分布 小笠原群島：母島．火山列島：硫黄島．大隅諸島：屋久島．トカラ列島：口之島，宝島．奄美諸島：奄美大島，徳之島．沖縄諸島：沖縄島，瀬底島，久高島．宮古諸島：宮古島．八重山諸島：石垣島，西表島，黒島．

カドヒメアリ *Monomorium sechellense* Emery, 1894

分類・形態 体長1.5 mm．体は黄色から黄褐色．複眼は小さく，1～2個の個眼からなる．後胸溝は顕著，前伸腹節後縁は明瞭に角ばる．腹柄節腹縁は側方から見て弧をえがく．

本種に *Monomorium fossulatum* の学名が適用された時期もある．

生態 比較的開けた場所に生息し，石下や倒木下などに営巣する．人為的移入種であろう．

分布 国内：小笠原諸島，琉球列島，大東諸島，尖閣諸島（魚釣島）．国外：東南アジア，オセアニアに広く分布する．

島嶼の分布 小笠原群島：父島，母島，兄島，西島．奄美諸島：奄美大島，与路島，沖永良部島．沖縄諸島：沖縄島，硫黄鳥島，伊是名島，瀬底島，水納島，伊計島，平安座島，藪地島，浜比嘉島，宮城島，津堅島，久高島．慶良間諸島：渡嘉敷島，久米島．宮古諸島：宮古島，池間島，来間島，下地島．多良間諸島：多良間島．八重山諸島：石垣島，西表島，黒島，小浜島，波照間島，与那国島．尖閣諸島：魚釣島．大東諸島：北大東島，南大東島．

キイロヒメアリ *Monomorium triviale* Wheeler, 1906

分類・形態 体長1.5 mm．体色は黄色から黄褐色の単色性．複眼はやや小さく，10個程度の個眼からなる．大腮に4歯をそなえる．頭盾の縦走隆起線は不明瞭．後胸溝は明瞭に刻みつけられる．前伸腹節後背縁は側方から見て，丸い．腹柄節腹縁は側方から見て下方に弧をえがく．

生態 林内の林床部に見られ，倒木や落枝中に営巣する．多雌性かつ多巣性で，女王は未交尾のままで産卵し，分巣で増える．オスは生産されない．

分布 国内：本州．国外：朝鮮半島．

ヨコヅナアリ属 *Pheidologeton* Mayr, 1867

分類・形態 体長は2～15 mmほどで，顕著で連続的な多型を示す．触角は11節からなり，先端の2節は棍棒部をなす．大腮は5～6歯をもつ（大型働きアリでは不明瞭）．複眼は比較的小さい．大型働きアリでは単眼，小盾板，後胸背板が見られる．小型働きアリでは前・中胸背面が山型に隆起し，後胸溝は明瞭，前伸腹節刺をもつ．

生態 東南アジアの熱帯では普通に見られ，大きなコロニーをつくり，顕著な行列をつくる．

分布 東南アジア，オーストラリア，アフリカの熱帯，亜熱帯に32種が記載されている．

ヨコヅナアリ　*Pheidologeton diversus*（Jerdon, 1851）

分類・形態　小型働きアリの体長2.5 mm，大型働きアリでは8 mmを越える．体色は小型働きアリで黄褐色から赤褐色，大型働きアリで赤褐色から暗褐色．同一コロニーの小型働きアリと大型働きアリの間には，サイズ・形態が中間的な個体が連続的に見られる．また，小型働きアリと大型働きアリとでは頭幅で10倍，乾燥重量では500倍以上もの差がある．

生態　数千個体からなる大きなコロニーをつくり，土中や石下に営巣する．また，顕著なアリ道をつくる．

分布　国内：小笠原群島（父島），琉球列島（沖縄島）．東南アジアから貨物とともに人為的に運ばれてきたものが，神奈川県座間市の米軍基地から発見されている．国外：台湾，東南アジア，インドなどに広く分布する．

島嶼の分布　小笠原群島：父島．沖縄諸島：沖縄島．

トフシアリ属　*Solenopsis* Westwood, 1841

分類・形態　体長は1 mmから10 mm程度のものまで変化にとみ，単型のものから多型のものまでが見られる．触角は10節からなり，先端の2節は棍棒部を形成する．頭盾に1対の発達した縦走隆起縁があり，前縁中央部に1本の剛毛が見られる．後胸溝は明瞭．前伸腹節刺はない．

生態　土中や石下に営巣する．中には大きなコロニーをつくるものもある．本属にはfire ants（ヒアリ類）と呼ばれる中・南米原産の一群が含まれる．これらの種のいくつかは，人為的移入により世界各地に広がり，ヒトに刺咬被害を与える衛生害虫であるだけでなく，農畜産害虫，そして生態系攪乱者でもあり，世界で大きな問題を引き起こしている．日本にはアカカミアリ *S. geminata* が侵入している．

　小型の種では，他種のアリの巣の坑道をつなげ，そこから他種アリの巣に侵入し，餌を奪うという盗食の習性をもつものが知られている．

分布　世界で約185種が記載されている．日本では3種が記録されている．

種の検索表　トフシアリ属

1. a. 複眼は大きく，20個以上の個眼からなる.
   b. 体長3 mm以上の大型種（連続的な多型を示す）.
      p.118　アカカミアリ　*Solenopsis geminata*

   aa. 複眼は小さく，5個以下の個眼からなる.
   bb. 体長1.5 mm程度.
       2. へ

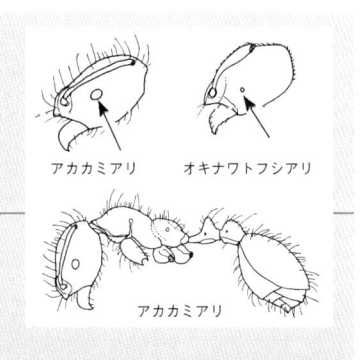

フタフシアリ亜科——トフシアリ族

2.
- a. 腹柄節下縁は平らに近く，わずかに膨らむ程度．
- b. 前伸腹節を側方から見たとき，後背部は角をつくる．
- c. 後胸溝の切込みは浅い．

　　p.118　トフシアリ　*Solenopsis japonica*

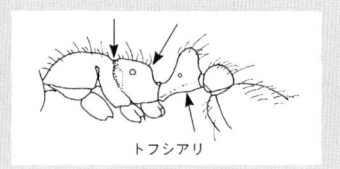

- aa. 腹柄節下縁はより強く膨らむ．
- bb. 前伸腹節を側方から見たとき，後背部はまるみを帯び角ばらない．
- cc. 後胸溝は比較的深く切れ込む．

　　p.119　オキナワトフシアリ　*Solenopsis tipuna*

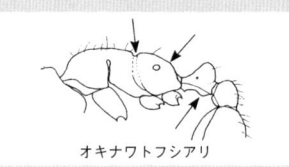

アカカミアリ　*Solenopsis geminata*（Fabricius, 1804）

分類・形態　体長3〜5 mm．働きアリは連続的な多型を示す．体は赤褐色で頭部は褐色．大型働きアリの大腮は頑丈で，咀嚼縁には4歯をそなえるが鈍く不明瞭．複眼は20個以上の個眼からなる．またしばしば中央単眼をもつ．小型働きアリでは大腮に明瞭な4歯をもつ．触角柄節は頭部後縁に達する．前伸腹節の後側縁は隆起線となり，前伸腹節背面まで伸びる．

生態　アメリカ大陸では本種を含む仲間は fire ants（ヒアリ類）と呼ばれ，農・畜産害虫，衛生害虫および生態系攪乱者として世界的に有名である．裸地や草地等の開けた環境の土中に営巣する．多雌性で，年間を通じて有翅女王が見られ，硫黄島でも少なくとも4〜10月にかけて有翅女王がいる．巣は大きくなり，数万から10万個体以上の働きアリが見られる．また，直径50cm程もある大きな低いマウンドをつくり，マウンドには巣口が複数開口する．

分布　国内：火山列島，南鳥島，沖縄諸島．沖縄では沖縄島と伊江島のレーダー基地で得られ，米軍の輸送物資に伴って国内に入ったものと推定される．沖縄島での最も古い記録は，1967年1月に国頭郡本部町備瀬で得られたものである．沖縄諸島以外では，火山列島の硫黄島，そして南鳥島（マーカス島）に生息しており，特に硫黄島では島全体に生息が確認され，かつ，最普通種となっている．国外：本種は熱帯・亜熱帯に広く分布し，日本周辺ではフィリピンや台湾で分布が確認されている．中米から合衆国南部に原産地をもち，交易に伴って世界中に広まったと考えられ，現在2000ヶ所以上の分布記録がある．

島嶼の分布　火山列島：硫黄島．南鳥島．沖縄諸島：沖縄島，伊江島（最近の生息は確認されていない）．

トフシアリ　*Solenopsis japonica* Wheeler, 1928

分類・形態　体長1.5 mm．体は黄色から黄褐色．働きアリは弱い2型を示す．触角柄節は頭部後縁に達しない．複眼は小さく2〜4個眼からなる．後胸溝の切込みは比較的浅い．前伸腹節後側縁は，側方から見て角をつくる．腹柄節腹縁は側方から見て平らに近く，わずかに膨らむ程度．

生態 石下や土中に営巣し，地下60 cm程度まで見られる．本種は他種のアリの巣に抗道をつなげ，そこから出入りして餌を盗み取っているといわれている．ただし，捕食性も強いようで，上述の盗食のほか，土中での捕食者としての役割も大きいものと考えられる．8～9月に新女王が出現し，9～10月の午前から昼にかけて結婚飛行が行われる．単雌創巣と多雌創巣とが見られるが，大きくなったコロニーは多雌性である．

分布 国内：北海道，本州，四国，九州，琉球列島（トカラ列島横当島以北に分布）．国外：朝鮮半島．

島嶼の分布 本州：飛島，沖ノ島，地島，江ノ島，猿島，城ヶ島，沖ノ島，島後，佐渡島，金華山島．九州：上甑島，下甑島，中通島，平島，大島，平戸島，対馬．伊豆諸島：大島，利島，式根島，三宅島，御蔵島，口ノ三島：硫黄島，竹島．大隅諸島：種子島，屋久島，口永良部島．トカラ列島：口之島，臥蛇島，横当島．

オキナワトフシアリ　*Solenopsis tipuna* Forel, 1912

分類・形態 体長1.5 mm．体は黄色から黄褐色．複眼は小さく，2～4個の個眼からなる．後胸溝はトフシアリ *S. japonica* に比べて深く切れ込む．前伸腹節後側縁は，側方から見てまるみを帯び，角ばらない．腹柄節腹縁は側方から見てトフシアリよりも強く膨らむ．

生態 石下や土中に営巣する．トフシアリに形態的に類似するが，詳細な生態は不明．多雌性．

分布 国内：琉球列島（トカラ列島中之島以南に分布）．国外：台湾．

島嶼の分布 トカラ列島：中之島，宝島．奄美諸島：奄美大島，加計呂麻島，徳之島，沖永良部島，与論島．沖縄諸島：沖縄島，硫黄鳥島，伊平屋島，伊是名島，瀬底島，宮城島，津堅島．慶良間諸島：粟国島，渡嘉敷島，久米島．宮古諸島：宮古島，池間島，伊良部島，来間島，下地島．多良間諸島：多良間島．八重山諸島：石垣島，西表島，竹富島，黒島，小浜島，波照間島，与那国島．

[クシケアリ族群　Myrmicine tribe‐group]

クシケアリ族　Myrmicini

ツヤクシケアリ属　*Manica* Jurine, 1807

分類・形態 体長4～7 mmの中型のアリ．触角は12節からなり，先端の5節は棍棒部を形成する．複眼は中程度の大きさでやや突出する．胸部背面は平らで，明瞭な後胸溝が見られる．前伸腹節刺を欠く．腹柄節下部突起をもつが，小さく，腹柄節の前方に位置する．中脚，後脚の脛節刺は櫛歯状となるものから単純なものまでがある（日本産の種では単純）．

生態 山地の瓦礫地帯や河原のような荒れ地に生息する．昆虫の死骸や甘露を餌とするようである．北米では，社会寄生種と推定されるものも知られている．

分布 旧北区と新北区に6種が分布する．日本ではツヤクシケアリ *M. yessensis* 1種のみが本州

中部以北の山地に生息する．

ツヤクシケアリ　*Manica yessensis* Azuma, 1955

分類・形態　体長 5 〜 7 mm 程度．頭部と腹部が黒色で，胸部は赤褐色から褐色．脚は褐色から黄褐色．触角柄節は頭部後縁にちょうど達する程度の長さ．側方から見て前・中胸背縁は緩やかな弧状となり，後胸溝は明瞭．前伸腹節後背縁は鈍く角ばる．

生態　山地の瓦礫帯のような環境に生息する．7 〜 8 月に新女王が生産され，8 〜 10 月の昼に結婚飛行が行われる．単雌創巣で，石下等に巣をつくるが，創巣期に女王は餌を探しに巣外へ出る．単雌性であるが，コロニーは多巣性．

分布　国内：北海道，本州（中部以北）．

クシケアリ属　*Myrmica* Jurine, 1807

分類・形態　中型のアリ．体長は 3.5 〜 5.5 mm 程度．触角は 12 節からなり，先端の 3 〜 4 節は棍棒部を形成する．複眼は中程度の大きさでやや突出する．胸部背面は概して平らで，後胸溝が見られる種が多い．前伸腹節には発達した刺をそなえる（ただし，オモビロクシケアリ *M. luteola* の女王は小型で，明瞭な前伸腹節を欠く）．腹柄節下部突起をもつが，小さく，腹柄節の前方に位置する．中脚，後脚の脛節刺は櫛歯状となる．

生態　温帯から寒帯に生息し，倒木や土中，石下に巣をつくる．コロニーは数百個体から構成され，1000 個体を超える場合もある．単雌性のものと多雌性のものが見られ，社会寄生種も知られている．

分布　旧北区，新北区を中心に約 175 種が分布する．日本には，少なくとも 12 種が生息するが，分類学的な問題を多く抱えている．本属の種は，北海道や東北地方などの北方の地域や関東・中部地方の山地ではごく普通に見られる．また，琉球列島では，屋久島の山地にハラクシケアリ隠蔽種群 *M. ruginodis*（s. l.）が生息する．

種の検索表　クシケアリ属

1. a. 触角挿入部の周囲は丸く縁取られてツボ状となり，そのため触角挿入部の前方で頭盾後縁は隆起縁となる． ……… 2. へ　　ツボクシケアリ

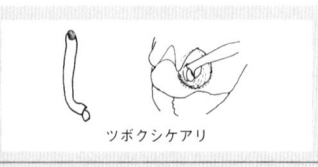

   aa. 触角挿入部の周囲は縁取られず，よって，触角挿入部の前方の頭盾後縁は隆起縁とならず，前方へなだらかに続く． ……… 3. へ　　ハラクシケアリ隠蔽種群

2. a. 腹部第1節背板は平滑で，強い光沢をもつ．
   b. 触角柄節は，基部の屈曲部付近での幅が中央部付近での幅より明瞭に細い．
      p.125　ツボクシケアリ　*Myrmica transsibirica*

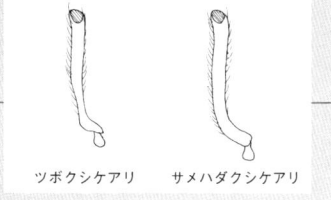

   aa. 腹部第1節背板は全面にわたって鮫肌状となり，光沢は弱い．
   bb. 触角柄節は，基部付近の屈曲部付近での幅が中央部付近の幅とほとんど同じ．
      p.122　サメハダクシケアリ　*Myrmica excelsa*

   ツボクシケアリ　　サメハダクシケアリ

3. a. 触角柄節は基部付近で細く，緩やかに曲がる．
      4.へ

   aa. 触角柄節は基部付近で幅広く，明瞭に角ばる．
      5.へ

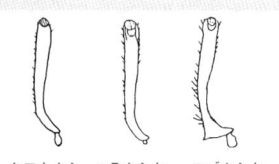

   クロキクシケアリ　ハラクシケアリ隠蔽種群　エゾクシケアリ

   aaa. 触角柄節は基部からいくぶん離れたところで強く曲がる．角はもたない．
      p.123　オモビロクシケアリ　*Myrmica luteola*

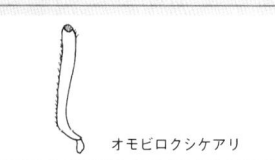

   オモビロクシケアリ

4. a. 前胸背板のしわは細かく不規則で，しわ間の光沢をもつ面は少ない．
   b. 頭部と腹部は黒色，胸部は赤褐色の2色性．
      p.123　クロキクシケアリ　*Myrmica kurokii*

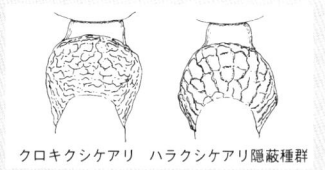

   クロキクシケアリ　ハラクシケアリ隠蔽種群

   aa. 前胸背面のしわは粗く，縦面に走り，光沢のあるしわ間の面が多く見られる．
   bb. 頭部ら腹部までは淡色の黄褐色から黒褐色で，明瞭な2色性を示さない．
      p.124　ハラクシケアリ隠蔽種群　*Myrmica ruginodis* (s. l.)

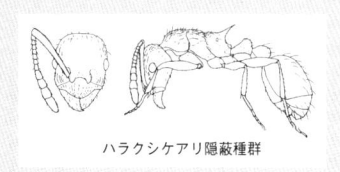

   ハラクシケアリ隠蔽種群

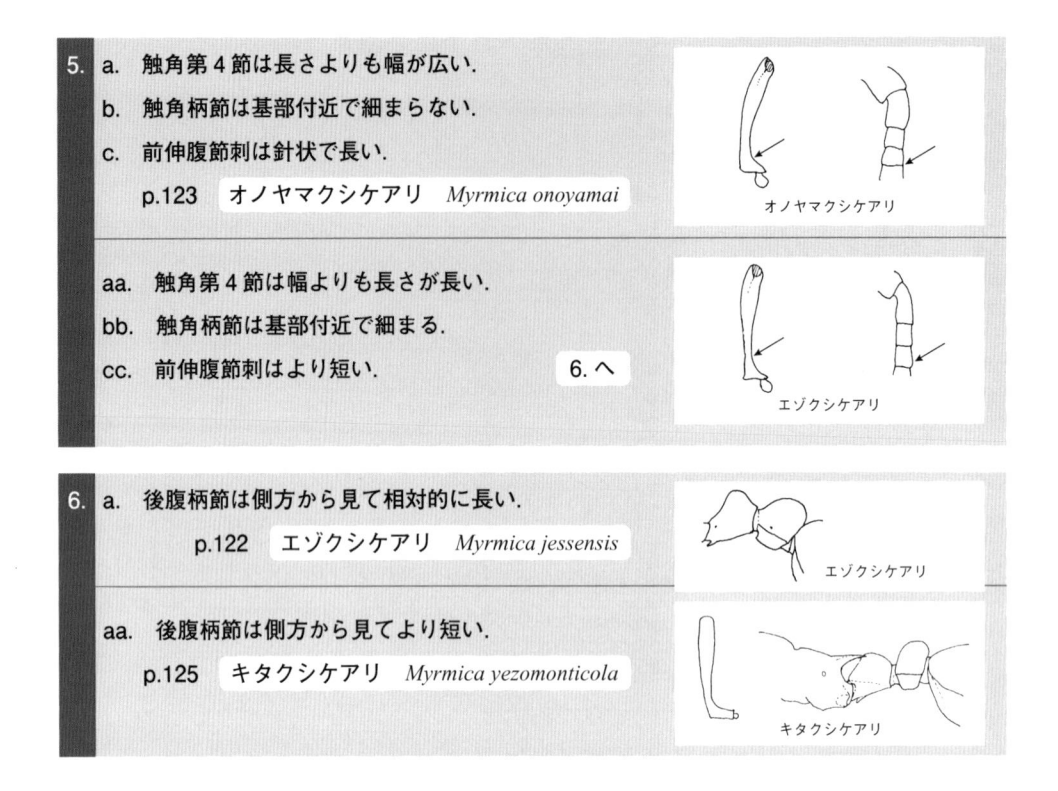

5.	a. 触角第4節は長さよりも幅が広い.	
	b. 触角柄節は基部付近で細まらない.	
	c. 前伸腹節刺は針状で長い.	
	p.123　オノヤマクシケアリ　*Myrmica onoyamai*	オノヤマクシケアリ
	aa. 触角第4節は幅よりも長さが長い.	
	bb. 触角柄節は基部付近で細まる.	
	cc. 前伸腹節刺はより短い.　　　6.へ	エゾクシケアリ
6.	a. 後腹柄節は側方から見て相対的に長い.	
	p.122　エゾクシケアリ　*Myrmica jessensis*	エゾクシケアリ
	aa. 後腹柄節は側方から見てより短い.	
	p.125　キタクシケアリ　*Myrmica yezomonticola*	キタクシケアリ

サメハダクシケアリ　*Myrmica excelsa* Kupyanskaya, 1990

分類・形態　体長3.5〜4 mm. 体は褐色から黒褐色で，腹部はより暗色. 触角挿入部の周囲が壁に取り囲まれ，挿入部がツボ状となる種である．ツボクシケアリ *M. taediosa* に類似するが，腹部第1節背板は全面にわたって鮫肌状となり，光沢は弱いことで容易に区別される．また，触角柄節を少し前方に倒して上方から見ると，屈曲部付近での幅は柄節中央近くの幅とほとんど同じであり（ツボクシケアリでは，屈曲部付近での幅が中央部付近での幅より明瞭に細い），触角柄節の屈曲部より基方を正面観で見て，その上縁と下縁（見る角度によっては側縁）はともに強く立ち上がった隆起縁となり，その部分は黒褐色となる．両隆起縁の間は狭い溝となる．

　本種とツボクシケアリはかつて，*M. scabrinodis*，あるいはシガクシケアリ *Myrmica* sp. 6 と呼ばれていたものである．

生態　本州中部では山地帯に生息し，半裸地や草地の石下等に営巣する．

分布　国内：本州（山梨，長野）．国外：朝鮮半島，極東ロシア．

エゾクシケアリ　*Myrmica jessensis* Forel, 1901

分類・形態　体長3〜4.5 mm. 頭部と腹部は暗褐色．胸部はより明るく，淡褐色．触角第4節は長く，幅よりも長さが長い．前伸腹節刺は比較的短い．ハラクシケアリ隠蔽種群 *M. ruginodis*（s. l.）とともに普通種の1つであるが，隠蔽種群とは触角柄節の基部に直角となる角があることで容易に区別される．

生態 裸地や開けた草地に見られ，石下や土中に巣をつくる．山地の河原でよく見かける．河原に多いことから，しばしば下流に流され，一時的な巣が平野部の河川敷でも見られる．多雌性．8月に巣内に有翅虫が羽化し，8〜9月に結婚飛行が行われる．単雌創巣と多雌創巣の両方が見られる．

分布 国内：北海道，本州（中部以北），四国．国外：サハリン，朝鮮半島．

島嶼の分布 本土周辺：奥尻島，利尻島，礼文島，色丹島．千島列島：国後島，択捉島．

クロキクシケアリ *Myrmica kurokii* Forel, 1907

分類・形態 体長4〜5mmの中型のアリ．頭部と腹部は黒色，胸部は赤褐色．脚は黒色．触角柄節は基部で強く曲がる．腹柄節の柄部は短い．

生態 本州中部では標高1700m以上の亜高山帯に見られ，北海道では標高1000m以上の山地に生息する．草原や岩場の石下や木の根元に巣をつくる．

分布 国内：北海道，本州（中部以北）．国外：ロシア（サハリン，極東部），朝鮮半島．

島嶼の分布 北海道：利尻島．

オモビロクシケアリ *Myrmica luteola* Kupyanskaya, 1990

分類・形態 体長5〜5.5mmで，日本産本属の働きアリでは最も大きい．体色は黄褐色から褐色．頭部は相対的に幅広い．触角柄節は基部付近でやや強く曲がる．前伸腹節刺は長い．中脚，後脚の脛節刺が小さく，少数の刺状突起がある程度でほとんど単純な場合もある．

女王アリは小型で，働きアリよりもやや小さく，前伸腹節刺は極めて小さいか，あるいはない．

生態 一時的社会寄生種と推定されており，女王はツヤクシケアリ *Manica yessensis* の巣に侵入する．エゾクシケアリ *Myrmica jessensis* の巣に侵入した例もあり，本種も寄主となるかもしれない．結婚飛行は9月から10月中旬にかけて行われる．

分布 国内：北海道，本州（中部以北）．国外：ロシア（サハリン，シベリア）．

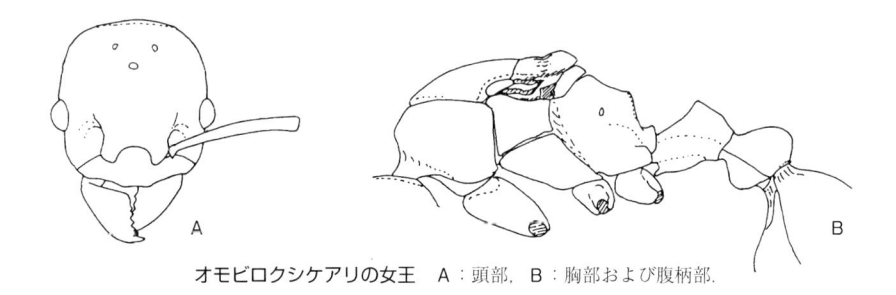

オモビロクシケアリの女王　A：頭部．B：胸部および腹柄部．

オノヤマクシケアリ *Myrmica onoyamai* Radchenko & Elmes, 2006

分類・形態 体長4mm程度．体色は褐色．触角柄節の基部は強く曲がり，角ばる．また，基部付近で細まらない．触角第4節は短く，長さよりも幅が広い．前伸腹節刺は長く，針状．

カドクシケアリ *Myrmica* sp. 7 と呼ばれていたものは，おそらく本種である．

生態 山地帯の森林や林縁部に見られる.
分布 国内：北海道，本州（近畿以北）.
島嶼の分布 北海道：礼文島.

ハラクシケアリ隠蔽種群　*Myrmica ruginodis* Nylander, 1846 (s. l.)

分類・形態 体長4〜5.5 mm. 体は褐色から黒褐色で，脚は黄褐色．頭部や胸部背面は強いしわでおおわれる．眼は比較的発達し，突出する．前伸腹節刺は長く，針状．腹柄節は，やや長い柄部と明瞭な丘部からなり，腹柄節下部突起は針状で長い．

　本属の中で，とりわけ本種群の分類は難しく，日本での *M. rubra*, *M. kotokui*, *M. ruginodis* の関係は混乱をきたしてきた．日本産の種は，かつてシワクシケアリとされる1種のみと見なされており，かつ本種の学名は，ヨーロッパから日本にかけて1種が広く分布するとされ *M. ruginodis* が適用されていた．一方，日本産の本種はヨーロッパ産のものとは形態的に異なることから，別種と判断する立場をとる場合もあり，その際には *M. kotokui* の学名が適用された．さらに，キイロクシケアリ *Myrmica rubra* も記録されたが，極東にはキイロクシケアリ *M. rubra* は産せず，*M. rubra* とされてきたものはすべて *M. kotokui* か *M. ruginodis* の誤同定であろうという見解があり，また，日本に *M. kotokui* とは別に *M. ruginodis* が生息するか否かについても見解が分かれてきた．

　近年の分子系統解析の結果，日本の山地にごく普通に生息するシワクシケアリには，形態的に著しく近似する少なくとも5種が混在する結果が示された．これらのうちの1種は遺伝的に，*M. ruginodis* にほぼ一致した．本書では，暫定的に本隠蔽種群を5種として取り扱う．ただし，今後の研究によってさらに種数が増える可能性がある．

生態 北海道では山地に見られる単雌性の個体群と，河川敷に多く見られる多雌性の個体群が知られているが，これらはコロニーの繁殖様式や女王の体サイズも異なっており，実体はそれぞれ別種の可能性がある．少なくとも，河川敷に多く見られるものは *M. ruginodis* であるという指摘がなされている．結婚飛行は9月上旬から10月下旬の早朝に行われる．幼虫齢数は3齢．

本隠蔽種群の分布 国内：北海道，本州，四国，九州，屋久島．屋久島では標高1400 m以上の山地のみに生息する．沖縄島の読谷村の砕石場から得られた古い標本を検したが，これは人為によるものであろう．国外：ロシア（サハリン），朝鮮半島，ユーラシア．

島嶼の分布（参考：本隠蔽種群の分布）．北海道：渡島大島，奥尻島，天売島，利尻島，礼文島，色丹島．千島列島：国後島，択捉島．本州：佐渡島，金華山島．大隅諸島：屋久島．

ハラクシケアリ隠蔽種群　*Myrmica ruginodis* Nylander, 1846 (s. l.)

ハラクシケアリ　*Myrmica ruginodis* Nylander, 1846 (s. str.)

　本隠蔽種群の中で最も低地域に多く，本州中部では標高1000〜1300 m地点に生息する．草原の土中に巣が見られる．多雌性であるが，コロニーサイズの小さいものは単雌である場合もある．国内では北海道と本州に生息し，サハリンからも確認された．ユーラシアに広く

分布する.

アレチクシケアリ　*Myrmica* sp. A

分子系統解析の結果では，*M. rubra* の姉妹群に位置づけられ，形態的にも最も *M. rubra* に類似する．しかし，体色は黒褐色で，かつ *M. rubra* のような高い攻撃性は見られない．*M. rubra* は本属の中では攻撃性の高い種で，ユーラシアに広く分布するほか，近年カナダや合衆国にも侵入している．現在本種は，北海道と本州から得られており，本州中部では標高 1150〜1500 m 地点に多く生息する．草地から半裸地の開けた環境に見られ，土中や石下等に巣が作られる．

モリクシケアリ　*Myrmica* sp. B

本州では標高の高い地域に生息し，標高 1300 m 以上の地点に多く見られ，1800 m 付近まで生息する．森林内に生息し，朽木中に営巣する．基本的に多雌性である．北海道と本州から得られている．

ヒラクチクシケアリ　*Myrmica* sp. C

これまでのところ，本州（八ヶ岳）と九州（英彦山）のみで得られており，八ヶ岳では標高 1400 m 付近に見られる．

キュウシュウクシケアリ　*Myrmica* sp. D

モリクシケアリ *Myrmica* sp. B に極めて類似するが，分子系統解析の結果は別種を示している．これまでのところ九州の大分県（黒岳）から得られている．

ツボクシケアリ　*Myrmica transsibirica* Radchenko, 1994

分類・形態　体長 3.5〜4 mm．褐色から黒褐色で，腹部はより暗色．触角挿入部の周囲が壁に取り囲まれ，挿入部がツボ状となる．近似のサメハダクシケアリ *M. excelsa* とは，腹節第 1 節背板が，完全に平滑で光沢に富み，鮫肌状とはならないことで容易に識別される．女王でも働きアリと同様に平滑である．また，触角柄節を少し前方に倒して上方から見ると，屈曲部付近での幅が中央部付近での幅より明瞭に細い．*Myrmica taediosa* は本種の同物異名である．

生態　半裸地や草地の石下等に営巣する．北海道では海岸付近でも得られている．

分布　国内：北海道，本州．国外：ロシア（シベリア南部，極東部），朝鮮半島．本州では山梨県，長野県，岐阜県等で得られている．

島嶼の分布　北海道：渡島大島，利尻島．

キタクシケアリ　*Myrmica yezomonticola* Terayama, 2013

分類・形態　体長 4 mm 程度．体色は暗褐色．触角柄節は基部付近で細まり，基部は強く曲がり，角ばる．触角第 4 節は短く，長さよりも幅が広い．後胸溝は広く，U 字状となる．前伸腹節刺は短く，上方を向く場合が多い．エゾクシケアリ *M. jessensis* に似るが，後腹柄節が短いことで区別される．

生態　北海道の標高 900 m 以上の山地に生息する．草地や裸地の開けた環境に見られ，火山植

生の環境にも営巣する．9月に結婚飛行が見られる．

分布　国内：北海道．

島嶼の分布　北海道：利尻島．

オオズアリ族　Pheidolini
アシナガアリ属　*Aphaenogaster* Mayr, 1853

分類・形態　中形から大型のアリで体長は3〜8mmほど．体は一般に細長く，脚や触角も長い．触角は12節からなり，先端の4節はやや膨らみ棍棒部を形成する．

生態　多くの種は森林に生息し，土中や倒木，石下に営巣する．種によっては海岸付近の裸地的な環境に生息するものもある．

分布　エチオピア区を除く（マダガスカルには生息）全世界に分布し，約180種がこれまでに記載されている．東南アジアにも多くの種が生息しているようであるが，分類研究は進んでいない．日本からは17種が確認されており，南西諸島に多くの種が生息する．

種の検索表　｜　アシナガアリ属

1. a. 前伸腹節刺は小さく，わずかに突出する程度．（小笠原諸島のみに見られる）
   p.130　トゲナシアシナガアリ　*Aphaenogaster edentula*

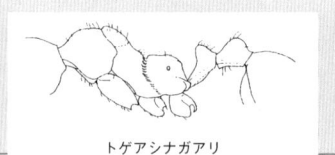

   トゲアシナガアリ

   aa. 前伸腹節刺は明瞭な刺状あるいは針状の突起となる．
   2. へ

2. a. 頭盾は中央前方部に横じわをもつ．
   b. 通常大腮の基縁に鋸歯をもつ．
   3. へ

   サワアシナガアリ

   aa. 頭盾は縦や斜めのしわをもつ．
   bb. 大腮の基縁に鋸歯をもたない．
   4. へ

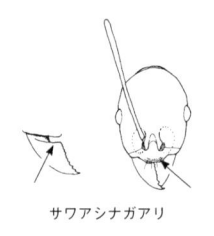

   ヤマトアシナガアリ

   aaa. 頭盾は中央前方部に横じわをもつ．
   bbb. 大腮の基縁に鋸歯をもたない（伊豆半島に分布）．

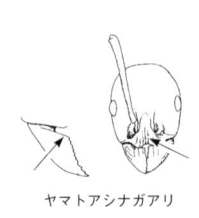

p.132　イハマアシナガアリ　*Aphaenogaster izuensis*

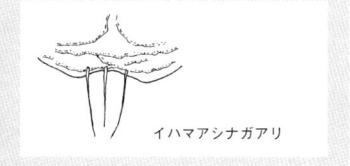

3. a. 頭部は光沢が強く，立毛はまばらであまり目立たない．
   b. 前伸腹節，後胸側板はしわが少なく光沢をもつ．
   c. 胸部は顕著に赤色を帯びる．
   　p.133　イソアシナガアリ　*Aphaenogaster osimensis*

   aa. 頭部はややくすみ，立毛はより長くやや目立つ．
   bb. 前伸腹節，後胸側板はしわと点刻におおわれてくすむ．
   cc. 胸部は明褐色．
   　p.131　サワアシナガアリ　*Aphaenogaster irrigua*

4. a. 頭部は複眼より後方部が顕著に伸長し，後縁部は強い弧状をなす．
   b. 側方から見て前胸前方部は伸長する．
   c. 脚は長く，中脚脛節長は複眼を含まない頭幅を上まわる．　　　　　　　5. へ

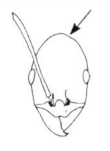

   aa. 頭部は複眼より後方部はやや伸張し，後縁部は緩やかな弧状となる．
   bb. 側方から見て前胸前方部は通常の長さ．
   cc. 脚は長く，中脚脛節長は複眼を含まない頭幅を上まわる．　　　　　　　6. へ

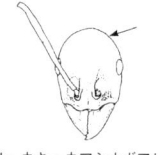

   aaa. 頭部は複眼より後方部が顕著に伸長せず，後縁部はほぼ扁平．
   bbb. 側方から見て前胸前方部は通常の長さ．
   ccc. 脚が比較的短かく，中脚脛節長は複眼を含まない頭幅とほぼ同じか下まわる．　　10. へ

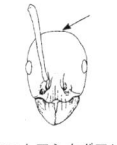

5.	a. 体は赤褐色と暗褐色の2色性（石垣島，西表島，与那国島に分布）．	
	p.131　クビナガアシナガアリ　*Aphaenogaster gracillima*	クビナガアシナガアリ
	aa. 体は黒褐色の単色性（与那国島に分布）．	
	p.130　クロミアシナガアリ　*Aphaenogaster donann*	

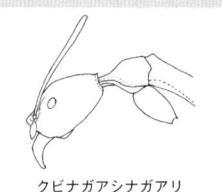

6.	a. 前胸背板背面は点刻と横じわにおおわれる． b. 前胸肩部は角ばる．　　　　　　　　　7.へ	リュウキュウアシナガアリ
	aa. 前胸背板背面は点刻と横じわにおおわれる． bb. 前胸肩部は角ばらない（石垣島に分布）． p.133　オモトアシナガアリ　*Aphaenogaster omotoensis*	
	aaa. 前胸背板背面は周縁部を除き，点刻のみでおおわれ，しわはない． bbb. 前胸肩部は角ばらない．　　　　　8.へ	アシナガアリ

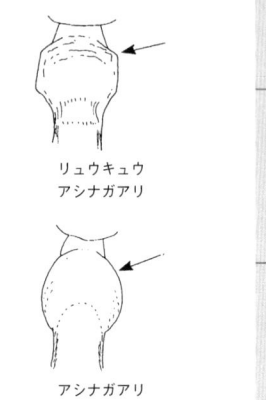

7.	a. 沖永良部島，沖縄島，渡嘉敷島，北小島に産する（染色体数は $2n = 30$）． p.130　リュウキュウアシナガアリ　*Aphaenogaster concolor*	リュウキュウアシナガアリ
	aa. 久米島に産する（染色体数は $2n = 26$）． p.132　クメジマアシナガアリ　*Aphaenogaster kumejimana*	

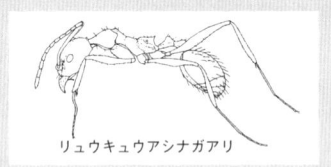

8.	a. 前胸と中胸間に中央部で段差をもたない（体長3.5〜5mm程度の小型種．奄美大島に分布）． p.133　ヒメアシナガアリ　*Aphaenogaster minutula*	ヒメアシナガアリ
	aa. 前胸と中胸間に段差があり，中胸が一段と高い位置にある．　　　　　　　　　9.へ	

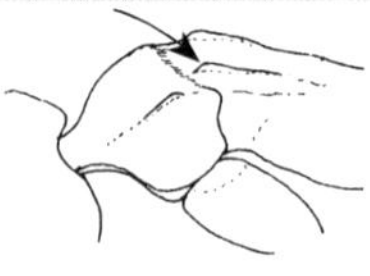

9.	a. 体は褐色から暗褐色． p.131　アシナガアリ　*Aphaenogaster famelica*

aa. 体は黄褐色.

p.130 エラブアシナガアリ *Aphaenogaster erabu*

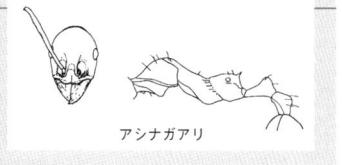

10. a. 前胸背板背面の横じわの発達は弱く，背面を完全におおうことはない. 11. へ

aa. 前胸背板背面の横じわはよく発達し，背面全体を完全におおう. 13. へ

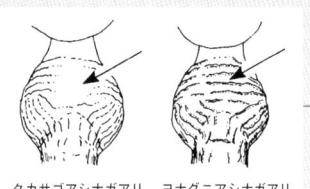

11. a. 触角鞭節は先端に向かうほど淡色となり，棍棒部では明らかに薄い.

p.132 イクビアシナガアリ *Aphaenogaster luteipes*

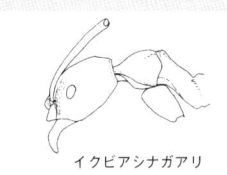

aa. 触角鞭節はほぼ単色. 12. へ

12. a. 前伸腹節刺は太く，三角状.
  b. 体は暗褐色から褐色の単色性.
  c. 後頭部および前胸背板背面は密に点刻におおわれてくすむ（屋久島以北に分布）.

p.132 ヤマトアシナガアリ *Aphaenogaster japonica*

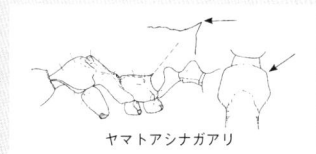

aa. 前伸腹節刺は細く針状.
bb. 体は頭部と胸部が赤褐色で腹部が暗褐色の2色性.
cc. 後頭部および前胸背板背面は点刻でおおわれるが光沢をもつ（八重山諸島に分布）.

p.134 タカサゴアシナガアリ *Aphaenogaster tipuna*

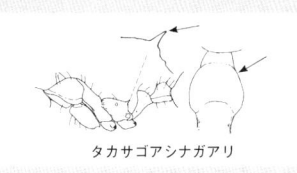

13. a. 体は黒褐色.
  b. 前胸背板をおおうしわは頭部のものよりも太く顕著.
  c. 額をおおうしわは後頭隆起線に達する.

p.134 ヨナグニアシナガアリ *Aphaenogaster rugulosa*

> aa. 体は暗赤褐色.
> bb. 前胸背板をおおうしわは頭部のものと同じ太さ.
> cc. 額をおおうしわは後頭隆起線に達しない.
> p.134 **トカラアシナガアリ** *Aphaenogaster tokarainsulana*

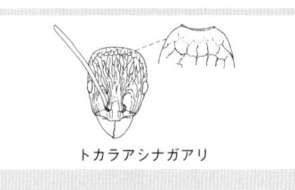

リュウキュウアシナガアリ　*Aphaenogaster concolor* Watanabe & Yamane, 1999

分類・形態　体長4.5〜6 mm. 頭部と胸部は褐色から黄褐色, 腹部は暗褐色から黒褐色, 脚は黄色. アシナガアリ *A. famelica* に似るが, 前胸背板背面はしわと点刻でおおわれることと, 肩部に強いしわがあり角ばることで区別される. 染色体数は $2n = 30$.

生態　林縁や林内の土中, 倒木中, 木のうろなどに営巣する.

分布　国内：琉球列島（沖永良部島, 沖縄島, 渡嘉敷島）と尖閣諸島の北小島から得られているが, 尖閣諸島のものは再検討の余地がある.

島嶼の分布　奄美諸島：沖永良部島. 沖縄諸島：沖縄島. 慶良間諸島：渡嘉敷島. 尖閣諸島：北小島.

クロミアシナガアリ　*Aphaenogaster donann* Watanabe & Yamane, 1999

分類・形態　体長6〜7 mm. 体は黒褐色. 触角柄節, 脚ともに非常に長く, クビナガアシナガアリ *A. gracillima* に類似するが, 体色が黒褐色の1色性であることで区別される. 染色体数は $2n = 28$.

生態　林内の土中に営巣する.

分布　国内：八重山諸島の与那国島からのみ得られている.

島嶼の分布　八重山諸島：与那国島.

トゲナシアシナガアリ　*Aphaenogaster edentula* Watanabe & Yamane, 1999

分類・形態　体長4〜6 mm. 体は黒褐色で, 脚, 腹柄部は褐色, 付節はより淡色. 触角鞭節はやや膨らんで, 数珠状となり, 棍棒部の4節は淡色. 頭部は後頭部付近まで達する単純で, まばらなしわをもつ. 前胸背板に軟立毛が多い. 前伸腹節刺はほとんど発達せず, 先端は鈍い. 染色体数は $2n = 22$.

生態　林内の土中に営巣する.

分布　国内：小笠原諸島.

島嶼の分布　小笠原諸島：母島, 聟島.

エラブアシナガアリ　*Aphaenogaster erabu* Nishizono & Yamane, 1990

分類・形態　アシナガアリ *A. famelica* によく似るが, 体が黄褐色であること, 前伸腹節刺がより細長いこと, 染色体数が異なること（$2n = 32$, アシナガアリは $2n = 34$）で区別される.

生態 林内の土中に営巣する．6〜7月に有翅虫が見られる．

分布 国内：琉球列島（悪石島以北）．

島嶼の分布 口ノ三島：黒島．大隅諸島：口永良部島．トカラ列島：中之島，悪石島．

アシナガアリ　*Aphaenogaster famelica* (Smith, 1874)

分類・形態 体長3.5〜8 mm．体サイズは個体変異の幅が大きい．体は暗褐色．頭部，腹部はやや濃色で，脚は褐色．触角柄節や脚は顕著に長い．頭部後縁は正面から見て強く凸状に弧をえがく．前胸背板背面は背方から見て周縁部を除き点刻におおわれる．前胸肩部は角ばらない．

生態 林内から林縁に見られ，土中や石下に巣をつくり，巣の坑道は地下へと続く．単雌性で巣は数百個体からなる．7月下旬から8月上旬の夜に結婚飛行が行われる．ただし，高地では巣からの飛出しは1ヶ月以上遅れる．単雌創巣で，女王は1個体で巣をつくり始める．雑食性．砂や土を液体成分に浸して，これで液体成分を運ぶ一種の道具の使用行動が見られる．染色体数は$2n = 34$．

分布 国内：北海道，本州，四国，九州．国外：中国．

島嶼の分布 北海道：奥尻島．本州：江ノ島，猿島，城ヶ島，佐久島，宮島，島後，西ノ島，佐渡島．四国：手島．九州：甑島，福江島，中通島，平島，玄海島，相ノ島，地ノ島，能古島，志賀島，大島，壱岐，平戸島，黒子島，対馬．伊豆諸島：大島，利島，新島．大隅諸島：種子島，屋久島．

クビナガアシナガアリ　*Aphaenogaster gracillima* Watanabe & Yamane, 1999

分類・形態 体長3.5〜8 mm．頭部と胸部は赤褐色，触角柄節，脚，腹部は暗褐色．頭部は複眼から後方部が顕著に伸長し，正面から見て後縁は強く弧をえがき突出する．触角柄節は非常に長い．胸部は長く，中胸背板はあまり発達せず，点刻や不規則なしわにおおわれる．前伸腹節刺は細いものから太く短いものまで変異がある．脚も長い．染色体数は$2n = 28$．

生態 林内の土中や朽ち木中に営巣する．

分布 国内：八重山諸島．

島嶼の分布 八重山諸島：石垣島，西表島，与那国島．

サワアシナガアリ　*Aphaenogaster irrigua* Watanabe & Yamane, 1999

分類・形態 体長4〜6 mm．頭部は褐色から明褐色，胸部は明褐色，腹部は暗褐色から褐色，脚は淡褐色．頭盾は中央前方部に横しわをもつことと，大腮の基縁に鋸歯をもつ（不明瞭な場合がある）．頭部はややくすみ，立毛はより長くやや目立つ．前伸腹節，後胸側板はしわと点刻におおわれてくすむ．染色体数は$2n = 32$．

生態 林内の枯れ沢のかなり湿った場所の土中に営巣する．7月に巣内に有翅虫が見られた．

分布 国内：琉球列島（沖縄島以北）．

島嶼の分布 大隅諸島：種子島．奄美諸島：奄美大島，徳之島，沖永良部島．沖縄諸島：沖縄島．

硫黄鳥島．慶良間諸島：久米島．

イハマアシナガアリ　*Aphaenogaster izuensis* Terayama & Kubota, 2013

分類・形態　体長 4 mm. 頭部から後腹柄節にかけては赤褐色で，腹部は暗褐色．脚は褐色から黄褐色．頭部の頭頂付近には明瞭なしわをもち，後縁は弧をえがく．頭盾は前方に横走するしわをもつ．大腮の基縁に鋸歯はない．中胸側板にしわをもつ．

　生息地には黒褐色の個体群も見られるが，1 つの巣中に両者が混在する場合もあり，同一種の遺伝的な表現形質の相違であると推定される．

生態　伊豆半島の先端部付近に限って生息し，林縁の車道脇の石下等に巣が見られる．雑食性で種子を運ぶ例も知られる．昼夜に巣外活動が行われる．7 月下旬から 8 月上旬にかけて結婚飛行が行われ，日の出前の明け方に有翅虫の飛出が見られる．

分布　国内：本州（伊豆半島）．

ヤマトアシナガアリ　*Aphaenogaster japonica* Forel, 1911

分類・形態　体長 3 〜 5 mm. 体は暗褐色から淡褐色，脚は暗褐色から暗黄褐色．頭部後縁は正面から見て平ら，後頭部は点刻でおおわれる．触角柄節は本属の中では比較的短い．前胸背板背面は主に点刻でおおわれ，背側部に不規則なしわをもつ．中胸背板は強く隆起し角ばり，点刻としわにおおわれる．脚は比較的短い．

生態　林内の土中に営巣する．単雌性で，巣は 1000 〜 3000 個体ほどになる．8 〜 9 月に巣内に有翅虫が見られている．単雌創巣を行う．

分布　国内：北海道，本州，四国，九州，屋久島．屋久島では標高 800 m 以上の場所に見られる．国外：朝鮮半島．

島嶼の分布　北海道：奥尻島，天売島．本州：地島，猿島，舳倉島，七ツ島大島，島後，西ノ島，佐渡島，金華山島．九州：平戸島，対馬．伊豆諸島：神津島，三宅島，御蔵島，八丈島．大隅諸島：屋久島．

クメジマアシナガアリ　*Aphaenogaster kumejimana* Watanabe & Yamane, 1999

分類・形態　体長 4.5 〜 5.5 mm. 明褐色で，頭部と腹部は胸部よりやや暗い．脚は黄色．リュウキュウアシナガアリ *A. concolor* に酷似するが，染色体数が $2n = 26$ と異なり（リュウキュウアシナガアリでは $2n = 30$），別種と判断された．

生態　林内の倒木や樹の根元付近のうろの中に巣が見られる．

分布　国内：久米島特産種．

島嶼の分布　慶良間諸島：久米島．

イクビアシナガアリ　*Aphaenogaster luteipes* Watanabe & Yamane, 1999

分類・形態　体長 3.5 〜 5 mm. 体は赤褐色から暗褐色．脚は黄色．触角鞭節は先端に向かうほ

ど淡色となり，棍棒部では明らかに薄い．触角柄節は長いが，胸部は短い．頭部後縁は直線状．眼はより側方に張り出す．前胸の肩部は強く縁取られ角ばる．染色体数は $2n = 32$．

生態　林縁や林内の土中に営巣する．

分布　国内：琉球列島の奄美諸島と尖閣諸島（魚釣島）に生息する．

島嶼の分布　奄美諸島：奄美大島，請島，与路島，徳之島．尖閣諸島：魚釣島．

ヒメアシナガアリ　*Aphaenogaster minutula* Watanabe & Yamane, 1999

分類・形態　体長 3.5～5 mm の小型種．黄褐色で，腹部はやや明色．触角棍棒節（先端の4節）は淡色．頭部後縁は緩やかに弧をえがく．頭盾前縁に4～5本の長毛がある．中胸前縁部は，側方で多少突出が見られるが，中央部は前胸と段差がない．前伸腹節刺は小さい．

　本種のみが小顎鬚が4節（他の種では5節）であることと，前胸と中胸間に中央部で段差がないことで日本産本属の他種と区別される．染色体数は $2n = 28$．

生態　森林に生息し，土中に営巣する．多雌性．

分布　国内：琉球列島（奄美大島）．

島嶼の分布　奄美諸島：奄美大島．

オモトアシナガアリ　*Aphaenogaster omotoensis* Terayama & Kubota, 2013

分類・形態　体長4 mm 程度．頭部，胸部は赤褐色．腹柄節，後腹柄節は黒褐色，腹部は黒色で光沢をもつ．脚は褐色．頭部はしわを多くもち，後縁は弧状となる．前胸は背面，側面に強いしわをもつ．前胸背板肩部は角ばらない．前伸腹節刺は細く長い．

生態　樹林内に生息し，地表面を徘徊する．

分布　国内：石垣島の於茂登岳の山頂付近に限って生息する．

島嶼の分布　八重山諸島：石垣島．

イソアシナガアリ　*Aphaenogaster osimensis* Teranishi, 1940

分類・形態　体長4～6 mm．頭部，腹部は暗褐色，胸部：腹柄節は明褐色から赤褐色．脚は褐色．頭部は光沢が強く，立毛はまばらで目立たない．触角柄節は比較的短い．大腿の基縁に弱い鋸歯をもつ．前胸背板は平滑で，点刻やしわをもたない．

生態　海岸部で岩の多い乾燥した場所の土中や石下に営巣するが，南西諸島の離島部では内陸部の林縁，林内，がれ場などに広く生息する場合がある．6月に巣内に有翅虫が見られる．

分布　国内：本州（太平洋岸），四国，九州，小笠原諸島，琉球列島（奄美大島以北）．

島嶼の分布　本州：沖ノ島，地島，猿島，城ヶ島．九州：上甑島，下甑島．伊豆諸島：大島，利島，新島，式根島，神津島，三宅島，御蔵島，八丈島．小笠原群島：父島，兄島，弟島，聟島，西島，平島，南島，宇治群島：家島．口ノ三島：黒島，硫黄島．大隅諸島：種子島，屋久島，口永良部島．トカラ列島：口之島，臥蛇島，中之島，平島，悪石島．奄美諸島：奄美大島．

ヨナグニアシナガアリ　*Aphaenogaster rugulosa* Watanabe & Yamane, 1999

分類・形態　体長 4〜5 mm. 頭部と胸部は黒褐色, 腹部は暗褐色. 触角, 大腮, 脚, 腹柄部は暗褐色. 正面から見て頭部後縁は平ら, 頭部表面は強い点刻としわでおおわれ, 光沢をもつ. 前胸背板は頭部よりも太いしわでおおわれ, 光沢をもつ. 中胸背板, 中胸側板は強いしわでおおわれる. 染色体数は $2n = 34$.

生態　林縁, 林内の土中に営巣する.

分布　国内：八重山諸島（与那国島）.

島嶼の分布　八重山諸島：与那国島.

タカサゴアシナガアリ　*Aphaenogaster tipuna* Forel, 1928

分類・形態　体長 3〜3.5 mm. 頭部と胸部は赤褐色で, 腹部は暗褐色から黒褐色. 触角柄節, 脚は褐色から赤褐色. 頭部後縁は正面から見て平ら. 後頭部は点刻でおおわれるが光沢がある. 触角柄節は比較的短い. 前胸背板背面は点刻におおわれ, しわをわずかにもつが, 光沢がある. 前伸腹節刺は細長く針状. 脚は比較的短い.

生態　単雌性で, 林内や林縁の土中, 石下, 根の枯れた部分等に営巣する.

分布　国内：八重山諸島（石垣島, 西表島）. 国外：朝鮮半島（大黒山島, 巨文島）, 台湾.

島嶼の分布　八重山諸島：石垣島, 西表島.

トカラアシナガアリ　*Aphaenogaster tokarainsulana* Watanabe & Yamane, 1999

分類・形態　体長 3〜5.5 mm. 頭部, 胸部は暗赤褐色で, 腹柄部, 脚はやや淡色, 腹部は濃色になることがある. 正面から見て頭部後縁は扁平. 頭部はしわと点刻におおわれるが, 額をおおう縦しわは後頭隆起縁に直接達せず, 後頭部は不規則なしわと点刻により光沢を欠く. 前胸背板の肩部は強いしわをもち角ばる. 染色体数は $2n = 34$.

生態　海岸部や内陸部の林縁や林内の土中, 石下, 朽ち木中に営巣する.

分布　国内：琉球列島（宝島以北）.

島嶼の分布　大隅諸島：種子島. トカラ列島：口之島, 臥蛇島, 中之島, 小島, 悪石島, 宝島.

クロナガアリ属　*Messor* Forel, 1890

分類・形態　中型から体長 10 mm を超える大型のアリ. 頭部下面に長い毛列をもつことで, 近似の他属と区別される. 触角柄節は比較的短く, 頭部後縁をわずかに越える程度で, 触角鞭節の先端部は棍棒部を形成しない. 頭部は正面観で幅広い. 複眼は中程度の大きさ. 前・中胸背板は隆起し, 後胸溝が認められる. 前伸腹節に突起は通常ないが, 突起をもつ種もいる. 腹柄節下部突起を欠く. 働きアリは多くの種で顕著な多型を示す.

生態　本属のアリは, 幼虫の餌として種子を巣に運ぶ収穫アリとしてよく知られる.

分布　世界で 115 種が記載され, 多くはユーラシアに生息するが, 北米, 熱帯アフリカ, マダガスカルにも分布する. 日本にはクロナガアリ *M. aciculatus* 1 種だけが生息する.

クロナガアリ　*Messor aciculates*（Smith, 1874）

分類・形態　体長4〜5mm．体はほぼ全身が黒色．触角柄節は短く，頭部後縁を少し越える程度．頭部下面に長毛を生やす．後胸溝は明瞭で深く刻まれる．前伸腹節刺を欠く．

生態　東アジアの温帯域に生息する．夏場は活動せず，10〜11月になって地表に現れ活動し，イネ科植物の種子を主な餌として集め，その他，シソ科，タデ科，アカザ科等の種子も対象となる．餌採集を行う働きアリは，各自が探索する場所へ何度も行くという個別採食性をとる．巣は，採食する植物が多く見られる場所の裸地や開けた草地の土中にあり，種子の貯蔵量は巣あたり70gにも達する．巣の構造は特徴的で，ほぼ垂直な縦抗と多数の部屋からなり，通常3〜4m，中には深さ7mにも達するものがある．結婚飛行は4月下旬から5月の午前中に行われ，この時には巣口を開く．有翅虫は前年の11月以前につくられ，冬を越す．単雌創巣が7割ほどで，複数個体の女王が一緒に巣をつくる多雌創巣も行われる．1つの巣に女王は1〜6頭が見られ，働きアリの数は500頭ほどになる．飼育下では1年で働きアリが4〜7個体となり，6, 7年目で有翅虫をつくり出せるようになる．卵から働きアリが羽化するまでに約70日かかる．幼虫は3齢を数えて蛹となる．

分布　国内：本州，四国，九州，屋久島．国外：モンゴル，朝鮮半島，中国北東部，台湾．

島嶼の分布　本州：金華山島．九州：能古島，上甑島，志賀島，大島，壱岐，平戸島．大隅諸島：種子島，屋久島．

オオズアリ属　*Pheidole* Westwood, 1841

分類・形態　働きアリ階級は兵アリと働きアリの顕著な2型を示し，小型働きアリの体長は2〜4mm程度．触角は12節からなり，先端の3〜5節は棍棒部となる（日本産の種はすべて3節からなる棍棒部をもつ）．複眼は発達し，前・中胸背縁は側方から見て弧状に盛り上がる．通常前伸腹節刺をもつ．腹柄節は柄部と丘部が明瞭に認められ，（外国産の種では例外もある），腹柄節下部突起はないか不明瞭（ただし，海外には兵アリが発達した下部突起をもつ種もいる）．

生態　巣から餌場までアリ道をつくり，しばしば家屋内にも侵入してくる．地理的分布の広さ，種数の豊富さ，そして現存量の大きさを考慮すると，アリ類の中で，オオアリ属 *Camponotus* やシリアゲアリ属 *Crematogaster* と並んで最も繁栄している属の1つである．

分布　熱帯・亜熱帯でとりわけ多く見られ，現在約990種が知られているが，今後さらに多くの種が記載されるものと思われる．日本には9種が分布している．

種の検索表　オオズアリ属

1. a.　兵アリの頭部腹面の前縁中央部に顕著な3本の突起がある．
   b.　働きアリの頭部後縁は前方から見て扁平．
   c.　働きアリの頭部の頭頂付近は顕著な彫刻でおおわ

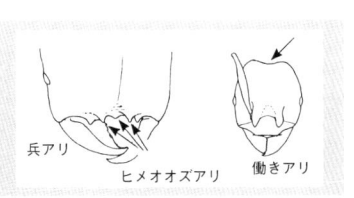

れる.　　　　　　　　　　2. へ

aa. 兵アリの頭部腹面の前縁中央部には突起がない
　　か，あっても低い隆起になっている程度.
bb. 働きアリの頭部後縁は前方から見て丸く弧をえ
　　がく.
cc. 働きアリの頭部の頭頂付近は滑らかで光沢をも
　　つ.　　　　　　　　　　6. へ

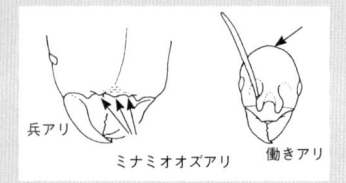

2. a. 兵アリの触角柄節は比較的長く，頭長の約 2/3 の
　　　長さ.
　 b. 働きアリの中胸は単独で隆起する.
　　　　p.138　アズマオオズアリ　*Pheidole fervida*

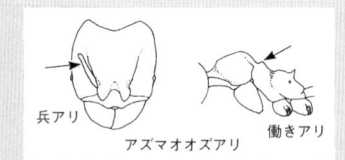

aa. 兵アリの触角柄節は比較的短く，せいぜい頭長
　　の半分を少し越える程度の長さ.
bb. 働きアリの中胸は隆起しない.　　3. へ

3. a. 兵アリ，働きアリともに黒褐色.
　 b. 働きアリの前胸の側面は細かな点刻でおおわれる.
　　　　p.141　クロオオズアリ　*Pheidole susanowo*

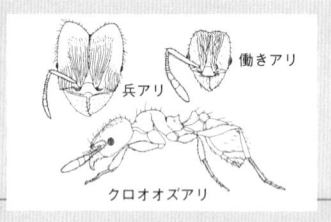

aa. 兵アリ，働きアリともに黄色から赤褐色.
bb. 働きアリの前胸の側面は通常滑らかで光沢があ
　　る（ナンヨウテンコクオオズアリ隠蔽種群では点
　　刻されるか鮫肌状となる）.　　4. へ

4. a. 兵アリの頭部は長く，頭長は頭幅の約 1.2 倍.
　 b. 働きアリの頭盾中央に前縁まで縦走する隆起線が
　　　ある.
　　　　p.141　ナガオオズアリ　*Pheidole ryukyuensis*

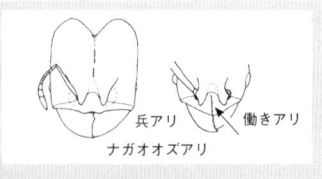

aa. 兵アリの頭部は，頭長と頭幅がほぼ同じ.
bb. 働きアリの頭盾中央に縦走する隆起線がない.
　　　　　　　　　　　　　　　　5. へ

5. a. 兵アリの前胸および中胸背板は平滑で，横断隆起線が若干見られる程度．
   b. 働きアリの前胸の側面は平滑．
   c. 働きアリの前伸腹節刺は小さい．
      p.141　ヒメオオズアリ　*Pheidole pieli*

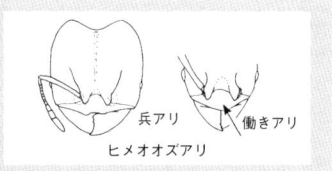

   aa. 兵アリの前胸および中胸背板は網状彫刻をもち，縦走する隆起線が顕著．
   bb. 働きアリの前胸の側面は鮫肌状で，光沢を欠く．
   cc. 働きアリの前伸腹節刺は顕著な針状．
      p.140　ナンヨウテンコクオオズアリ隠蔽種群　*Pheidole parva* (s. l.)

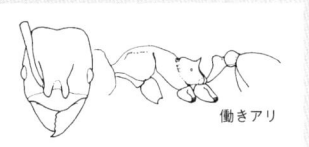

6. a. 兵アリ，働きアリともに，後腹柄節は腹柄節より顕著に大きい．
      p.140　オオズアリ　*Pheidole noda*

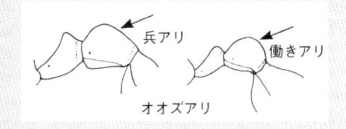

   aa. 兵アリ，働きアリともに，後腹柄節は腹柄節より小さい．
      7. へ

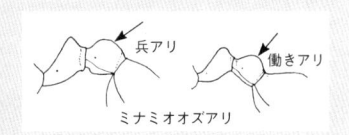

7. a. 兵アリの頭部後方の表面は彫刻を欠き，滑らかで光沢がある．
   b. 働きアリの中胸の前方部は隆起しない．
   c. 働きアリの前伸腹節の前方部は隆起しない．
      p.139　ツヤオオズアリ　*Pheidole megacephala*

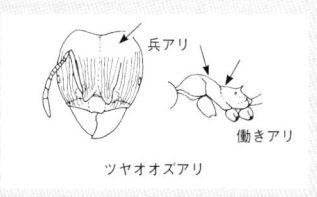

   aa. 兵アリの頭部後方の表面には彫刻がある．
   bb. 働きアリの中胸の前方部は多少とも隆起する．
   cc. 働きアリの前伸腹節の前方部は多少とも隆起する．
      8. へ

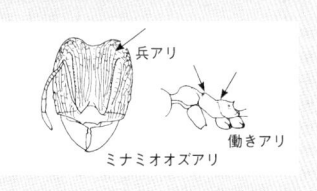

8. a. 働きアリの複眼は比較的小さく，その長径は触角棍棒部基部節（触角第10節）より短い．
   b. 兵アリの複眼の長径は触角第10節と同程度かやや短い．

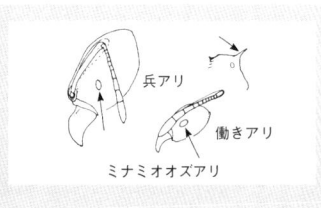

> c. 兵アリの前伸腹節刺は通常細く，後方へ弱く曲がる（変異がある）．
>
> p.138　ミナミオオズアリ　*Pheidole fervens*
>
> aa. 働きアリの複眼の長径は触角第10節と同程度かやや長い．
> bb. 兵アリの複眼は比較的大きく，その長径は触角棍棒部基部節（触角第10節）より長い．
> cc. 兵アリの前伸腹節は通常太く，ほぼ背方に向かって直線的に伸びる（変異がある）．
>
> p.139　インドオオズアリ　*Pheidole indica*

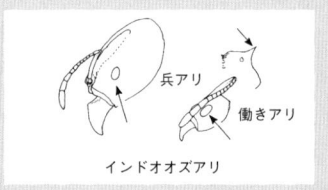

ミナミオオズアリ　*Pheidole fervens* Smith, 1858

分類・形態　体長は兵アリで4.5 mm，働きアリで3 mm．体色には変異があるが，基本的に明赤褐色で，頭部はやや暗色．兵アリの頭部は細かい網目状の彫刻が顕著で，複眼はやや小さく，長径は触角第10節の長さと同程度かやや短い．前伸腹節刺は細く，後方に向かってカーブする．働きアリの眼の長径は触角第10節の長さより短かい．

生態　裸地から林縁にかけて主に生息するが，林内でも見かける場合がある．土中や石下，腐倒木下に営巣する．放浪種で，熱帯アジア原産とされる．

分布　国内：九州（鹿児島），琉球列島．国外：台湾，中国，東南アジア，スリランカ，オセアニアにかけて広く分布する．

島嶼の分布　本州：沖ノ島，地島．九州：上甑島，中甑島，下甑島．小笠原群島：父島，兄島．口ノ三島：黒島，硫黄島，竹島．大隅諸島：種子島，屋久島．トカラ列島：口之島，臥蛇島，中之島，諏訪之瀬島，平島，悪石島，宝島，横当島．奄美諸島：奄美大島，請島，与路島，徳之島，沖永良部島，与論島．沖縄諸島：沖縄島，硫黄鳥島，伊平屋島，伊是名島，宮城島．慶良間諸島：渡嘉敷島，久米島．宮古諸島：宮古島，池間島，下地島．多良間諸島：多良間島．八重山諸島：石垣島，西表島，小浜島，竹富島，与那国島．大東諸島：北大東島，南大東島．

アズマオオズアリ　*Pheidole fervida* Smith, 1874

分類・形態　体長は兵アリで3.5 mm，働きアリで2.5 mm．体は黄褐色から赤褐色．兵アリの触角柄節は長く，頭長の約2/3に達する．前伸腹節刺は刺状．後腹柄節は腹柄節より短い．働きアリの頭部後縁は平らで，頭頂付近は彫刻でおおわれる．

生態　林内の石下や朽ち木中に営巣する．基本的に単雌性と思われるが，1つの巣中に複数の女王が見られる場合もある．コロニーは単巣性で数百〜1000個体からなる．7月に有翅虫が巣内に見られ，7〜8月に結婚飛行が行われる．ただし，南九州で，9月上旬に巣内で有翅虫が見ら

れた例がある．単雌創巣と多雌創巣の場合があるようである．また，創巣から5年目で有翅虫が出現した報告がある．幼虫齢数は3齢．

分布　国内：北海道，本州，四国，九州，屋久島．本州では普通種で，九州では山地に見られる．国外：朝鮮半島．

島嶼の分布　北海道：渡島大島，奥尻島．本州：江ノ島，猿島，城ヶ島，沖ノ島，島後，西ノ島，佐渡島，金華山島．九州：福江島，対馬．伊豆諸島：大島，利島，新島，式根島，神津島，三宅島，御蔵島，八丈島．大隅諸島：種子島，屋久島．

インドオオズアリ　*Pheidole indica* Mayr, 1878

分類・形態　体長は兵アリで4 mm，働きアリで2.5 mm．頭部から腹柄節までは赤褐色だが，頭部は一般に暗色．腹部は黒褐色．ミナミオオズアリ *P. fervens* に似るが，兵アリで複眼がより大きいことと，前伸腹節刺が太く上方を向く点で区別される．

生態　裸地などの乾燥した場所を好み，市街地にも見られる．土中に営巣する．多雌性でかつ多巣性．1つのコロニーは数百〜1000以上の個体からなる．南九州では7月下旬に巣内に有翅虫が見られた．原産地は不明であるが放浪種であろう．

分布　国内：本州（太平洋岸），四国，九州，南西諸島．国外：台湾から東南アジア，インド，スリランカにかけて広く分布する．

島嶼の分布　九州：上甑島，中甑島，下甑島，地ノ島．伊豆諸島：大島，式根島，三宅島，御蔵島，八丈島．小笠原群島：父島，母島，弟島，媒島，西島，平島，向島．草垣群島：上之島．口ノ三島：黒島，硫黄島．大隅諸島：種子島，屋久島．トカラ列島：口之島，悪石島，小宝島，宝島．奄美諸島：奄美大島，喜界島，与路島，徳之島，沖永良部島，与論島．沖縄諸島：沖縄島，伊平屋島．宮古諸島：宮古島，下地島．多良間諸島：多良間島．八重山諸島：石垣島，西表島，波照間島，与那国島．大東諸島：北大東島．

ツヤオオズアリ　*Pheidole megacephala*（Fabricius, 1793）

分類・形態　体長は兵アリで3.5 mm，働きアリで2 mm．頭部と腹部は暗褐色，胸部と脚は褐色．兵アリの頭部後方には彫刻がなく滑らかで光沢をもつ．働きアリでは頭部後縁は丸く，前・中胸背板が融合して単一の隆起を形成する．

生態　裸地や畑，海岸付近等の乾燥した環境に普通に見られる．近年，南大東島，北大東島で増殖しており，小笠原群島や火山列島からも生息が確認された．多雌性でかつ多巣性．スーパーコロニーを形成して分布を拡大する．仲間の死骸を巣外へ運び，山状に積み上げる行動が報告されている．

分布　国内：南西諸島，小笠原諸島．特に与論島以南の島々の海岸では本種が優占することが多い．国外：アフリカ原産といわれている放浪種で，世界中の熱帯，亜熱帯に分布している．

島嶼の分布　小笠原群島：父島．火山列島：硫黄島．奄美諸島：喜界島，奄美大島，加計呂麻島，徳之島，沖永良部島，与論島．沖縄諸島：沖縄島，硫黄鳥島，伊平屋島，伊是名島，水納島，平

安座島，薮地島，浜比嘉島，宮城島，伊計島，津堅島，久高島，屋我地島．慶良間諸島：渡嘉敷島，粟国島，阿嘉島，渡名喜島，久米島．宮古諸島：宮古島，下地島．多良間諸島：多良間島．八重山諸島：石垣島，西表島，竹富島，黒島，小浜島，波照間島，与那国島．大東諸島：北大東島，南大東島．

オオズアリ　*Pheidole noda* Smith, 1874

分類・形態　体長は兵アリで3.5 mm，働きアリで3 mm．頭部と腹部は暗褐色，胸部と脚は赤褐色．兵アリ，働きアリともに後腹柄節が腹柄節よりも明瞭に大きい点で日本産の他種と容易に区別できる．日本では戦前から本種の学名として *P. nodus* が使われてきた．

生態　主に林内に生息し，多巣性，土中に2000〜3000個体からなる大きなコロニーを形成する．東京では，8月に巣内に有翅虫が出現し，8〜9月に結婚飛行が見られるが，四国では7月から11月にわたって結婚飛行が見られる．単雌創巣と多雌創巣の場合がある．日本からハワイ諸島に運ばれた報告がある．

分布　国内：本州（関東以南），四国，九州，琉球列島，小笠原諸島．国外：朝鮮半島，台湾，中国からインド，スリランカまで分布　2004年に小笠原諸島の西之島新島からも得られている．

島嶼の分布　本州：江ノ島，猿島，城ヶ島，高島．四国：広島，手島，牛島．九州：上甑島，下甑島，福江島，中通島，平島，玄海島，相ノ島，地ノ島，能古島，志賀島，大島，壱岐，平戸島，黒子島，対馬．伊豆諸島：大島，利島，新島，式根島，神津島，三宅島，御蔵島，八丈島，青ヶ島，西之島新島．草垣群島：上之島．口ノ三島：黒島，硫黄島，竹島．大隅諸島：種子島，屋久島．トカラ列島：口之島，臥蛇島，中之島，諏訪之瀬島，平島，悪石島，宝島．奄美諸島：奄美大島，喜界島，加計呂麻島，与路島，徳之島，沖永良部島，与論島．沖縄諸島：沖縄島，伊平屋島，宮城島，慶良間諸島：久米島．宮古諸島：宮古島，来間島．八重山諸島：石垣島，西表島，竹富島，小浜島，波照間島．

ナンヨウテンコクオオズアリ隠蔽種群　*Pheidole parva* Mayr, 1865（s. l.）

分類・形態　体長は兵アリで3.5 mm，働きアリで2 mmの小型のアリ．体は淡褐色から褐色．兵アリの前・中胸背面は，縦じわの目立つ網目模様となる．働きアリの頭部後縁はほぼ平らで，頭頂部は点刻される．前胸側面は鮫肌状で光沢を欠く．前伸腹節刺は顕著で，針状．

　本種はクロオオズアリ *P. susanowo* と酷似するが，本種の兵アリ，働きアリは共に淡褐色から褐色を呈すること，兵アリは頭盾中央に縦走する隆起線をもたないことで区別される．

　日本では以前にブギオオズアリ *Pheidole bugi* の名でも報告されている．近年の分子系統解析の結果は，広域分布種と考えられていた本種が，形態的に識別の困難な複数の隠蔽種からなることを示唆している．日本で得られているものは，スリランカから記載された真の *parva* ではない可能性が高い．また，複数の隠蔽種が侵入している可能性もあり，今後の研究課題となっている．国内種への学名の適用は当面，侵入種は1種のみとの前提のもとでは，ナンヨウテンコクオオズアリ *Pheidole* sp. か *Pheidole* sp. cf. *parva* が無難であろう．

生態　東南アジアから南アジアでは，農地，攪乱地，裸地，住宅地等の開けた環境で普通に見ら

れる種類である．日本では，1990年代後半から沖縄本島中南部や小笠原諸島の父島で採集されるようになり，沖縄本島では住宅地やその周辺で普通に見られるようになった．また，ドイツやオーストリアでは植物園，動物園で発見されている．

分布　国内：琉球列島，小笠原諸島．国外：隠蔽種群としては，台湾から東南アジア，インドにかけて広く分布する．

島嶼の分布　小笠原諸島：父島．奄美諸島：奄美大島，喜界島，与路島，徳之島，沖永良部島，与論島．沖縄諸島：沖縄島，屋我地島．

ヒメオオズアリ　*Pheidole pieli* Santschi, 1925

分類・形態　体長は兵アリで3 mm，働きアリで1.5 mm．日本産の本属の中では最も小型の種である．体色は黄色から黄褐色．兵アリ，働きアリともに，前胸と中胸は融合して単一の隆起を形成する．

　ナガオオズアリ *P. ryukyuensis* に最も類似するが，兵アリにおいて頭部がより短く頭長と頭幅がほぼ等しいことと，働きアリにおいて，頭盾中央に縦走する隆起線をもたないことによって区別される．

生態　林内に生息し，土中や腐朽木中に営巣する．多雌性でかつ多巣性である．コロニーの働きアリ総数は2000個体に達する．

分布　国内：本州，四国，九州，琉球列島，小笠原諸島．国外：朝鮮半島，中国．

島嶼の分布　本州：飛島，宮島，沖ノ島．九州：下甑島，中通島，平島，地ノ島，大島，壱岐，平戸島，黒子島．伊豆諸島：大島，式根島，三宅島，御蔵島，八丈島．小笠原群島：父島，兄島，弟島．大隅諸島：種子島，屋久島．トカラ列島：口之島，中之島，宝島．奄美諸島：奄美大島，加計呂麻島，請島，徳之島，沖永良部島，与論島．沖縄諸島：沖縄島，伊平屋島，伊是名島，瀬底島，平安座島，宮城島，久高島，屋我地島．慶良間諸島：渡嘉敷島，渡名喜島，粟国島．宮古諸島：宮古島，来間島．八重山諸島：石垣島，西表島，波照間島，与那国島．

ナガオオズアリ　*Pheidole ryukyuensis* Ogata, 1982

分類・形態　体長は兵アリで3.5 mm，働きアリで2.5 mm．体は赤褐色．兵アリの頭部は長く頭幅の1.2倍前後．中胸背板はほとんど隆起しない．働きアリでは前方から見て頭部後縁は扁平で中央がややくぼむ．頭頂付近は彫刻でおおわれる．

生態　照葉樹林の石下や倒木下，腐朽木中に営巣する．兵アリの中には，巣中で腹部が比較的大きく膨らんでいる個体が見られ，巣中で食物貯蔵の役割も担っていることが報じられている．

分布　国内：琉球列島．国外：台湾．

島嶼の分布　沖縄諸島：沖縄島．八重山諸島：石垣島，西表島．

クロオオズアリ　*Pheidole susanowo* Onoyama & Terayama, 1999

分類・形態　体長は兵アリで3.5 mm，働きアリで2 mm．やや小型の種で体は黒褐色．兵アリ，

働きアリともに，胸部側面，腹柄節，後腹柄節は細かな点刻でおおわれ，光沢を欠く．兵アリの頭部は長さと幅がほぼ同じで，中胸背板はほとんど隆起しない．兵アリでは頭盾中央に縦走する隆起線をもつ．働きアリの頭部後縁は平ら．

生態 林内や林縁の石下や土中に営巣する．

分布 国内：琉球列島に生息し，小笠原諸島（父島）からも記録されている（ただし再確認が必要である）．

島嶼の分布 小笠原群島：父島．トカラ列島：小島．沖縄諸島：沖縄島，平安座島．宮古諸島：宮古島，来間島．多良間諸島：多良間島．八重山諸島：石垣島，西表島，黒島，波照間島，与那国島．

シワアリ族　Tetramoriini

イバリアリ属　*Strongylognathus* Mayr, 1853

分類・形態 体長2～4 mm の小型から中型のアリ．体色は黄色から褐色．触角は12節からなり，先端の3節は棍棒部を形成する．大腮は鎌状の顕著な形態で，近似のシワアリ属 *Tetramorium* との区別は容易である．触角挿入部の前縁は隆起縁を形成する．前・中胸背面は平らで隆起しない．前伸腹節の後縁には，通常小さな刺状突起をもつ．前伸腹節気門は前伸腹節刺の挿入部位よりも前方に位置する．

生態 シワアリ属 *Tetramorium* の種に社会寄生を行い，奴隷制から恒久的社会寄生に近いものまでが見られる．

分布 旧北区に23種が知られ，日本ではイバリアリ *S. koreanus* 1種のみが生息する．

イバリアリ　*Strongylognathus koreanus* Pisarski, 1965

分類・形態 体長3 mm．体色は褐色から黄褐色．頭部は四角形で，長さが幅よりもわずかに長い．後縁はほぼ平らで，中央部がわずかにへこむ程度．頭盾の前縁は緩やかに弧をえがく．側方から見て，前胸，中胸背縁はほぼ直線状，前伸腹節背縁は緩やかに弧をえがく．前伸腹節刺は小さく鈍い．腹柄節は側方から見て三角形状で，柄部は短い．

女王アリの体長は約7mm で，体は褐色．働きアリと同様に顕著な鎌状の大腮をもつ．

生態 トビイロシワアリ *Tetramorium tsushimae* の巣に恒久的社会寄生を行うと推定されている．稀な種で，2014年現在で，山梨県増富，同甲斐市，岡山県鷲羽山の3ヶ所からのみ得られている．寄主アリから給餌を受けることが確かめられている．

分布 国内：本州（山梨県，岡山県）．国外：朝鮮半島．

シワアリ属　*Tetramorium* Mayr, 1855

分類・形態 体長2～4 mm 程度の小型から中型のアリ．触角は12節か11節からなり，先端の3節は棍棒部を形成する．大腮は三角形で多数の歯をもち，特に先端の3歯は基方のものよりも大きい．複眼は中程度から比較的大きいサイズとなる．触角挿入部の前縁は隆起縁を形成する．

前・中胸背は平らで隆起しない．前伸腹節刺は通常よく発達する（一部の種ではこれを欠く）．前伸腹節気門は前伸腹節刺の挿入部位よりも後方に位置する．腹部末端の刺針の先端付近の背側には三角形の薄い板が付属する（刺針が腹部に引き込まれている時は観察できない）．

生態 森林から裸地や草地に生息するものまで見られる．また，単雌性の種が見られる一方，多雌性の種も少なくない．家屋周辺にも見られ，普通種となっているものも含まれる．

分布 大きな属で世界に約470種が記載されており，日本からは8種が知られている．

種の検索表 | シワアリ属

1.
- a. 前伸腹節刺は歯状で短く，側方から見て先端は後胸後縁の角（後胸角）に達しない． …… 2.へ
- aa. 前伸腹節刺は針状で長く，側方から見て先端は後胸後縁の角（後胸角）を越える． …… 4.へ

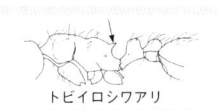

2.
- a. 腹柄節柄部は長く，丘部は逆U字状．
  - p.147　ナンヨウシワアリ　*Tetramorium tonganum*
- aa. 腹柄節柄部は短い． …… 3.へ

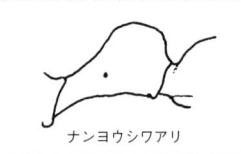

3.
- a. 中胸側縁は背方から見て明瞭に側方に張り出す．
- b. 頭部と胸部は黄色から黄褐色，腹部は暗褐色．
- c. 頭部，胸部の立毛は短い．
  - p.146　サザナミシワアリ　*Tetramorium simillimum*
- aa. 中胸側縁は背方から見て側方に張り出さない．
- bb. 体は褐色から黒褐色．
- cc. 頭部，胸部の立毛はより長い．
  - p.147　トビイロシワアリ　*Tetramorium tsushimae*

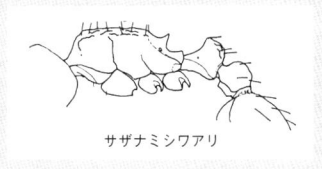

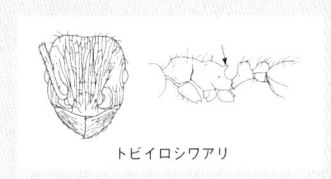

4.
- a. 腹柄節丘部後縁は縁は側方から見てなだらかに低くなり角ばらない．
- b. 頭部から腹柄節背面に多くの立毛があり，そこには2分岐もしくは3分岐する体毛も見られる．
  - p.145　イカリゲシワアリ　*Tetramorium lanuginosum*

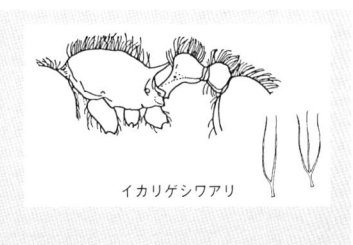

aa.　腹柄節丘部後縁は側方から見て多少とも角ばる.
　bb.　頭部から腹柄節背面の体毛は単純で分岐しない.
　　　　　　　　　　　　　　　　　　　　5. へ

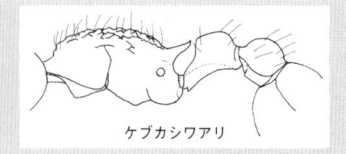

5.　a.　触角は11節からなる.
　　b.　後腹柄節は背方から見て方形で側縁は多少とも平行.
　　　　　p.147　カドムネシワアリ　*Tetramorium smithi*

　aa.　触角は12節からなる.
　bb.　後腹柄節は背方から見て楕円形もしくは前方が狭まり，側縁は平行とはならない.　6. へ

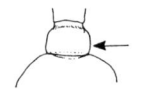

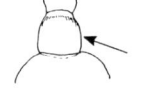

6.　a.　頭盾前縁中央はくぼまない.
　　b.　体長は2 mm.
　　　　　p.145　ケブカシワアリ　*Tetramorium kraepelini*

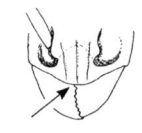

　aa.　頭盾前縁中央部はくぼむ.
　bb.　体長は3 mm程度.　　　　7. へ

7.　a.　額隆起縁上の立毛は短く，最も長いものでも複眼の長径を越えない.
　　b.　腹柄節丘部は側方から見て後縁が前縁より高くはならない.
　　c.　2色性で頭部と胸部は黄色，腹部は明瞭な黒褐色から黒色.
　　　　　p.145　オオシワアリ　*Tetramorium bicarinatum*

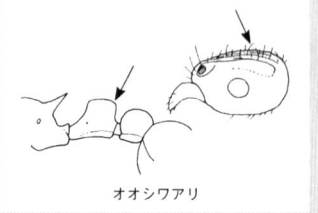

　aa.　額隆起縁上の立毛は長く，最も長いもので複眼の長径を越える.
　bb.　腹柄節丘部は側方から見て後方が高まる.
　cc.　頭部から腹部まで黄色の単色性，腹部はせいぜい多少とも暗色がかる程度.
　　　　　p.146　キイロオオシワアリ　*Tetramorium nipponense*

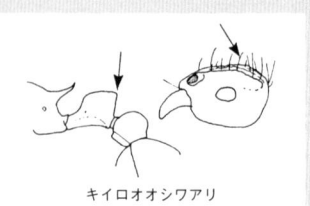

オオシワアリ　*Tetramorium bicarinatum*（Nylander, 1846）

分類・形態　体長3 mm．頭部から後腹柄節までは黄色，腹部は暗褐色の2色性．頭盾前縁の中央部はくぼむ．額隆起線上の立毛は短く，最も長いものでも複眼の長径を超えない．前伸腹節刺は針状で長く，側方から見て先端は後胸角の先端を越える．腹柄節丘部後方は多少とも角ばり，側方から見て後縁は前縁より高くはならない．後腹柄節は背方から見て楕円形もしくは前方が狭まり，側縁は平行とはならない．

生態　草地，裸地，畑等の開けた乾燥した環境に生息し，海岸線でも見られる．本土では羽化した有翅虫が越冬し，4～9月に結婚飛行が行われる．多雌性かつ多巣性である．

分布　国内：本州（太平洋岸），四国，九州，小笠原諸島，火山列島（硫黄島，南硫黄島），南西諸島に生息する．南西諸島では全域で普通種．2004年に小笠原諸島の西之島新島からも得られている．国外：アフリカを除く熱帯・亜熱帯に広く分布する．

島嶼の分布　九州：上甑島，下甑島，福江島，壱岐，平戸島．伊豆諸島：新島，三宅島，八丈島，青ヶ島．小笠原群島：父島，母島，兄島，弟島，媒島，南島，平島，向島．西之島新島．火山列島：硫黄島，南硫黄島．草垣群島：上之島．口ノ三島：黒島，硫黄島，竹島．大隅諸島：種子島，屋久島．トカラ列島：口之島，臥蛇島，中之島，諏訪之瀬島，平島，悪石島，小宝島，宝島，横当島．奄美諸島：奄美大島，喜界島，加計呂麻島，請島，与路島，徳之島，沖永良部島，与論島．沖縄諸島：沖縄島，硫黄鳥島，伊平屋島，伊是名島，古宇利島，伊計島，平安座島，宮城島，津堅島，久高島．慶良間諸島：渡嘉敷島，粟国島，久米島．宮古諸島：宮古島，池間島，来間島，下地島．多良間諸島：多良間島．八重山諸島：石垣島，西表島，竹富島，黒島，小浜島，波照間島，与那国島．尖閣諸島：魚釣島，北小島，南小島．大東諸島：北大東島，南大東島．

ケブカシワアリ　*Tetramorium kraepelini* Forel, 1905

分類・形態　体長2 mm．体は黄色から黄褐色，腹部はしばしば暗色．頭盾前縁の中央はくぼまない．前伸腹節刺は針状で長く，側方から見て先端は後胸角を越える．腹柄節丘部後方は多少とも角ばる．後腹柄節は背方から見て楕円形もしくは前方が狭まり，側縁は平行とはならない．八重山諸島産のものは頭部と腹部が胸部よりも暗色で，*T. tanakai* として記載されたが，本種との明瞭な区別点は見出せず，今日本種の地理的変異と見なされている．

生態　林縁から草地にかけて見られ，石下等に営巣する．

分布　国内：九州，琉球列島．国外：台湾，中国から東南アジアにかけて広く分布する．

島嶼の分布　大隅諸島：種子島．奄美諸島：奄美大島，沖永良部島，与論島．沖縄諸島：沖縄島，硫黄鳥島，伊平屋島，伊是名島，瀬底島，伊計島，平安座島，宮城島，津堅島，久高島．慶良間諸島：久米島．宮古諸島：宮古島，池間島，来間島，伊良部島，下地島．八重山諸島：石垣島，与那国島．

イカリゲシワアリ　*Tetramorium lanuginosum* Mayr, 1870

分類・形態　体長2.5 mm．黄褐色から赤褐色．頭盾前縁の中央はくぼむ．前伸腹節刺は針状で長く，上方へ曲がる．また，側方から見て先端は後胸角を越える．腹柄節丘部後方はなだらかに低くなり角ばらない．体毛が豊富で，頭部から腹柄節背面には2分岐もしくは3分岐する体毛が

含まれる．

生態 比較的開けた場所に生息し，石下，倒木下等に営巣する．

分布 国内：南西諸島，小笠原群島．生息地では比較的普通に見られる．国外：東南アジア原産の放浪種で，東南アジアに広く分布する．

島嶼の分布 小笠原群島：父島，母島，兄島，西島，向島．大隅諸島：種子島．トカラ列島：口之島，中之島，悪石島，小宝島，宝島．奄美諸島：奄美大島，喜界島，与路島，徳之島，沖永良部島，与論島．沖縄諸島：沖縄島，硫黄鳥島，伊平屋島，伊是名島，水納島，瀬底島，伊計島，平安座島，薮地島，浜比嘉島，宮城島，津堅島，久高島，屋我地島．慶良間諸島：渡嘉敷島，久米島．宮古諸島：宮古島，池間島，伊良部島，下地島．多良間諸島：多良間島．八重山諸島：石垣島，西表島，竹富島，黒島，小浜島，波照間島，与那国島．尖閣諸島：魚釣島，北小島，南小島．大東諸島：北大東島，南大東島．

キイロオオシワアリ *Tetramorium nipponense* Wheeler, 1928

分類・形態 体長3 mm．体は黄色から黄褐色，腹部も胸部とほぼ同色．頭盾前縁の中央部はくぼむ．額隆起縁の体毛は長く，最も長いものでは複眼の長径を越える．前伸腹節刺は針状で長く，側方から見て先端は後胸角を越える．腹柄節丘部は側方から見て後方が高まる．また，丘部後方は多少とも角ばる．後腹柄節は背方から見て楕円形もしくは前方が狭まる．

生態 オオシワアリ *T. bicarinatum* と異なり，本種は湿気の多い場所を好み，林内から林縁の樹木の腐朽部，樹皮下，土中等に営巣する．多雌性で，1つの巣の中に複数の女王が見られる．8月から9月上旬に結婚飛行が見られる．

分布 国内：本州（南岸以南），四国，九州，南西諸島，小笠原諸島．国外：台湾，中国，ベトナム，ブータンなどから記録がある．

島嶼の分布 本州：桃頭島．九州：上甑島，下甑島，福江島，中通島，平島，大島，壱岐，平戸島，黒子島，対馬．伊豆諸島：大島，青ヶ島．小笠原群島：父島．口ノ三島：黒島，竹島．大隅諸島：種子島，屋久島．トカラ列島：諏訪之瀬島，宝島．奄美諸島：奄美大島，請島，与路島，徳之島，沖永良部島，与論島．沖縄諸島：沖縄島，平安座島，屋我地島．慶良間諸島：渡嘉敷島．宮古諸島：宮古島．八重山諸島：石垣島，西表島，黒島，小浜島，波照間島，与那国島．尖閣諸島：魚釣島．

サザナミシワアリ *Tetramorium simillimum* (Smith, 1851)

分類・形態 体長2.5 mm．頭部から後腹柄節にかけては黄色から黄褐色，腹部は黒褐色．頭盾前縁中央はくぼまない．中胸側縁は背方から見て明瞭に側方に張り出す．前伸腹節刺は歯状で短く，側方から見て先端は後胸角に達しない．胸部背面の体毛は短くまばらで，先端がやや太い．

生態 土中や石下に営巣する．放浪種でヨーロッパ原産の可能性が指摘されている．

分布 国内：小笠原群島，火山列島，南西諸島．国外：世界の熱帯・亜熱帯に広く分布する．

島嶼の分布 小笠原群島：父島，弟島，聟島，西島．火山列島：硫黄島．奄美諸島：奄美大島，喜

界島，請島，与路島．沖縄諸島：沖縄島，伊是名島，瀬底島，浜比嘉島，宮城島．宮古諸島：宮古島，池間島．八重山諸島：石垣島，西表島，竹富島，小浜島，波照間島．大東諸島：北大東島，南大東島．

カドムネシワアリ　*Tetramoruim smithi* Mayr, 1878

分類・形態　体長2 mm．体は黄褐色から赤褐色，腹部は暗色．日本産の本属の中では，本種のみが11節からなる触角をもつ．頭盾前縁中央はくぼまない．前伸腹節刺は針状で長く，後方を向く．また，側方から見て先端は後胸角を越える．腹柄節丘部後方は多少とも角ばる．後腹柄節は背方から見て方形で側縁は多少とも平行．

生態　比較的開けた環境に見られ，土中や石下に営巣する．

分布　国内：南西諸島．国外：東南アジアからインド，スリランカにかけて広く分布する．

島嶼の分布　沖縄諸島：沖縄島，伊是名島，瀬底島，平安座島，屋我地島．慶良間諸島：渡嘉敷島，粟国島，渡名喜島．八重山諸島：石垣島，西表島．大東諸島：北大東島．

ナンヨウシワアリ　*Tetramorium tonganum* Mayr, 1870

分類・形態　体長2 mm．頭部から後腹柄節までは黄色から黄褐色で，腹部は暗褐色．頭盾前縁の中央はくぼまない．前伸腹節刺は短く，歯状で先端は上方を向く．腹柄節柄部は細長く，丘部は逆U字状．体表面は不規則な網目状のしわでおおわれる．

生態　太平洋諸島に広く分布する放浪種である．

分布　国内：小笠原群島．国外：東南アジア，ニューギニア，オセアニア．

島嶼の分布　小笠原群島：父島，母島．

トビイロシワアリ　*Tertamorium tsushimae* Emery, 1925

分類・形態　体長2.5 mm．体色は褐色から黒褐色．頭盾前縁中央はくぼまない．額隆起は短く，複眼を結ぶ線より後方では不明瞭．中胸側縁は背方から見て側方に張り出さない．前伸腹節刺は歯状で短く，側方から見て先端は後胸角の後縁に達しない．本土での最普通種の1つで，長く *T. caespitum* の学名が用いられてきた．しかし，欧州の *T. caespitum* は単雌性であるが日本のものは多雌性であり，また女王の胸部表面のしわ等の彫刻も異なり，別種との判断が妥当であろう．

生態　草地，公園などの開けた環境に生息する．巣口はクレーター状に盛り上がる．また，巣は土中や石下の他，コンクリートの隙間等にも見られる．雑食性で，植物の種子（イネ科，アブラナ科等）も集める．夏は動物食性の傾向が強く，秋は種子を集める割合が高い．本州中部では，5月下旬から6月中旬に翅アリが巣中に出現し，6〜7月に結婚飛行が行われる．巣からの飛び出しは，夜明け前の3〜5時頃に行われる．10月に結婚飛行が行われた記録もある．単雌性と多雌性の巣があり，女王の中には，結婚飛行を行わず，巣内でオスと交尾する個体が見られる．多巣性で，コロニーは数万〜数十万個体の大規模なものになる．室内飼育で，働きアリは卵期8日，幼虫期12日，蛹期8日で，計28日で卵から成虫になるという報告がある．

分布　国内：北海道，本州，四国，九州，種子島，屋久島．国外：朝鮮半島，中国．日本から合

衆国へ人為的に運ばれてもいる．

島嶼の分布　本州：飛島，宮島，沖ノ島，地島，江ノ島，猿島，城ヶ島，沖ノ島，七ツ島大島，島後，西ノ島，佐渡島，金華山島．四国：広島．九州：福江島，中通島，平島，玄海島，相ノ島，地ノ島，志賀島，大島，壱岐，平戸島，対馬．伊豆諸島：大島，利島，新島，式根島，神津島，三宅島，八丈島．大隅諸島：種子島，屋久島．

[キショクアリ族群　Formicoxenine tribe‒group]

シリアゲアリ族　Crematogastrini
シリアゲアリ属　*Crematogaster* Lund, 1831

分類・形態　小型から中型のアリで，体長は 2～4 mm 程度．後腹柄節が腹部背面に接続することと，前伸腹節気門が大きく，かつ前伸腹節の後面にかかって位置することで他属と区別される．触角は 11 節（一部の種で 10 節）．日本産の種には，触角棍棒部が 2 節からなるものと 3 節からなるものがあり，それぞれキイロシリアゲアリ亜属 *Orthocrema* とシリアゲアリ亜属 *Crematogaster* の所属となる．

生態　樹上営巣性の種が多く，特に熱帯・亜熱帯での樹上での現存量が大きい．また，石下や土中等に営巣する種も見られる．日本産の種ではキイロシリアゲアリ亜属の 3 種とツヤシリアゲアリ *C. nawai* が石下や土中に営巣し，残りのシリアゲアリ亜属の種は樹上営巣性である．

分布　世界で最も繁栄しているグループの 1 つで，現在約 475 種が記載されている．ただし，300 以上の亜種名が存在し，分類は混乱した状態にある．日本からは 8 種が報告されている．

日本産種の所属亜属

シリアゲアリ亜属　*Crematogaster* s. str.：ツヤシリアゲアリ *C. nawai*，テラニシシリアゲアリ *C. teranishii*，クボミシリアゲアリ *C. vagula*，ハリブトシリアゲアリ *C. matsumurai*，ハリナガシリアゲアリ *C. izanami*

キイロシリアゲアリ亜属　*Orthocrema*：キイロシリアゲアリ *C. osakensis*，スエヒロシリアゲアリ *C. suehiro*，オキナワシリアゲアリ *C. miroku*

種の検索表　｜　シリアゲアリ属

1. a.　触角棍棒部は 2 節からなる．
   b.　体は黄色．
   　　　　　キイロシリアゲアリ亜属　2. へ

   aa.　触角棍棒部は 3 節からなる．

bb. 体は褐色から黒色.

シリアゲアリ亜属　3. へ

2. a. 中胸側板は点刻される.
   b. 中胸背板側縁は丸く，角をつくらない.
   c. 腹柄節は背方から見て側縁は後方に向かって狭まる.

   p.152　キイロシリアゲアリ　*Crematogaster osakensis*

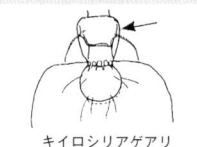

   aa. 中胸側板は点刻されず滑らか.
   bb. 中胸背板側縁は隆起縁となる.
   cc. 腹柄節は背方から見て側縁は後方に向かって顕著に広まる（八重山諸島に分布）.

   p.152　スエヒロシリアゲアリ　*Crematogaster suehiro*

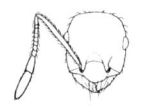

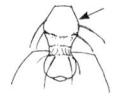

   aaa. 中胸側板は点刻されず滑らか.
   bbb. 中胸背板側縁は隆起縁となる.
   ccc. 腹柄節は背方から見て側縁は弧を描き，後方に向かって弱く広まる（沖縄島に分布）.

   p.152　オキナワシリアゲアリ　*Crematogaster miroku*

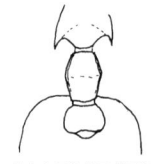

3. a. 中胸背面は凸状で，側方で縁取られない.
   b. 腹柄節は幅よりも長い.

   p.151　ツヤシリアゲアリ　*Crematogaster nawai*

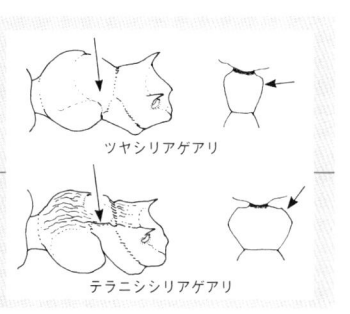

   aa. 中胸背面は平たいかへこみ，側方で縁取られる.
   bb. 腹柄節は長さよりも幅広い.　　　　　4. へ

4. a. 前胸側面は細い縦じわがあり光沢はない.
   　　　　　　　　　　　　　　　　　　　5. へ

   aa. 前胸側面は滑らかで光沢がある.　　6. へ

5. a. 前伸腹節刺は短く三角形状で，基幅よりも長さが短い，あるいはほぼ同じ長さ．先端は鈍い.

   p.150　ハリブトシリアゲアリ　*Crematogaster matsumurai*

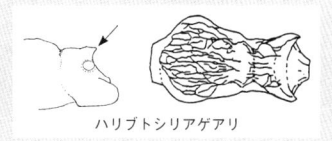

> **aa.** 前伸腹節刺は長く刺状で，基幅よりも長さが明瞭に長い．先端は鋭く尖る．
>
> p.151　テラニシシリアゲアリ　*Crematogaster teranishii*

> **6. a.** 前胸背面は細い縦じわがあり光沢はない．
> **b.** 前伸腹節刺はより短く，長さは基部の幅の約2倍．
>
> p.151　クボミシリアゲアリ　*Crematogaster vagula*
>
> **aa.** 前胸背面は滑らかで光沢がある．
> **bb.** 前伸腹節刺はより長く，長さは基部の幅の3.5〜4倍．
>
> p.150　ハリナガシリアゲアリ　*Crematogaster izanami*

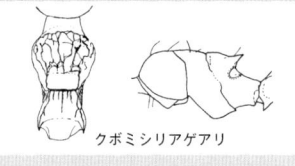

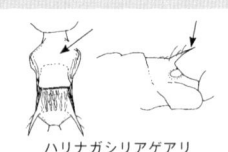

シリアゲアリ亜属　*Crematogaster* s. str.

ハリナガシリアゲアリ　*Crematogaster izanami* Terayama, 2013

分類・形態　体長3 mm．体は褐色．触角棍棒部は3節からなる．前胸背面および側面は滑らかで光沢がある．中胸背面はほぼ平らで，後方の1/3で下がるが，中央部は少しへこむ程度．中胸の側方は縁取られる．前伸腹節刺は長く，長さは基部の幅の3.5〜4倍で，他種との区別は容易である．腹柄節は長さよりも幅が広い．

生態　樹上から得られている．

分布　国内：琉球列島（奄美大島以北）．

島嶼の分布　大隅諸島：口永良部島．奄美諸島：奄美大島．

ハリブトシリアゲアリ　*Crematogaster matsumurai* Forel, 1901

分類・形態　体長2〜3.5 mm．褐色から黒褐色．触角棍棒部は3節からなる．中胸背面は前半はほぼ平らで，後半部では下がる．また後半部の側方は縁取られる．前胸背板全体と中胸背面はか細い条刻があり光沢はない．中胸側板は全体が点刻される．後胸溝は明瞭に刻まれる．前伸腹節刺は短く，側方から見て三角形状で，長さは基部の幅とほぼ同じかより短い．

生態　樹上営巣性で，枯れ枝等に巣が見られる．働きアリは樹上で活動する．単雌性で，8月に新女王はつくられ，9〜10月の夜に結婚飛行が行われる．8月下旬に結婚飛行が行われた記録もある．石川県の白山の標高2600 m地点で働きアリが採集されたことがある．登山者に付帯して運ばれたものであろう．

分布　国内：北海道，本州，四国，九州．北海道では稀．国外：朝鮮半島．

島嶼の分布　北海道：色丹島. 本州：江ノ島, 猿島, 城ヶ島, 沖ノ島, 舳倉島, 島後, 西ノ島, 金華山島. 九州：中通島, 相ノ島, 志賀島, 対馬. 伊豆諸島：式根島, 八丈島.

ツヤシリアゲアリ　*Crematogaster nawai* Ito, 1914

分類・形態　体長 2.5～4 mm. 体は褐色から黒褐色. 触角棍棒部は 3 節からなる. 前胸側面および背面は滑らか. 中胸背面は凸状で, 側方で縁取られない. 表面は滑らか. 前伸腹節刺は細い三角形状. 腹柄節は長く, 幅よりも長さが大きい.

　以前に *Crematogaster laboriosa* の学名が適用されてきた種である.

生態　海岸付近の乾いた環境に多い. 樹上営巣性種が多い本属の中で, 本種は地面に巣や活動個体が見られ, 巣は主に石下に見られる. 南九州では 7 月に結婚飛行が見られ, 日没前の夕方に有翅虫が母巣から飛び出す.

分布　国内：本州（関西以南）, 四国, 九州, 琉球列島. 国外：朝鮮半島, 台湾.

島嶼の分布　本州：沖ノ島. 四国：手島. 九州：上甑島, 中甑島, 下甑島, 福江島, 中通島, 平島, 玄海島, 相ノ島, 志賀島, 大島, 壱岐, 平戸島, 対馬. 伊豆諸島：八丈島. 口ノ三島：黒島, 硫黄島, 竹島. 大隅諸島：種子島, 屋久島. トカラ列島：口之島, 臥蛇島, 宝島. 奄美諸島：奄美大島, 喜界島, 徳之島, 加計呂麻島, 与論島. 沖縄諸島：沖縄島, 硫黄鳥島. 慶良間諸島：渡嘉敷島. 八重山諸島：石垣島.

テラニシシリアゲアリ　*Crematogaster teranishii* Santschi, 1930

分類・形態　体長 2～4 mm. 体は褐色から黒褐色. 触角鞭節の棍棒部は 3 節からなる. 前胸は側面, 背面ともに多くの細い縦じわがあり光沢はない. 中胸背面は平たくへこみ, 後半の側方は縁取られる. 後胸は明瞭に刻まれる. 前伸腹節刺は細く刺状で, 長さは基部の約 3 倍. 腹柄節は長さよりも幅が広い.

生態　樹上性で, 枯れ枝や枯れ竹茎中に営巣する. 単雌性. 結婚飛行は 9～10 月の夜に行われる.

分布　国内：本州, 四国, 九州, 琉球列島. 国外：朝鮮半島.

島嶼の分布　本州：猿島, 江ノ島, 猿島, 城ヶ島, 宮島, 桃頭島, 舳倉島, 島後, 西ノ島. 四国：広島. 九州：中通島, 能古島, 平戸島, 対馬. 伊豆諸島：大島, 式根島, 神津島, 三宅島. 大隅諸島：種子島, 屋久島. 沖縄諸島：沖縄島. 宮古諸島：宮古島. 八重山諸島：石垣島.

クボミシリアゲアリ　*Crematogaster vagula* Wheeler, 1928

分類・形態　体長 2～3 mm. 褐色から黒褐色. 触角棍棒部は 3 節からなる. 前胸背面に細い縦じわがあるが, 側面は滑らかで光沢をもつ. 中胸背面は前半部では平たく, 後半部では下がりつつ中央がへこむ. 側方は縁取られる. 前伸腹節刺の長さは基部の幅の約 2 倍. 腹柄節は長さよりも幅が広い.

生態　樹上営巣性で, 枯れ枝等に巣が見られる. 働きアリは樹上で活動する.

分布　国内：本州, 四国, 九州, 琉球列島, 大東諸島.

島嶼の分布 本州：島後．九州：中通島，平島，地ノ島，志賀島，平戸島，高島，対馬．伊豆諸島：大島，利島，三宅島，御蔵島．口ノ三島：黒島，硫黄島，竹島．大隅諸島：種子島，屋久島，口永良部島．トカラ列島：臥蛇島，中之島，平島，悪石島，宝島．奄美諸島：奄美大島，加計呂麻島，請島，与路島，徳之島，沖永良部島．沖縄諸島：沖縄島，硫黄鳥島，伊平屋島，伊是名島，古宇利島，瀬底島，平安座島，屋我地島．慶良間諸島：渡嘉敷島．宮古諸島：宮古島．八重山諸島：石垣島，西表島，小浜島，与那国島．大東諸島：南大東島．

キイロシリアゲアリ亜属　*Orthocrema*
オキナワシリアゲアリ　*Crematogaster miroku* Terayama, 2013

分類・形態　体長2 mm. 小型で黄色の種．触角棍棒部は2節からなる．触角柄節は頭部後側縁を明瞭に越える．中胸背板側縁は隆起縁となる．中胸側板は点刻されず滑らか．腹柄節は背方から見て後方で若干広まる程度．

生態　湿地帯の倒木の腐朽部に巣が見られた．

分布　国内：沖縄島のみで得られている．

島嶼の分布　沖縄諸島：沖縄島．

キイロシリアゲアリ　*Crematogaster osakensis* Forel, 1900

分類・形態　体長2〜3 mm. 体は黄色．腹部の後半部はやや暗色．触角棍棒部は2節からなる．触角柄節は頭部後側縁をわずかに越える．複眼はわずかに突出する程度．中胸側板は点刻される．腹柄節は背方から見て側縁は後方へ向かうにつれて狭まる．

生態　多雌性で，石下や土中に営巣する．結婚飛行は8月下旬〜10月上旬の午後から夜にかけて行われ，灯火にもよく飛来する．単雌創設と複数女王が集まる多雌創設とが観察されている．コロニーは多雌性でかつ単巣性．また，巣は地中深くまで掘られ，地下1 m程度まで見られる．巣内でアブラムシが見出されており，おそらく本種と共生関係を結んでいるものと思われる．コロニーは1000個体を越し，最大で4800個体の報告がある．

分布　国内：北海道，本州，四国，九州，琉球列島（奄美大島以北）．国外：朝鮮半島，中国．

島嶼の分布　本州：飛島，宮島，沖ノ島，地島，桃頭島，江ノ島，猿島，城ヶ島，沖ノ島，高島，島後，金華山島．四国：手島，牛島．九州：上甑島，下甑島，福江島，中通島，平島，地ノ島，能古島，志賀島，大島，壱岐，平戸島，対馬．伊豆諸島：大島，利島，新島，式根島，神津島，三宅島，御蔵島．口ノ三島：黒島，硫黄島，竹島．大隅諸島：種子島，屋久島，口永良部島．トカラ列島：臥蛇島，中之島，小宝島．奄美諸島：奄美大島．

スエヒロシリアゲアリ　*Crematogaster suehiro* Terayama, 1999

分類・形態　体長2.5〜3 mm. 体は黄色．触角棍棒部は2節からなる．触角柄節は頭部後側縁を明瞭に越える．複眼はやや突出する．中胸側板は点刻されず滑らか．腹柄節は背方から見て前方に向かって大きく広まる．働きアリは2型を示し，大型個体と小型個体が認められる．

生態 樹林内の湿度の高い林床に生息し，腐朽木下や土中に営巣する．
分布 国内：琉球列島の石垣島のみに分布する．
島嶼の分布 八重山諸島：石垣島．

カクバラアリ属　*Recurvidris* Bolton, 1992

分類・形態 体長2～3 mmの小型のアリ．触角は11節からなり，先端の3節は棍棒部を形成する．前伸腹節刺が細く，先端が前方に向かって背側に反り返る．発達した腹柄節下部突起をもち，後腹柄節は後端部で背腹方向に平たくなり，後端は膨腹部に広く接続する．
生態 林内や林縁部，竹林等の土中や石下に巣が見られる．働きアリは，林床部で多く見られるが，植物体にも登り葉上でも見られる．
分布 東洋区のみに生息し，10種が記載されている．日本では，カクバラアリ *R. recurvispinosa* 1種が八重山諸島に生息している．

カクバラアリ　*Recurvidris recurvispinosa* (Forel, 1890)

分類・形態 体長2 mm．体は黄色．前胸背板に立毛が3対，中胸背板に1対，そして腹柄節と後腹柄節にはそれぞれ2対ずつ存在する．働きアリは，特徴的な前伸腹節刺の形状で他種と容易に区別されるが，女王は前伸腹節刺をもたない．
生態 林内から林縁や竹林に見られ，土中や石下に営巣する．働きアリは，林床部で活動するほか，頻繁に植物にも登り，葉上で見かける．
分布 国内：琉球列島（八重山諸島）．国外：台湾，中国からインドからにかけて分布する．
島嶼の分布 八重山諸島：石垣島，西表島．

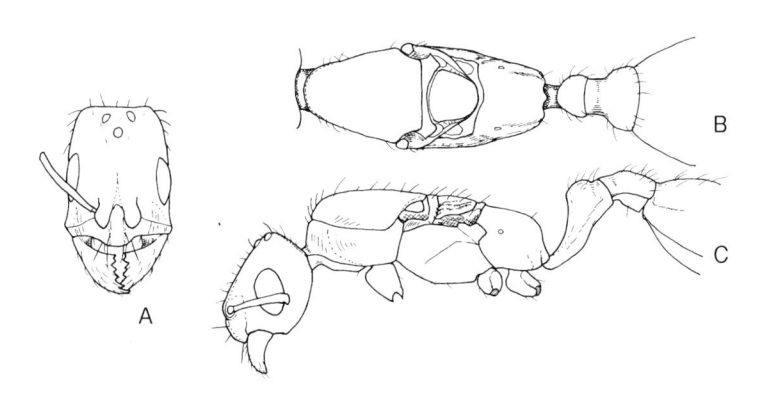

カクバラアリの女王　A：頭部，B：胸部および腹柄部，背面．
　　C：頭部，胸部，腹柄部，側面．

キショクアリ族　Formicoxenini
ハダカアリ属　*Cardiocondyla* Emery, 1869

分類・形態　体長 3.5 mm 以下の小型のアリ．複眼は発達し，触角は 12 節（一部の種で 11 節，日本産のものはすべて 12 節）からなり，先端の 3 節は棍棒部を形成する．頭盾前縁中央は多少とも突出し，大腮の一部にかかる．頭部，胸部背面に体毛を欠く．腹柄節は腹柄節下部突起をもち，柄部は細長いものが多い．後腹柄節は背方から見て長さよりも幅が広い．

生態　裸地や草地等の開けた環境に生息するものが多く，土中に営巣するものから樹上性のものまで見られる．

分布　旧世界の熱帯，亜熱帯を中心に約 70 種が記載されている．新世界からも記録されているが，これらはすべて旧世界からの移入種であると考えられている．日本からは 7 種が記録されている．

種の検索表　ハダカアリ属

1. a. 前伸腹節刺は細く針状で，基部よりも長さが長い．
   b. 頭部，胸部は黄色から黄褐色．　　　　　　2. へ

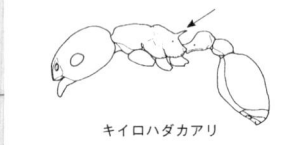

   aa. 前伸腹節刺は短く，基部が太く三角形状，あるいは角状．
   bb. 頭部，胸部は黒褐色から黒色．　　　　　　4. へ

2. a. 後胸溝は明瞭に刻みつけられる．　　　　　　3. へ

   aa. 後胸溝は不明瞭で，背縁は平ら．
   　p.157　イオウハダカアリ　*Cardiocondyla kazanensis*

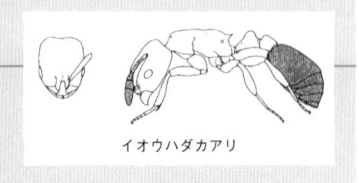

3. a. 頭部と胸部は黄色，腹部は褐色．
   b. 腹部に黄褐色斑はない．
   　p.158　キイロハダカアリ　*Cardiocondyla obscurior*

   aa. 体は腹部を含めて全体が黄色．
   bb. 腹部に 1 対の黄褐色斑がある．
   　p.159　ウスキイロハダカアリ　*Cardiocondila wroughtonii*

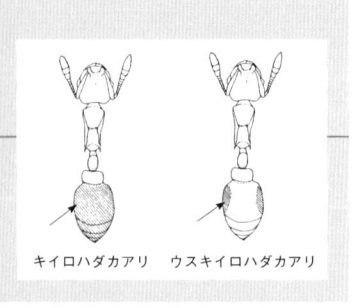

4. a. 腹柄節の柄部は短い．
   b. 前伸腹節刺はより発達し，先端が尖る．

p.157　**ヒメハダカアリ**　*Cardiocondyla minutior*

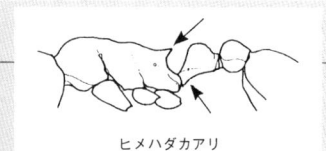

aa. 腹柄節の柄部は長い．
bb. 前伸腹節刺の発達は弱く，先端は鈍い．あるいは角ばるのみで明瞭な前伸腹節刺をもたない．
　　　　　　　　　　　　　　　　　5. へ

ヒメハダカアリ

5. a. 前伸腹節後背部側方は角ばるのみで，後方への刺としての突出はない．
　b. 胸部背面で，後胸溝は認められない．
　c. 腹柄節丘部の前面の傾斜はより緩やか．
　d. 有翅オスは存在しない．
　e. 無翅オスの前・中胸縫合線は背面でも明瞭に認められる．
　　　p.158　**カドハダカアリ**　*Cardiocondyla* sp. B

aa. 前伸腹節後背部側方に，後方へ突出する刺が認められる．
bb. 胸部背面で，わずかながら後胸溝が認められる．
cc. 腹柄節丘部の前面の傾斜はより急で，柄部との境は鈍いが角となる．
dd. 有翅オスは存在しない．
ee. 無翅オスの前・中胸縫合線は背面でも明瞭に認められる．
　　　p.156　**トゲハダカアリ**　*Cardiocondyla* sp. A

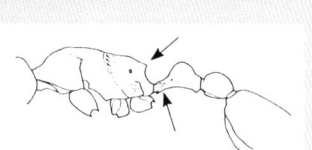

トゲハダカアリ（働きアリ）

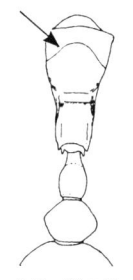

aaa. 前伸腹節後背部側方に，後方へ突出する刺が認められる．
bbb. 胸部背面で，わずかながら後胸溝が認められる．
ccc. 腹柄節丘部の前面の傾斜はより緩やか．
ddd. 有翅オスが存在する．
eee. 無翅オスの前・中胸縫合線は背面で不明瞭．
　　　p.156　**ヒヤケハダカアリ**　*Cardiocondyla kagutsuchi*

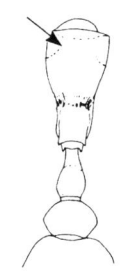

トゲハダカアリ（無翅オス）　　ヒヤケハダカアリ（無翅オス）

トゲハダカアリ　*Cardiocondyla* sp. A

分類・形態　体長2 mm. 体は黒から黒褐色. カドハダカアリ *C*. sp. B およびヒヤケハダカアリ *C. kagutschi* に酷似するが, 前伸腹節後背面に, 後方へ突出する刺が認められる. また, 胸部背面でわずかながら後胸溝が認められる. 腹柄節丘部の前面の傾斜はより急で, 柄部との境界部分は鈍いが角となることでも識別される. 腹柄節の柄は長く, 丘部は逆U字状. 染色体数は $2n = 28$.

日本でハダカアリ *Cardiocondyla nuda* とされていたものが, 後に *C. kagutschi* と見なされるようになったが (真の *C. nuda* はオーストラリア, ニューギニア, ポリネシアに分布する), 近年の分子系統解析の結果, これらは, 複数の隠蔽種を含む分類群であることが判明した. 日本の個体群は, 以前にハダカアリと呼んでいた職蟻型のオスのみを生産し, 染色体数が $2n = 28$ であるものの中に2種が認められ, これらは, 有翅型と職蟻型のオスを生産し, かつオスの形態が異なり, 染色体数は $2n = 27$ (核型も異なる) であるヒヤケハダカアリ *C. kagutschi* とも区分された. これら3種間には微細ではあるが, 働きアリにおいて形態的な相違も見出された.

生態　多雌性で1つのコロニーに数頭から最大50頭の女王が見られる. オスアリは翅を欠く職蟻型で, かつ3つの型が存在する. 有翅型は生産されない.

分布　国内：本州, 四国, 九州, 琉球列島, 小笠原群島. 小笠原群島の西之島新島では噴火後3年で, ハダカアリの侵入が記録されているが, 本種であった.

島嶼の分布　小笠原諸島：母島, 西之島新島. 奄美諸島：奄美大島, 喜界島, 加計呂麻島, 請島, 与路島, 沖永良部島, 与論島. 沖縄諸島：沖縄島, 硫黄鳥島. 八重山諸島：石垣島, 西表島.

島嶼の分布（参考：以下の記録は本種とカドハダカアリ *C*. sp. B との2種が混在した記録であり, 今後の再確認が必要である）　本州：猿島, 城ヶ島, 沖ノ島, 地島. 九州：上甑島, 下甑島. 伊豆諸島：大島, 三宅島, 八丈島, 青ヶ島. 小笠原群島：父島, 母島, 兄島, 南島, 向島. 火山列島：硫黄島. 草垣群島：上之島. 大隅諸島：種子島, 屋久島. トカラ列島：口之島, 中之島, 平島, 諏訪之瀬島, 悪石島, 小宝島, 宝島, 横当島. 奄美諸島：奄美大島, 徳之島. 沖縄諸島：沖縄島, 硫黄鳥島, 伊是名島, 平安座島, 宮城島, 伊計島, 屋我地島. 慶良間諸島：渡嘉敷島, 久米島. 宮古諸島：宮古島, 池間島, 来間島, 下地島. 多良間諸島：多良間島. 八重山諸島：石垣島, 西表島, 竹富島, 黒島, 小浜島, 波照間島, 与那国島. 大東諸島：北大東島.

ヒヤケハダカアリ　*Cardiocondyla kagutsuchi* Terayama, 1999

分類・形態　体長2 mm. 体は黒から黒褐色. カドハダカアリ, トゲハダカアリに酷似するが, 前伸腹節後背面に後方へ突出する弱い刺が認められ, 胸部背面でわずかながら後胸溝が認められ, 腹柄節丘部の前面の傾斜はより緩やかであることで識別される.

オスでの識別は容易で, 有翅オスと無翅オスが存在する点で前二種とは異なる. また, 無翅オスでは前・中胸背縫合線が背面で明瞭である (前二種では不明瞭) ことも重要な区別点となる. 本種の染色体数は $2n = 27$ である.

生態　開けた場所の石下等に営巣する. 多雌性で1つのコロニーに平均3.2頭の女王が見られる.

コロニーは 50 頭程度からなる．オスに 2 型あり，有翅のものと無翅のものとが見られる．当初，ダムの工事現場付近のみでコロニーが発見されており，石垣島の分布は，東南アジアからの人為的移入種である可能性がある．現在も，完成したダムの周辺に限って生息が認められている．

分布 国内：八重山諸島の石垣島からのみ得られている．国外：マレーシア等の東南アジアに分布する．

島嶼の分布 八重山諸島：石垣島．

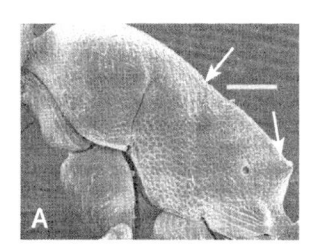

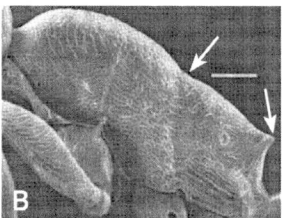

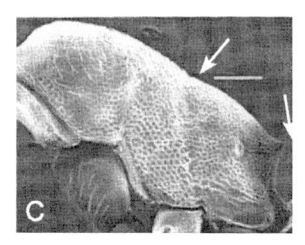

カドハダカアリ（A），トゲハダカアリ（B），ヒヤケハダカアリ（C）の働きアリの胸部側面

イオウハダカアリ　*Cardiocondyla kazanensis* Terayama, 2013

分類・形態 体長 1.5 mm の小型種．頭部から後腹柄節までは黄褐色，腹部は黒褐色．触角は第 9 節までは黄褐色で，棍棒節は黒褐色．脚は黄褐色．前胸前縁部は稜縁をつくる．胸部背面は概して平らで，後胸溝は不明瞭．前胸腹節刺は比較的長い．

太平洋の島嶼に広くに分布する *Cardiocondyla emeryi* に類似するが，頭部がより幅広く，後腹柄節腹板の前方部に突起がないことで異なる．

生態 半裸地の開けた環境の地表を徘徊していた個体が採集された．

分布 国内：火山列島（硫黄島）．

島嶼の分布 火山列島：硫黄島．

ヒメハダカアリ　*Cardiocondyla minutior* Forel, 1899

分類・形態 体長 1.5 mm．体は黒褐色．触角柄節は短く，前方から見て頭部後縁に達しない．前伸腹節刺は三角形状で先端が尖る．腹柄節の柄部は短い．オスアリは有翅型と無翅型のものが存在する．

これまで日本で *C. tsukuyomi* の学名が適用されていた種である．

生態 開けた環境に生息する．コロニーは 50 個体程度の小さなもので，1 つのコロニーに女王は 1 頭から数頭が見られる．有翅型のオスと無翅型のオスが見られ，無翅オスどうしは巣内で激しく争いあい，通常 1 巣あたり，1 頭の無翅オスが生き残る．

分布 国内：小笠原群島，南西諸島．国外：台湾，ポリネシア，インド，ネパール，北米，カリブ海，南米．

島嶼の分布 小笠原諸島：兄島．大隅諸島：種子島，屋久島．奄美諸島：奄美大島，請島，徳之島，沖永良部島．沖縄諸島：沖縄島，硫黄鳥島，伊平屋島，伊是名島，古宇利島，伊計島，平安

座島,薮地島,浜比嘉島,宮城島,津堅島,久高島,屋我地島.慶良間諸島：渡名喜島.宮古諸島：宮古島,池間島,来間島,下地島.八重山諸島：石垣島,西表島,竹富島,黒島,小浜島,波照間島,与那国島.尖閣諸島：魚釣島,南小島.大東諸島：北大東島,南大東島.

キイロハダカアリ　*Cardiocondyla obscurior* (Wheeler, 1929)

分類・形態　体長1.5〜2mm.頭部,胸部は黄色,腹部は褐色.触角柄節は前方から見て頭部後縁に達しない.後胸溝は背面で明瞭に刻みつけられる.前伸腹節刺は細長く針状.オスは有翅型と無翅型のものが知られており,かつ無翅型のものには3つの型（触角が13節で大腮が長く鎌状のもの,触角が12節のもの,触角が9節のもの）が存在する.

　琉球列島でこれまで *C. wroughtonii* としていたものは本種となる.

生態　樹上性で立木の枯れ枝中に営巣する.1つのコロニーは数十から50頭程の働きアリからなる.多雌性で,平均7頭の女王が1つのコロニーに見られる.東南アジアからの人為的移入種であろう.関東や東北地方の温室等からも発見されている.無翅オスは巣内で無翅オスどうしで死ぬまで戦い,生き残った1個体が複数の新女王と巣内交尾を行う.

分布　国内：九州（鹿児島）,小笠原諸島,琉球列島.国外：世界各地から報告されており,日本の近隣では,台湾,インド,ネパール,ポリネシア,ハワイからの記録が見られる.

島嶼の分布　小笠原群島：父島,兄島,向島.火山列島：硫黄島.大隅諸島：屋久島.奄美諸島：奄美大島,沖永良部島,与論島.沖縄諸島：沖縄島,伊是名島,宮城島,津堅島,久高島.宮古諸島：宮古島,池間島,来間島,下地島.八重山諸島：石垣島,西表島,竹富島,与那国島.大東諸島：北大東島,南大東島.

カドハダカアリ　*Cardiocondyla* sp. B

分類・形態　体長2mm.体は黒から黒褐色.胸部は頭部や腹部に比べてやや淡色となる場合が多い.脚,触角は褐色.触角柄節は前方から見て頭部後縁に達する.前伸腹節後側縁は角ばり,側方から見て後縁はほぼ90°の角をなすのみで,刺とはならない.胸部背面で後胸溝は認められない.腹柄節丘部の前面の傾斜はより緩やか.腹柄節の柄部は長く,丘部は逆U字状.染色体数は $2n = 28$.

生態　裸地や海岸等の乾燥した環境によくみられ,土中や石下に営巣する.本州では,有翅の翅アリが越冬し,4〜5月に巣からの飛出が見られる.コロニーは数十から200頭程の働きアリで構成される.また,多雌性で1つのコロニーに数頭から最大50頭の女王が見られる.女王と働きアリとの数の比が,1つのコロニーで約1：2になる例もある.オスアリは翅を欠く職蟻型で,かつ3つの型が存在する（触角12節で大腮に3〜4歯をもつもの,触角12節で大腮に5歯をもつもの,触角11節のもの）.有翅型は生産されない.オスアリは巣内で有翅女王あるいは脱翅女王と交尾する.また,オスは脱皮中あるいは脱皮直後のオス個体を見つけると攻撃して殺す行動が見られる.おそらく東南アジア原産で放浪種である.

分布　国内：本州（関東以南）,四国,九州,小笠原群島,火山列島,琉球列島から得られている.

東アジアから東南アジア，ハワイを含む太平洋諸島にかけて分布する．

島嶼の分布 伊豆諸島：大島，八丈島，青ヶ島．小笠原諸島：母島．火山列島：硫黄島．奄美諸島：奄美大島，徳之島．沖縄諸島：沖縄島，伊是名島．宮古諸島：宮古島，下地島．八重山諸島：石垣島，西表島．

ウスキイロハダカアリ　*Cardiocondyla wroughtonii*（Forel, 1890）

分類・形態 体長1.5〜2 mm．腹部を含めて体全体が黄色で，腹部に1対の褐色斑がある．触角柄節は前方から見て頭部後縁に達しない．後胸溝は背面で明瞭に刻みつけられる．前伸腹節刺は細長く針状．キイロハダカアリ *C. obscurior* に酷似するが，体色によって区別される．

　沖縄島北部から記録された *C. yamauchii* は本種の同物異名とされた．

生態 沖縄では，草地や林縁の枯れたススキの空洞部に巣が見られる．多雌性で有翅型と無翅型のオスが見られ，無翅型のオスでは鋭い大腮をもつ．熱帯アジアおよびオーストラリアを原産地とする放浪種とされる．

分布 国内：奄美諸島，沖縄島．国外：東南アジアからオーストラリア，ハワイに生息し，合衆国やタンザニアでも報告されている．

島嶼の分布 奄美諸島：与路島，沖永良部島．沖縄諸島：沖縄島．

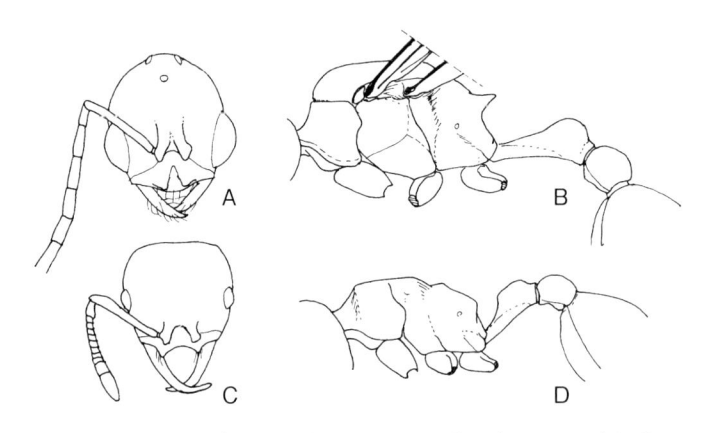

ウスキイロハダカアリのオス　A，B：有翅型．C，D：無翅型．

タカネムネボソアリ属　*Leptothorax* Mayr, 1855

分類・形態 体長3〜4 mmの小型のアリ．触角は11節からなる．触角挿入部の前方に狭い隆起縁はない．大腮に5歯をそなえる．前伸腹節気門は前伸腹節刺の挿入部位よりも前方に位置する．ムネボソアリ属 *Temnothorax* とは，頭盾中央に縦走隆起線がないことと，触角が11節であること（*Temnothorax* 属の一部の種では11節）により区別される．

生態 樹林内から林縁に見られ，朽ち木や木の根元付近に巣がつくられる．1つの巣は数十から100個体程度で構成される．

分布 旧北区と新北区から 19 種が記載されている．日本ではタカネムネボソアリ *L. acervorum* 1 種のみが北海道と本州，四国の山地に生息する．

タカネムネボソアリ　*Leptothorax acervorum* (Fabricius, 1793)

分類・形態 体長 3～3.5 mm の小型のアリ．頭部と腹部は黒色で，胸部と腹柄部は赤褐色．触角は 11 節からなる．

生態 本州中部では山地帯上部から亜高山帯にかけて生息する．樹林内から林縁に見られ，朽ち木や木の根元付近に巣がつくられる．1 つの巣は働きアリ数十～100 個体程度で構成される．多女王の巣が多く見られるが（これまでの最大は 28 個体），卵巣を発達させ，産卵を行っているのは 1 個体のみである．

分布 国内：北海道，本州，四国，九州．本州中部では標高 1300～2600 m 地点に生息し，四国，九州では 1700 m 以上の高地に生息する．国外：朝鮮半島，極東ロシアからユーラシアに広く分布し，北米にも見られる．

島嶼の分布 北海道：利尻島，礼文島，色丹島，天売島，焼尻島．

ムネボソアリ属　*Temnothorax* Mayr, 1861

分類・形態 体長 2～3.5 mm 程度の小型から中型のアリ．体形はシワアリ属 *Tetramorium* に似るが，本属では触角挿入部の前方に狭い隆起縁がないか，または盾状の壁となって隆起することがないこと，大腮の歯は通常 5 歯，稀に 6 歯であること，前伸腹節気門は，前伸腹節刺の挿入部位よりも前方に位置することで区別される．触角は通常 12 節で，一部の種で 11 節（日本産の種ではカドムネボソアリ *T. koreanus* のみ）．頭盾中央部に縦走する隆起線がある．

　従来の *Leptothorax* 属は，近年 *Leptothorax* と *Temnothorax* の 2 属に分割された．日本産の種ではタカネムネボソアリ *L. acervorum* のみが *Leptothorax* 属となり，残りの 16 種は *Temnothorax* 属に位置づけられる．

生態 土中に営巣する種から樹上営巣性種までが見られ，生態は変化に富む．また，奴隷狩りを行うものや，他種の巣中へ社会寄生を行うものも知られている．日本産の種では，ヤドリムネボソアリ *T. bikara* が奴隷狩りを行い，キノムラヤドリムネボソアリ *T. kinomurai* が特殊な様式の社会寄生を行う．特に後者は，女王と職蟻型女王が見られ，働きアリは見られない．

分布 全世界に広く分布する．約 340 種が記載されている大きな属で，旧北区と新北区で比較的種数が多い．日本では 16 種が報告されている．

| 種の検索表 | ムネボソアリ属 |

（女王と職蟻型女王のみが知られるキノムラヤドリムネボソアリ *Temnothorax kinomurai* を除く）

1. a. 触角は11節からなる．
   b. 背方から見て前胸前側縁は角ばる．
   p.167　カドムネボソアリ　*Temnothorax koreanus*

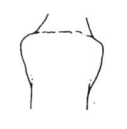

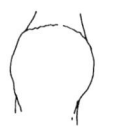

   カドムネボソアリ　チャイロムネボソアリ

   aa. 触角は12節からなる．
   bb. 背方から見て前胸前側縁は角ばらず，丸みを帯びる． 2. へ

2. a. 前伸腹節刺は長く，基部は極端に広がり，三角形状を呈す（火山列島の南硫黄島に分布）．
   p.167　ミナミイオウムネボソアリ　*Temnothorax mekira*

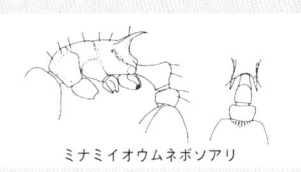

   ミナミイオウムネボソアリ

   aa. 前伸腹節刺は刺状，短い針状，または長い針状であるが，基部は広がらず通常の形態 3. へ

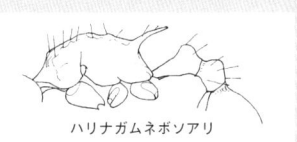

   ハリナガムネボソアリ

3. a. 前伸腹節刺は刺状か短い針状で，長さは基部の幅の2.2倍以下． 4. へ

   ムネボソアリ

   aa. 前伸腹節刺は非常に長く針状で，長さは基部の幅の2.5倍以上． 10. へ

   キイロムネボソアリ

4. a. 体は黒色．
   b. 触角柄節は短く，頭部後縁を越えない． 5. へ

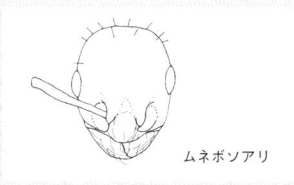

   ムネボソアリ

   aa. 体は黄色から褐色．
   bb. 触角柄節は頭部後縁を越える． 7. へ

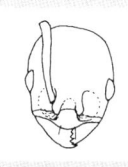

   シワムネボソアリ

5. a. 腹柄節の柄部は側方から見て前方で細まらず，前方と後方で幅がほぼ等しい．
   b. 後腹柄節は背方から見て側縁間の幅が後方に向かうにつれて狭まる．
   p.165　ヤドリムネボソアリ　*Temnothorax bikara*

   ヤドリムネボソアリ

---

aa. 腹柄節の柄部は側方から見て前方で細まる．
bb. 後腹柄節は背方から見て両側縁はほぼ平行で，側縁間の幅が後方に向かうにつれて狭まらない．
　　　　　　　　　　　　　　　　　　　6. へ

6. a. 腹柄節の丘部は高く盛り上がる．前縁は弱くへこむ．
   p.165　ムネボソアリ　*Temnothorax congruus*

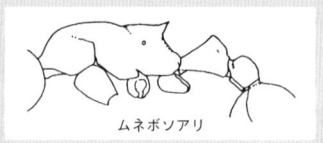

   ムネボソアリ

---

aa. 腹柄節の丘部の盛り上がりは小さく，より低い．前縁は直線状．
p.168　アレチムネボソアリ　*Temnothorax mitsukoae*

アレチムネボソアリ

7. a. 頭盾中央部は縦走隆起線の周辺に小さなしわが多く見られ，平滑さを欠く（小笠原諸島に分布）．
　　　　　　　　　　　　　　　　　　　8. へ

---

aa. 頭盾中央部は縦走隆起線を除いて平滑．
　　　　　　　　　　　　　　　　　　　9. へ

8. a. 腹柄節の丘部は低く，あまり盛り上がらない．
   b. 胸部側面に横じわがない．
   p.165　オガサワラムネボソアリ　*Temnothorax haira*

   オガサワラムネボソアリ

---

aa. 腹柄節の丘部は高く，明瞭な山型となる．
bb. 胸部側面に横じわをもつ．
p.168　シワムネボソアリ　*Temnothorax santra*

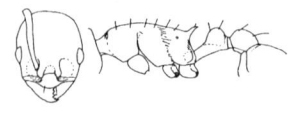

シワムネボソアリ

9.	a. 胸部は赤褐色から褐色.
	b. 頭幅は 0.52 ～ 0.65 mm で通常 0.55 mm 程度.
	c. 中胸から前伸腹節後縁にかけての背縁は，側方から見ておおむね直線状となる.
	p.167　チャイロムネボソアリ　*Temnothorax kubira*
	aa. 胸部は黄色から黄褐色.
	bb. より小型種で，頭幅は 040 ～ 0.54 mm で，通常 0.50 mm 以下.
	cc. 中胸から前伸腹節後縁にかけての背縁は，側方から見て一様に弧をえがく.
	p.164　ヒメムネボソアリ　*Temnothorax arimensis*

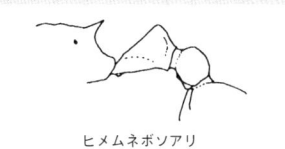

10.	a. 頭部と胸部は褐色から黒色.	11. へ
	aa. 頭部と胸部は黄色.	15. へ

11.	a. 腹柄節の前縁は側方から見てほぼ直線状で，柄部と丘部の区分は不明瞭.
	p.168　ハリナガムネボソアリ　*Temnothorax spinosior*
	aa. 腹柄節の前縁は側方から見て明瞭にへこむことにより，柄部と丘部が明瞭に区分される.　12. へ

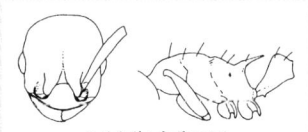

12.	a. 腹柄節の柄部はより長く，丘部の前縁は後縁よりも傾斜が急である.
	p.164　フシナガムネボソアリ　*Temnothorax antera*
	aa. 腹柄節の柄部はより短く，丘部は逆 U 字形で前縁と後縁の傾きがほぼ等しい.　13. へ

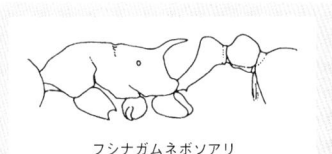

13.	a. 中胸から前伸腹節後縁にかけての背縁は一様に弧をえがく.
	b. 中胸は相対的に短い.
	p.167　ハヤシムネボソアリ　*Temnothorax makora*

aa. 中胸から前伸腹節後縁にかけての背縁はほぼ直線状.
bb. 中胸は相対的に長い.
p.164 　ヒラセムネボソアリ　*Temnothorax anira*

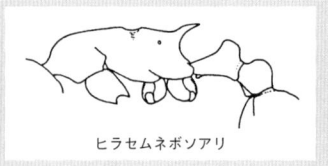

14. a. 胸部背面に多くの明瞭な縦じわがある（沖縄島に分布）.
p.166 　キイロムネボソアリ　*Temnothorax indra*

aa. 胸部背面に明瞭な縦じわはない（八重山諸島に分布）.
p.165 　ヤエヤムネボソアリ　*Temnothrax basara*

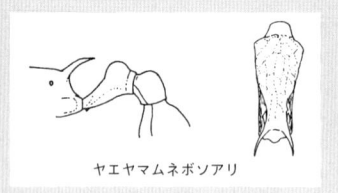

ヒラセムネボソアリ　*Temnothorax anira*（Terayama & Onoyama, 1999）

分類・形態　体長2.5〜3 mm. 体は黒から黒褐色. 中胸から前伸腹節後縁にかけての背縁は側方から見て直線状. 前伸腹節刺はやや長く針状. 腹柄節の丘部は逆U字状.

生態　草地や裸地の乾燥した場所に生息し, 土中に営巣する.

分布　国内：本州, 四国, 九州, 南西諸島（硫黄鳥島以北）.

島嶼の分布　九州：下甑島. 草垣群島：上之島. 口ノ三島：黒島, 硫黄島, 竹島. 大隅諸島：屋久島, 口永良部島. トカラ列島：中之島, 諏訪之瀬島, 悪石島, 宝島, 横当島. 奄美諸島：奄美大島, 喜界島, 請島. 沖縄諸島：硫黄鳥島.

フシナガムネボソアリ　*Temnothorax antera*（Terayama & Onoyama, 1999）

分類・形態　体長3 mm. 黒色から黒褐色. 触角柄節は長く, 頭部後縁を越える. 中胸から前伸腹節後縁部にかけての背縁は側方から見てほぼ直線状. 前伸腹節刺は長く針状. 腹柄節の柄部は日本産の本属の種の中で最も長い. 丘部は逆U字状であるが, 後面よりも前面の傾斜がより急である.

生態　石下に巣が見られる.

分布　国内：四国, 琉球列島（奄美諸島）, 伊豆諸島（八丈島）.

島嶼の分布　伊豆諸島：八丈島. 奄美諸島：奄美大島, 加計呂麻島, 請島, 与路島, 徳之島, 与論島.

ヒメムネボソアリ　*Temnothorax arimensis*（Azuma, 1977）

分類・形態　体長2 mm程度の小型種. 体色は黄色から黄褐色で, 頭部は褐色. 触角柄節は頭部後縁に達する. 側方から見て後胸溝は刻まれない. 前伸腹節背縁は側方から見てほぼ平ら. 前伸

腹節刺は短く刺状．ただし，側方から見て，刺の基部の幅よりも長さが長い．
生態 丘陵帯から標高 1000 m 程度の山地帯に生息し，土中や林床の落枝中に営巣する．
分布 国内：北海道，本州，四国．

ヤエヤマムネボソアリ *Temnothorax basara* (Terayama & Onoyama, 1999)

分類・形態 体長 2.5 mm．体は黄色．胸部背面に明瞭な縦じわをもたない．前伸腹節刺は長く針状．腹柄節は長く，丘部は逆U字状であるが後面よりも前面の傾斜がより急である．
生態 樹上営巣性．
分布 国内：八重山諸島に生息する．
島嶼の分布 八重山諸島：石垣島，西表島．

ヤドリムネボソアリ *Temnothorax bikara* (Terayama & Onoyama, 1999)

分類・形態 体長 2 mm．体色は黒色から黒褐色．触角柄節は頭部後縁に達しない．胸部背縁は平らで，特に前伸腹節背縁は直線状となる．後胸溝は弱く刻みつけられる．前伸腹節刺は長く針状．腹柄節柄部は短く，側方から見て背縁と腹縁はほぼ平行で，前方で狭まらない．丘部はやや広い逆U字状．前方から見て丘部背縁は直線状，両側縁はほぼ平行で背側縁は角ばる．後腹柄節は背方から見て横長の台形状で，後方に向かうにつれて幅が狭まる．
生態 ムネボソアリ属の他種，ハリナガムネボソアリ *T. spinosior* とともに採集される．詳細な生態研究はこれからであるが，本種の奴隷狩り行動が 8 月に観察されており，サムライアリ *Polyergus samurai* と類似の生活様式が推定される．
分布 国内：本州（岐阜県，富山県）．

ムネボソアリ *Temnothorax congruus* (Smith, 1874)

分類・形態 体長 2.5〜3 mm の小型で黒色のアリ．触角柄節は短く頭部後縁に達しない．胸部の背面は平ら．前伸腹節刺は刺状で短い．腹柄節の丘部は側方から見て三角形状．脚は短い．
生態 樹上性で枯れ枝中に巣をつくり，木の幹や葉の上でよく見られる．6〜7 月に有翅虫が巣内で出現し，結婚飛行は 7 月の朝に行われる．単雌創巣と多雌創巣の両方が見られる．コロニーは複数の女王が見られたという記録もあるが，基本的に単雌性．単巣性．働きアリ数十個体から 100 個体からなる．巣は創設後，4〜5 年で有翅虫を生産するようになる．
分布 国内：北海道，本州，四国，九州．国外：朝鮮半島．
島嶼の分布 北海道：奥尻島，天売島，利尻島，礼文島．本州：宮島，沖ノ島，江ノ島，猿島，城ヶ島，沖ノ島，舳倉島，高島，島後，西ノ島，佐渡島，金華山島．四国：広島．九州：大島，平戸島．伊豆諸島：大島，利島，式根島，神津島，三宅島，八丈島，青ヶ島．大隅諸島：屋久島．

オガサワラムネボソアリ *Temnothorax haira* (Terayama & Onoyama, 1999)

分類・形態 体長 2 mm 程度の小型種．頭部と腹部は褐色，胸部は黄色．触角柄節は頭部後縁に

達する．胸部背縁は穏やかな弧をえがき，後胸溝は不明瞭．前伸腹節刺は刺状で比較的長く，側方から見て，長さが基部の幅の約2倍．腹柄節は短く，丘部は低く，明瞭に盛り上がらない．三角形のやや発達した腹柄節下部突起をもつ．

生態 不明．

分布 国内：小笠原群島．

島嶼の分布 小笠原群島：母島，兄島．

キイロムネボソアリ *Temnothorax indra*（Terayama & Onoyama, 1999）

分類・形態 体長3 mm．体は黄色．前胸背面に明瞭な縦じわをもつ．前伸腹節刺は長く針状．腹柄節は長く，丘部は逆U字状．後胸溝は通常明瞭に刻みつけられるが，個体によっては不明瞭なものが見られる．

生態 樹上性で立木の枯れ枝に営巣する．

分布 国内：琉球列島の沖永良部島と沖縄島からのみ得られている．

島嶼の分布 奄美諸島：沖永良部島．沖縄諸島：沖縄島．

キノムラヤドリムネボソアリ *Temnothorax kinomurai*（Terayama & Onoyama, 1999）

分類・形態 職蟻型女王の体長2.5 mm．黄色で腹部は褐色．触角柄節は短く，頭部後縁に届かない．3個の単眼が認められる．胸部は短い．前伸腹節刺は長く，先方で後方に折れ曲がる．腹柄節は短く，柄部は太い．丘部は逆U字型．背方から見て，腹部の前側縁は角状にやや突出する．

生態 ハヤシムネボソアリ *T. makora* の巣に社会寄生を行う．女王と職蟻型女王が見られ，働きアリは見られない．本種の女王は，最初巣の外でハヤシムネボソアリの働きアリを殺し，その後巣内に侵入する．巣内に侵入すると，女王を1頭ずつ殺していき，最後にキノムラヤドリムネボソアリの女王1頭とハヤシムネボソアリの働きアリと幼虫のみの状態にする．その後産卵を開始し，越冬した幼虫から，翌年有翅と無翅の新女王が羽化する．有翅女王はおそらく分散個体であり，その一方，無翅女王は歩いて周囲のハヤシムネボソアリの巣に入り込む．女王がすべて殺されることから，寄生されたハヤシムネボソアリの巣は翌年崩壊する．

分布 国内：本州（岐阜県）．

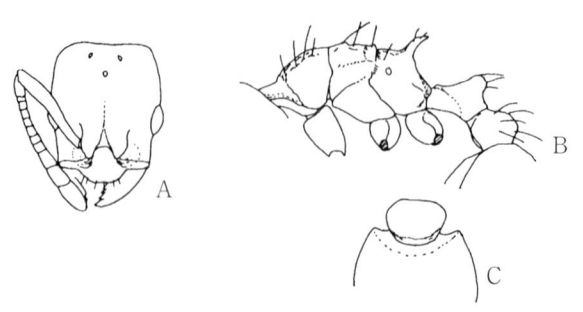

キノムラヤドリムネボソアリの職蟻型女王　　A：頭部，B：胸部および腹柄節，側面，C：後腹柄節および腹部第1節，背面．

カドムネボソアリ　*Temnothorax koreanus*（Teranishi, 1940）

分類・形態　体長 2 〜 2.5 mm．頭部と腹部は黒色で，胸部は来褐色から黒褐色．触角は 11 節からなり，柄節は短く，頭部後縁の達しない．背方から見て，前胸前側縁は角ばる．

生態　比較的稀な種であるが，東京都内の小さな公園からも採集されている．サクラなどの樹皮下に営巣し，コロニーは比較的小さく働きアリ 50 頭以下で構成される．

分布　国内：北海道，本州，四国，九州．国外：朝鮮半島．

島嶼の分布　本州：沖ノ島（和歌山）．

チャイロムネボソアリ　*Temnothorax kubira*（Terayama & Onoyama, 1999）

分類・形態　体長 2.5 〜 3 mm．胸部は赤褐色から褐色．頭部と腹部はより濃色．脚は黄褐色．前伸腹節刺は短く刺状．腹柄節の丘部は三角形．北海道から九州までの地域個体群間に変異が見られ，多少とも形態や色彩に差異が認められる．

生態　本州中部では山地に生息し，標高 600 〜 2000 m 付近の亜寒帯下部に分布する．屋久島では標高 1300 m 以上の山地にのみ見られる．

分布　国内：北海道，本州，四国，九州，屋久島．

島嶼の分布　北海道：利尻島，礼文島．本州：金華山島．九州：対馬．大隅諸島：屋久島．

ハヤシムネボソアリ　*Temnothorax makora*（Terayama & Onoyama, 1999）

分類・形態　体長 2 〜 2.5 mm．黒褐色から黒色．触角柄節は長く，頭部後縁に達する．胸部を側方から見たとき，背縁は前胸から前伸腹節にかけて一様の弧をえがく．後胸溝は明瞭．前伸腹節刺は長く針状．腹柄節の丘部は高く，側方から見て逆 U 字状となる．

　ハリナガムネボソアリ *T. spinosior* およびヒラセムネボソアリ *T. anira* に類似するが，ハリナガムネボソアリとは腹柄節の丘部が逆 U 字状であること（ハリナガムネボソアリでは三角形状）で区別され，ヒラセムネボソアリとは，胸部背縁が前胸から前伸腹節にかけて一様の弧をえがくこと（ヒラセムネボソアリでは中胸から前伸腹節にかけての背縁はほぼ直線状）で区別される．また，ハリナガムネボソアリは裸地や草地等の開けた環境に生息するが，本種は樹林内に生息する．

生態　樹林に見られ，朽木に営巣する．単雌性のものと多雌性のものが見られる．多巣性のコロニーを構成する．

分布　国内：北海道，本州，四国，九州．

ミナミイオウムネボソアリ　*Temnothorax mekira* Terayama & Kubota, 2011

分類・形態　体長 2.5 〜 3 mm．頭部，胸部は黒褐色，腹部は黒色．触角柄節は頭部後縁に達する．胸部背縁は緩やかな弧状となり，後胸溝は不明瞭．前伸腹節刺は長く，基部が大きく広がることで他種との区別は容易である．

生態　不明．

分布 国内：火山列島（南硫黄島）．南硫黄島特産種．
島嶼の分布 火山列島：南硫黄島．

アレチムネボソアリ　*Temnothorax mitsukoae* Terayana & Yamane, 2013

分類・形態 体長2mm．体は黒褐色．触角は黄褐色．脚は褐色で，転節と付節は黄色．触角柄節は短く，頭部後縁に達さない．前胸は盛り上がり，中胸から前伸腹節にかけての背縁はほぼ直線状．前伸腹節刺は短く刺状．胸部側面に明瞭な条刻をもつ．腹柄節の前縁は直線状で，丘部は低く，鈍角三角形状．
生態 都市域の攪乱地や公園で採集されている．
分布 国内：四国（高知県），九州（鹿児島県），大隅諸島．
島嶼の分布 大隅諸島：種子島，屋久島．

シワムネボソアリ　*Temnothorax santra*（Terayama & Onoyama, 1999）

分類・形態 体長2.5 mm．黄褐色で，頭部は胸部よりも濃色．触角柄節は頭部後縁をわずかに越える．胸部背縁は穏やかな弧をえがき，後胸溝はわずかに認められる．腹柄節柄部は短く，丘部は逆U字状．ボーニンムネボソアリの和名が当てられていた時期がある．

小笠原諸島に分布するオガサワラムネボソアリ *T. haira* とは，腹柄節丘部が高く盛り上がることと，胸部側面に縦走する幾条かのしわがあることで区別される．
生態 働きアリは林床部から得られている．
分布 国内：小笠原群島．
島嶼の分布 小笠原群島：父島，兄島．

ハリナガムネボソアリ　*Temnothorax spinosior*（Forel, 1901）

分類・形態 体長2mmの小型で黒色のアリ．触角柄節は頭部後縁にほぼ達する．胸部の背縁は横から見て山状に弧をえがく．前伸腹節刺は針状で長い．腹柄節の丘部は側方から見て三角形状で，後縁の後方部が弱く角ばる個体が見られる．
生態 裸地や草地，河川敷などの乾燥した場所に生息し，地表活動を行う．巣は土中に見られる．5月下旬から6月上旬に巣内に有翅虫が出現し，6〜7月の朝に結婚飛行が行われる．巣は創設後，4〜6年で有翅虫を生産するようになる．
分布 国内：北海道，本州，四国，九州．国外：朝鮮半島．
島嶼の分布 北海道：利尻島．本州：志賀島，壱岐，平戸島，沖ノ島（千葉），地島，島後，金華山島，沖ノ島（和歌山）．四国：広島．伊豆諸島：大島，八丈島．大隅諸島：屋久島．

カドフシアリ族　Myrmecinini

カドフシアリ属　*Myrmecina* Curtis, 1892

分類・形態 小型から中型のアリ．体長は2〜5mm程度．頭盾は中央部が隆起し，前縁は前方

へ突出する．後頭隆起縁は頭部腹側面を前進し，大腮基部付近まで達する．前伸腹節側縁前部に小突起がある種が多い．前伸腹節刺は顕著．腹柄節は柄部と丘部の分化が不明瞭で亜円筒状．

生態 森林内の土中や倒木下，石下に営巣する．林床部に活動し，土壌性のダニ類を捕らえて餌としている．コロニーは小さく，通常100個体以下の働きアリで構成される．

分布 世界に51種が記載されており，東南アジアやニューギニアで多くの種が記載されている．日本からは4種が記録されている．

種の検索表　カドフシアリ属

1. a. 体は黄色から黄褐色．
   b. 触角柄節基部は半球状に膨大化する．
   　　p.170　キイロカドフシアリ　*Myrmecina flava*

   aa. 体は黒色から黒褐色．
   bb. 触角柄節基部は単純で，膨大化しない．　2.へ

2. a. 複眼は比較的小さく，長径は触角第10節の長さより短く，5個前後の個眼からなる．
   b. 小型種，頭長 0.65 mm 程度，体長 2〜2.5 mm．
   　　p.171　コガタカドフシアリ　*Myemecina ryukyuensis*

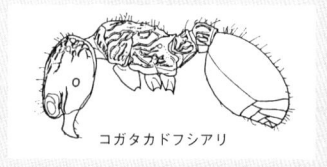

   aa. 複眼は比較的大きく，長径は触角第10節の長さ以上で，10個以上の個眼からなる．
   bb. より大型で，頭長 0.85 mm 程度，体長 3 mm 程度．
   　　3.へ

3. a. 後頭隆起から腹面に伸びる隆起線と複眼との間に縦じわはない．
   b. 頭部のしわは比較的不規則で後方部は網目状．
   　　p.170　カドフシアリ　*Myrmecina nipponica*

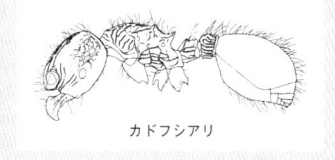

   aa. 後頭隆起から腹面に伸びる隆起線と複眼との間にしわが数本縦走する．
   bb. 頭部表面のしわは太く直線状に縦に走る．
   　　p.170　スジブトカドフシアリ　*Myrmecina amamiana*

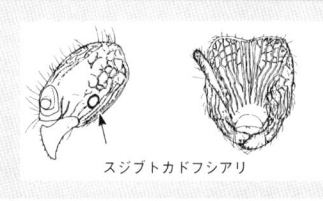

スジブトカドフシアリ　*Myrmecina amamiana* Terayama, 1996

分類・形態　体長3 mm．体は黒色で，脚，触角，大腮は黄褐色．複眼は大きく，長径は触角第10節の長さより大きい．また10個以上の個眼からなり，突出する．頭部および胸部背面のしわは太く，顕著に縦走する．後頭隆起から腹面に伸びる隆起線と複眼との間には明瞭な数本のしわが縦走する．

生態　単雌性かつ単巣性で，コロニーは30個体ほどからなる．照葉樹林の林床に生息し，土中や石下に営巣する．

分布　国内：琉球列島（奄美諸島）．

島嶼の分布　奄美諸島：喜界島，奄美大島，徳之島．

キイロカドフシアリ　*Myrmecina flava* Terayama, 1985

分類・形態　体長2.5 mm．体は黄色から黄褐色，腹部はやや暗く褐色味を帯びる．脚は黄色．複眼は小さく，数個の個眼よりなり，長径は触角第10節の長さより明瞭に小さい．触角柄節の基部は半球状に膨大化し，関節球を完全におおう．頭盾中央に突起はない．前伸腹節は後方を向く．腹柄節下部突起は明瞭で，先端が尖り，前方を向く．

生態　林内の土中や石下，落枝中に営巣し，ササラダニ類を餌としている．単巣性で20個体程度からなる小さいコロニーを構成する．単雌の場合と，女王が2～8頭からなる多雌性の場合がある．女王の中に，小型で働きアリ程度のサイズのものが見られる．

分布　国内：本州，四国，九州．国外：朝鮮半島．

島嶼の分布　九州：能古島．

カドフシアリ　*Myrmecina nipponica* Wheeler, 1906

分類・形態　体長3 mm．体は黒色で，脚，触角，大腮は黄色から黄褐色．眼は大きく，長径は触角第10節の長さより大きい．また10個以上の個眼からなる．側方から見て後頭隆起から腹面に伸びる隆起線と複眼との間に縦じわはなく，平滑で光沢に富む．

生態　林内の土中や石下，落枝中に営巣し，ササラダニ類を主な餌としている．ほかに，ミミズや甲虫の幼虫等も食べる．本州では，単雌性で単巣性．コロニーは働きアリ30～40個体からなる．結婚飛行は8月下旬～9月に行われ，単雌創設．ただし，北海道と四国の個体群では，多雌性で，かつ働きアリと女王アリの中間的な形態をもつもの（intercaste）や職蟻型女王が得られている．このようなコロニーでは，職蟻型女王による分巣でも増える．さらに，神奈川県真鶴産の個体群では，単雌性で1つのコロニーに女王は1個体のみ見られるが，産雌性単為生殖によって増殖することが確認されている．同時に，他地域の個体群では受精し，有性生殖が行われていることも確認されている．

分布　国内：北海道，本州，四国，九州，大隅諸島．

島嶼の分布　北海道：奥尻島．本州：桃頭島，猿島，城ヶ島，佐渡島，金華山島．九州：能古島，志賀島，壱岐，平戸島，黒子島，対馬．伊豆諸島：大島，式根島，三宅島，御蔵島．大隅諸島：種子島，屋久島，口永良部島．

コガタカドフシアリ　*Myrmecina ryukyuensis* Terayama, 1996

分類・形態　体長 2 〜 2.5 mm．体は黒色から黒褐色．大腮，頭盾，触角は赤褐色から褐色，脚は黄褐色．眼は小さく，長径は触角第 10 節より小さく，5 個程度の個眼からなる．頭部，前胸背面のしわは縦走するが細く，やや不明瞭．眼の後頭隆起から腹面に伸びる隆起線と複眼との間はしわを欠くが，点刻でおおわれている．

八重山諸島の個体群は沖縄島産のものと比較して，より小型で体表面のしわはより不明瞭，さらに複眼も小さくなる傾向がある．今後さらに検討する必要がある．

生態　森林内に生息し，土中や石下，落枝中に営巣する．沖縄島からは，働きアリと女王アリの中間的な形態をもつ個体（intercaste）も得られている．

分布　国内：琉球列島（奄美大島以南）．

島嶼の分布　奄美諸島：奄美大島，徳之島，沖永良部島．沖縄諸島：沖縄島，伊是名島．慶良間諸島：久米島．宮古諸島：宮古島．八重山諸島：石垣島，西表島，黒島，与那国島．

アミメアリ属　*Pristomyrmex* Mayr, 1866

分類・形態　体長 2 〜 4 mm 程度の比較的小型のアリ．触角は 11 節からなり，先端の 3 節は棍棒部を形成する．本亜科のものとしては例外的に，額隆起縁がほとんど張り出さず，そのため触角挿入部が裸出する．前伸腹節刺をもつ．

生態　樹林内の倒木や石下に巣が見られ，多くの種では 1 つのコロニーの構成個体数が，十数個体から数十個体と少ない．しかし，日本で普通に見られるアミメアリ *P. punctatus* は，本属のアリとしてはむしろ例外的に大きなコロニーとなる．

分布　世界で約 60 種が記載されており，それらの内の半数が東洋区からのものである．日本には 2 種が分布している．

種の検索表　　アミメアリ属

1. a. 前胸側縁部に突起はない．
   b. 前伸腹節刺は長く，側方から見て先端は前伸腹節後端を越える．
   c. 頭部と胸部は褐色から赤褐色，腹部は黒．
      p.172　**アミメアリ**　*Pristomyrmex punctatus*

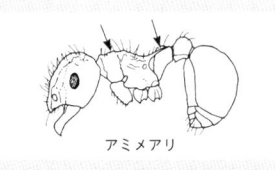

aa. 前胸側縁部に刺状の突起をもつ．
bb. 前伸腹節刺は短く，側方から見て先端は前伸腹節後端を越えない．
cc. 体は全体が黄褐色から赤褐色．

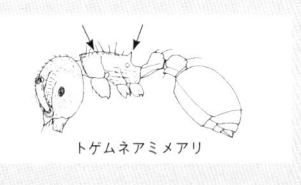

p.172　トゲムネアミメアリ　*Pristomyrmex yaeyamensis*

アミメアリ　*Pristomyrmex punctatus*（Smith, 1860）

分類・形態　体長2.5 mm. 頭部は褐色から赤褐色で脚はより淡色. 腹部は黒から黒褐色. 頭部は丸く, 頭盾前縁には7個の小突起をもつ. 触角柄節は長く, 正面から見て, 頭部後縁を明瞭に越える. 前胸に突起はない. 前伸腹節刺は長く, 側方から見て先端は前伸腹節後端を越える.

本種には*Pristomyrmex pungens*の学名が長く使われていたが, 現在*P. puntatus*が当てられている.

生態　本種は例外的に女王をもたず, 働きアリ自身が産卵して働きアリを生産する産雌性単為生殖によって増殖する. ごく稀にオスも得られる. また, 頭部がやや大きく単眼をもつメス個体が見つかることもあるが, DNA解析の結果, 通常のアミメアリ個体とは遺伝的に隔たっており, 遺伝子交流が認められないことが判明した. これは, アミメアリの通常個体群から突然変異的に派生した一種の寄生者となる個体群であろうと考えられている（別種とは見なせない）. 本種は定住する巣をつくらず, 石下や倒木に野営の巣をつくり, 頻繁に移動する. コロニーの平均個体数は2万程度であるが, 大きなコロニーは数万～数十万の個体からなる（最大で31万個体の記録がある）.

分布　国内：北海道（南部）, 本州, 四国, 九州, 小笠原群島, 琉球列島. 国外：朝鮮半島, 台湾, 中国からインドシナをへて, マラッカ, インド東部, ボルネオ等に分布する.

島嶼の分布　本州：飛島, 宮島, 沖ノ島, 地島, 桃頭島, 江ノ島, 猿島, 城ヶ島, 高島, 島後, 西ノ島, 佐渡島, 金華山島. 四国：広島, 手島, 牛島. 九州：上甑島, 中甑島, 下甑島, 福江島, 平島, 玄海島, 地ノ島, 能古島, 志賀島, 壱岐, 平戸島, 黒子島, 対馬. 伊豆諸島：大島, 利島, 式根島, 神津島, 三宅島, 御蔵島, 八丈島, 青ヶ島. 小笠原群島：父島, 母島. 草垣群島：上之島. 口ノ三島：黒島, 硫黄島, 竹島. 大隅諸島：種子島, 屋久島. トカラ列島：口之島, 臥蛇島, 諏訪之瀬島, 平島, 悪石島, 宝島. 奄美諸島：喜界島, 奄美大島, 加計呂麻島, 請島, 与路島, 徳之島, 沖永良部島, 与論島. 沖縄諸島：沖縄島, 瀬底島, 宮城島, 屋我地島. 宮古諸島：宮古島. 八重山諸島：石垣島, 西表島, 竹富島, 黒島, 小浜島, 与那国島. 大東諸島：南大東島.

トゲムネアミメアリ　*Pristomyrmex yaeyamensis* Yamane & Terayama, 1999

分類・形態　体長2.5～3 mm. 体は全体が黄褐色から赤褐色. 頭部は丸く, 頭盾前縁には3歯をそなえる. 触角柄節は頭部後縁を多少越える程度. 前胸側縁部には刺状の突起をもつ. 前伸腹節刺は短く, 側方から見て先端は前伸腹節後端を越えない.

本種を台湾, 中国南部から東南アジアに広く生息する*P. brevispinosus*の同物異名と見なす見解もある. しかし, *brevispinosus*は通常の有翅女王のみを生産するのに対して, 本種は職蟻型女王のみが見られ, かつこれらの女王が1つのコロニーに複数個体が存在する社会構造をもつ. このような生態学的相違により, 別種と判断し, 沖縄の個体群に*yaeyamensis*の種限定語を適用

する.

生態 林内の倒木や石下に巣が見られるが,巣の構成個体数は少なく,通常20以下の働きアリからなる程度.通常の形態をした女王が存在せず,かわりに翅をもたない職蟻型女王のみが数頭見られる.

分布 国内:琉球列島の西表島にのみ分布する.

島嶼の分布 八重山諸島:西表島.

ハチズメアリ族　Melissotarsini

ヒゲブトアリ属　*Rhopalomastix* Forel, 1900

分類・形態 体長1.5～3 mmの小型のアリ.触角が10節からなり,柄節,鞭節ともに著しく短く,かつ鞭節は平たくつぶされた特徴的な形態をもつ.額葉は互いに接近する.前伸腹節刺はない.後腹柄節の後面は腹部と全面的に連結している.脚は短く,腿節,脛節ともに扁平.

生態 本属のアリは,樹木の根元付近の樹皮下に巣をつくる.

分布 東洋区に限って見られ,これまでに6種が知られている.日本ではヒゲブトアリ *R. omotoensis* 1種が石垣島から得られている.

ヒゲブトアリ　*Rhopalomastix omotoensis* Terayama, 1996

分類・形態 体長2 mm.体は黄褐色.特徴的な触角や脚の形態から,他種との区別は容易である.

生態 これまでに石垣島から2例の採集例のみが知られている.これらのうち1例は,於茂登岳の照葉樹の根元の樹皮下から得られたものである.台湾でも照葉樹林内で得られている.

分布 国内:琉球列島(石垣島).国外:台湾.

島嶼の分布 八重山諸島:石垣島.

[ヤマアリ型亜科群　Formicomorph subfamilies]

カタアリ亜科　Dolichoderinae

分類・形態 働きアリでは普通,複眼が発達するが単眼はない.触角は通常12節で,一部11節や10節の属も見られる.腹柄部は腹柄節1節のみからなる.形態は多様で,こぶ状もしくは鱗片状のものから筒状で丘部を欠くものまである.腹部(膨腹部)は卵形で,腹部第1節と第2節の境界はくびれない.第1節の背板と腹板は融合せず,筒状にはならない.末端に刺針はない.腹部末端の孔は扁平でスリット状となり,周毛をもたない.一般形態はヤマアリ亜科に似るが,腹部末端の形状で区別される.日本産の種で腹柄節の丘部が未発達なものはすべて本亜科のものである.

生態 一般に地中あるいは地表の石や倒木下などに営巣し，地上徘徊性のものが多いが，植物体の空洞，枯れ枝，樹皮下などに営巣し，樹上生活を行うものも多い．植物と強い共生関係を結び，特定の植物体の一部を巣として利用するものも海外では見られる．

分布 世界で28属約700種が記載されている．熱帯・亜熱帯を中心に分布するが，亜寒帯地域にも分布する．日本には5属7種が記録されている．

属の検索表　カタアリ亜科

1.
- a. 腹柄節は鱗片状もしくはこぶ状．
- b. 腹部は腹柄節におおいかぶさらない．

  2. へ

  ナミカタアリ属

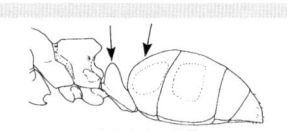

- aa. 腹柄節は管状で，明瞭な丘部がない．
- bb. 腹部は腹柄節におおいかぶさる．

  4. へ

  ヒラフシアリ属

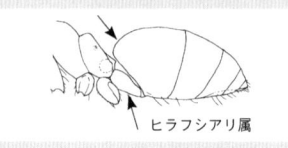

2.
- a. 腹柄節はこぶ状．
- b. 前伸腹節後背部は顕著に後方に突出し，後面は強くえぐれる．
- c. 頭部および胸部表面は顕著な点刻でおおわれる．

  p.175　ナミカタアリ属　*Dolichoderus*

  ナミカタアリ属

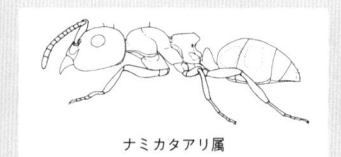

- aa. 腹柄節は鱗片状で高く薄い．
- bb. 前伸腹節後背部は顕著に後方に突出せず，後面は弱く膨らむか，わずかにへこむ．
- cc. 頭部および胸部表面は滑らかで粗大点刻はない．

  3. へ

3.
- a. 触角柄節は短く，頭部後縁をわずかに越える程度．
- b. 前伸腹節後面は，側方から見てほぼ直線状でわずかにへこむ．　p.176　ルリアリ属　*Ochetellus*

  ルリアリ属

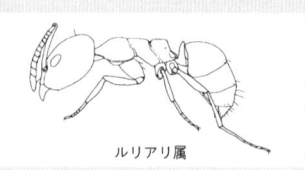

- aa. 触角柄節は長く，頭部後縁を大きく越える．
- bb. 前伸腹節後面は，側方から見て緩やかな弧状を示す．　p.176　アルゼンチンアリ属　*Linepithema*

  アルゼンチンアリ属

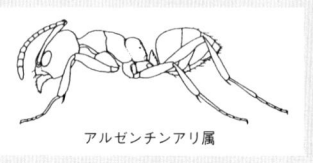

4. a. 側方から見て，中胸と前伸腹節の間はわずかにくぼむ程度．
   b. 前伸腹節はほとんど隆起しない．
   c. 腹部第5節が第4節の中に引き込まれていて，腹部は見かけ上4節に見える．
       p.177　コヌカアリ属　*Tapinoma*

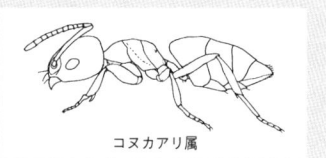

   aa. 側方から見て，中胸と前伸腹節の間は深くくぼむ．
   bb. 前伸腹節は隆起する．
   cc. 腹部第5節は小さいが裸出しており，それゆえ腹部は外側から見て5節を数える．
       p.179　ヒラフシアリ属　*Technomyrmex*

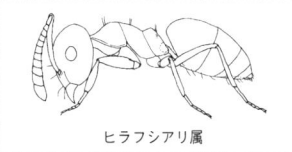

カタアリ族　Dolichoderini

ナミカタアリ属　*Dolichoderus* Lund, 1831

分類・形態　体長2.5～5 mmの中型のアリ．複眼は発達し，やや突出する．触角は12節からなる．前伸腹節後背縁は角ばるものから突起となるものまでさまざまである．腹柄節はこぶ状で，膨腹部前縁はこれにおおいかぶさらない．体表面は硬く，点刻などの表面構造が発達している種が多い．

生態　樹上営巣性で，朽ち木や枯れ枝中に営巣する種が多い．働きアリは頻繁に樹上で探餌活動を行い，アブラムシやカイガラムシ類を訪れる．

分布　世界に約125種が記載されている．日本ではシベリアカタアリ *D. sibricus* 1種のみが分布する．

シベリアカタアリ　*Dolichoderus sibiricus* Emery, 1889

分類・形態　体長3 mm．頭部は黒色，胸部および腹柄節は赤褐色，腹部は黒色で，第1，第2背板のそれぞれに1対の黄白色の紋をもつ．大腮，触角，脚は赤褐色から黄褐色．頭部，胸部，腹柄節は粗い点刻でおおわれる．

生態　樹上営巣性で，朽ち木や枯れ枝中に営巣する．働きアリは樹上で探餌活動を行う．9～10月初旬に結婚飛行が行われ，午後から夕方にかけて有翅虫の巣からの飛出が見られる．

分布　国内：北海道，本州，四国，九州，屋久島．国外：シベリア，朝鮮半島，中国．

島嶼の分布　北海道：奥尻島．本州：高島．九州：対馬．伊豆諸島：大島，式根島．大隅諸島：屋久島．

アルゼンチンアリ属　*Linepithema* Mayr, 1866

分類・形態　体長 2.5〜4 mm ほどの小型から中型のアリ．複眼は発達し，頭部のやや前方に位置する．頭盾前縁はほぼ直線状か中央部が若干へこむ．触角柄節は長く，頭部後縁を明瞭に越える．後胸溝は明瞭に刻みつけられる．前伸腹節後背縁は弱く角ばるものから，丸みを帯び明瞭な角とならないものまである．斜面は側方から見て弱い弧状となる．腹柄節は鱗片状で薄く高い．腹部はこれにおおいかぶさらない．

　ルリアリ属 *Ocheteluis* に特に類似するが，触角柄節が長いことと，前伸腹節の斜面がへこまず，弱く弧状に張り出すことで容易に区別される．

生態　土中に営巣する種が多いが，一部樹上性の種が見られる．雑食性であるが，植物の蜜やアブラムシの甘露等の液体成分を好んで集める．大多数の種が多雌性である．本属のアルゼンチンアリ *L. humile* は侵略的外来アリとして世界的に有名な種である．

分布　新熱帯区原産の属で，世界に 20 種が知られている．アルゼンチンアリ *L. humile* のほか，*L. iniquum* も人為的に分布を広げた種で，ヨーロッパ等で記録されている．

アルゼンチンアリ　*Linepithema humile*（Mayr, 1868）

分類・形態　体長 2.5〜3 mm 程度の小型のアリ．黒褐色で，触角は長い．頭部は正面から見て，長さが幅よりも長く，前方に向かうにつれて幅が狭くなる．大腮は先端歯と亜先端歯があり，それに続いてのこぎり状の小歯が複数並ぶ．眼は比較的大きく 100 個以上の個眼からなる．中胸背板は側方から見てほぼ直線状で，後胸溝は明瞭にへこむ．前伸腹節の後背縁は幾分角ばる．頭部，胸部背面に明瞭な立毛はない．

生態　侵略的外来アリとして世界的によく知られている種．女王は巣外へ飛出せず，巣内で交尾し，産卵をはじめる．極端な多雌性で，巨大なスーパーコロニーを形成する．本種が侵入し，密度が高くなった場所では，在来のアリ類は本種に駆逐されほとんどの種が消滅する．他の節足動物等も被害を受ける．顕著な行列をつくって行動し，頻繁に家屋にも侵入し，被害を与える．日本の個体群では 5 つのスーパーコロニーが確認されており，そのうちの最大のものを 'Japanese Main Supercolony' と呼んでいる．現在これは，ヨーロッパに形成された直線にして 6000 km もの長さをもつ巨大なスーパーコロニーと同一の大家族集団であることが判明している．

分布　国内：本州，四国．日本では 1993 年に広島県廿日市市で発見されて以降，人為的に飛び石状に各地に広がり，神奈川県および東京都まで分布を拡大させている．国外：南米のパラナ川流域が原産地であるが，交通機関に便乗し，150 年前から分布を拡大しはじめ，現在世界各地にスーパーコロニーを形成し，さらに分布を拡大している．

ルリアリ属　*Ochetellus* Shattuck, 1992

分類・形態　体長 3 mm 以下の小型のアリ．複眼は発達し，頭部のやや前方に位置する．頭盾前縁は多少ともへこむ．後胸溝は明瞭に刻みつけられる．前伸腹節後縁は角ばり，斜面は側方から見て弱くへこむ．腹柄節は鱗片状で薄く高い．

生態 比較的乾燥した環境を好み，森林から草地に生息し，乾いた倒木や枯れ枝，あるいは土中に営巣する．

分布 東洋区・オーストラリア区を中心に7種が記載されている．日本ではルリアリ *O. glaber* 1種のみを産する．

ルリアリ　*Ochetellus glaber* (Mayr, 1862)

分類・形態 体長2mm．体は黒色で腹部に弱い金属性の光沢をもつ．脚，触角は褐色味を帯びる．

生態 草地や林縁部でごく普通に見られ，枯れ枝，朽ち木，石下などに営巣する．基本的に雑食性であるが，肉食性の傾向が強く，しばしばアシナガバチの巣や竹筒などに営巣する他のハチ類の巣を襲う．単雌性あるいは2～5個体の女王が見られる寡雌性を示す．結婚飛行は鹿児島では5月下旬に，本州中部では6～7月に見られる．有翅虫は朝に飛出する．

分布 国内：本州（太平洋岸），四国，九州，小笠原群島，南西諸島に生息する．南西諸島では琉球列島の各島に普通に見られ，尖閣諸島，大東諸島にも分布する．国内では，近年分布を北へ拡大させており，以前は見られなかった東京都内でも頻繁に見られるようになった．国外：台湾，中国．日本からハワイに人為的に運ばれた記録がある．

島嶼の分布 本州：沖ノ島，地島，江ノ島，猿島，城ヶ島，沖ノ島，高島，宮島，荒三子島，島後．四国：広島，手島．九州：上甑島，中甑島，下甑島，福江島，中通島，平島，玄海島，相ノ島，地ノ島，志賀島，大島，壱岐，平戸島，対馬．伊豆諸島：大島，新島，式根島，神津島，三宅島，八丈島．小笠原群島：父島，母島，兄島，平島．草垣群島：上之島．口ノ三島：黒島，硫黄島，竹島．大隅諸島：種子島，屋久島．トカラ列島：口之島，中之島，臥蛇島，諏訪之瀬島，悪石島，小宝島，宝島，横当島．奄美諸島：喜界島，奄美大島，加計呂麻島，請島，与路島，徳之島，沖永良部島，与論島．沖縄諸島：沖縄島，硫黄鳥島，伊平屋島，伊是名島，瀬底島，古宇利島，伊計島，平安座島，宮城島，津堅島，久高島．慶良間諸島：渡名喜島，渡嘉敷島，粟国島，久米島．宮古諸島：宮古島，池間島，下地島．多良間諸島：多良間島．八重山諸島：石垣島，西表島，竹富島，黒島，小浜島，波照間島，与那国島．尖閣諸島：魚釣島，南小島．大東諸島：北大東島，南大東島．

コヌカアリ属　*Tapinoma* Forster, 1850

分類・形態 小型種が多く，体長は1.5～5mm程度．複眼の大きさは中程度で，頭部のほぼ中央か少し前方に位置する．後胸溝は明瞭．前伸腹節の背面部は短い．腹柄節は管状でかつ腹部第1節がおおいかぶさる．通常，腹部は外見上第4節までが認められる．

生態 開けた環境を好み，巣は土中や石下，樹皮下や枯れ枝中に見られる．働きアリは素早く動き回り，種によっては頻繁に家屋に侵入する．

分布 世界に約65種が記載されている．日本では2種が知られている．

種の検索表　コヌカアリ属

1.
a. 複眼は大きく，その長さは複眼の前端から頭盾前縁までの距離よりも長い
b. 体は褐色と淡黄色の2色性．
　p.178　アワテコヌカアリ　*Tapinoma melanocephalum*

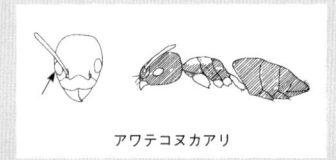

aa. 複眼はより小さく，長さはその前端から頭盾前縁までの距離よりも短い．
bb. 体は黄色の単色性．
　p.178　コヌカアリ　*Tapinoma saohime*

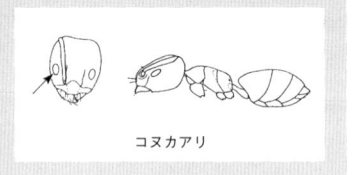

アワテコヌカアリ　*Tapinoma melanocephalum* (Fabricius, 1793)

分類・形態　体長1.5 mmの小型の種．体は褐色と淡黄色の2色性．すなわち，触角鞭節，前胸・中胸側面部，前伸腹節および腹部は褐色．大腮，触角柄節，前・中胸背面，脚は淡黄色．触角柄節は頭部後縁を越える．複眼は大きく，長軸上に9～10列の個眼が並ぶ．

生態　土中，石下，樹皮下などの隙間に営巣し，多雌性かつ多巣性．動きはかなり迅速．熱帯・亜熱帯域では家屋害虫となっている．

分布　国内：本州，九州，南西諸島，小笠原諸島．原産地不明の放浪種で，世界の熱帯・亜熱帯に見られ，日本でも南西諸島に普通に見られる．また，大阪や兵庫の植物園や東京のホテル内や大学の建物の中および周辺で採集された例もある．近年，愛知県からも野外で発見されている．
国外：汎熱帯・亜熱帯．

島嶼の分布　小笠原群島：父島，母島，聟島，平島．火山列島：硫黄島．南鳥島．口ノ三島：硫黄島．大隅諸島：種子島，屋久島．トカラ列島：口之島，臥蛇島，中之島，諏訪之瀬島，平島，悪石島，小宝島，宝島．奄美諸島：喜界島，奄美大島，加計呂麻島，請島，与路島，徳之島，沖永良部島，与論島．沖縄諸島：沖縄島，硫黄鳥島，伊平屋島，伊是名島，瀬底島，古宇利島，伊計島，平安座島，宮城島，津堅島，久高島，屋我地島．慶良間諸島：渡嘉敷島，粟国島，久米島．宮古諸島：宮古島，池間島，伊良部島，来間島，下地島．多良間諸島：多良間島．八重山諸島：石垣島，西表島，竹富島，黒島，小浜島，波照間島，与那国島．大東諸島：北大東島，南大東島．

コヌカアリ　*Tapinoma saohime* Terayama, 2013

分類・形態　体長1.5 mm弱の小型種．体は淡黄色から黄色．触角柄節は頭部後縁にちょうど達する程度．複眼はやや小さく，長軸上で6列前後の個眼が並ぶ．日本産の本種に*T. indicum*の学名が適用された時期があるが，これは誤同定にもとづくものであった．

生態　巣は枯枝中に見られるが，土中営巣の例も知られる．単雌創巣と多雌創巣の場合がある．

コロニーも単雌性のものと，女王が2〜11頭ほどからなる多雌性のものがある．7月に結婚飛行が行われる．

分布 国内：本州（太平洋岸），四国，九州，琉球列島．国外：少なくとも台湾から本種と判定されるものが採集されている．

島嶼の分布 本州：城ヶ島，沖ノ島，地島，桃頭島．伊豆諸島：大島，利島，式根島，三宅島，御蔵島，八丈島．小笠原群島：父島，母島．口ノ三島：竹島．大隅諸島：屋久島．奄美諸島：奄美大島，請島，沖永良部島．沖縄諸島：沖縄島，伊是名島，平安座島，薮地島，浜比嘉島，久高島，津堅島．慶良間諸島：渡嘉敷島，久米島．宮古諸島：宮古島，池間島，下地島，伊良部島，来間島．多良間諸島：多良間島．八重山諸島：石垣島，西表島，波照間島，与那国島．尖閣諸島：魚釣島．

ヒラフシアリ属　*Technomyrmex* Mayr, 1972

分類・形態 小型から中型のアリで体長は2〜4 mm程度．頭盾前縁は中央部が弱くへこむ（外国産の種ではしばしば中央部に非常に明瞭な切れ込みをもつ）．後胸溝は明瞭に刻みつけられる．前伸腹節は背方に強く隆起する．腹柄節は管状で，かつ膨腹部第1節がその上におおいかぶさる．膨腹部は普通外見上第5節までが認められる．コヌカアリ属 *Tapinoma* に似るが，日本産の種では中胸と前伸腹節の間が深くくぼみ，かつ前伸腹節が隆起することで容易に区別される．また，コヌカアリ属の種と比べて体サイズも通常大きい．

生態 樹上性の種が多く，枯れ枝や枯れ竹に巣をつくり，主に樹上で活動する．ただし，土中に営巣する種も見られる．生息場所は多様で，林内から乾燥した土地にまで見られる．南九州以南に見られるアシジロヒラフシアリ *T. brunneus* は，巨大なコロニーを構成する．

分布 世界に約95種が記載されている．日本には2種が分布する．

種の検索表　ヒラフシアリ属

1. a. 腹部第1背板から第3背板に立毛がある．
   b. 体は黒色で触角鞭節と脚の付節は淡黄白色．
   　　p.180　アシジロヒラフシアリ　*Technomyrmex brunneus*

   aa. 腹部第1背板から第3背板に立毛はない．
   bb. 頭部と胸部は褐色，腹部は黒褐色．触角と脚は黄色から黄褐色．
   　　p.180　ヒラフシアリ　*Technomyrmex gibbosus*

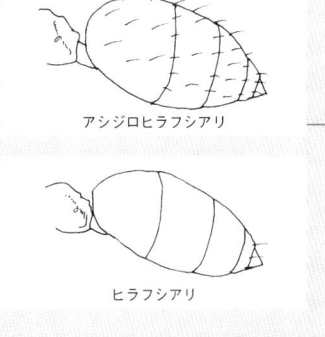

アシジロヒラフシアリ　*Technomyrmex brunneus* Forel, 1895

分類・形態　体長2.5 mm. 体は黒から黒褐色で触角鞭節, 脚付節は淡黄白色. 頭部は長さと幅がほぼ等しい. 複眼は頭部側面のほぼ中央に位置する. 触角柄節は比較的長く, 先端は頭部後縁を明らかに越える. 前胸, 中胸, 前伸腹節にそれぞれ1対ずつの立毛がある. 腹部の各背板にも立毛がある.

　本種には *Technomyrmex albipes* の学名が用いられてきたが, ベトナムから中国南部, 台湾, 日本に生息する個体群は *albipes* とは別種であることが判明した. 真の *albipes* は, 南アジアを中心に分布する.

生態　比較的乾燥した草地や林縁に見られ, 朽ち木や切株, 枯れ枝等に営巣する. しばしば働きアリの個体数が数百万に達する多巣性の巨大なコロニーを形成する. 生殖カーストとして, 有翅の女王, オスのほかに, 翅をもたない職蟻型女王およびオスが多数生産され, 巣内に存在する. 有翅女王と有翅オスは5～6月に出現し, 結婚飛行を行う. 一方, 無翅オスは冬季を除いて年間見られ, 巣内の職蟻型女王と交尾を行い, 大きなコロニーではこれらによって巣が維持されている. 琉球列島のマングローブ林での優占種である.

分布　国内:九州(南部)以南に分布し, 火山列島にも生息する. 南西諸島では多くの島で普通に見られる. さらに, 千葉県や東京都, 静岡県では, 植物園の温室内に生息しているものが発見されている. 九州南部では分布が北進している事が判明している. 国外:ベトナムから中国南部, 台湾にかけて生息する.

島嶼の分布　九州:上甑島, 青島. 小笠原群島:父島. 火山列島:硫黄島, 南鳥島. 大隅諸島:種子島, 屋久島. トカラ列島:口之島, 中之島, 悪石島, 宝島. 奄美諸島:喜界島, 奄美大島, 加計呂麻島, 請島, 与路島, 徳之島, 沖永良部島, 与論島. 沖縄諸島:沖縄島, 硫黄鳥島, 伊平屋島, 伊是名島, 薮地島, 瀬底島, 伊計島, 平安座島, 宮城島, 屋我地島. 慶良間諸島:渡嘉敷島, 久米島. 宮古諸島:宮古島, 池間島, 伊良部島, 来間島. 多良間諸島:多良間島. 八重山諸島:石垣島, 西表島, 竹富島, 黒島, 小浜島, 波照間島, 与那国島. 大東諸島:北大東島, 南大東島.

ヒラフシアリ　*Technomyrmex gibbosus* Wheeler, 1906

分類・形態　体長2.5 mmの小型のアリ. 頭部と胸部は褐色, 腹部は黒褐色. 触角と脚は黄色から黄褐色. 胸部と腹部には立毛がない. 後胸溝は明瞭に刻みつけられる. 前伸腹節は背方に強く隆起する. 腹柄節は管状でかつ腹部第1節がおおいかぶさる.

生態　樹上性で, 枯れ枝や枯れ竹に巣をつくり, 主に樹上で活動する. 単雌性で基本的に単巣性. コロニーは数百個体からなる. 8月下旬～10月にかけて結婚飛行が行われ, 有翅虫は夜に巣から飛出する.

分布　国内:北海道, 本州, 四国, 九州. 国外:朝鮮半島.

島嶼の分布　本州:沖ノ島(和歌山).

ヤマアリ亜科　Formicinae

分類・形態　腹柄部は腹柄節1節のみからなり，腹部末端は刺針を欠く．腹部第1背板は腹板とは融合しないか，融合したとしても基部のみで，第1節全体が筒状になることはない．また末端は円錐形に突出し，その先端にある丸い開口部には普通周縁毛が見られる（日本産の属ではトゲアリ属 *Polyrhachis* が周縁毛を欠く）．額域は明瞭．多くの属で複眼が発達するが，一部の属では複眼が小さいかあるいは消失する種が含まれる．また，いくつかの属では働きアリにも単眼が見られる．

生態　地上活動性の種が多く，人目にふれる機会の多いアリである．植物の蜜や同翅類昆虫からの分泌物をもっぱらの餌源としている種，あるいは雑食性の種が多い．営巣習性や社会構造は多様で，さらには社会寄生や奴隷狩りを行うものも知られている．

分布　世界に51属約2920種が記載されている大きなグループである．日本では13属84種が記録されている．

属の検索表　ヤマアリ亜科

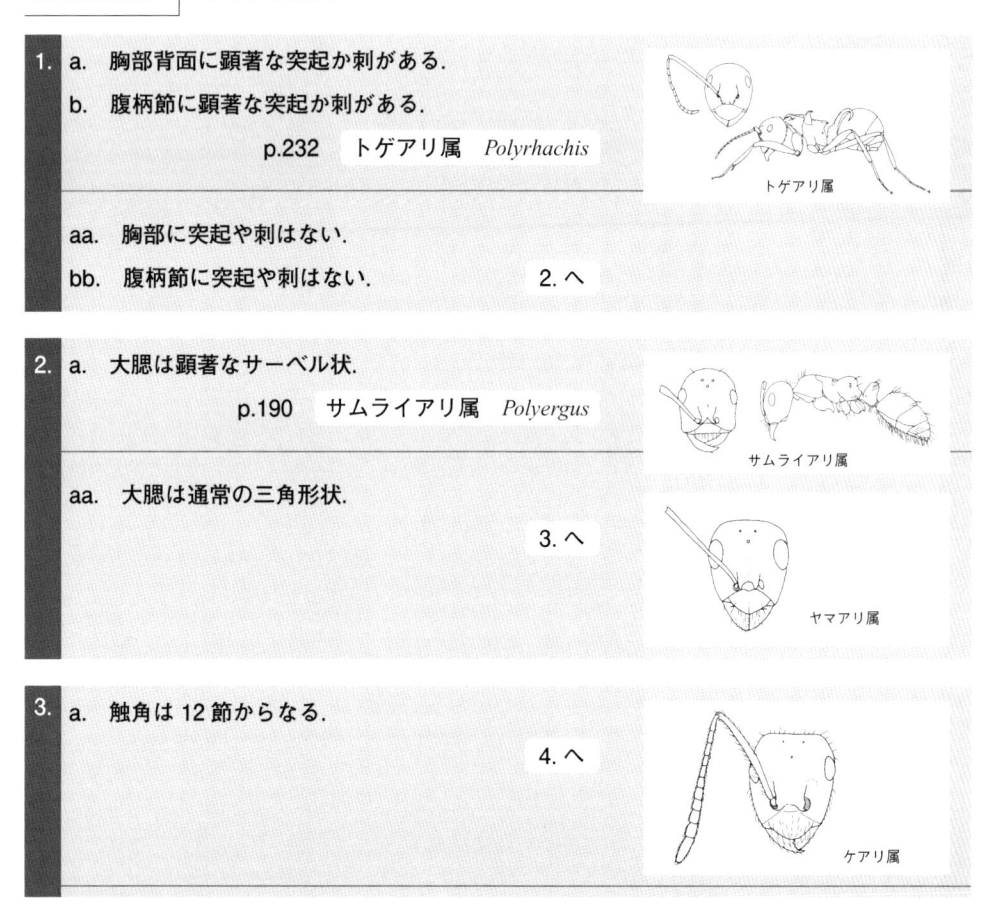

1. a. 胸部背面に顕著な突起か刺がある．
   b. 腹柄節に顕著な突起か刺がある．
      p.232　トゲアリ属　*Polyrhachis*

   aa. 胸部に突起や刺はない．
   bb. 腹柄節に突起や刺はない．　2.へ

2. a. 大腮は顕著なサーベル状．
      p.190　サムライアリ属　*Polyergus*

   aa. 大腮は通常の三角形状．　3.へ

3. a. 触角は12節からなる．　4.へ

ヤマアリ亜科

aa. 触角の節数は 11 節以下.
　　　　　　　　　　　　　　　10. へ

　　　　　　　　　　　　　　　ミツバアリ属

4. a. 中胸の気門は側面に位置する.
　　p.214　オオアリ属　*Camponotus*

　　　　　　　　　　　　　　　オオアリ属

　aa. 中胸の気門は背面もしくはごく背方寄りに位置する.
　　　　　　　　　　　　　　　5. へ

　　　　　　　　　　　オオアリ属　　ミツバアリ属

5. a. 前伸腹節の気門は縦に長い楕円形.
　　p.184　ヤマアリ属　*Formica*

　　　　　　　　　　　　　　　ヤマアリ属

　aa. 前伸腹節の気門はほぼ円形.
　　　　　　　　　　　　　　　6. へ

　　　　　　　　　　　ヤマアリ属　　ウワメアリ属

6. a. 前胸が前方に長く伸びる（本属とアシナガキアリ属は触角および脚が著しく長い）.
　　p.211　ヒゲナガアメイロアリ属　*Paratrechina*

　　　　　　　　　　　　　　　ヒゲナガアメイロアリ属

　aa. 前胸は短い.
　　　　　　　　　　　　　　　7. へ

7. a. 複眼は頭部側面中央部あるいはやや前方よりに位置する.
　b. 前・中胸背面には立毛が規則的に見られる.
　　　　　　　　　　　　　　　8. へ

　　　　　　　　　　　　　　　アメイロアリ属

　aa. 複眼は頭部側面の後方よりに位置する.
　bb. 前・中胸背面には軟毛や剛毛が不規則に乱立する.
　　　　　　　　　　　　　　　9. へ

　　　　　　　　　　　　　　　ケアリ属

ヤマアリ亜科

8. a. 前伸腹節背面に立毛はない．
   b. 大腮に6，7歯をそなえる．
   c. 触角柄節，脚腿節，脛節に通常立毛をもつ（もたない種も見られる）．
               p.205　アメイロアリ属　*Nylanderia*

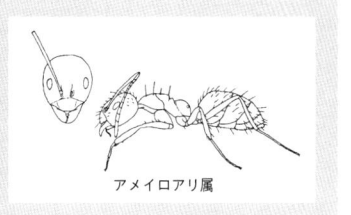

   aa. 前伸腹節背面に1対の立毛をもつ．
   bb. 大腮に5歯をそなえる（大腮の先端から数えて4番目と5番目の歯の間に1つの小歯が見られる場合がある）．
   cc. 触角柄節，脚腿節，脛節に立毛はない．
               p.210　サクラアリ属　*Paraparatrechina*

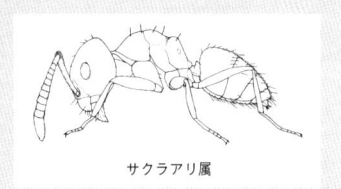

9. a. 頭部後縁は直線状かわずかにへこむ．
   b. 大腮に7歯以上の歯をそなえる．
               p.194　ケアリ属　*Lasius*

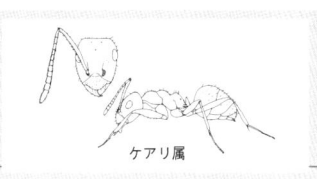

   aa. 頭部後縁は弧状．
   bb. 大腮に5あるいは6歯をそなえる．
               p.213　ウワメアリ属　*Prenolepis*

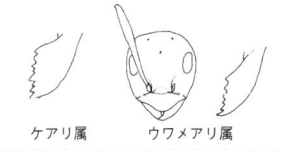

10. a. 前胸背板は細長い．
    b. 腹柄節は前後に長い．
    c. 触角，脚はともに長く，触角柄節，後脚腿節，後脚脛節のそれぞれは胸部とほぼ同長かそれ以上（触角は11節からなる）．
               p.193　アシナガキアリ属　*Anoplolepis*

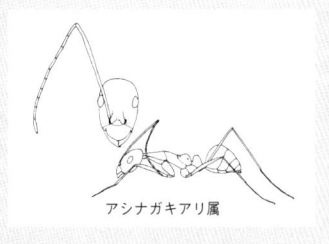

    aa. 前胸背板は短い．
    bb. 腹柄節は比較的薄く扁平．
    cc. 触角柄節，後脚腿節，後脚脛節のいずれも胸部より短い．
                                          11. へ

11. a. 複眼は小さく，1もしくは数個の個眼からなる（触角は11節あるいは10節からなる）．

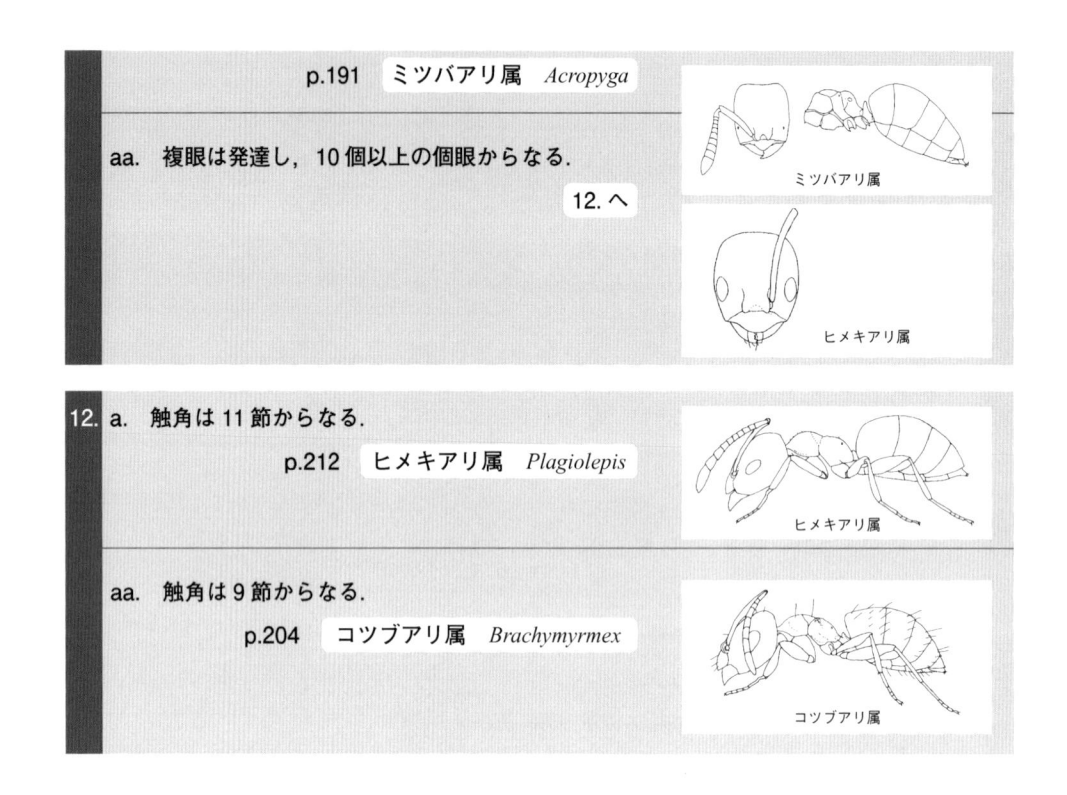

	p.191 ミツバアリ属 *Acropyga*
aa.	複眼は発達し，10個以上の個眼からなる. 12.へ

12. a.	触角は11節からなる. p.212 ヒメキアリ属 *Plagiolepis*
aa.	触角は9節からなる. p.204 コツブアリ属 *Brachymyrmex*

ヤマアリ族 Formicini

ヤマアリ属 *Formica* Linnaeus, 1758

分類・形態 体長3.5〜7mmの中型のアリ．脚は比較的長く，敏捷に活動する．複眼は比較的大きく，単眼は働きアリでも明瞭に見られる．触角は12節からなる．大腮は三角形で5〜12歯をそなえる．後胸溝は明瞭に刻まれる．前伸腹節は側方から見て前・中胸背縁の高さよりも明らかに低い．前伸腹節気門は後縁から離れて位置し，スリット状．腹柄節は高く，横に広がる鱗片状．

本属では，従来複数の亜属が設定されていたが，現在，亜属名は使われない．

生態 土中に営巣し，種によっては地上部に枯れ葉や枯枝を集めて大きな塚をつくる．半裸地の開けた環境に生息する種から，林内に生息する種までが見られる．広食性で，昆虫の死骸等に集まるほか，植物の花蜜やアブラムシの甘露を集めるために，樹上や草本にもよく登る．エゾアカヤマアリ類では，ガの幼虫等も積極的に襲って餌とする．日本のアカヤマアリ *F. sanguinea* では奴隷狩りを行い，クロヤマアリ隠蔽種群 *F. japonica*（s. l.）やヤマクロヤマアリ *F. lemani* 等を奴隷として利用する．

分布 北方系の属で，旧北区と新北区に分布し，約190種が記載されている．日本には12種が分布しており，本土では山地で種数が多くなる．タカネクロヤマアリ *F. gagatoides* は高山帯のハイマツ林内に営巣する真高山性の種である．

種の検索表　　ヤマアリ属

1. a. 胸部と腹柄節は赤色から赤褐色．腹部は黒色．
　　　　　　　　　　　　2. へ

　aa. 体は全体が黒色．　　　5. へ

　aaa. 体は全体が漆黒色で，極めて強い光沢をもつ．
　　　p.186　ツヤクロヤマアリ　*Formica candida*

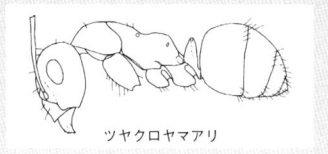

　　　ツヤクロヤマアリ

2. a. 頭部後縁は強くくぼむ．
　　　p.186　ツノアカヤマアリ　*Formica fukaii*

　aa. 頭部後縁はほぼ直線状か，弧状となる．
　　　　　　　　　　　　3. へ

　　　ツノアカヤマアリ

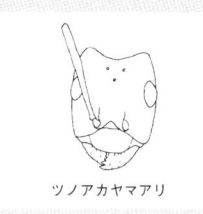

3. a. 頭盾前縁中央部はへこむ．
　b. 複眼に立毛はない．
　　　p.189　アカヤマアリ　*Formica sanguinea*

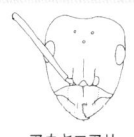

　aa. 頭盾前縁中央部は前方に突出し，へこまない．
　bb. 複眼に短い立毛を生やす．　　4. へ

　　　アカヤマアリ　　エゾアカヤマアリ

4. a. 後脚脛節外面に多くの立毛がある．
　　　p.190　ケズネアカヤマアリ　*Formica truncorum*

　　　ケズネアカヤマアリ　　エゾアカヤマアリ

　aa. 後脚脛節外面に立毛はない．あっても1，2本．
　　　p.190　エゾアカヤマアリ　*Formica yessensis*

5. a. 腹部第3背板上の軟毛はまばらで，軟毛間の距離は軟毛の長さと等しいかそれ以上（高山帯のハイマツ林に生息する）．
　　　p.187　タカネクロヤマアリ　*Formica gagatoides*

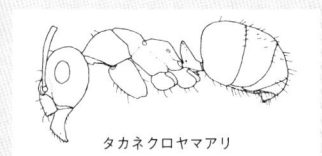

　　　タカネクロヤマアリ

　aa. 腹部第3背板上の軟毛は密で，軟毛間の距離は

軟毛の長さよりも小さい. 6.へ

6. a. 腹部第2節の背板上には後縁の1列を除いて立毛は普通なく，あっても2本以下.
  b. 大型個体の頭部は細長く，後側縁は角ばらない.
  c. 触角柄節は長く，柄節指数（触角柄節長／頭幅×100）は142以上.

  p.187　ハヤシクロヤマアリ　*Formica hayashi*

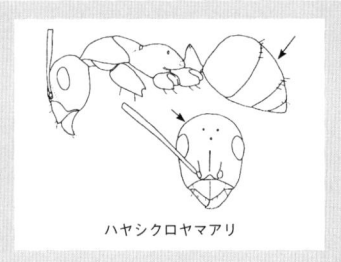

  ハヤシクロヤマアリ

  aa. 腹部第2節の背板の中央部にも立毛が5本以上見られる.
  bb. 大型個体の頭部は幅広く，後側縁は角ばる.
  cc. 柄節指数は142以下. 7.へ

7. a. 腹部第2背板上の軟毛は比較的密で，第1背板と同程度.
  b. 頭部側面の後頭部は彫刻をもち，光沢は鈍い.

  p.188　クロヤマアリ隠蔽種群　*Formica japonica* (s. l.)

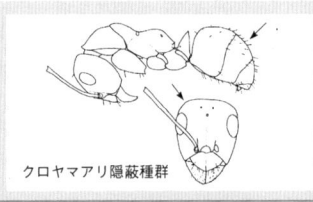

  クロヤマアリ隠蔽種群

  aa. 腹部第2背板上の軟毛は比較的まばらで，第1背板よりも密度が低い.
  bb. 頭部側面の後頭部は概して平滑な部分をもち，比較的強い光沢をもつ.

  p.189　ヤマクロヤマアリ　*Formica lemani*

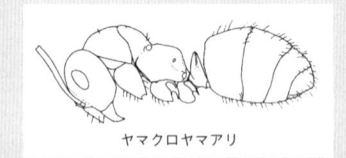

  ヤマクロヤマアリ

ツヤクロヤマアリ　*Formica candida* Smith, 1878

分類・形態　体長4〜4.5 mm. 体は漆黒色. 胸部は軟毛が密で，やや光沢が弱い. 脚と触角は黒褐色. 腹部第1背板上の軟毛はまばらである.

　本種に *F. transkaucasica* あるいは *F. picea* の学名が適用されていた時期がある.

生態　山地の湿度の高い草原や湿地に見られ，石下や土中に営巣する. 7月に結婚飛行が行われる.

分布　国内：北海道，本州（中部以北），九州. 国外：ユーラシア大陸北部.

島嶼の分布　北海道：利尻島，礼文島，色丹島.

ツノアカヤマアリ　*Formica fukaii* Wheeler, 1914

分類・形態　体長4.5〜6.5 mm. 頭部から腹柄節までは赤褐色で，腹部は黒色. 頭部の上方，

前胸背の前方，触角柄節，脚の脛節はやや暗色となる．頭部の後縁は明瞭にくぼむ．

生態　比較的明るい環境に巣をつくり，枯れ草を集めて，小規模の塚をつくる．単雌性で1つのコロニーは数千個体に達する．通常，単独でコロニーを創設するが，クロヤマアリ隠蔽種群 *F. japonica* (s. l.) やヤマクロヤマアリ *F. lemani* の巣に一時的社会寄生を行う場合もある．

分布　国内：北海道，本州．国外：サハリン，沿海州，中央アジア．本州では，広島県道後山の記録が南限とされるが，近年当地域での生息は確認されていない．

島嶼の分布　北海道：渡島大島，天売島．本州：佐渡島．

タカネクロヤマアリ　*Formica gagatoides* Ruzsky, 1904

分類・形態　体長4〜5mm．体は頭部と腹部は褐色がかった黒色で，胸部はいくぶん赤みを帯びた褐色．腹部は比較的光沢が強い．腹部第1背板では軟毛が密に生えるが，第3背板ではまばらである．

生態　日本では本州中部山岳地帯（北アルプス，中央アルプス，南アルプス，八ヶ岳連峰）の標高2500 m以上の高地と北海道の大雪山のみに生息する．巣は高山帯下部のハイマツ林にあり，石下やハイマツの根元付近に営巣する．8月下旬に巣中に有翅虫が見られた例があることから，それ以降に結婚飛行が行われるものと思われる．

分布　国内：北海道（大雪山），本州（中部山岳地帯）．国外：ユーラシア大陸北部．

ハヤシクロヤマアリ　*Formica hayashi* Terayama & Hashimoto, 1996

分類・形態　体長5.5〜7 mm．体は黒色．腿節，脛節，触角は暗褐色から黒褐色．腹部第2背板には後縁の1列を除いて立毛がない（1〜2本ある個体も稀に見られる）ことや，頭部がより細長いことでクロヤマアリ隠蔽種群 *F. japonica* (s. l.) と区別される．

生態　本州では，林内から林縁部に生息するが，九州では草地的な場所にも営巣し，かつ通常ミナミクロヤマアリ *F.* sp. C よりも多く見られる（九州のものは別種の可能性があるがここでは本種に含めておく）．本州では5〜6月に結婚飛行が行われ，有翅虫の飛出はヒガシクロヤマアリ *F.* sp. A よりも2〜3週間ほど遅い．

分布　国内：北海道（南部および国後島），本州，四国，九州，大隅諸島．国外：朝鮮半島．

島嶼の分布　北海道：奥尻島，千島列島：国後島．本州：城ヶ島，宮島，沖ノ島，佐渡島，金華山島．九州：上甑島，下甑島，福江島，中通島，能古島，志賀島，壱岐，平戸島，対馬，口ノ三島：硫黄島．大隅諸島：種子島，屋久島．

クロヤマアリ隠蔽種群　*Formica japonica* Motschoulsky, 1866 (s. l.)

分類・形態　体長4.5〜6 mm．体は灰色か褐色がかった黒色．脚も褐黒色．腹部第2背板には後縁の1列を除いて通常10本以上の立毛があり，腹部第1背板中央にも立毛がある．腹部第2，第3背板上の軟毛は比較的密で，第1背板と同程度．

　最普通種の1つであるが，日本各地の個体の体表炭化水素を比較検討した結果，日本のものは

実体として形態的に識別困難な4種からなる種群であると判断された．ヒガシクロヤマアリには *F. japonica* の同物異名となった *F. nipponensis* Forel, 1900 が，タイプ産地が東京であることから適用される可能性が高い．

生態　開けた場所の土中に営巣する．

分布（クロヤマアリ隠蔽種群の分布）　国内：北海道，本州，四国，九州．屋久島からの記録はハヤシクロヤマアリ *F. hayashi* の誤りであろう．国外：サハリン，千島，東シベリア，モンゴル，韓国，台湾（山岳地域），中国．

島嶼の分布（参考：クロヤマアリ隠蔽種群の分布になる）．北海道：渡島大島，奥尻島，天売島，利尻島，礼文島，色丹島．本州：飛島，宮島，地ノ島，江ノ島，城ヶ島，沖ノ島，高島，島後，西ノ島，佐渡島，金華山島．四国：広島，手島．九州：下甑島，壱岐，平戸島，黒子島．伊豆諸島：大島，利島，新島，式根島，神津島，三宅島，御蔵島．大隅諸島：種子島．

クロヤマアリ隠蔽種群　*Formica japonica* Motschoulsky, 1866 (s. l.)

クロヤマアリ　*Formica japonica* Motschoulsky, 1866 (s. str.)

1つの巣に2～15個体の女王が見られ，分巣で巣を増やすことも行われる可能性がある．北海道から本州東北部の日本海側に分布する．

ヒガシクロヤマアリ　*Formica* sp. A

関東地方での観察では，1つの巣中に1個体から複数個体（2～22）の女王が見られる．2～8頭程度が見られる場合が多い．有翅虫は前年に羽化し，巣中で越冬する．6～8月（山地では9月）に結婚飛行が行われ，午前中に巣からの飛出が見られる．飼育実験下では1年で，働きアリが15～30頭，4年で200～250頭になった例がある．野外の観察から，4～6年で有翅虫が出現する．卵から働きアリ個体の出現までは約30日，幼虫は3齢を経る．単巣性で，コロニーは数千個体になるが，5000個体以下の場合が多い．最大で1.2万個体の報告があるが，1万個体を超えるコロニーは，サムライアリ *Polyergus samurai* の巣を疑う必要があり，本種では1万個体を超えないものと推定する．東北地方から関東，中部地方に分布し，標高1400 m付近まで見られる．

ニシクロヤマアリ　*Formica* sp. B

都市域の公園等でもよく見られるが，そのような場所では常に周辺地域からの侵入と，侵入個体群の絶滅が繰り返されていることが推定されている．本州の中部地方以南および四国に分布し，一部で九州からも記録されている．

ミナミクロヤマアリ　*Formica* sp. C

4～5月に結婚飛行が行われる．九州に主に生息し，一部で四国と本州からも記録されている．種子島に生息するものも本種であろう．

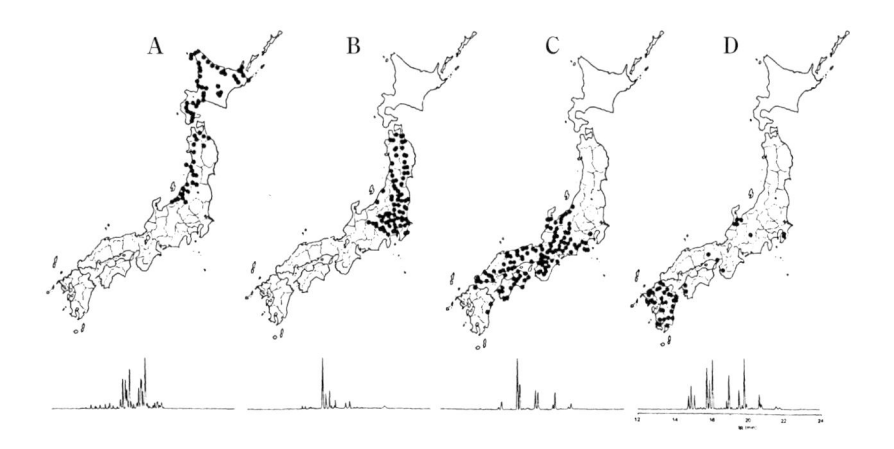

クロヤマアリ隠蔽種群の分布 4種の分布と体表炭化水素のパターンを示す．クロヤマアリ（A）は北海道と東北地方北部から日本海側に，ヒガシクロヤマアリ（B）は東北地方から関東・中部地方に，ニシクロヤマアリ（C）は中部から中国・四国地方に見られ，一部九州に生息する．また，ミナミクロヤマアリ（D）は九州に見られ，中国，四国，本州中部にも低密度で生息する．

ヤマクロヤマアリ　*Formica lemani* Bondroit, 1917

分類・形態　体長 3.5～5.5 mm．体は褐黒色から黒色．脚は褐色．触角柄節や脛節は黄色味を帯びる．腹部に多少とも光沢が見られ，頭部側面の後頭部では，比較的強い光沢をもつ．腹部第2背板上の軟毛は比較的まばらで，第1背板よりも密度が低い．

生態　本州中部地方では標高 1400 m 付近から現れ，2600 m 付近まで見られるが，富士山では 3150 m 地点まで生息する．形態的にクロヤマアリ隠蔽種群 *F. japonica*（s. l.）と類似するが，垂直分布でこれらと重ならないことが知られている．石下や草の根元の土中に営巣する．8～9月に結婚飛行が行われる．

分布　国内：北海道，本州，四国．国外：朝鮮半島，ユーラシア．

島嶼の分布　北海道：利尻島，礼文島，色丹島．千島列島：国後島，択捉島．

アカヤマアリ　*Formica sanguinea* Latreille, 1798

分類・形態　体長 6～7 mm のやや大型のアリ．頭部と腹部が黒色で，胸部と腹柄節が赤色．脚も赤色で他の種との区別は容易．頭部，胸部の上面はいく分暗色となる．頭盾前縁の中央部はくぼむ．

生態　山地の草地などの明るい環境に生息し，土中に巣をつくる．エゾアカヤマアリ *F. yessensis* のような塚はつくらない．随意的に奴隷狩りを行い，その際クロヤマアリ隠蔽種群 *F. japonica*（s. l.），ヤマクロヤマアリ *F. lemani* やツヤクロヤマアリ *F. candida* が狩りの対象となる．結婚飛行は7～8月に行われる．

分布　国内：北海道，本州（中部以北）．国外：ロシア（サハリン），中国，朝鮮半島から，ユーラシア大陸の中部以北に広く分布

島嶼の分布　千島列島：国後島．本州：西ノ島．

ケズネアカヤマアリ　*Formica truncorum* Fabricius, 1804
分類・形態　体長4.5〜7mm．頭部から腹柄節が黄赤褐色，腹部は黒色．脚は黄赤褐色．後脚脛節外面に多くの立毛があり，触角柄節にも立毛が見られる．

単巣性で1つのコロニーは数千個体に達する．比較的明るい環境に営巣し，針葉樹の落葉や枯れ草で大きな塚をつくる．

分布　国内：北海道（東北部）．国外：サハリンからユーラシア大陸中部まで．
島嶼の分布　北海道：利尻島，礼文島．千島列島：国後島．

エゾアカヤマアリ　*Formica yessensis* Wheeler, 1913
分類・形態　体長4.5〜7mm．頭部はやや赤色がかった褐色，胸部は赤色，腹部は黒色．頭盾前縁は弧をえがき，前縁の中央部はくぼまない．
生態　草地やカラマツ林などの比較的明るいところに営巣し，枯れ葉や落ち葉で高い塚をつくる．塚は直径1mほどにもなることがある．8月に結婚飛行が行われ，朝に有翅虫の飛出が見られる．新女王はコロニーを創設する際に，同属の種の巣に侵入し，一時的社会寄生を行うものと思われる．巨大なコロニーを形成する場合があり，北海道の石狩浜には20kmにわたって4万5000もの巣が見られ，実質1つの集合体，つまりスーパーコロニーとなっていたものがあった．スーパーコロニーでは，結婚飛行を終えた新女王は頻繁に母巣に戻ることから，巣中に女王数が増加する．石狩浜の場合，コロニー全体の働きアリ数は3億頭，女王は100万頭と推定された．ただし現在は，海岸環境の悪化によって，わずかに300巣が認められる程度になっている．
分布　国内：北海道（南西部），本州（中部以北）．本州の日本海側では飛島，佐渡島，壱岐の島後と島嶼部にも見られる．国外：シベリア，中国東北部，朝鮮半島，台湾（山岳地帯）．
島嶼の分布　北海道：奥尻島，利尻島，礼文島．本州：飛島，佐渡島，島後，金華山島．

サムライアリ属　*Polyergus* Smith, 1857
分類・形態　体長5〜8mmほどの中型のアリ．ヤマアリ属*Formica*に似るが，大腮が鎌状であることから区別は容易である．前伸腹節の後背部はやや角ばり，いくぶん上方へ突出する．腹柄節もヤマアリ属よりも大きく高い．
生態　本属のすべての種が奴隷狩りの習性をもち，ヤマアリ属の種を奴隷として使う．
分布　旧北区と新北区に5種が生息し，日本にはサムライアリ*P. samurai* 1種が見られる．

サムライアリ　*Polyergus samurai* Yano, 1911
分類・形態　体長7mm前後で，クロヤマアリ隠蔽種群*F. japonica* (s. l.) に似るが，大腮が鎌状であることから容易に区別される．前伸腹節の後背部はやや角ばり，いくぶん上方へ突出する．腹柄節はクロヤマアリ類よりも大きく高い．オスは触角と脚が白く，弱々しい．

生態 初夏から夏の間に本種の働きアリが集団でクロヤマアリ隠蔽種群やハヤシクロヤマアリ *F. hayashi* の巣を襲う．繭（蛹）と大きくなった幼虫を持ち帰り（主には繭），持ち帰った繭から育ったクロヤマアリの働きアリは，サムライアリの巣中で一生働く．奴隷狩りは午後に行われる場合が多く，1日に2度，3度，巣から出撃することも珍しくない．サムライアリの働きアリは，体表炭化水素をクロヤマアリ隠蔽種群かハヤシクロヤマアリに似せることが知られている．関東地方の調査では，巣には奴隷のヒガシクロヤマアリ *F.* sp. A の方が圧倒的に多く，個体数の約8割を占め，奴隷だけで1万個体を超える場合もある．また，職蟻型の女王がおり，この女王はもっぱらオスの生産を行っている．7月に巣内に有翅虫が出現し，7～8月上旬の午後に結婚飛行が行われる．野外の観察から，3～5年で巣から有翅虫が出現する．

分布 国内：北海道，本州，四国，九州，屋久島．九州や日本海側では稀である．国外：朝鮮半島，中国．

島嶼の分布 本州：金華山島．大隅諸島：屋久島．

ケアリ族 Lasiini

ミツバアリ属　*Acropyga* Roger, 1862

分類・形態 体長4mm以下の小型のアリ．触角は4～11節．複眼は小さく，触角柄節の幅より小さいか，あるいは欠失する．大腮には3～5歯をそなえる．小腮鬚（しょうさいしゅ）は5節以下から，下唇鬚（かしんしゅ）は3節以下からなる．胸部は前後に短く，膨腹部は大きく膨らむ．

　従来，4つの亜属に区分されてきたが，現在は，亜属は使われていない．

生態 本属はカタカイガラムシ科 Coccidae の，特に *Eumyrmococcus*, *Xenococcus*, *Neochavesia* 属の種と強い共生関係を結んでいる．そして，これらのカイガラムシが出す分泌物を主要な食物としているようで，地表にはほとんど姿を現さない．

分布 世界の温帯から熱帯にかけて約40種が記載されている．日本では4種が報告されている．

種の検索表　ミツバアリ属

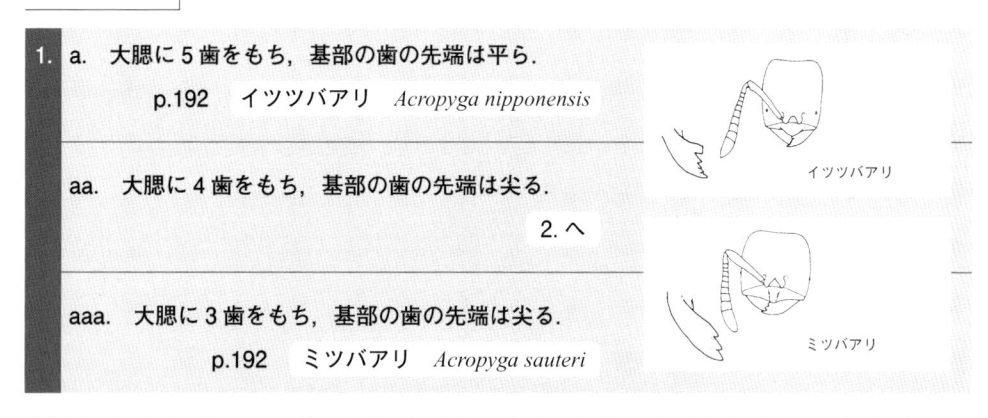

1. a. 大腮に5歯をもち，基部の歯の先端は平ら．
   　　p.192　イツツバアリ　*Acropyga nipponensis*

　aa. 大腮に4歯をもち，基部の歯の先端は尖る．
　　　　　　　　　　　　　　　　　　　2. へ

　aaa. 大腮に3歯をもち，基部の歯の先端は尖る．
　　　　p.192　ミツバアリ　*Acropyga sauteri*

2. a. 側方から見て前・中胸背面は弧をえがく．

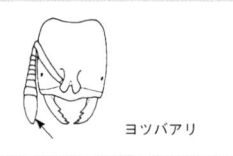

> b. 頭部は幅より長さが大きい．
> c. 触角は 10 節からなる．
>   p.193　ヨツバアリ　*Acropyga yaeyamensis*
>
> aa. 側方から見て前・中胸背面はほぼ平ら．
> bb. 頭部は長さより幅が大きい．
> cc. 触角は 11 節からなる．
>   p.192　ヒラセヨツバアリ　*Acropyga kinomurai*

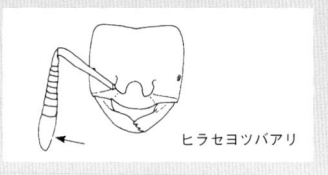

ヒラセヨツバアリ　*Acropyga kinomurai* Terayama & Hashimoto, 1996

分類・形態　体長 2 mm 程度．体は黄色．頭部は幅広く，長さよりも幅が大きい．大腮には 4 歯をもち，それらの先端はいずれも尖る．触角は 11 節からなり，触角柄節は頭部後縁に達する．眼は 5〜6 個の個眼からなる．側方から見て前胸から中胸にかけての胸部背縁はほぼ直線状で，比較的多くの軟毛でおおわれる．

生態　巣中には Rhizoecinae 亜科の好蟻性カイガラムシであるキノムラアリノタカラカイガラムシ *Eumyrmococcus kinomurai* が見られる．

分布　国内：琉球列島（八重山諸島）．

島嶼の分布　八重山諸島：石垣島，与那国島．

イツツバアリ　*Acropyga nipponensis* Terayama, 1985

分類・形態　体長 2 mm．淡黄色．大腮は 5 歯をもつ．先端の 4 歯は尖り，基方の 1 歯は他の 4 歯から多少とも離れ，大きく，かつ先端が平らに切り取られる．眼は小さく 1〜2 個の個眼からなる．触角は 11 節からなり，触角柄節は頭部後縁に達しない．側方から見て前胸から中胸にかけての胸部背縁は緩やかな弧をえがく．

生態　照葉樹林の林床の石下，倒木の下，土中に生息する．巣中にはシズクアリノタカラカイガラムシ *Eumyrmococcus nipponensis* が見られ，アリはこのカイガラムシの分泌物を食物としている．

分布　国内：本州（伊豆諸島），四国，九州，琉球列島．国外：フィリピン，マレーシア，インドネシア．

島嶼の分布　伊豆諸島：御蔵島．大隅諸島：屋久島．奄美諸島：奄美大島，請島，徳之島，与論島．沖縄諸島：沖縄島．慶良間諸島：久米島．

ミツバアリ　*Acropyga sauteri* Forel, 1912

分類・形態　体長 2〜2.5 mm．体は黄色．大腮に発達した 3 歯をもつ．触角は 11 節からなり，

触角柄節は頭部後縁に達する．眼は1個の個眼からなる．側方から見て前胸から中胸にかけての胸部背縁は緩やかな弧をえがく．

生態　比較的日当りのよい草地や林縁の土中，石下などに営巣し，沖縄ではサトウキビ畑に多い．巣中にはアリノタカラカイガラムシ *Eumyrmococcus smithi* が見られ，このカイガラムシの分泌物を餌としているようである．結婚飛行は3月下旬から6月の昼間に行われ，この時，新女王はアリノタカラカイガラムシ1頭を大腮でくわえて飛翔することが知られている．有翅虫の巣内での出現は，前年の11月以前．

分布　国内：本州，四国，九州，琉球列島．国外：台湾，中国南部．

島嶼の分布　伊豆諸島：大島，青ヶ島．口ノ三島：硫黄島，竹島．トカラ列島：中之島，諏訪之瀬島．奄美諸島：奄美大島，徳之島．沖縄諸島：沖縄島，硫黄鳥島，伊平屋島，伊是名島，水納島，宮城島．慶良間諸島：粟国島，久米島．八重山諸島：石垣島，西表島．大東諸島：南大東島．

ヨツバアリ　*Acropyga yaeyamensis* Terayama & Hashimoto, 1996

分類・形態　体長1.5～2 mmの小型種で，体は黄色．大腮には4歯をそなえ，それらの先端はいずれも尖る．触角は10節からなり，触角柄節は頭部後縁に達しない．眼は1個の個眼からなる．側方から見て前胸から中胸にかけての胸部背縁は緩やかな弧をえがく．

生態　照葉樹林の林床に生息し，土中に営巣する．

分布　国内：琉球列島（八重山諸島）．国外：台湾．

島嶼の分布　八重山諸島：石垣島，西表島．

アシナガキアリ属　*Anoplolepis* Santschi, 1914

分類・形態　中型のアリで体長は4～6 mm．発達した複眼と頭部後縁をはるかに越える長い触角柄節をもつ．触角は11節からなり，鞭節もすべて幅より長さが長い．前胸は長く前方に伸び，背面はほぼ平ら．後胸溝をもたない．脚は長い．

生態　開けた環境に生息し，土中や石下に営巣する．日本産に生息するアシナガキアリ *A. gracilipes* は，多雌性かつ多巣性で，スーパーコロニーを形成する．

分布　アフリカを中心に9種が記載されているが，日本や東南アジアにはアシナガキアリ *A. gracilipes* 1種のみが分布する．

アシナガキアリ　*Anoplolepis gracilipes* Smith, 1851

分類・形態　体長4 mm．体は黄色で腹部は多少とも褐色がかる．頭部は卵型，頭盾前縁は弧をえがく．大腮に8歯をもつ．触角や脚は著しく長く，触角柄節の長さは頭長の2倍を越える．触角鞭節は各節とも長さが幅の3倍以上．胸部も細長く，特に前胸は前方に突出する．腹柄節はこぶ状となる．

　本種は *A. longipes* の学名でよく知られていた種である．

生態　石下や土中に営巣し，沖縄では林縁や草地，路傍に普通で，樹上にも徘徊している．多

雌性かつ多巣性で，スーパーコロニーを形成する．放浪種で，本種の侵入により，生態系が攪乱されたという報告が幾例もある．

分布 国内：日本では南西諸島のトカラ列島以南に分布し，火山列島の硫黄島からも記録されている．また，愛知県の動物園からも人為的に運ばれて来たものが採集された例がある．国外：本種は人類の交易の発達に伴い世界中に分布を広げたもので，アフリカ起源説とアジア起源説とがある．熱帯・亜熱帯に広く分布する．

島嶼の分布 火山列島：硫黄島．トカラ列島：宝島．奄美諸島：喜界島，奄美大島，加計呂麻島，与路島，徳之島，沖永良部島，与論島．沖縄諸島：沖縄島，硫黄鳥島，伊平屋島，瀬底島，平安座島，薮地島，古宇利島，伊計島，宮城島，津堅島，久高島，屋我地島．慶良間諸島：渡名喜島，渡嘉敷島，粟国島，久米島．宮古諸島：宮古島，下地島．多良間諸島：多良間島．八重山諸島：石垣島，西表島，竹富島，黒島，小浜島，波照間島，与那国島．大東諸島：北大東島，南大東島．

ケアリ属 *Lasius* Fabricius, 1804

分類・形態 体長2〜5mmの中型のアリ．複眼は発達したものから，数個の個眼しかないものまで見られる．働きアリでも3個の単眼をもつ．顕著な額稜がある．大腮には7〜12歯をそなえる．触角は12節からなり，触角第3〜7節の各節は8〜12節のそれよりも短い．側方から見て胸部背縁は，前・中胸と前伸腹節の背縁により二山型になる．前伸腹節気門はほぼ円形．前・中胸背板には軟毛や剛毛が不規則に乱立する．

生態 河川や河口の裸地的な環境から草地，森林にまで生息する．コロニーは大きくなり，単雌性の種が多いが，多雌性のものも見られる．地表活動のほか，植物にもよく登り，アブラムシやカイガラムシを頻繁に訪れる．特定のアブラムシと強い共生関係をもつものも多い．アメイロケアリ亜属 *Chtonolasius* とクサアリ亜属 *Dendrolasius* の種は，本属の他種へ一時的社会寄生を行う．

分布 旧北区，新北区を中心に分布し，約100種が記載されている．日本からは4亜属に含まれる18種が記録されている．

ケアリ属の種の所属亜属

ケアリ亜属 *Lasius* s. str.：ヒメトビイロケアリ *L. alienus*，ハヤシケアリ *L. hayashi*，トビイロケアリ *L. japonicus*，ヒゲナガケアリ *L. productus*，カワラケアリ *L. sakagamii*

クサアリ亜属 *Dendrolasius*：フシボソクサアリ *L. nipponensis*，クロクサアリ *L.* sp A，オオクロクサアリ *L.* sp B，コニシクサアリ *L.* sp C，モリシタクサアリ *L. morisitai*，ヒラアシクサアリ *L. spathepus*，テラニシクサアリ *L. orientalis*

キイロケアリ亜属 *Cautolasius*：キイロケアリ *L. flavus*，ミナミキイロケアリ *L. sonobei*，ヒメキイロケアリ *L. talpa*

アメイロケアリ亜属 *Chthonolasius*：ミヤマアメイロケアリ *L. hikosanus*，ヒゲナガアメイロケアリ *L. meridionalis*，アメイロケアリ *L. umbratus*

| 種の検索表 | ケアリ属 |

1. a. 体は黄色．
   b. 小腮鬚は短く，頭部と胸部の関節部に達しない．
      2. へ

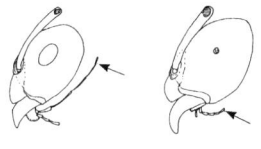

   aa. 体は褐色から黒褐色．
   bb. 小腮鬚は長く，頭部と胸部の関節部に達する．
      p.198　（ケアリ亜属）・3 へ

   aaa. 体は漆黒色．
   bbb. 小腮鬚は短く，頭部と胸部の関節部に達しない．
      p.200　（クサアリ亜属）・7 へ

   ケアリ亜属　　キイロケアリ亜属

2. a. 体長 2.5 mm 以下の小型種．
   b. 腹柄節の気門はより高い位置にある．
      p.202　（キイロケアリ亜属）・10 へ

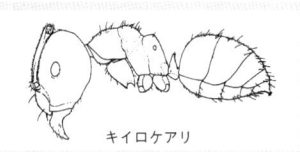

   キイロケアリ

   aa. 体長 4 mm 程度．
   bb. 腹柄節の気門は低い位置にある．
      p.203　（アメイロケアリ亜属）・11 へ

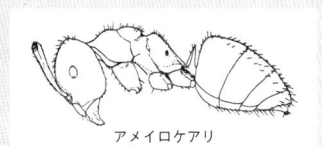

   アメイロケアリ

3. a. 触角柄節は短毛で密におおわれるが，立毛はほとんどない（トビイロケアリ *L. japonicus* の初期コロニーの個体は立毛が少ないので注意）．
      4. へ

   フシナガケアリ
   トビイロケアリ

   aa. 触角柄節に多数の立毛がある．　　5. へ

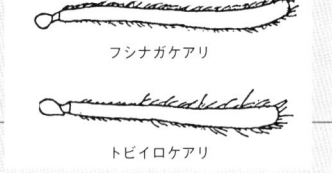

4. a. 頭部と腹部が暗褐色で，胸部は褐色．
   b. 触角柄節は比較的長く，先端 1/3 の部分が頭部後縁を越える．
      p.199　ヒゲナガケアリ　*Lasius productus*

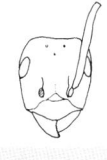

   ヒゲナガケアリ

   aa. 体色は全体的に黒褐色．
   bb. 触角柄節は短く，先端 1/4 の部分が頭部後縁を越える．

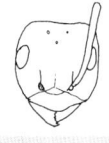

   ヒメトビイロケアリ

	p.198　ヒメトビイロケアリ　*Lasius* sp.

5. a. 前伸腹節後側縁の中央部付近に立毛が見られる.
   b. 1本の触角柄節の外縁に見える立毛は，触角鞭節の屈曲方向から見て，30本以上.
   c. 腹柄節は低く厚い.
   d. 褐色で胸部は頭部と腹部に比べて明瞭に明るい.

   p.199　カワラケアリ　*Lasius sakagamii*

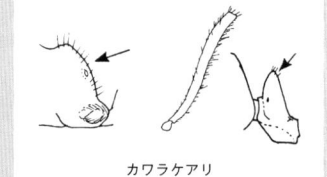

   カワラケアリ

   aa. 前伸腹節後側縁の中央部付近に立毛はない.
   bb. 1本の触角柄節の外縁に見える立毛は，触角鞭節の屈曲方向から見て 25 本以下.
   cc. 腹柄節は高く薄い.
   dd. 胸部は頭部とほぼ同色（個体によって多少淡色となる場合がある）.　　　　6. へ

6. a. 全体的に暗褐色（胸部は頭部・腹部に比べて多少淡色になる場合が多い）.
   b. 腹柄節の頂部はより鈍角的で前縁は角ばる.
   c. 触角柄節の長さは頭幅とほぼ同じ.

   p.199　トビイロケアリ　*Lasius japonicus*

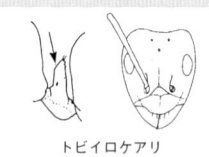

   トビイロケアリ

   aa. 頭部と胸部は明褐色，腹部は暗褐色.
   bb. 腹柄節の頂部はより鋭角的に鋭く細く尖り，前縁に明瞭な角をもたない.
   cc. 触角柄節の長さは頭幅よりわずかに短い.

   p.198　ハヤシケアリ　*Lasius hayashi*

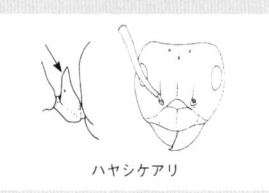

   ハヤシケアリ

7. a. 腹柄節は後方から見て，上半部が頂部に向かって細まり，背縁は弧状に突出し，中央部はへこまない.

   p.201　フシボソクサアリ　*Lasius nipponensis*

   フシボソクサアリ　　テラニシクサアリ

   aa. 腹柄節は後方から見て，上半部が頂部に向かって広まり，背縁中央部はへこまない.

   p.202　テラニシクサアリ　*Lasius orientalis*
   （旧称：テラニシケアリ）

   クロクサアリ隠蔽種群　クサアリモドキ

aaa. 腹柄節は後方から見て，側縁はほぼ平行か側縁間が上方に向けて弱く狭まり，背縁中央部はへこむ.　　　　　　　　　　　　　　　　　8. へ

8. a. 腹柄節は側方から見て頂部は尖り，逆V字状.
　　　　　　　　　　　　　　　　　9. へ

　aa. 腹柄節は側方から見て頂部は丸まり，広い逆U字状.
　　　p.201　クロクサアリ隠蔽種群　*Lasius fuji* (s. l.)

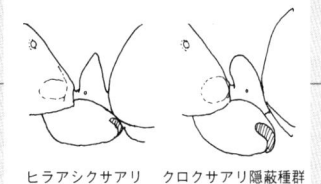

9. a. 腹柄節は，側方から見て前縁下方に角をもつ.
　　　p.202　ヒラアシクサアリ　*Lasius spathepus*
　　　　　　（旧称：クサアリモドキ）

　aa. 側方から見て，腹柄節前縁は，直線状で，下方に角はない.
　　　p.201　モリシタクサアリ　*Lasius morisitai*
　　　　　　（旧称：モリシタケアリ）

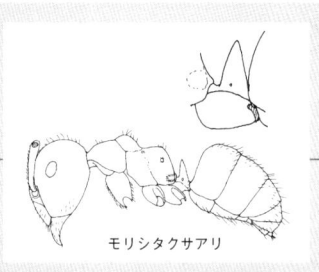

10. a. 触角柄節と中脚脛節に多数の立毛がある.
　　b. 複眼は小さく，直径は触角柄節の幅に達しない.
　　　p.203　ヒメキイロケアリ　*Lasius talpa*

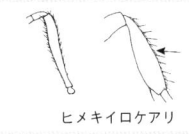

　aa. 触角柄節と中脚脛節に立毛はない.
　　bb. 複眼は小さく，直径は触角柄節の幅に達しない.
　　　p.203　ミナミキイロケアリ　*Lasius sonobei*

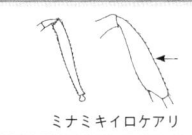

　aaa. 触角柄節と中脚脛節に立毛はない.
　　bbb. 複眼は大きく，直径は触角柄節の幅を越える.
　　　p.202　キイロケアリ　*Lasius flavus*

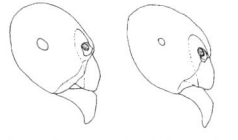

11. a. 前伸腹節斜面は側方から見て弧をえがく.
　　　p.203　ミヤマアメイロケアリ　*Lasius hikosanus*

aa. 前伸腹節斜面は側方から見てほぼ直線状.

12. へ

ミヤマアメイロケアリ

アメイロケアリ

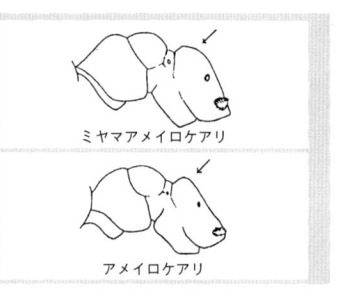

12. a. 触角柄節は扁平状で立毛が多い.
p.203 　ヒゲナガアメイロケアリ　*Lasius meridionalis*

ヒゲナガアメイロケアリ

aa. 触角柄節はややつぶれた円筒状で立毛がほとんどない.
p.203 　アメイロケアリ　*Lasius umbratus*

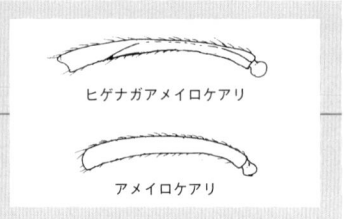

アメイロケアリ

ケアリ亜属　*Lasius* s. str.

ヒメトビイロケアリ　*Lasius* sp.

分類・形態　体長 2〜2.5 mm. 体は黒褐色. 働きアリはトビイロケアリ *L. japonicus* に近似し, 特にトビイロケアリの初期コロニーのものと区別が困難である. 十分に成長したコロニーの働きアリにおいて, 触角柄節, 前脚脛節に立毛が全くないか, あるいは数本であり, 体がいくぶん小さく前胸幅は 0.70 mm を越えないことで区別される. 女王では, 本種の触角柄節および前脚脛節に立毛を欠くことで, トビイロケアリとは容易に区別される.

　従来, 日本産の本種に *L. alienus* の学名が与えられてきたが, 真の *alienus* とは別種である. むしろ朝鮮半島産の *L. koreanus* に酷似しているが, 学名の決定には検討を要する.

生態　草地から林内にかけて見られ, 石下や土中に営巣するが少ない.

分布　国内：北海道, 本州, 四国.

島嶼の分布　北海道：礼文島.

ハヤシケアリ　*Lasius hayashi* Yamauchi & Hayashida, 1970

分類・形態　体長 2〜4 mm. 頭部, 胸部は明褐色, 腹部は暗褐色. 触角柄節は立毛をもち, 頭幅より通常わずかに短い. 腹柄節は高く薄い. 丘部の先端は鋭角的に細まり, 前縁には明瞭な角がない.

生態　林内の立木の腐朽部, 特に根際付近に多く営巣する. しばしば, 樹幹上を行列を組んで歩行する. 屋久島では標高 1000 m 付近まで見られる. 7〜8月に結婚飛行が行われる.

分布　国内：北海道, 本州, 四国, 九州, 屋久島. 国外：ロシア（クリル）, 朝鮮半島.

島嶼の分布　北海道：奥尻島, 天売島, 礼文島, 利尻島. 本州：佐渡島, 金華山島. 九州：平戸

島，黒子島，対馬．伊豆諸島：大島，青ヶ島．大隅諸島：屋久島．

トビイロケアリ　*Lasius japonicus* Santschi, 1941

分類・形態　体長 2.5 〜 3.5 mm．全体が黒褐色．胸部が頭部や腹部に比べて多少淡色になる個体が多い．触角柄節は頭幅とほぼ同じ長さで，普通 5 〜 25 本程度の立毛が見られる．前伸腹節後側縁の中央部付近には立毛がない．腹柄節は側方から見て頂部はやや鈍く角ばり，前縁には角がある．

　日本のものには，ユーラシアに分布する *L. niger* の学名が久しく用いられていたが，この種とは別種で，*L. japonicus* が適用されるようになった．

生態　本土や屋久島では草地から林内にかけて最も普通に見られる．アブラムシを頻繁に訪れる．単雌性，単巣性でコロニーは数千個体からなる．新女王は 6 〜 7 月に出現し，7 〜 8 月に結婚飛行が行われ，夜および早朝に巣からの飛出が見られる．単雌創巣であるが，2 〜 3 頭で創巣する例も報告されている．飼育実験下では 4 年で働きアリ数が 400 頭に達したという報告がある．

分布　国内：北海道，本州，四国，九州の他，北琉球（屋久島，トカラ列島），中琉球（宝島）などから記録されている．沖縄島では那覇市と北部の辺野喜ダムの工事現場からのみ記録されているが，これは本土からの人為的な移動による分布である可能性が高い．国外：朝鮮半島から中国等のアジア北東部の温帯域に分布する．

島嶼の分布　北海道：渡島大島，奥尻島，天売島，利尻島，礼文島，色丹島．千島列島：国後島．本州：飛島，宮島，沖ノ島，桃頭島，江ノ島，猿島，城ヶ島，沖ノ島，野島，高島，島後，西ノ島，佐渡島，金華山島．四国：広島，手島．九州：上甑島，中甑島，下甑島，福江島，中通島，平島，地ノ島，能古島，志賀島，大島，壱岐，平戸島，対馬．伊豆諸島：大島，利島，新島，式根島，神津島，三宅島，御蔵島，八丈島，青ヶ島．口ノ三島：黒島．大隅諸島：種子島，屋久島．トカラ列島：口之島，臥蛇島，中之島，悪石島，宝島．沖縄諸島：沖縄島（人為的移入）．

ヒゲナガケアリ　*Lasius productus* Wilson, 1955

分類・形態　体長 3.5 〜 4.5 mm．頭部と腹部が暗褐色で，胸部は褐色から明褐色の 2 色性の種．触角柄節が本亜属中，相対的に最も長く，頭幅の 1.12 倍以上．正面から見て，柄節の先端 1/3 の部分が頭部後縁を越える．触角柄節および前脚脛節に立毛はない．腹柄節の先端は側方から見て鋭角的に細まる．

生態　森林性で，林内の腐倒木や立木の腐朽部等に営巣する．8 〜 9 月に結婚飛行が行われる．

分布　国内：北海道，本州，四国，九州．

島嶼の分布　北海道：奥尻島．本州：桃頭島，高島，佐渡島．九州：対馬．伊豆諸島：大島，利島．

カワラケアリ　*Lasius sakagamii* Yamauchi & Hayashida, 1970

分類・形態　体長 2.5 〜 3.5 mm．体は全体的に褐色．触角柄節は頭幅とほぼ同じ長さで，30 本

以上の立毛をそなえる．前脚脛節にも多くの立毛をそなえる．腹柄節は低く厚く，前縁に弱い角が見られる．

生態 河原や海岸などの乾燥した砂質草地に多く，地中に営巣する．多雌性かつ多巣性で，分巣によってコロニーを大きく増殖させる．非常に大きなコロニーを形成する場合があり，女王が多い場合，$1m^2$ あたりに820個体，働きアリの数は，1巣あたり2万個体，最大で1つの巣に50万個体が認められたという報告がある．7～10月にかけて結婚飛行が行われ，単雌創巣と多雌創巣とが見られる．

分布 国内：北海道，本州，四国，九州，南西諸島に生息する．南西諸島では屋久島と沖縄島で記録されている．ただし，沖縄島（那覇市）の記録は人為的移入による可能性が高い．国外：朝鮮半島．

島嶼の分布 本州：江ノ島．九州：中通島．伊豆諸島：八丈島，青ヶ島．大隅諸島：屋久島．沖縄諸島：沖縄島（人為的移入）．

クサアリ亜属　*Dendrolasius*

クロクサアリ隠蔽種群　*Lasius fuji* Radchenko, 2005（s. l.）

分類・形態 体長4～5mmで，体は強い光沢のある黒色．頭部は密に伏毛でおおわれる．腹柄節の丘部は，横から見て逆U字状．女王は頭部と胸部が密に伏毛でおおわれ，中胸部背面に立毛を密生する．また，触角柄節には立毛はなく，多くの小さな伏毛でおおわれる．

　本種は，古くから普通に見られる種としてよく知られ，*Lasius fuliginosus* の学名が長く用いられてきた．しかし，欧州の *L. fuliginosus* とは別種であることが判明し，一時期 *L. nipponensis* の学名（現在フシボソクサアリの学名）が適用され，さらにその後，*L. fuji* の学名が適用された（種限定語は日本的だが，本種の基産地は北朝鮮である）．現在，日本の個体群は朝鮮半島の *L. fuji* とも別種と判断されており，かつ，従来1種と思われていた本種は3種を含むことも判明した．ここではこれらをクロクサアリ隠蔽種群としておく．

生態 樹木の根部に巣があり，行列をつくって樹木に生息するアブラムシに集まり，甘露を定常的な餌としている．巣は大きくなり，数千個体の働きアリが見られる．一時的社会寄生を行い，アメイロケアリ *L. umbratus* やヒゲナガアメイロケアリ *L. meridionalis* の巣に侵入する．5月下旬～6月上旬に有翅虫が出現し，7～8月の夜に結婚飛行が行われるという記録があるが，今後各種単位に再度観察する必要がある．

分布（クロクサアリ隠蔽種群としての分布）　国内：北海道，本州，四国，九州．

島嶼の分布（参考：クロクサアリ隠蔽種群としての分布．ただし本隠蔽種群であるか今後の確認を要する）　北海道：奥尻島，天売島，礼文島，色丹島．本州：飛島，江ノ島，佐々島，宮島，島後，西ノ島，佐渡島，金華山島．伊豆諸島：大島，式根島，神津島．

クロクサアリ隠蔽種群 *Lasius fuji* Radchenko, 2005 (s. l.)（分布および形態情報は丸山宗利氏による）

クロクサアリ　*Lasius* sp. A

北海道から九州まで広く分布する．体長 4 mm 前後．前胸の伏毛が前端部を除いて疎で，腹部は密に伏毛でおおわれる．女王は前胸と中胸側板下部の伏毛が疎で，中胸背板の立毛は長い．

オオクロクサアリ　*Lasius* sp. B

本州から九州まで広く分布する．やや大型で体長 5 mm 前後．前胸の伏毛が疎で，腹部は疎に伏毛でおおわれる．女王は前胸と中胸側板下部の伏毛が疎で，中胸背板の立毛は長い．

コニシクサアリ　*Lasius* sp. C

北海道および本州に分布する．体長 4 mm 前後．前胸の伏毛が密で，腹部は密に伏毛でおおわれる．女王は前胸と中胸側板下部の伏毛が密で，中胸背板の立毛は短い．

モリシタクサアリ（モリシタケアリ）　*Lasius morisitai* Yamauchi, 1979

分類・形態　体長 4 mm．体は強い光沢のある黒色．頭部は疎に伏毛でおおわれる．腹柄節は側方から見て逆 V 字型で，本亜属の種の中で最も高い．前方から見て腹柄節の側縁はほぼ平行で，背縁中央部はへこむ．女王は全身に伏毛がほとんどなく，触角柄節に立毛はなく，短い伏毛でおおわれる．腹柄節は逆 V 字型．

本種には *Lasius capitatus* の学名が適用された時期がある．かつ，*L. capitatus* の学名はフシボソクサアリにも一時期使われてもおり，注意が必要である．今回，和名を変更した．

生態　山地の森林に見られ，巣から行列を出して樹木のアブラムシに集まる．5 月下旬〜6 月上旬に巣内で有翅虫が生産される．7〜8 月に結婚飛行が行われるが，5 月（神奈川県）に行われた報告もある．おそらくケアリ属の他種に一時的社会寄生を行う．

分布　国内：北海道，本州，四国．国外：極東ロシア．

フシボソクサアリ　*Lasius nipponensis* Forel, 1912

分類・形態　体長 3.2〜3.7 mm．本亜属の中で小型の種．体は強い光沢のある黒色．頭部は密に伏毛でおおわれる．腹柄節は側方から見て逆 V 字状．前方から見て腹柄節は中央部が最も幅広く，先端に向かうにつれて細まる．背縁は弧をえがき，中央部にへこみはない．

女王は触角柄節および中胸背板に多くの伏毛と立毛がある．

本種に対して，*Lasius crispus* あるいは *L. capitatus* の学名が適用されていた時期があり，注意を要する．また，本種の現行の学名 *L. nipponensis* が，クロクサアリに適用されていた時期がありこれにも注意したい．

生態　7 月中旬〜9 月にかけて結婚飛行が行われる．ヒゲナガケアリ *L. productus* の巣に一時的社会寄生を行う．

分布　国内：北海道，本州，四国．国外：朝鮮半島，台湾，極東ロシア．

テラニシクサアリ（テラニシケアリ） *Lasius orientalis* Karawajew, 1912

分類・形態 体長 3.0 〜 3.7 mm．本亜属の中で小型の種．体は強い光沢のある黒色．頭部は密に伏毛でおおわれる．腹柄節は側方から見て逆 U 字状．前方から見て，腹柄節は背縁に向かうほど幅が広がる．背縁はほぼ直線状で，中央にへこみはない．

女王の触角柄節と腿部，脛節は著しく平たくつぶれた形状で，全身が伏毛でおおわれる．腹柄節は側方から見て逆 U 字状．

本種には *Lasius teranishii* の学名が長く使われていた．今回，和名を変更した．

生態 7 〜 8 月上旬に巣内で有翅虫が出現し，7 月下旬〜 8 月に結婚飛行が行われる．山地帯から亜高山帯にかけて生息し，キイロケアリ *L. flavus* の巣に一時的社会寄生を行う．

分布 国内：北海道，本州（中部以北）．国外：朝鮮半島．

島嶼の分布 北海道：奥尻島．

ヒラアシクサアリ（クサアリモドキ） *Lasius spathepus* Wheeler, 1910

分類・形態 体長 4 〜 5 mm で，強い光沢のある黒色のアリ．頭部は疎に伏毛でおおわれる．クロクサアリ隠蔽種群 *L. fuji* (s. l.) に似るが，腹柄節の丘部の先端は尖ることで区別できる．女王の触角柄節と腿節，脛節は平たくつぶれた形状で，全身に多くの立毛があり，伏毛は少ない．

生態 トビイロケアリ *L. japonicus* に一時的社会寄生を行う．巣は大きくなり，巣から行列を出して樹木のアブラムシに集まる．5 月下旬〜 6 月上旬に巣内で有翅虫が見られ，7 〜 8 月の夜および早朝に結婚飛行が行われる．野外で 4 年目に有翅虫が出現し，巣は 15 年間続いたという観察例がある．今回，和名を変更した．

分布 国内：北海道，本州，四国，九州．国外：朝鮮半島．

島嶼の分布 北海道：奥尻島，礼文島．本州：飛島，地島，高島，西ノ島，佐渡島．四国：広島．九州：中通島，平島，能古島，平戸島，対馬．伊豆諸島：大島．

キイロケアリ亜属 *Cautolasoius*

キイロケアリ *Lasius flavus* (Fabricius, 1782)

分類・形態 体長 2 〜 3.5 mm の小型で黄色の種．触角柄節は短く，頭部後縁を少し越えた程度の長さ．眼は小さい．

生態 草地に多く，林縁部にも見られ，石下や土中に巣をつくる．単雌性の巣と多雌性の巣とが見られる．雑食性で，かつ巣中の浅い部分でアブラムシを飼うことも知られている．関東地方では平野部から標高 2000 m を越えた山地に見られ，特に山地の草原では普通に見られる．8 〜 10 月に結婚飛行が見られ，夕方に巣からの飛出が行われる．

分布 国内：北海道，本州．国外：朝鮮半島，中国，ロシア，中央アジアからヨーロッパに広く分布

島嶼の分布 北海道：渡島大島，奥尻島，天売島，利尻島，礼文島，色丹島．本州：佐渡島，金華山島．伊豆諸島：大島，三宅島．

ミナミキイロケアリ　*Lasius sonobei* Yamauchi, 1979

分類・形態　体長 2.5 〜 3.5 mm. 体は黄色. 複眼の直径は 0.07 〜 0.10 mm. 触角柄節および脚脛節に立毛を欠く.

生態　林内の石下や土中に営巣する. 8 〜 9 月に結婚飛行が観察されている.

分布　国内：本州, 四国, 九州, 屋久島. 東北地方では少ない.

島嶼の分布　本州：佐渡島. 大隅諸島：屋久島.

ヒメキイロケアリ　*Lasius talpa* Wilson, 1955

分類・形態　体長 2 〜 3 mm の小型の種. 体は黄色. 複眼は小さく通常 0.08 mm 程度で 6 〜 17 個の個眼からなる. 触角柄節および脚脛節に多数の立毛がある.

生態　林内に生息し, 8 〜 9 月上旬に結婚飛行が行われる. 巣は林内の土中につくられ, 深さ 60 cm に達する.

分布　国内：本州, 四国, 九州, 大隅諸島. 国外：朝鮮半島, 台湾.

島嶼の分布　本州：飛島, 宮島, 沖ノ島, 地島. 伊豆諸島：大島, 新島, 式根島, 神津島, 三宅島, 八丈島. 大隅諸島：屋久島, 口永良部島.

アメイロケアリ亜属　*Chthonolasius*

ミヤマアメイロケアリ　*Lasius hikosanus* Yamauchi, 1979

分類・形態　体長 4.5 mm. 体は黄色. 前伸腹節の斜面が側方から見て明瞭に弧をえがく事で本亜属の他種と区別される.

生態　一時的社会寄生種で, おそらくケアリ亜属の種に女王が侵入し, 巣を乗っ取る. 巣は林内の立木の根元に見られる.

分布　国内：本州, 九州.

ヒゲナガアメイロケアリ　*Lasius meridionalis*（Bondroit, 1920）

分類・形態　体長 4 〜 4.5 mm. 体色は黄色. アメイロケアリ *L. umbratus* に類似するが, 触角柄節が扁平状で多くの立毛があることで区別される. 前伸腹節の斜面が側方から見て直線状となる.
　女王においても触角柄節が扁平状で, かつ多数の立毛をもつ.
　本種にはヨーロッパ産種の学名が与えられているが, 検討を要する.

生態　林内から林縁に生息し, 立木の根際に営巣する. 7 〜 9 月に結婚飛行が行われる. トビイロケアリ *L. japonicus* やハヤシケアリ *L. hayashi* に一時的社会寄生を行う.

分布　国内：北海道, 本州, 九州. 国外：ユーラシア.

島嶼の分布　本州：高島. 四国：広島.

アメイロケアリ　*Lasius umbratus*（Nylander, 1846）

分類・形態　体長 4 〜 4.5 mm の中型のアリ. 体は黄色. 眼は小さい. 腹柄節は横から見て細く

高く，先端はとがる．触角柄節はややつぶれた円筒形を呈し，立毛がほとんどない．前伸腹節の斜面が側方から見て直線状となる．

女王の触角柄節は比較的短く，円筒形で，立毛をもたない．

本種にはヨーロッパ産種の学名が与えられているが，検討を要する．

生態 林内から林縁にかけて生息し，樹木の根際に巣をつくる．木の幹に行列をつくって活動する．女王はトビイロケアリ L. japonicus やハヤシケアリ L. hayashi の巣に侵入し，一時的社会寄生を行うものと思われる．結婚飛行の時期は6〜8月で，夕方に巣からの飛出が見られる．

分布 国内：北海道，本州，四国，九州．国外：朝鮮半島，中国，ロシア，中央アジアからヨーロッパにかけて広く分布する．

島嶼の分布 北海道：奥尻島，利尻島，礼文島，色丹島，千島列島：国後島．本州：飛島，城ヶ島，宮島，舳倉島，西ノ島，佐渡島，金華山島．九州：対馬．伊豆諸島：式根島，三宅島，八丈島．

ヒメキアリ族　Plagiolepidini

コツブアリ属　*Brachymyrmex* Mayr, 1868

分類・形態 体長1〜3mmの小型のアリ．触角が9節からなることで，本亜科の他属との区別は容易である．頭部は短く亜四角形状で，正面から見て長さが幅とほぼ等しいか若干長い程度．触角柄節は短く，頭部後縁を少し越える程度．複眼は比較的大きい．前胸および中胸背面に幾つかの明瞭な立毛がある．

本属は，オオアリ族 Camponotini，あるいは独立した Brachymirmecini に位置づけられる場合もあるが，本書では本族への位置づけとした．

生態 土中や落葉層，石下等に巣をつくる．雑食性であるが，液体食を好みアブラムシの甘露や，植物の蜜によく集まる．いくつかの種は，放浪種として世界中に分布を広げており，北米では，クロコツブアリ *B. patagonicus* や *B. obscurior* が侵入し，分布を拡大させている．

分布 新世界の属で，現在約40種が記載されている．日本でコツブアリ *B.* sp. として兵庫県神戸市から報告された種を，今回 *B. patagonicus* と同定した．

クロコツブアリ　*Brachymyrmex patagonicus* Mayr, 1868

分類・形態 体長1〜1.5mmの小型種．黒褐色で，触角，大腮は黄褐色．脚は褐色．頭部は四角形で，わずかに長さが幅よりも広く，後縁は平ら．触角柄節は頭部後縁を越える．複眼は大きく，小さな単眼が認められる．前胸に1，2対の，中胸に1対の顕著な立毛をもつ．前伸腹節を側方から見たとき，背面は短く，後面は直線状．腹部背面に斜めに生える立毛をもつ．

生態 巣は土中や落葉層，石下に見られ，頻繁にアブラムシを中心とした同翅類昆虫を訪れる．北米では，頻繁に家屋に侵入する衛生・不快害虫として本種は"rover ants"と呼ばれている．人為的移入種で，南アメリカ原産であろう．日本では，今のところ兵庫県神戸市からのみ得られており，港湾部の道路脇等の乾燥した環境で採集されている．北米からの侵入の可能性が高い．

分布 国内：本州（兵庫県）．

アメイロアリ属　*Nylanderia* Emery, 1906

分類・形態　体長1.5〜4mm程度の小型のアリ．複眼は中程度の大きさで，頭部の中央よりも前方に位置する．触角は12節からなる．触角柄節は長く，頭部後縁を大きく越える．柄節には多くの短い軟毛のほかに立毛がある．大腮には6歯あるいは7歯をそなえる．腹柄節丘部は低く前傾し，前方に張り出した腹部によって隠され，背方からは見えないことが多い．働きアリに単眼はないか，あっても不明瞭．胸部背面には対になった立毛をそなえる．脚脛節には通常立毛あるいは半立毛が見られるが，立毛はなく軟毛のみをもつ種も見られる．

　日本産の種は長く*Paratrechina*属に位置づけられてきた．しかし，近年の分子系統解析の結果から，ヒゲナガアメイロアリ*Paratrechina longicornis*が*Euprenolepis*属と姉妹群関係となるなど，従来の*Paratrechina*属が単系統群ではないことが明らかとなり，3つのグループに分割された．この結果により，ヒゲナガアメイロアリは*Paratrechina*属に，それ以外の日本産種は*Nylanderia*属と*Paraparatrechina*属へと移属された．

生態　土中や落枝，腐倒木等に営巣し，働きアリは樹上や草上，落葉土層で活動する．花蜜等の液体成分を主な食物とし，頻繁に植物や同翅類昆虫を訪れ，花蜜や甘露を集める．

分布　全世界に広く分布し，約100種が記載されている．日本からは8種が記録されている．

種の検索表　アメイロアリ属

1. a. 触角は長く，触角柄節はその長さの1/2以上が頭部後縁を越える．
   b. 複眼は大きく，その後端から頭部最後縁までの距離は，複眼の直径の約1〜1.5倍．　　2.へ

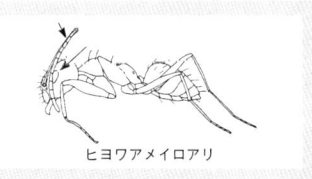

   aa. 触角柄節は頭部後縁を越えても，越える部分は柄節の1/2以下．
   bb. 複眼は小さく，その後端から頭部最後縁までの距離は，複眼の直径の約3倍．　　3.へ

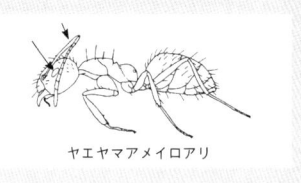

2. a. 頭部と胸部側面は薄い褐色で，腹部は褐色；胸部背面は褐色がかった白色（八重山諸島に分布）．
   　p.209　ヒヨワアメイロアリ　*Nylanderia otome*

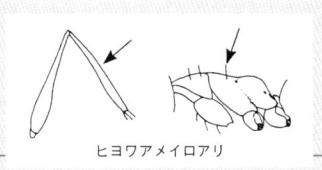

   aa. 体は暗褐色の単色性（沖縄島に分布）．
   　p.210　ヤンバルアメイロアリ　*Nylanderia yambaru*

3. a. 前・中胸背板に6対以上の剛毛がある．
   p.207　ケブカアメイロアリ　*Nylanderia amia*

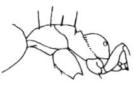

   aa. 前胸背板に通常2対，中胸背板に2対の剛毛がある．
   4. へ

4. a. 腹節第2,3背板はそれぞれ前半部が黄褐色，後半部が暗褐色．
   b. 正面観で頭部の側縁はより丸みを帯びる．
   p.209　ヤエヤマアメイロアリ　*Nylanderia yaeyamensis*

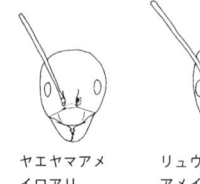

   aa. 腹節第2,3背板は黒褐色から黒色の単色性．
   bb. 正面観で頭部の側縁の丸みは弱い．
   5. へ

5. a. 触角柄節の立毛は長く，長さは柄節の直径よりも大きい．
   6. へ

   aa. 触角柄節の立毛は短く，柄節の直径よりも小さい．
   7. へ

6. a. 単色性で体は全体的に暗褐色．
   b. 前胸背板には2対の立毛をもつ（トカラ列島以南に分布）．
   p.209　リュウキュウアメイロアリ　*Nylanderia ryukyuensis*

   aa. 2色性で胸部は赤みを帯びた黄褐色で，頭部と腹部は暗褐色．
   bb. 前胸背板には2対の立毛の他，1〜2対の短い立毛が見られる（小笠原諸島に分布）．
   p.208　オガサワラアメイロアリ　*Nylanderia ogasawarensis*

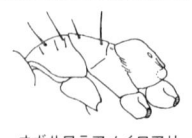

7. a. 2色性で胸部は赤みを帯びた黄褐色で，頭部と腹部は暗褐色から黒褐色（変異あり）．
   b. 触角柄節の伏毛はより少ない（奄美諸島以北に分布）．

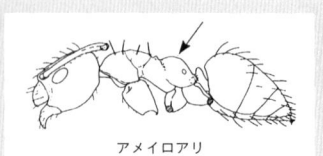

	p.207	アメイロアリ　*Nylanderia flavipes*	
aa.	単色性で体全体が黒褐色．		アメイロアリ
bb.	触角柄節の伏毛は比較的豊富．		
	p.208	クロアメイロアリ　*Nylanderia nubatama* （旧称：クロサクラアリ）	クロアメイロアリ

ケブカアメイロアリ　*Nylanderia amia*（Forel, 1913）

分類・形態　体長 2.5 〜 3 mm．体は褐色から黒褐色で，腹部は黒色味が強い．大腮に 6 歯をもつ．触角柄節はやや長く，その長さの 3 割程度が頭部後縁を越える．柄節は立毛を多数もつ．前・中胸背板に 6 対以上の剛毛がある．前伸腹節に立毛はない．後脚のみ腿節と脛節に剛毛をもつ．

生態　裸地や草地などの乾いた環境に多く，石下や土中に巣が見られる．働きアリは地表を素早く動き回り，行列をつくって活動する．隠蔽種を含む可能性がある．

分布　国内：本州（太平洋岸），九州，南西諸島，小笠原諸島．小笠原諸島や南西諸島では普通に見られる．熱帯アジア原産の放浪種と思われる．本土では，鹿児島市や広島市の公園や市街地で採集されていたが，近年，兵庫県，大阪府，愛知県，神奈川県，東京都と次々に生息が確認されるようになった．東京都では，植物園や水族館でも発見されている．国外：台湾，東南アジア．

島嶼の分布　小笠原群島：父島，母島，兄島，弟島，智島，媒島，南島，向島．火山列島：硫黄島．大隅諸島：種子島，屋久島．トカラ列島：口之島，中之島，平島，諏訪之瀬島，悪石島，小宝島，宝島，横当島．奄美諸島：喜界島，奄美大島，加計呂麻島，請島，与路島，徳之島，沖永良部島，与論島．沖縄諸島：沖縄島，硫黄鳥島，伊平屋島，伊是名島，古宇利島，伊計島，津堅島，久高島，平安座島，浜比嘉島，宮城島，屋我地島．慶良間諸島：渡嘉敷島，久米島．宮古諸島：宮古島，池間島，伊良部島，下地島．多良間諸島：多良間島．八重山諸島：石垣島，西表島，竹富島，黒島，小浜島，波照間島，与那国島．尖閣諸島：魚釣島，南小島，北小島．大東諸島：北大東島，南大東島．

アメイロアリ　*Nylanderia flavipes*（Smith, 1874）

分類・形態　体長 2 〜 2.5 mm．頭部と腹部は黒褐色，胸部と脚は黄色から黄褐色（個体変異があり，暗色の個体も見られる）．大腮には 6 歯をもつ．触角柄節はやや長く，短い立毛と伏毛をまばらに生やす．前胸背板に 2 〜 3 対（通常 2 対），中胸背板に 2 対の剛毛があり，前伸腹節背面には立毛がない．後脚の腿節と脛節には斜めに生える剛毛列がある．胸部の色彩には多少とも変異があり，暗褐色の個体も見られる．リュウキュウアメイロアリ *N. ryukyuensis* に非常に類似するが，働きアリと女王アリの色彩の違いと，触角柄節の立毛の違いで区別される．

鹿児島県の海浜に生息するもの（例えば南さつま市吹上浜）は，形態的識別は不可能だが，分

子系統解析の結果から明らかに別種と判断される．本種は，複数の隠蔽種を含む可能性が高い．
生態 本土ではごく普通に見られ，本州平野部の林床部での最普通種の1つである．草地や林内の石下，落葉層，腐倒木内等に営巣する．本土では8～9月に生まれた羽アリが巣中で冬を越し，翌年の4月下旬～5月にかけて結婚飛行が行われる．有翅個体は午前中に巣から飛び出す．単雌創巣で，単雌性，単巣性で通常200～300個体からなるが，1000個体を超える例も知られている．夏期に若干離れた場所に，巣部屋をつくるものも見られ，一見弱い多巣性に見える場合がある．飼育条件下では，卵から働きアリが孵るまで42日という記録がある．また，3年で働きアリが150頭となり，4年目で有翅虫が出現し，冬を越し，5年目に有翅虫が飛出した観察例もある．
分布 国内：北海道，本州，四国，九州，琉球列島（徳之島以北）．国外：朝鮮半島，中国．日本から合衆国およびオマーンに人為的に運び込まれた例がある．
島嶼の分布 北海道：奥尻島，天売島，利尻島，礼文島．本州：飛島，沖ノ島，地島，桃頭島，江ノ島，猿島，城ヶ島，沖ノ島，舳倉島，御厨島，高島，島後，西ノ島，佐渡島．四国：広島，手島．九州：上甑島，中甑島，下甑島，福江島，中通島，平島，玄海島，相ノ島，地ノ島，能古島，志賀島，大島，壱岐，平戸島，黒子島，対馬．伊豆諸島：大島，利島，新島，式根島，神津島，三宅島，御蔵島，八丈島，青ヶ島．草垣群島：上之島．口ノ三島：黒島，硫黄島，竹島．大隅諸島：種子島，屋久島，口永良部島．トカラ列島：口之島，臥蛇島，中之島，平島，諏訪之瀬島，悪石島．奄美諸島：徳之島．

クロアメイロアリ（クロサクラアリ）　*Nylanderia nubatama* (Terayama, 1999)

分類・形態 体長2 mm．体は黒褐色．触角と脚は黄褐色．大腮に6歯をもつ．触角柄節はその長さの約2/5が頭部後縁を越える．柄節の立毛は短く，柄節の直径よりも短い．柄節には軟伏毛が比較的多い．前胸背板に2対，中胸背板に2対の立毛をもつ．女王も単色性で黒褐色．中胸背板の前方部は側方から見て薄く，背縁の後半部は弧をえがく．今回和名を変更した．
生態 高知県土佐清水市では，2月に落葉層のふるいによって採集されている．
分布 国内：四国，奄美大島．
島嶼の分布 奄美諸島：奄美大島．

オガサワラアメイロアリ　*Nylanderia ogasawarensis* (Terayama, 1999)

分類・形態 体長2～2.5 mm．体は2色性で，頭部と腹部が暗褐色で胸部が黄褐色．脚は黄褐色．触角柄節に軟毛と剛毛があり，剛毛の長さは柄節の直径よりも長い．前胸背板に2対，中胸背板に2対の立毛をもち，さらに前胸背板には1，2対の短い立毛が見られる．アメイロアリ *N. flavipes* とは触角柄節の剛毛の長さで区別され，またリュウキュウアメイロアリ *N. ryukyuensis* に類似するが，体色で区別される．
生態 樹林内の林床部から林縁にかけて生息し，石下や土中に営巣する．
分布 小笠原諸島．
島嶼の分布 小笠原群島：父島，母島，兄島，弟島，東島．火山列島：硫黄島．

ヒヨワアメイロアリ　*Nylanderia otome* (Terayama, 1999)

分類・形態　体長 1.5 ～ 2 mm. 頭部と胸部側面は淡い褐色で，腹部は褐色．触角，胸部背面，腹柄節，脚は褐色がかった白色．触角柄節は長く，その長さの半分以上が頭部後縁を越える．大腮には 6 歯をそなえる．胸部は細長い．前胸背板に 2 対の立毛があり，中胸背板には 1 対の立毛がある．後脚の腿節と脛節には剛毛がない．

生態　草地や林縁で見られる．

分布　国内：琉球列島（八重山諸島）．

島嶼の分布　八重山諸島：石垣島，西表島．

リュウキュウアメイロアリ　*Nylanderia ryukyuensis* (Terayama, 1999)

分類・形態　体長 2 ～ 2.5 mm. 頭部，胸部，腹部第 1 節は褐色，腹部第 2 節以降は暗褐色．北海道から徳之島にかけて分布するアメイロアリ *N. flavipes* との区別が難しいが，本種では働きアリの触角柄節の立毛が若干多くかつ長いことと，体色が単色性で頭部，胸部，腹部ともにほぼ単一の暗褐色となる点で区別される．ただし，アメイロアリにおいても色彩に変異が見られ，かなり暗い色彩のものもあり，注意を要する．八重山諸島に生息するヤエヤマアメイロアリ *N. yaeyamensis* とは働きアリや女王の色彩，特に腹部の色彩の相違によって比較的容易に区別される．

生態　林内から草地にかけて生息し，土中や石下に営巣する．単雌性かつ単巣性で，1 つのコロニーは 100 個体から数百個体程度の働きアリで構成される．

分布　国内：南西諸島（種子島以南）．国外：台湾．

島嶼の分布　大隅諸島：種子島，トカラ列島：口之島，中之島，諏訪之瀬島，悪石島，宝島．奄美諸島：奄美大島，請島，与路島，徳之島，沖永良部島，与論島．沖縄諸島：沖縄島，硫黄鳥島，伊平屋島，伊是名島，瀬底島，平安座島，浜比嘉島，宮城島，伊計島，久高島，渡名喜島，屋我地島．慶良間諸島：渡嘉敷島，粟国島，久米島．宮古諸島：宮古島，池間島，伊良部島，下地島．八重山諸島：石垣島，西表島，黒島，小浜島，波照間島．尖閣諸島：北小島．大東諸島：北大東島，南大東島．

ヤエヤマアメイロアリ　*Nylanderia yaeyamensis* (Terayama, 1999)

分類・形態　体長 2 ～ 2.5 mm. 頭部，胸部は黄褐色．腹部第 1 節は黄褐色，第 2，3 節では各節とも基半は黄褐色で後部は暗褐色．触角と脚は黄色．触角柄節にはやや少なめの軟毛と剛毛があり，剛毛の長さは柄節の直径よりも長い．頭部は正面から見ると側縁が近似の他種よりもより丸みを帯びる．女王の頭部と胸部は赤褐色．腹部第 1 ～ 3 節は黄褐色と暗褐色の縞模様となり，第 4 節と 5 節は暗褐色．

生態　照葉樹林内に生息し，土中，落葉下，落枝中に営巣する．

分布　国内：琉球列島（八重山諸島）．国外：台湾．

島嶼の分布　八重山諸島：石垣島，西表島，波照間島，与那国島．

ヤンバルアメイロアリ　*Nylanderia yambaru* (Terayama, 1999)

分類・形態　体長1.5〜2 mm. 体は暗褐色. 脚は脛節までが暗褐色で, 付節は乳白色. 触角柄節は長く, その長さの半分以上が頭部後縁を越える. 大腮には6歯をそなえる. 胸部は細長い. 中胸背板には1対の立毛がある. 後脚の腿節と脛節には剛毛がない. 体表は弱く容易にへこむ.

生態　樹林内の石下, 落葉層, 腐倒木内等に営巣する. 単雌性かつ単巣性で, 1つのコロニーの働きアリ数は200〜300個体程度の働きアリで構成される.

分布　国内：琉球列島（沖縄諸島）.

島嶼の分布　沖縄諸島：沖縄島, 屋我地島.

サクラアリ属　*Paraparatrechina* Donisthorpe, 1947

分類・形態　体長1〜3 mmの小型のアリ. 前伸腹節背面に1対の立毛をもつ. 触角柄節は通常短く, 頭部後縁を多少越える程度で, 顕著な立毛をもたない. 日本産の種では触角第3, 4節が短く, 幅が長さより大きい. 大腮に5歯をそなえる. 前胸背板, 中胸背板に対となる立毛をもつ. 脚の腿節と脛節には立毛あるいは斜めに生える剛毛はない. 胸部は前後に圧縮されて小さいが, アフリカ産の種では細長いものが存在する.

　アメイロアリ属 *Nylanderia* とは, 前伸腹節背面に1対の立毛をもつこと, 触角柄節に顕著な立毛がないこと, 大腮に5歯をそなえることで区別される.

　本属は, 従来 *Paratrechina* 属であったものが, 近年の分子系統解析の結果により *Paratrechina* 属, *Nylanderia* 属および *Paraparatrechina* 属に区分されたものである.

生態　土中や石下に営巣し, 半裸地や路傍等の攪乱された環境に生息する種も多い. 液体成分の餌資源をよく集め, 植物体にも登り花蜜も集める. 働きアリは単型であるが, アフリカ産の種に多型となるものが見られる.

分布　世界の熱帯・亜熱帯を中心に分布し, 一部旧北区や新北区にも生息する. 約30種から構成され, 日本では2種が分布する.

種の検索表　｜　サクラアリ属

1. a. 体は褐色から暗褐色.
   b. 頬の表面は微細彫刻があり, ややくすむ.
   c. 前伸腹節を側方から見たとき, 後背部は丸く, 角ばらない.
   　　p.211　サクラアリ　*Paraparatrechina sakurae*

   aa. 体は漆黒色.
   bb. 頬は平滑で光沢をもつ.
   cc. 前伸腹節を側方から見たとき, 後背部は鈍く角

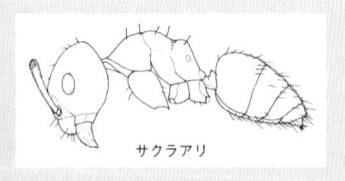

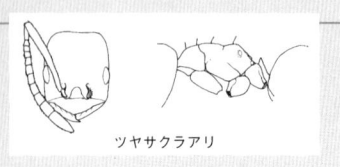

| p.211 | ツヤサクラアリ　*Paraparatrechina sakuya* |

サクラアリ　*Paraparatrechina sakurae*（Ito, 1914）

分類・形態　体長 1 〜 1.5 mm の小型の種．体は褐色から淡褐色で，触角と脚は黄褐色．触角柄節は短く，頭部後縁を多少越える程度で，立毛を欠く．触角第 4 〜 6 節は幅より長さが小さい．大腮に 5 歯をそなえる．中胸背板に 1 対，前伸腹節に 1 対の立毛をもつ．前伸腹節後背縁は丸みを帯び，明瞭な角にならない．

生態　草地や裸地等の乾いた環境に生息し，石下や土中に営巣する．舗装道路にある植栽のような場所にも巣が見られる．10 〜 11 月に結婚飛行が行われ，午前中に飛出する．12 月上旬に結婚飛行が行われた記録もある．

分布　国内：北海道，本州，四国，九州，南西諸島（徳之島以北）．国外：朝鮮半島．

島嶼の分布　本州：江ノ島，城ヶ島，宮島，沖ノ島，高島．四国：手島，牛島．九州：上甑島，下甑島，中通島，玄海島，志賀島，大島，対馬．伊豆諸島：大島．口ノ三島：黒島，竹島．大隅諸島：種子島，屋久島，口永良部島．トカラ列島：口之島，臥蛇島，諏訪之瀬島，悪石島，横当島，小宝島．奄美諸島：奄美大島，加計呂麻島，徳之島．

ツヤサクラアリ　*Paraparatrechina sakuya* Terayama, 2013

分類・形態　体長 1.5 mm．体は漆黒色．中胸背板に 1 対，前伸腹節に 1 対の立毛をもつ．触角柄節は短く，頭部後縁を多少越える程度で，立毛を欠く．触角第 4 〜 6 節は幅より長さが小さい．大腮に 5 歯をそなえる．サクラアリ *P. sakurae* に似るが，体が漆黒色であり，頬は平滑で光沢をもち，中胸背板は側方から見てほぼ直線状で，前伸腹節の後背縁は鈍く角ばることで区別される．

生態　路上の地表を歩行中の個体が採集されている．

分布　国内：伊豆諸島（青ヶ島）．

島嶼の分布　伊豆諸島：青ヶ島．

ヒゲナガアメイロアリ属　*Paratrechina* Motschoulsky, 1863

分類・形態　体長 2.5 〜 3 mm のやや小型のアリ．褐色から黒色．触角柄節は長く，その長さの半分以上が頭部後縁を越える．大腮には 5 歯をそなえる．前胸背板と中胸背板には剛毛が見られるが，前伸腹節背面に立毛はない．後脚の腿節と脛節には斜めに生える剛毛列がある．アメイロアリ属 *Nylanderia* とは，胸部が細長く，特に前胸が前方に長く伸びていること，大腮が 5 歯をそなえることで区別できる．

生態　半裸地や路傍等の撹乱された環境に多く，家屋侵入害虫としても知られる．多雌性．

分布　本属はヒゲナガアメイロアリ *P. longicornis* 1 種のみから構成される．

ヒゲナガアメイロアリ　*Paratrechina longicornis*（Latreille, 1802）

分類・形態　体長2.5〜3mm．褐色から黒色．触角柄節は長く，その長さの半分以上が頭部後縁を越える．大腮には5歯をそなえる．胸部は細長い．前胸背板に数本，中胸背板に3対程度の剛毛があり，前伸腹節背面に立毛はない．後脚の腿節と脛節には斜めに生える剛毛列がある．

生態　草地や路傍の乾燥した環境に普通に見られ，動きは敏速である．家屋にもしばしば侵入する．多雌性．

分布　国内：本州，九州，小笠原諸島，屋久島以南の南西諸島各島に生息する．国外：東南アジア原産の可能性のある放浪種で，熱帯地方に広く分布する．日本では九州，小笠原諸島，南西諸島各島から記録されていたが，近年本州にも侵入し，兵庫県や神奈川県の港湾や市内から見出されている．

島嶼の分布　小笠原群島：父島，母島，兄島，弟島．火山列島：硫黄島．南鳥島．大隅諸島：屋久島．トカラ列島：小島．奄美諸島：奄美大島，喜界島，加計呂麻島，請島，徳之島，沖永良部島，与論島．沖縄諸島：沖縄島，硫黄鳥島，伊是名島，平安座島，古宇利島，伊計島，津堅島，久高島．慶良間諸島：渡嘉敷島，粟国島，久米島．宮古諸島：宮古島，池間島，伊良部島，来間島，下地島．多良間諸島：多良間島．八重山諸島：石垣島，西表島，竹富島，黒島，小浜島，波照間島，与那国島．尖閣諸島：北小島．大東諸島：北大東島，南大東島．

ヒメキアリ属　*Plagiolepis* Mayr, 1861

分類・形態　小型のアリで体長は1.5〜3mm．触角は11節．触角柄節は短く，頭部後縁を少し越える程度の長さ．複眼は比較的大きく，頭部側面中央もしくはやや前方よりに位置する．頭部後縁に1対の短毛をもつ．前胸背板は比較的短く，中胸背板は非常に短い．側板および後胸との間には複数の短い隆起が縦走する．

生態　開けた環境に見られ，草地から林縁の石下や倒木に営巣する．働きアリは，地表部の他，蜜を集めるために植物体上でもよく見られる．

分布　世旧世界の熱帯から温帯域に約60種が記載され，一部の種で北米等に人為的に移入している．日本では2種が報告されている．

種の検索表　ヒメキアリ属

1. a. 正面から見て，触角柄節が頭部後縁を越える長さは触角第2節の長さ．
   b. 前胸背板に1対の立毛はない．
   　　p.213　**ウスヒメキアリ**　*Plagiolepis alluaudi*

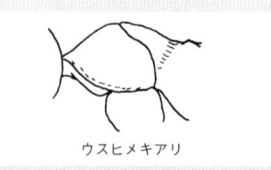

   aa. 正面から見て，触角柄節が頭部後縁を越える長さは触角第2節の1/2の長さ．

bb. 前胸背板に1対の明瞭な立毛がある.

p.213　**ヒメキアリ**　*Plagiolepis flavescens*

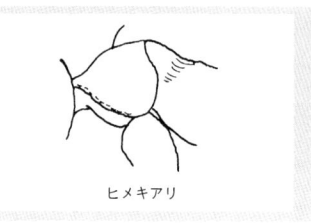

ヒメキアリ

ウスヒメキアリ　*Plagiolepis alluaudi* Emery, 1894

分類・形態　体長1.5〜2mm. 体は黄色から淡橙色. 正面から見て,触角柄節の頭部後縁を越える長さは触角第2節の長さがある. また,前胸背板に1対の立毛はない.

生態　世界中に分布を広げた放浪種で,アフリカ原産説とインド原産説とがある. 日本では小笠原諸島と沖縄島に見られ,東京都内の動物園内の温室でも生息が確認された.

分布　国内:沖縄諸島,小笠原諸島. 国外:中国,太平洋諸島,西インド諸島,アフリカ.

島嶼の分布　沖縄諸島:沖縄島. 小笠原群島:父島,母島,兄島. 火山列島:硫黄島.

ヒメキアリ　*Plagiolepis flavescens* Collingwood, 1976

分類・形態　体長2mm. 体は黄色から淡黄色. ウスヒメキアリよりも触角柄節が短く,正面から見て,触角柄節の頭部後縁を越える長さは触角第2節の約1/2ほどの長さとなる. 前胸背板に1対の明瞭な立毛がある.

生態　草地から林縁部に生息し,石下等に営巣する. 花蜜等の液体成分を集めに,植物によく登る.

分布　国内:本州(広島),九州(北部),対馬. 対馬では比較的普通に見られる. 国外:朝鮮半島.

島嶼の分布　九州:対馬.

ウワメアリ属　*Prenolepis* Mayr, 1861

分類・形態　小型から中型のアリ. 体長は2〜4mm程度. 複眼は中程度の大きさで,頭部の中央よりも後方に位置する. 大腮には5歯あるいは6歯をそなえる. 触角は12節からなる. 触角柄節は比較的長く,立毛を欠くが,長くて斜めに生える軟毛を密にもつ. 脚脛節も触角柄節と同様の軟毛をそなえ,立毛はもたない. 背面から見て,前胸と前伸腹節は幅広く球状であるが,中胸の幅は前胸の1/2以下と狭くなる. 後胸溝背面は幅広く明瞭で,気門をもつ.

生態　土中に営巣し(日本産種は樹上性),植物の蜜やアブラムシの甘露を多く集める.

分布　旧北区,東洋区から約15種が記載されている. 日本からは,学名未決定のウワメアリ *Prenolepis* sp.の1種のみが四国,九州から記録されている.

ウワメアリ　*Prenolepis* sp.

分類・形態　体長約2mmの小型のアリ. 体は黒褐色. 複眼は大きく,長径は頭長の1/4の長

さほどあり，頭蓋の上方に位置する．前端が頭長のほぼ中央に位置する．大腮に6歯をそなえる．腹柄節は前方に傾き，低く長い．腹部第1節の前面は，腹柄節に組み合わさるような形状にくぼむ．体全体に細くて長い斜直立する毛が多く見られる．

本属の分類研究が進んでおらず，日本産の種も詳細な検討が行われていないことから，本種の学名を保留した．

生態 樹上営巣性で，樹林上で活動する．

分布 国内：四国，九州．海外の分布は不明．

オオアリ族　Camponotini

オオアリ属　*Camponotus* Mayr, 1861

分類・形態 体長2.5 mmから25 mmを越すものまでさまざまなサイズの種を含むが，概して体長4 mm以上の中型から大型の種が多い．複眼は発達し，働きアリに単眼はない．触角挿入部は頭盾後縁から離れた位置にある．触角は12節からなる．日本産の種では，胸部背縁が側方から見て前胸から前伸腹節にかけて弧をえがく．また，後胸腺の開口部は認められない．腹柄節は厚い鱗片状．働きアリは種内で体サイズの変異が大きく，小型個体と大型個体とで形態が異なる場合が多い．特に大きさの差が著しい場合，大型のものを兵アリと呼ぶこともある．

従来，多くの亜属に分割されてきたが，亜属間の境界は明瞭ではない．日本産の種は，暫定的に6亜属の中に位置づけられている．*Colobopsis*亜属は，独立した属として扱われることもあるが，ここではオオアリ属の1亜属として位置づけた．

オオアリ属の種の所属亜属

オオアリ亜属 *Camponotus* s. str.：ニシムネアカオオアリ *C. hemichlaena*, クロオオアリ *C. japonicus*, ムネアカオオアリ *C. obscuripes*, カラフトクロオオアリ *C. sachalinensis*, ケブカクロオオアリ *C. yessensis*, オキナワクロオオアリ *C. senkakuensis*

アメイロオオアリ亜属 *Tanaemyrmex*：アカヨツボシオオアリ *C. albosparsus*, ミヤコオオアリ *C. friedae*, アメイロオオアリ *C. divestivus*, ユミセオオアリ *C. kaguya*, ケブカアメイロオオアリ *C. monju*, ハラグロアメイロオオアリ *C.* sp.

ミカドオオアリ亜属 *Paramyrmamblys*：ツヤミカドオオアリ *C. amamianus*, ミカドオオアリ *C. kiusiuensis*

ヨツボシオオアリ亜属 *Myrmentoma*：クサオオアリ *C. keihitoi*, ケブカツヤオオアリ *C. nipponensis*, ヨツボシオオアリ *C. quadrinotatus*

ウメマツオオアリ亜属 *Myrmamblys*：ホソウメマツオオアリ *C. bishamon*, ダイトウオオアリ *C. daitoensis*, イトウオオアリ *C. itoi*, イオウヨツボシオオアリ *C. iwoensis*, クニガミオオアリ *C. kunigamiensis*, ナワヨツボシオオアリ *C. nawai*, オガサワラオオアリ *C. ogasawarensis*, ヤマヨツボシオオアリ *C. yamaokai*, ウスキオオアリ *C. yambaru*, ウメマツオオアリ *C. vitiosus*

ヒラズオオアリ亜属 *Colobopsis*：ヒラズオオアリ *C. nipponicus*, アカヒラズオオアリ *C. shohki*

生態 1000種・亜種以上からなる巨大な属で，種によってさまざまな生活様式が見られる．営巣場所も多様で，地中性のものから樹上性のものまである．巣外での活動時間も種によって多様で，昼行性のものから夜行性のものまでが見られる．基本的に雑食性で，動物の死骸に群がるとともに，植物の蜜やアブラムシ，カイガラムシ類からの甘露を餌として集める．

分布 世界の熱帯から亜寒帯まで広く分布する．これまでに約1090種が記載されているが，さらに約480の亜種名が記載されており，分類は混乱した状態にある．日本では学名未決定種1種を含め29種が得られており，最も多くの種を含む属である．

種の検索表　オオアリ属

1. a. 大型働きアリおよび女王は頭部前方が切断されたように平らになる．
   b. 小型働きアリの前脚腿節は極端に幅広い．
   c. 小型働きアリの前伸腹節は側方から見て背面と後面がほぼ直角をなし，背面は背方から見て非常に幅が狭い． …… 2. へ

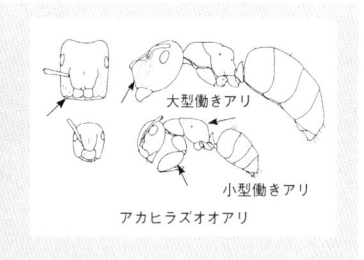

   aa. 大型働きアリおよび女王の頭部前方は通常の形態で，平らにはならない．
   bb. 小型働きアリの前脚腿節は極端に広がらない（クサオオアリ等一部で多少とも幅広い種が存在する）．
   cc. 小型働きアリの前伸腹節は側方から見て背面と後面が鈍角をなし，背面は背方から見て幅がある． …… 3. へ

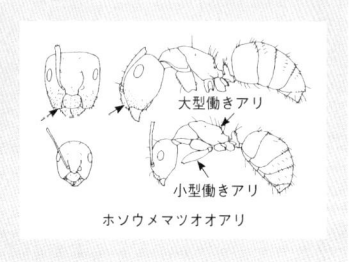

2. a. 前方から見て，大型働きアリの頭盾切断面の縁の中央部付近に1対の明瞭な小突起がある．
   p.231　**アカヒラズオオアリ**　*Camponotus shohki*

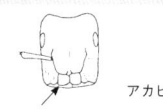

   aa. 前方から見て，大型働きアリの頭盾切断面はほぼ直線状で，中央部付近の突出は目立たない．
   p.231　**ヒラズオオアリ**　*Camponotus nipponicus*

3. a. 中胸および前伸腹節は赤色から黄色． …… 4. へ

   aa. 中胸および前伸腹節は黒褐色から黒色． …… 12. へ

4. a. 腹部第1節，第2節は全体が赤褐色.
   p.225　ユミセオオアリ　*Camponotus kaguya*

   aa. 腹部第1節，第2節の全体が赤褐色になることはない. 5.へ

5. a. 腹部第2背板に1対の黄色紋をもつ（第1背板にも1対あるいは横帯状の黄色紋をもつ）.
   p.224　アカヨツボシオオアリ　*Camponotus albosparsus*

   aa. 腹部第2節背板に斑紋はない. 6.へ

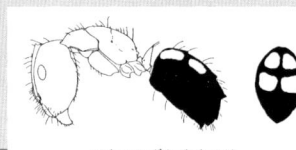

6. a. 頭盾は前方にかなり突出し，突出部分は方形でその前縁は直線状.
   b. 大腮に6〜7歯をそなえる. 7.へ

   aa. 頭盾は前方に突出しない，あるいは多少とも突出する程度で，突出部分は明瞭な方形にならない.
   bb. 大腮に4〜5歯をそなえる. 9.へ

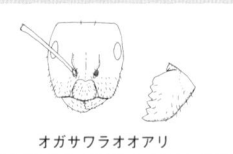

7. a. 前胸背板には4本以上の立毛をもつ.
   b. 頭部，腹部に多くの立毛をもつ. 8.へ

   aa. 前胸背板には通常立毛はない.
   bb. 頭部，腹部の立毛はより少ない.
   p.225　アメイロオオアリ　*Camponotus devestivus*

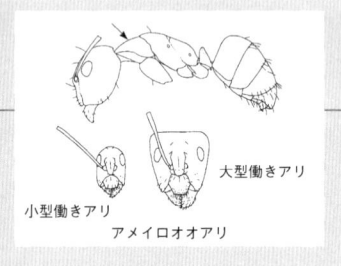

8. a. 大型働きアリの頭部は，正面から見て亜四角形状で，下方で強く狭まらない.
   b. 小型働きアリの頭部は，正面から見て急速に狭まり，後縁は突出する.
   p.226　ケブカアメイロオオアリ　*Camponotus monju*

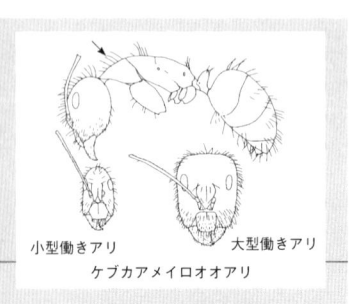

   aa. 大型働きアリの頭部は，正面から見て三角形状

で，下方で強く狭まる．

bb． 小型働きアリの頭部は，正面から見て急速に狭まらず，後縁は緩やかな弧状となる．

p.226　ハラグロアメイロオオアリ　*Camponotus sp.*

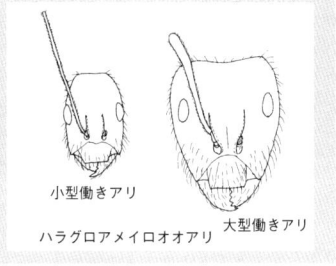

小型働きアリ　　大型働きアリ
ハラグロアメイロオオアリ

9． a． 中胸と後胸は赤色で腹部は黒色．
　　b． 大型種；体長7 mm以上．　　　　　　10．へ

aa． 中胸と後胸は黒から黒褐色か，黄色から黄褐色で赤色にはならない．腹部は黒色．
bb． 小型種；体長が7 mmを越えることはない．
　　　　　　　　　　　　　　　　　　　11．へ

10． a． 前胸は中胸と同様に赤色．
　　p.223　ムネアカオオアリ　*Camponotus obscuripes*

ムネアカオオアリ

aa． 前胸は黒色．
　　p.222　ニシムネアカオオアリ　*Camponotus hemichlaena*

ニシムネアカオオアリ

11． a． 体は黄から黄褐色（兵アリでは頭部がやや暗くなる傾向がある）の単色性（沖縄島北部に分布）．
　　p.230　ウスキオオアリ　*Camponotus yambaru*

ウスキオオアリ

aa． 胸部は赤褐色，腹部は第1節が黄褐色，第2節以降は黒褐色から黒色（大東諸島に分布）．
　　p.228　ダイトウオオアリ　*Camponotus daitoensis*

ダイトウオオアリ

aaa． 胸部は黄褐色．腹部は黒色で，第1節から第3節，あるいは第4節までに黄帯ないし黄斑がある（小笠原群島に分布）．

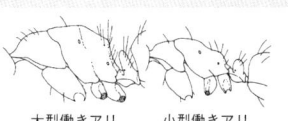

大型働きアリ　　小型働きアリ

p.229　オガサワラオオアリ　*Camponotus ogasawarensis*

12. a. 前・中胸部背面上に 10 本以上の長い立毛をもつ.
    b. 前伸腹節の背面と後面はほぼ直角をなし，後面は垂直に近い状態で落ち込む．背縁は直線状（中型種：奄美・宮古諸島に分布）.
    p.225　ミヤコオオアリ　*Camponotus friedae*

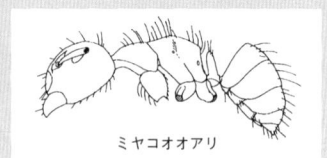

aa. 前・中胸部背面上に 10 本以上の長い立毛をもつ.
bb. 前伸腹節の背面と後面は弧をえがく（大型種：本土の山地に生息）.
    p.224　ケブカクロオオアリ　*Camponotus yessensis*

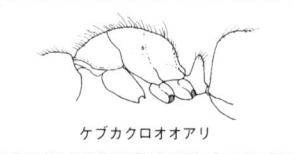

aaa. 前・中胸部背面上に 10 本以上の長い鞭状の立毛をもつ.
bbb. 前伸腹節の背面と後面は鈍く角ばり，背縁は弱くへこむ（小型種：本州に分布）.
    p.227　ケブカツヤオオアリ　*Camponotus nipponensis*

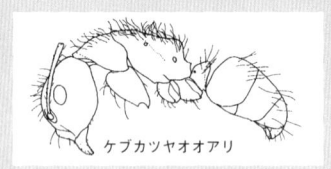

aaaa. 前・中胸部背面上に長い立毛はあっても 6 本以下.
bbbb. 前伸腹背面と後面は鈍角をなし，後面は傾斜し腹柄節へと連なる（一部の小型種で角をなす）．背縁は弧状のものからへこむものまでがある.
　　　　　　　　　　　　　　　　　13. へ

13. a. 大型種．大型働きアリの体長 10 mm 以上.
    b. 小型働きアリの体長は普通 7 mm 以上.　14. へ

aa. 小型種．大型働きアリでも体長 7 mm 以下.
bb. 小型働きアリの体長は普通 5 mm 以下.　18. へ

14.	a. 頭盾前縁の中央部は切れ込むかあるいはへこむ.
	15. へ
	aa. 頭盾前縁の中央部に切れ込みやへこみはない.
	16. へ

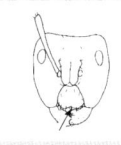

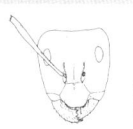

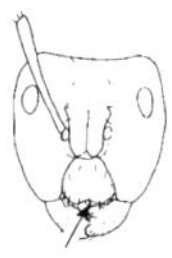

ツヤミカドオオアリ（大型働きアリ）

クロオオアリ（大型働きアリ）

15.	a. 体は黒色，脚は黄褐色から褐色.
	b. 側方から見て前伸腹節後背部は多少とも角ばる.
	p.227　ミカドオオアリ　*Camponotus kiusiuensis*
	aa. 体は漆黒色，脚は赤褐色から黒色.
	bb. 側方から見て前伸腹節の後背部は丸みを帯び角ばらない.
	p.226　ツヤミカドオオアリ　*Camponotus amamianus*

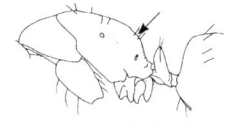

ミカドオオアリ

ツヤミカドオオアリ

16.	a. 頭盾前縁中央部は，前縁両側端を結ぶ線に重なる程度の位置で，前方への突出は弱い.
	b. 腹部の背板は軟毛が少なく，比較的光沢がある.
	p.224　カラフトクロオオアリ　*Camponotus sachalinensis*
	aa. 頭盾前縁中央部は，前縁両側端を結ぶ線よりも前方に突出する.
	bb. 腹部の背板は軟毛が多く，あまり光沢がない.
	17. へ

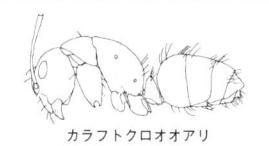

カラフトクロオオアリ

17.	a. 腹部第2節背板上の軟毛はまばらで10〜12列に並び，互いにほとんど重ならない.
	b. 腹部第2節背板上の軟毛の長さは隣接する軟毛との平均距離の1.5〜2倍.
	p.224　オキナワクロオオアリ　*Camponotus senkakuensis*
	aa. 腹部第2節背板上の軟毛はより密で6〜7列に並び，次の列の軟毛に重なる.
	bb. 腹部第2節背板上の軟毛の長さは隣接する軟毛

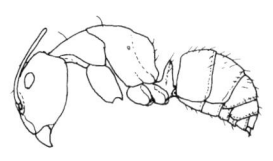

オキナワクロオオアリ

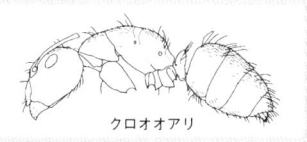

クロオオアリ

ヤマアリ亜科——オオアリ族

との平均距離の 4〜6 倍.
　　p.223　　**クロオオアリ**　*Camponotus japonicus*

18. a. 働きアリ，兵アリともに頭盾前縁中央部はへこむか切れ込みがある. 　19. へ

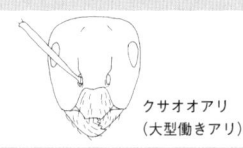

　　クサオオアリ（大型働きアリ）

　aa. 働きアリ，兵アリともに頭盾前縁中央部は弧状か直線状で，へこみや切れ込みはない. 　20. へ

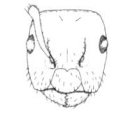

　　ヤマヨツボシオオアリ（大型働きアリ）

19. a. 胸部背面および腹柄節に立毛はない.
　b. 前脚腿節は顕著に幅広い.
　c. 後胸溝は明瞭.
　d. 腹部に斑紋はない.
　　p.227　　**クサオオアリ**　*Camponotus keihitoi*

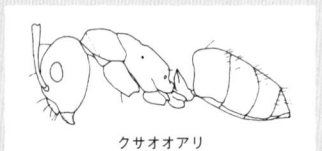

　　クサオオアリ

　aa. 胸部背面および腹柄節に立毛がある.
　bb. 前脚腿節は通常の形態で，顕著に幅広くはならない.
　cc. 後胸溝は不明瞭.
　dd. 腹部第 1 背板，第 2 背板に 1 対ずつの黄白色から白色の斑紋がある.
　　p.227　　**ヨツボシオオアリ**　*Camponotus quadrinotatus*

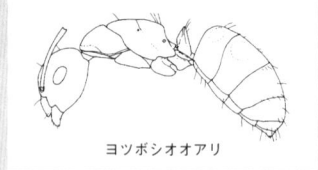

　　ヨツボシオオアリ

20. a. 腹部は全体が黒色で，腹部第 1 背板，第 2 背板に斑紋はない. 　21. へ

　aa. 腹部第 1・2 背板に通常 1 対ずつの黄白色から褐色の斑紋をもつ. 　23. へ

21. a. 側方から見て前胸から中胸にかけての背縁は平ら.
　b. 前伸腹節後背縁は角ばり，後縁の傾斜はより急勾配となる.
　c. 腹柄節は薄い.
　　p.228　　**イトウオオアリ**　*Camponotus itoi*

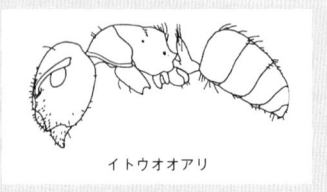

　　イトウオオアリ

- aa. 側方から見て前胸から中胸にかけての背縁は弧をえがく.
- bb. 前伸腹節後背縁は丸みを帯び，後縁の傾斜はより緩やか.
- cc. 腹柄節は厚い. 　　　　　　　　22. へ

22.
- a. 側方から見て前伸腹節の背面は直線状かわずかにへこむ程度.
- b. 腹柄節は側方から見て前後に非対称で前縁の上端は後縁の上端よりも低い位置にある.
- c. 腹柄節背縁は後方で最も高くなる.
  - p.228　ホソウメマツオオアリ　*Camponotus bishamon*

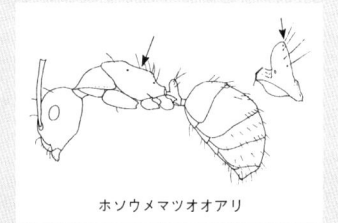

- aa. 側方から見て前伸腹節の背面に明瞭なへこみがある.
- bb. 腹柄節は側方から見て逆U字型で前後にほぼ対称.
- cc. 腹柄節背縁は中央で最も高い.
  - p.230　ウメマツオオアリ　*Camponotus vitiosus*

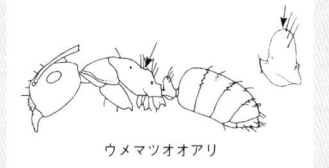

23.
- a. 側方から見て前伸腹節の背面に明瞭なへこみがある.
- b. 腹部第1節，第2節の斑紋は褐色で横長（南硫黄島に分布）.
  - p.229　イオウヨツボシオオアリ　*Camponotus iwoensis*

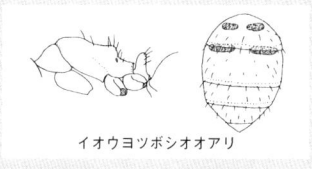

- aa. 側方から見て前伸腹節の背面はへこまない.
- bb. 腹部第1節，第2節の斑紋は，概してだ円形. 　　　　　24. へ

24.
- a. 腹部第1節，第2節の基半部は暗褐色で，かつ褐色斑をもち，後半部は黒色（沖縄島に分布）.
  - p.229　クニガミオオアリ　*Camponotus kunigamiensis*

- aa. 腹部第1節，第2節の地色は黒色で，黄白色の

斑紋をもつ.

25. へ

クニガミオオアリ

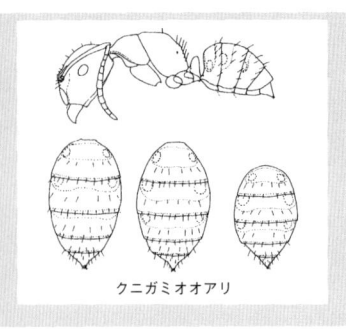

25. a. 複眼は顕著に突出する.
　　b. 小型働きアリの腹柄節は側方から見てより薄い.
　　c. 大型働きアリの腹柄節は背方から見てより薄く，より広い.
　　d. 大型働きアリの頭幅は 1.40 mm 以下.

p.230　ヤマヨツボシオオアリ　*Camponotus yamaokai*

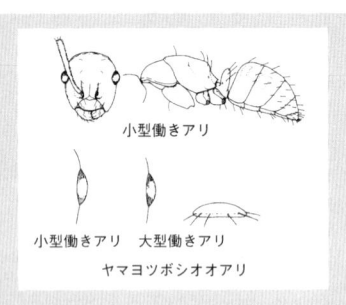

aa. 複眼は軽く突出する程度.
bb. 小型働きアリの腹柄節は側方から見てより厚い.
cc. 大型働きアリの腹柄節は背方から見てより厚く，より幅が狭い.
dd. 大型働きアリの頭幅は 1.43 mm 以上.

p.229　ナワヨツボシオオアリ　*Camponotus nawai*

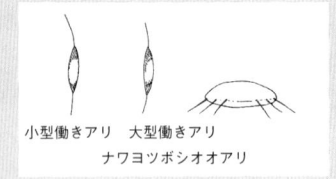

オオアリ亜属　*Camponotus* s. str.

ニシムネアカオオアリ　*Camponotus hemichlaena* Yasumatsu & Brown, 1951

分類・形態　体長 7〜12 mm. 頭部と前胸は黒色で，前胸以外の胸部と腹柄節は赤色. 腹部は黒色で第 1 節基部は赤色. 脚は黒色. ムネアカオオアリ *C. obscuripes* に類似するが，本種の前胸は黒色である点で区別される. ただし，色の違い以外に形態差がなく，さらに女王では色彩での区別も不可能である. 働きアリに見られる色彩の違いは同一種内の地理的変異である可能性もあり，今後の検討が必要である.

生態　林内の朽ち木等に営巣する.

分布　本州（中国地方），四国，九州，屋久島に分布する.

島嶼の分布　大隅諸島：屋久島.

クロオオアリ　*Camponotus japonicus* Mayr, 1866

分類・形態　体長7〜12 mmの大型種．体は黒色．頭盾前縁は平らで，中央部に切れ込みやへこみはない．腹部第2節背板の軟毛は4〜8列に並び，次の列の軟毛に少し重なる．軟毛の長さは隣りの軟毛との平均距離の3〜6倍となる．働きアリは多型を示し，生体量で9〜35 mgの幅を示す．

生態　裸地や路傍の開けた場所に営巣し，巣口は地表に直接開ける．単雌性で単巣性．コロニーは1000〜2000個体の働きアリからなる．前年の8月に新女王が巣内で羽化するが，そのまま冬を越し，南九州では翌年の4〜5月に，本州中部の平野部では5〜6月上旬に結婚飛行が行われる．夕方の5〜6時頃に母巣から飛び立つ．単雌創巣を行う．飼育実験下では3年で120頭，5年で450頭となった記録や，15年飼育して1500頭にした記録がある．脱翅した女王は1室のみの巣をつくり，すぐに産卵を開始する．卵から働きアリ成虫個体が孵るまでに，約40〜67日ほどかかる．温度の相違で幼虫の発育速度は異なり，25℃で飼育した場合，平均41日で働きアリが羽化する．野外での観察では，巣の創設7〜8年目に有翅個体が出現し，よって8〜9年目に結婚飛行が行われたとする記録がある．

分布　国内：北海道，本州，四国，九州，屋久島，諏訪之瀬島以北のトカラ列島．国外：朝鮮半島，中国．

島嶼の分布　北海道：奥尻島．本州：飛島，宮島，沖ノ島，猿島，城ケ島，野島，佐々島，七つ島大島，高島，島後，西ノ島，佐渡島，金華山島．四国：広島．九州：中甑島，中通島，玄海島，相ノ島，能古島，志賀島，壱岐，平戸島，対馬，伊豆諸島：大島，利島，新島，式根島，神津島，三宅島，御蔵島，口ノ三島：硫黄島．大隅諸島：屋久島．トカラ列島：口之島，中之島，諏訪之瀬島．

ムネアカオオアリ　*Camponotus obscuripes* Mayr, 1879

分類・形態　体長7〜12 mm．頭部は黒色，胸部と腹柄節は赤色．腹部は黒色で第1節基部は赤色．脚は黒色．体色が黒化する傾向にあるものや，赤色部が完全にない黒化型が時々見られる．
　ニシムネアカオオアリ *C. hemichlaena* に類似するが，本種の前胸は赤い点で区別される．ニシムネアカオオアリとの関係は検討を要する．

生態　単雌性かつ単巣性で，林内の朽ち木等に営巣し，働きアリは1000個体以上となる．本州中部では，山地に多いが，平野部でも見られる．5〜8月に結婚飛行が行われるが，山地ほど飛出が遅くなる傾向がある．午後から夕方にかけて飛出が見られる．室内飼育では卵から成虫まで働きアリで36〜68日で，温度によって成長速度が異なるようである．北海道では1年目の冬の段階で，働きアリの平均個体数は3.67頭という報告がある．

分布　国内：北海道，本州，四国，九州，屋久島．本州では平野部から標高2000 m以上の山岳地帯にまで見られるが，屋久島では山地にのみ分布が限定される．国外：ロシア（クリル，サハリン）．日本からハワイに人為的に運搬された記録がある．

島嶼の分布　北海道：利尻島，礼文島，奥尻島，色丹島，千島列島：国後島，択捉島．本州：佐

渡島，宮島，島後，西ノ島，佐渡島，金華山島，伊豆大島：三宅島，御蔵島．大隅諸島：屋久島．

カラフトクロオオアリ　*Camponotus sachalinensis* Forel, 1904

分類・形態　体長 7 〜 12 mm．体は黒色でやや光沢をもつ．頭盾前縁は弱く前方へ突出する．側方から見て，前・中胸背縁はやや平ら．前伸腹節後背縁はクロオオアリ *C. japonicus* よりもより角ばり，後縁の傾斜はより急になる．前・中胸背面には立毛がないか，あっても数本程度．

生態　本州中部では標高 1700 m から 2500 m 付近の亜高山帯に生息し，林内や林縁部の朽ち木に巣をつくる．北海道では平野部でも生息する．

分布　国内：北海道，本州（中部以北）．国外：ロシア（サハリン，シベリア），モンゴル，中国，朝鮮半島．

オキナワクロオオアリ　*Camponotus senkakuensis* Terayama, 2013

分類・形態　体長 7 〜 9 mm．体は黒色．クロオオアリ *C. japonicus* に類似するが，腹部第 2 背板の軟毛はまばらで，次の列の軟毛とほとんど重ならず，かつ長さが隣りの軟毛との平均距離の 1.5 〜 2 倍である点で区別される．頭部と胸部の軟毛は細く短い．

生態　詳細は不明．

分布　国内：尖閣諸島の魚釣島からのみ得られている希少種である．黄尾嶼（久場島）からの記録もあるが確認を要する．

島嶼の分布　尖閣諸島：魚釣島．

ケブカクロオオアリ　*Camponotus yessensis* Yamauchi & Brown, 1951

分類・形態　体長 7 〜 12 mm．体は黒色で光沢がある．頭部，胸部背面全体にやや細い立毛が沢山あることで，大型種の中で，近似種との区別は容易である．触角柄節にも多くの立毛がある．

生態　指で触れる等で働きアリを驚かすと，後方へ飛び上がる習性をもつ．山地に見られ，林内や林縁部の朽ち木に巣をつくる．やや稀．

分布　国内：北海道，本州，四国，九州．

アメイロオオアリ亜属　*Tanaemyrmex*

アカヨツボシオオアリ　*Camponotus albosparsus* Bingham, 1903

分類・形態　体長 4 〜 7 mm．頭部は暗褐色から黒褐色，胸部と腹柄節は褐色．腹部は黒色で，腹部第 1・2 背板に 1 対の黄色紋をそれぞれもつ．ただし，第 1 背板のものはしばしば融合する．脚は褐色．頭盾前縁は直線状で，大腮に 6 歯をそなえる．触角柄節は短めで，小型働きアリで頭幅の 1.2 〜 1.3 倍．大型働きアリでは先端が頭部後縁をわずかに越える程度．頭部と胸部に比較的多くの立毛が見られる．

生態　土中に営巣し，日中に道路脇や草地等の開けた場所の地表部を歩行する個体をよく見かける．

分布　国内：琉球列島（宮古島以南）．国外：台湾から中国南部をへてインドまで分布する．
島嶼の分布　宮古諸島：宮古島．八重山諸島：石垣島，西表島，波照間島，与那国島．

アメイロオオアリ　*Camponotus devestivus* Wheeler, 1928

分類・形態　体長 7〜10 mm の細長い種．頭部と腹部は褐色から黒褐色．胸部，腹柄節，脚は黄褐色．頭盾は前方に突出し，前縁は直線状．大腮に6歯をそなえる．触角柄節は長く，小型働きアリで頭幅の1.8倍以上，大型働きアリでは先端の1/4程度が頭部後縁を越える．前胸に立毛がなく，中胸にも1対の立毛が見られるのみ．前脚基節の立毛は2本以下．

生態　枯枝，竹筒，幹の腐朽部などに巣が見られる．ほぼ完全に夜行性．前年に有翅個体が出現し，翌年の4月下旬〜5月にかけて結婚飛行が行われる（夏期に結婚飛行が見られた報告もある）．

分布　国内：本州，四国，九州，屋久島，琉球列島（沖縄島以北）．与那国島で，本種の女王に酷似した複数個体が灯火で採集されている．働きアリがまだ得られておらず，今後の研究を待ちたい．

島嶼の分布　本州：宮島，沖ノ島．九州：中通島，能古島，大島，壱岐，対馬．伊豆諸島：大島，利島，式根島，三宅島，御蔵島，八丈島．ロノ三島：黒島，硫黄島．大隅諸島：屋久島．トカラ列島：臥蛇島，中之島，平島，悪石島．奄美諸島：奄美大島，喜界島，徳之島．沖縄諸島：沖縄島．慶良間諸島：阿嘉島．

ミヤコオオアリ　*Camponotus friedae* Forel, 1912

分類・形態　体長は小型働きアリで5 mm，大型働きアリで7〜9 mm．頭部は黒色．胸部と腹柄節は黒褐色．腹部は黒色で第1節が褐色がかる．胸部背面上に20本以上の特徴的な長い立毛があることから，南西諸島の近似の他種とは容易に区別される．前伸腹節後背縁はほぼ直角をなし，そのため後縁は急激に落ち込む．

生態　土中や樹木の腐朽部に営巣する．

分布　国内：琉球列島．国外：台湾，中国南部．台湾では普通に見られるが，琉球列島では稀．

島嶼の分布　奄美諸島：奄美大島．宮古諸島：宮古島，下地島．

ユミセオオアリ　*Camponotus kaguya* Terayama, 1999

分類・形態　大型種．大型働きアリで体長9〜12 mm，小型働きアリで体長5〜7 mm．頭部は黒褐色．胸部，腹柄節，脚，腹部第1・2節は赤褐色．腹部第3節以降は黒色．頭盾前縁の前方への突出は弱く，中央部はへこむ．小型働きアリの触角柄節は長く，頭幅の1.4〜1.5倍の長さ．大腮に6歯をそなえる．胸部背縁は側方から見て前胸の前端から前伸腹節後端にかけて強く弧をえがく．

生態　ススキ等の生える草地の土中に営巣し，1つのコロニーは100以下の個体からなる．日中の活動が確認されている．単雌性で単雌創巣を行う．

分布　国内：トカラ列島の悪石島から沖縄島にかけて分布する．

島嶼の分布 トカラ列島：悪石島．奄美諸島：喜界島，奄美大島，請島，徳之島．沖縄諸島：沖縄島．

ケブカアメイロオオアリ　*Camponotus monju* Terayama, 1999

分類・形態 体長7〜10 mmの細長い種．頭部と腹部は褐色から黒褐色．胸部，腹柄節，脚は黄褐色から黄色．頭盾は前方に突出し，前縁は直線状．大腮に6歯をそなえる．触角柄節は長い．アメイロオオアリ *C. devestivus* に似るが，頭部，前胸に多くの立毛をもち，前脚基節にも通常4〜5本の立毛が見られる点で区別される．

生態 林内や林縁に見られ，樹木の腐朽部や倒木下等に営巣する．

分布 国内：南西諸島（奄美大島以南）．国外：台湾．長崎県（雲仙）からも得られているが，人為的移入の可能性が高い．

島嶼の分布 奄美諸島：奄美大島，徳之島．沖縄諸島：沖縄島，伊平屋島．慶良間諸島：渡嘉敷島．宮古諸島：宮古島．八重山諸島：石垣島，西表島，与那国島．

ハラグロアメイロオオアリ　*Camponotus* sp.

分類・形態 体長7〜10 mm．頭部，胸部，腹部ともに多くの立毛をそなえ，大型働きアリは特に立毛が多い．大型働きアリの頭部は黒褐色からほぼ黒色，胸部は黒褐色で下方部は褐色，前伸腹節は褐色で腹部は黒褐色．脚と触角は褐色．中型働きアリでは頭部が黒褐色，胸部が褐色となり，小型働きアリでは頭部と胸部が褐色で，腹部は第1節を除き黒褐色．ケブカアメイロオオアリ *C. monju* に似るが，大型働きアリの頭部は，正面から見て三角形状で，下方で強く狭まることで，小型働きアリでは頭部が正面から見て急速に狭まらず，後縁は緩やかな弧状となることで明瞭に区別される．

生態 桜島の岩の間に巣が見られた．5月に有翅虫が巣内で見られている．

分布 国内：九州（桜島）．これまでのところ桜島からの1例のみの記録であり，人為的移入種である可能性もある．

ミカドオオアリ亜属　*Paramyrmamblys*

ツヤミカドオオアリ　*Camponotus amamianus* Terayama, 1991

分類・形態 体長7〜13 mmの大型種．体は漆黒色で，脚は漆黒色から赤褐色．頭盾前縁は小型働きアリでは平らであるが，中型から大型働きアリでは中央部が弱くへこむ．前胸から前伸腹節後端にかけての背縁は比較的強く弧をえがき，前伸腹節後背縁は角ばらない．中国南部に生息する *C. spanis* に最も近縁な種であると推定される．

生態 立木の腐朽部や土中に営巣する．

分布 国内：琉球列島の奄美大島のみで得られている．

島嶼の分布 奄美諸島：奄美大島．

ミカドオオアリ　*Camponotus kiusiuensis* Santschi, 1937

分類・形態　大型種．体長 8 〜 11 mm．体は黒色で，多少褐色味を帯びる場合が多い．脚は褐色．頭盾前縁中央部はへこみ，大腮に 5 歯をそなえる．前伸腹節後背縁は角ばる．

生態　枯竹や朽木中に営巣する．夜行性であるが，暗い林内では日中でも活動が見られる．単雌性であるが，巣を分散させて営巣する多巣性で，1 巣あたり数十から 300 個体が見られる．5 〜 6 月に結婚飛行が行われ，午後から夕方にかけて巣からの飛出が見られる．

分布　国内：北海道，本州，四国，九州，屋久島．国外：朝鮮半島，台湾．

島嶼の分布　本州：猿島，城ケ島，沖ノ島，島後，西ノ島，金華山島．九州：能古島，対馬，伊豆諸島：大島，利島，新島．大隅諸島：屋久島．

ヨツボシオオアリ亜属　*Myrmentoma*

クサオオアリ　*Camponotus keihitoi* Forel, 1913

分類・形態　体長 4 〜 4.5 mm．体は黒色で，光沢をもつ．側方から見て，後胸溝が明瞭に刻みつけられる．胸部背縁および腹柄節に立毛をもたない．

生態　樹上の枯れ枝や幹の腐朽部に営巣する．単雌性でおそらく単巣性．10 月に結婚飛行を行い，昼に飛出する．

分布　国内：本州，四国，九州．国外：朝鮮半島．

島嶼の分布　本州：江ノ島，猿島，城ケ島．九州：福江島．伊豆諸島：大島．大隅諸島：屋久島．

ケブカツヤオオアリ　*Camponotus nipponensis* Santschi, 1937

分類・形態　体長 4 〜 5 mm．体は黒色から黒褐色．頭盾前縁中央部はへこむ．胸部背面に 20 本以上の鞭状の長い立毛をもち，腹柄節にも同様の立毛があることで，同亜属の他種とは容易に区別される．

生態　丘陵地から低山帯の樹林に見られ，樹上営巣性，かつ単雌性．

分布　国内：本州．国外：朝鮮半島．

島嶼の分布　本州：金華山島．

ヨツボシオオアリ　*Camponotus quadrinotatus* Forel, 1886

分類・形態　体長 4.5 〜 6 mm．体は黒色．前胸は褐色味を帯びる場合が多い．腹部第 1，第 2 背板にそれぞれ 1 対の淡黄色の円紋がある．後胸溝はなく，腹柄節には顕著な立毛をそなえる．

生態　樹上営巣性で，枯れ枝や幹の腐朽部，あるいは木の割れ目や樹皮下に巣が見られる．単雌性でおそらく単巣性．関東地方では 5 〜 6 月上旬にかけて結婚飛行が行われるが，四国では 4 月から見られる．午後に巣からの飛出が見られる．創設巣からは 5 年目で有翅虫が出現したという記録がある．

分布　国内：北海道，本州，四国，九州，屋久島．国外：朝鮮半島，中国．

島嶼の分布　北海道：奥尻島．本州：城ケ島，舳倉島，佐渡島，金華山島．大隅諸島：屋久島．

ウメマツオオアリ亜属　*Myrmamblys*

ホソウメマツオオアリ　*Camponotus bishamon* Terayama, 1999

分類・形態　体長4〜4.5 mm. 体は黒色で脚は黒褐色. 前胸は褐色がかる場合が多い. 大型働きアリの前伸腹節背縁は側方から見て直線状かわずかにへこむ. 小型働きアリの前伸腹節後面下部はより後方へ突出する. 腹柄節は厚く, 腹柄節前縁と後縁の直線部の長さは後縁の方がより長い.

生態　樹上営巣性で, 枯れ枝に営巣する. 樹上活動個体をよく見かける.

分布　国内：本州（中部以南）, 四国, 九州, 南西諸島. 本州では岐阜県以南で分布を確認している.

島嶼の分布　本州：島後. 九州：上甑島, 中甑島, 下甑島, 草垣群島：上之島. 口ノ三島：黒島, 硫黄島, 竹島. 大隅諸島：種子島, 屋久島. トカラ列島：口之島, 臥蛇島, 中之島, 諏訪之瀬島, 悪石島, 宝島. 奄美諸島：喜界島, 奄美大島, 加計呂麻島, 請島, 与路島, 徳之島, 沖永良部島, 与論島. 沖縄諸島：沖縄島, 硫黄鳥島, 伊平屋島, 伊是名島, 瀬底島, 平安座島, 宮城島, 古宇利島, 伊計島, 津堅島, 久高島, 渡名喜島, 屋我地島. 慶良間諸島：渡嘉敷島, 久米島. 宮古諸島：宮古島, 池間島, 伊良部島, 来間島, 下地島. 多良間諸島：多良間島. 八重山諸島：石垣島, 西表島, 竹富島, 黒島, 小浜島, 波照間島, 与那国島. 尖閣諸島：南小島. 大東諸島：北大東島, 南大東島.

ダイトウオオアリ　*Camponotus daitoensis* Terayama, 1999

分類・形態　小型働きアリで体長4 mm, 大型働きアリで体長5.5〜6 mm. 大型働きアリの頭部, 胸部および脚は赤褐色. 腹部第1節は後縁の黒色から黒褐色の部分を除いて黄褐色. 腹部第2節以降は黒から黒褐色. 前胸背板にはいくつかの単立毛をもち, 中胸背板には4〜6対の, 前伸腹節には10本程度の立毛をもつ. 小型働きアリでは頭部, 胸部, 脚は明黄褐色. 腹部の色彩は大型働きアリと同様.

生態　樹上性で, 樹木の枯れ枝に営巣する.

分布　国内：大東諸島からのみ得られている.

島嶼の分布　大東諸島：北大東島, 南大東島.

イトウオオアリ　*Camponotus itoi* Forel, 1912

分類・形態　体長3.5〜4.5 mm. 本亜属の中で最も小型の種. 体は黒色. 側方から見て, 中胸背板の背縁はほぼ平らで, 前伸腹節後背縁は角ばり, 後縁は急に落ち込む. 腹柄節は比較的薄く, 前後で不対称.

生態　単雌性かつ単巣性で, 枯れ枝等に営巣する. 公園や校庭の植樹等にも見られる. 1つのコロニーは数百個体からなる. 8月に結婚飛行が行われる.

分布　国内：本州, 四国, 九州. 国外：朝鮮半島. 日本からハワイ諸島に人為的に運ばれた記録がある.

島嶼の分布　本州：飛島. 九州：壱岐, 対馬.

イオウヨツボシオオアリ　*Camponotus iwoensis* Terayama & Kubota, 2011

分類・形態　体長 3.5 〜 4.5 mm．頭部は黒色，前胸は褐色，中胸，前伸腹節は黒色，腹部は黒色で，第 1，第 2 背板の基方に 1 対の横長の褐色紋をもつ．側方から見て，前伸腹節背縁はへこみ，後縁は L 字型を呈し，下縁部は後方に突出する．腹柄節は側方から見て，前縁が弧をえがき，後縁はほぼ直線状．

生態　本種のオスと思われる個体が，6 月下旬に得られている．

分布　国内：小笠原諸島．南硫黄島からのみ得られている．

島嶼の分布　火山列島：南硫黄島．

クニガミオオアリ　*Campototus kunigamiensis* Terayama, 2013

分類・形態　体長 5 〜 6.5 mm．頭部は黒色，前胸は褐色で，中胸と前伸腹節は黒色．腹部は黒色で，第 1 背板から第 3 背板は基半が褐色末を帯び，かつ 1 対の褐色紋をもつ（個体によっては第 3 背板の紋は消失する）．脚は褐色から黄褐色．側方から見て，胸部背縁は弧をえがき，前伸腹節後背縁は角ばらない．腹柄節は側方から見て，前縁は弧をえがき，後縁は大型働きアリでは弱い弧状となり，小型働きアリではほぼ直線状．

生態　おそらく樹上性種で，草本の枯れた茎の中に巣が見られた．

分布　国内：沖縄島．

島嶼の分布　沖縄諸島：沖縄島．

ナワヨツボシオオアリ　*Camponotus nawai* Ito, 1914

分類・形態　体長 4 〜 4.5 mm．頭部は黒色．前胸は赤褐色から黒褐色，中胸，前伸腹節，腹柄節は黒色．腹部は黒色で第 1・2 節背板にはそれぞれ 1 対の白色円紋がある．ただし，この円紋は個体変異に富み，よく発達したものからほとんど消失したものまで見られる．脚は褐色．側方から見て前伸腹節背縁は直線状で，腹柄節は薄い．兵アリと働きアリの 2 型を示す．

生態　樹上性で，枯枝などに巣をつくる．本種は単雌性，かつ単巣性でコロニーは働きアリ数百個体から 1000 個体程度の大きさになる．7 〜 8 月にかけて結婚飛行が見られ，単雌創巣を行う．主に平野部や海岸近くの林内に生息する．

分布　国内：本州（太平洋岸），四国，九州，琉球列島（沖永良部島以北）．国外：朝鮮半島．

島嶼の分布　本州：沖ノ島，地島，江ノ島，猿島，城ケ島，沖ノ島，高島，島後，西ノ島．九州：中甑島，福江島，中通島，志賀島，大島，壱岐，平戸島，対馬．伊豆諸島：大島，利島，新島，式根島，神津島，三宅島，御蔵島，八丈島，青ヶ島．口ノ三島：黒島，硫黄島，竹島．大隅諸島：種子島，屋久島．トカラ列島：臥蛇島，平島，諏訪之瀬島，悪石島，宝島，横当島．奄美諸島：奄美大島，徳之島，沖永良部島．

オガサワラオオアリ　*Camponotus ogasawarensis* Terayama & Satoh, 1990

分類・形態　体長 4 〜 4.5 mm．頭部，胸部，腹柄節が黄色．腹部は黒色の地色で，第 1 背板から第 3 背板までそれぞれ 1 対の黄色の紋か，幅広い黄帯をもち，第 4 背板にも 1 対の黄色紋をも

つ場合が多い．小型働きアリの前伸腹節背縁は側方から見て弱くへこむ．大型働きアリでは，側方から見て中胸の背縁，前伸腹節の背縁ともに直線状で，中胸背板と前伸腹節の接合部で角をなす．腹柄節は逆U字状．
生態 単雌性で樹上の枯れ枝等に営巣する．
分布 国内：小笠原諸島．
島嶼の分布 小笠原群島：父島，母島，兄島，弟島，聟島，西島，南島，平島．

ヤマヨツボシオオアリ *Camponotus yamaokai* Terayama & Satoh, 1990

分類・形態 体長3.5〜4.5 mm．頭部は黒色．前胸は赤褐色から黒褐色，中胸，前伸腹節，腹柄節は黒色．腹部は黒色で第1・2節背板にはそれぞれ1対の白色円紋がある．脚は褐色．ナワヨツボシオオアリに類似するが，本種では兵アリ，小型働きアリともに複眼がより突出することで区別される．また腹柄節が小型働きアリでは側方から見てより薄く，兵アリでは背方から見てより薄くかつ左右に幅広い．
生態 樹上営巣性．多雌性で，前年の9〜10月に巣内に有翅虫が出現し，新女王とオスは巣内で冬を越す．新女王，オスアリともに巣外へ飛出せず，巣内で5月頃にオスと交尾を行う．ただし，新女王は繁殖期になると巣外に出るものも観察されることから，近接する血縁コロニーのオスとの交尾も行われる可能性がある．分巣で増え，女王は働きアリを伴って移動し，新しい巣を形成する．多巣性で，1つの林が1つのコロニーと判断される場合もある．1巣あたりの個体数は数百から1000程度．屋久島では標高500 m以上の山地に生息する．
分布 国内：本州，四国，九州，屋久島．
島嶼の分布 本州：宮島，金華山島．大隅諸島：屋久島．

ウスキオオアリ *Camponotus yambaru* Terayama, 1999

分類・形態 小型働きアリで体長3.5 mm程度，大型働きアリでは体長5 mm．体は黄色から黄褐色．大型働きアリでは頭部が胸部や腹部よりいくぶん暗い．前伸腹節の後面は急激に落ち込む．前胸背板・中胸背板のそれぞれには2〜4本の立毛が見られる．前伸腹節には10本程度の立毛がある．腹柄節は薄く，背縁に立毛をもつ．
生態 樹上性で，枯枝や竹の中に巣が見られる．単雌性でおそらく単巣性．
分布 国内：沖縄島北部からのみ得られている．
島嶼の分布 沖縄諸島：沖縄島．

ウメマツオオアリ *Camponotus vitiosus* Smith, 1874

分類・形態 体長4〜6 mm．黒色で脚は黒褐色．前胸は褐色がかる場合が多い．前伸腹節背縁に明瞭なへこみをもつ．腹柄節は厚く，側方から見てほぼ前後に対称な逆U字型を示す．
生態 巣は樹上あるいは地上の枯枝などに見られる．7月に新女王が巣内に出現し，8月に結婚飛行が行われる．しばしば，多雌創設が観察される．ただし，成熟コロニーでは単雌性のものが

多い．1つのコロニーは数百から500個体程度からなる．

分布　国内：本州，四国，九州，大隅諸島，トカラ列島．国外：朝鮮半島，中国．

島嶼の分布　本州：飛島，沖ノ島，地島，猿島，舳倉島，島後，西ノ島．四国：広島，手島，牛島．九州：上甑島，下甑島，福江島，中通島，平島，玄海島，相ノ島，地ノ島，能古島，志賀島，大島，壱岐，平戸島，対馬．伊豆諸島：利島，三宅島，御蔵島，八丈島．口ノ三島：黒島，硫黄島，竹島．大隅諸島：種子島，屋久島．トカラ列島：平島，諏訪之瀬島，悪石島，小宝島．

ヒラズオオアリ亜属　*Colobopsis*

ヒラズオオアリ　*Camponotus nipponicus* Wheeler, 1928

分類・形態　働きアリは，大型働きアリ（兵アリ）と小型働きアリの明瞭な2型を示す．体長は小型働きアリで2.5～3 mm，兵アリで約5 mm．頭部と胸部は黒褐色からほぼ黒色．腹部は黒色．兵アリと女王アリの頭部前方は切断されたように平らになる．兵アリの頭部は，前方から見て頭盾切断面が直線状で中央部付近が明瞭に突出しない．小型働きアリの前脚腿節は幅広い．前伸腹節は背面と後面がほぼ直角の角をなす．

生態　樹上営巣性．兵アリは，前方が切断されたように平らになった頭部を用いて巣口を塞ぎ，他者の侵入を防ぐ．奄美大島では6月に結婚飛行が見られ，本州では7月上旬から中旬にかけて巣内に有翅虫が出現し，7～8月に結婚飛行が見られる．1回のみ交尾で単雌創巣を行う．コロニーは単雌性，単巣性で数百個体からなる．初期のコロニーでは兵アリを1個体生産し，巣口の防衛にあたらせる．

分布　本州（太平洋岸），四国，九州，小笠原諸島，琉球列島（渡嘉敷島以北）．

島嶼の分布　本州：城ケ島，宮島，沖ノ島，地島，桃頭島．九州：中甑島．伊豆諸島：大島，利島，式根島，三宅島，御蔵島，八丈島，青ヶ島．小笠原群島：父島．口ノ三島：硫黄島．大隅諸島：種子島，屋久島．トカラ列島：口之島，臥蛇島，中之島，悪石島，宝島．奄美諸島：奄美大島，加計呂麻島，与路島，徳之島，沖永良部島．沖縄諸島：渡嘉敷島．

アカヒラズオオアリ　*Camponotus shohki* Terayama, 1999

分類・形態　前種と同様に働きアリは，兵アリと小型働きアリの明瞭な2型を示す．体長は小型働きアリで2.5～3 mm，兵アリで約5 mm．頭部と胸部は黄褐色から赤褐色であるが，稀に黒褐色のものも見られる．腹部は黒色．兵アリと女王アリの頭部前方は切断されたように平らになる．ヒラズオオアリ *C. nipponicus* に似るが，色彩のほか，兵アリにおいて，頭部がより長いこと，前方から見て頭盾切断面の縁の中央部付近がより前方に突出し，1対の突起として認められることで区別される．

生態　樹上営巣性．兵アリは頭部を用いて巣口を塞ぎ，他者の侵入を防ぐ．単雌創巣を行う．コロニーは単雌性，単巣性で働きアリ数百個体からなる．

分布　国内：琉球列島（与論島以南）および大東諸島．

島嶼の分布　奄美諸島：与論島．沖縄諸島：沖縄島，伊平屋島，伊是名島，瀬底島，平安座島，

宮城島, 伊計島, 津堅島, 久高島, 渡名喜島, 屋我地島, 慶良間諸島：渡嘉敷島, 久米島. 宮古諸島：宮古島, 池間島, 伊良部島, 来間島. 多良間諸島：多良間島. 八重山諸島：石垣島, 西表島, 竹富島, 黒島, 小浜島, 波照間島, 与那国島. 大東諸島：北大東島, 南大東島.

トゲアリ属　*Polyrhachis* Smith, 1857

分類・形態　体長5〜10 mm程度の中型から大型のアリ. 複眼は発達し, 働きアリは単眼を欠く. 触角は12節からなり, 触角挿入孔は頭盾後縁から離れた場所にある. 前胸, 前伸腹節, 腹柄節のいずれか1か所以上の部位に刺状あるいは歯状の突起をもつ. 腹部第1節は大きく, 腹部全体の半分を占める. 腹部末端の開口部に周毛を欠く.

生態　多くの種は樹上性であるが, 樹木の根元や石下, 土中に営巣するものも見られる. 一時的社会寄生を行う種も存在する.

分布　南北アメリカを除く世界の熱帯・亜熱帯から約640種が記載されており, ヤマアリ亜科の中ではオオアリ属 *Camponotus* に次いで大きな属である. 日本からは3亜属4種が知られている.

トゲアリ属の種の所属亜属

ヘリトゲアリ亜属　*Myrma*：タイワントゲアリ *P. latona*
マルトゲアリ亜属　*Myrmhopla*：クロトゲアリ *P. divis*, チクシトゲアリ *P. moesta*
トゲアリ亜属　*Polyrhachis* s. str.：トゲアリ *P. lamellidens*

種の検索表　トゲアリ属

1. a. 体は2色性で, 胸部が赤色, 頭部と腹部は黒色.
   b. 中胸に明瞭な突起をもつ.
       p.234　トゲアリ　*Polyrhachis lamellidens*

   aa. 体は単色性でほぼ全体が黒色.
   bb. 中胸に突起はない.
       2. へ

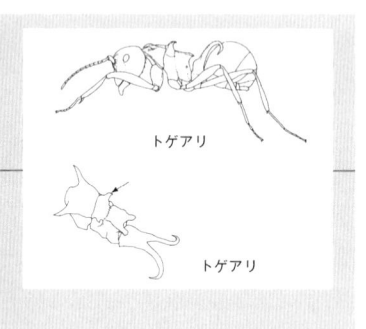

2. a. 胸部背面は平らで, 背側部は稜になる.
       p.233　タイワントゲアリ　*Polyrhachis latona*

   aa. 胸部背面は丸みを帯び, 背側部に稜はない.
       3. へ

3. a. 前胸の肩部は角ばるが，刺状の突起はない．
　　b. 体は漆黒色で脚は赤みを帯びる．
　　　　　p.234　チクシトゲアリ　*Polyrhachis moesta*

　　aa. 前胸の肩部に刺状の突起をもつ．
　　bb. 体は脚も含めて黒色．
　　　　　p.233　クロトゲアリ　*Polyrhachis dives*

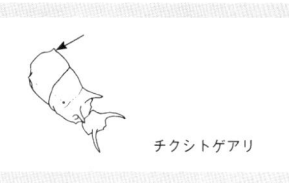

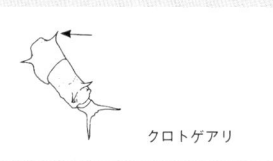

ヘリトゲアリ亜属　*Myrma*

タイワントゲアリ　*Polyrhachis latona* Wheeler, 1909

分類・形態　体長 5〜6 mm．体は黒色．乳白色の軟毛を密にそなえる．胸部背面は平らで背側部は稜になる．側方から見て背縁は孤をえがく．前胸肩部に前方を向く刺状突起がある．前伸腹節は小さい刺をもつ．腹柄節は 2 対の刺状突起をもつ．

生態　木の根元や土中に営巣する．単雌性かつ単巣性で，コロニーは小さく，50〜100 個体程度で構成される．

分布　国内：琉球列島（宮古島以南）．国外：台湾．

島嶼の分布　宮古諸島：宮古島，池間島，伊良部島，来間島，下地島．多良間諸島：多良間島．八重山諸島：石垣島，西表島，竹富島，黒島，小浜島，波照間島，与那国島．

マルトゲアリ亜属　*Myrmhopla*

クロトゲアリ　*Polyrhachis dives* Smith, 1857

分類・形態　体長 5〜6 mm．体は黒色．頭部，腹部は乳白色から黄白色の軟毛でおおわれる．胸部背面は丸みを帯び，背側部に稜はない．前胸の肩部に側方を向く発達した刺をもつ．前伸腹節にも発達した刺をもつ．腹柄節は胸部のものよりも長い 1 対の刺をもち，その間に 1 対の小突起をもつ．

生態　植物の葉や枯れ枝を使い，終齢幼虫が吐き出す糸で紡いだ巣を草むらや樹上につくる．多雌性でかつ多巣性．1 つの巣に平均 50 個体近くの女王アリが見られる．最大で 594 個体の記録がある．働きアリ数も 1 巣あたり数千〜数万個体となり，最大で 3 万 7500 個体の記録がある．9 月上旬〜11 月上旬にかけて結婚飛行が見られる．卵から働きアリの成虫までは 46〜59 日ほどかかる．

分布　国内：沖縄島以南に分布する．本種の宮古，八重山諸島の分布は自然分布であると思われるが，沖縄島へは比較的近年になって侵入，定着した可能性がある．沖縄島では以前は見られなかった本種が（本種は特徴的なカートン製の巣を植物体上につくる），近年，多く見られるようになり，かつ，分布が北へ拡大している状況にあることによる．現在，南部から中部にかけて生

息が確認されている．また近年，与論島からも生息が確認された．国外：台湾，中国，フィリピン，東南アジア，ニューギニアにかけて広く分布する．

島嶼の分布 奄美諸島：与論島．沖縄諸島：沖縄島，宮城島，薮地島，屋我地島，慶良間諸島：久米島．宮古諸島：宮古島，池間島，伊良部島，来間島，下地島．多良間諸島：多良間島．八重山諸島：石垣島，西表島，竹富島，黒島，小浜島，波照間島，与那国島．

チクシトゲアリ　*Polyrhachis moesta* Emery, 1887

分類・形態 体長5～6 mm．体は光沢の強い黒色．脚は赤褐色．胸部背面は丸く，背側部に稜はない．前胸の肩部は角ばるが，突起にはならない．前伸腹節は発達した刺をもつ．腹柄節には1対の発達した刺をもつ．

生態 樹上営巣性で通常枯れ枝に営巣するが，幼虫の吐き出す糸で紡いだ巣をつくることも報告されている．単雌性で単巣性．コロニーは500個体ほどになる．ただし，巣の創設は単雌創巣が見られると同時に2～6個体（10個体以上の例もある）が共同して創巣する多雌創巣も見られる．ただし，創設時は多雌のものが，コロニーの増大に伴って単雌性に移行していくことが推定される．四国では8～9月に結婚飛行が行われるが，本州の関東地方では8月に有翅虫が出現し，9～10月に結婚飛行が行われる．

分布 国内：本州（関東以南），四国，九州，琉球列島．国外：台湾，中国から東南アジアにかけて広く分布する．

島嶼の分布 本州：宮島．九州：下甑島，中通島，対馬．伊豆諸島：大島，三宅島，御蔵島．大隅諸島：屋久島．奄美諸島：奄美大島，徳之島．沖縄諸島：沖縄島，伊平屋島，伊是名島．慶良間諸島：渡嘉敷島．八重山諸島：西表島．

トゲアリ亜属　*Polyrhachis* s. str.

トゲアリ　*Polyrhachis lamellidens* Smith, 1874

分類・形態 体長7～8 mm．頭部，腹部および脚は黒色で，胸部は赤色．前胸の肩部には前方を向く刺をもつ．中胸には先端が強くカーブした刺が1対ある．前伸腹節側縁は稜となり，前伸腹節突起は長く先端は曲がる．腹柄節には釣針状の発達した1対の突起をもつ．

生態 女王が他の種のアリの巣中に侵入し，相手の女王を殺す事でその巣を奪う一時的社会寄生を行う．本州では寄主としてクロオオアリ *C. japonicus* とムネアカオオアリ *C. obscuripes* が記録されている．さらにミカドオオアリ *C. kiusiuensis* にも寄生する可能性がある．立木のうろの中，特に根際付近の空洞によく営巣する．よって，土中に営巣するクロオオアリの巣に社会寄生した場合，巣の移動が行われるはずである．働きアリの探餌個体は樹上に多く見られ，幹上をよく歩行している．単雌性で単巣性．コロニーは数百～1000個体ほどになる．ただし，最大のものでは約8000個体の例がある．本州では8月に巣内に有翅虫が出現し，8月下旬～11月の午前中に有翅個体の飛び出しが見られる．幼虫齢数は4齢を数える．

分布 国内：本州，四国，九州，屋久島．国外：朝鮮半島，台湾，中国．日本では屋久島以北に

分布するが，台湾や香港でも見られる．
島嶼の分布　本州：高島，島後，西ノ島，佐渡島．九州：能古島，対馬．伊豆諸島：大島，神津島，三宅島，御蔵島．大隅諸島：屋久島．

偶産種

人為的に海外から移入されたもので，国内に侵入したが定着は確認されていないものを提示した．動植物検疫で発見され，移入が止められたものは外した．

ナガフシアリ　*Tatraponera allaborans* Walker, 1859

黒色のアリ．発達した複眼と2節からなる長い腹柄節をもち，かつ体全体が著しく細長いことから野外でも他のアリとの区別は容易である．付節の爪がくし歯状になる．樹上性のアリで，植物体の空洞等に巣をつくる．海外から偶然に持ち込まれものが東京都下の大学構内で得られている．このアリは，台湾や他の東南アジアでは普通に見られ，木の枝や葉上をよく歩行している．

Leptogenys punctiventris（Mayr, 1879）

インドから記載された種．戦前に，京都大学高槻温室内で発見された．シダ植物に付着して移入した可能性が指摘されている．

Tetramorium indicum Forel, 1913

オオシワアリ *T. bicarinatum* に近似の種で，インドからミャンマー，ジャワに分布し，樹林内に生息する．戦前に，宝塚の植物園内で採集された記録がある．この時同時に，アワテコヌカアリ *Tapinoma melanocephalum* も採集されている．

日本産アリ類全種一覧

概略的な分布を各種の和名のすぐ後に示した．国内および日本周辺部の分布は以下の略号で表記した．本州周辺の島嶼等の詳細な分布は，基本的に省略されていることに留意されたい．ただし，分布が特に限られている場合は，生息地域の具体的名称（例えば奥尻島）で示した．

北：北海道，本：本州，四：四国，九：九州，対：対馬，屋：屋久島，琉：琉球列島（大隅：大隅諸島（屋久島を除く），奄：トカラ・奄美諸島，沖：沖縄諸島，慶：慶良間諸島，多：多良間諸島，宮：宮古諸島，八：八重山諸島），大東：大東諸島，尖：尖閣諸島，伊：伊豆諸島，小：小笠原群島，火：火山列島，千：千島列島，朝：朝鮮半島，台：台湾，中：中国本土

本目録では亜属が設定されている場合，亜属名を属名の次に（ ）で示した．

Family Formicidae　アリ科

Subfamily Amblyoponinae　ノコギリハリアリ亜科
Tribe Amblyoponini　ノコギリハリアリ族

Stigmatomma caliginosum (Onoyama, 1999)　ヒメノコギリハリアリ　　本，九

Stigmatomma fulvidum (Terayama, 1987)　ケシノコギリハリアリ　　沖

Stigmatomma sakaii (Terayama, 1989)　ヤイバノコギリハリアリ　　沖（沖縄島）／台

Stigmatomma silvestrii Wheeler, 1928　ノコギリハリアリ　　北，本，四，九，対，屋，琉，伊，大東／朝，台

Subfamily Proceratiinae　カギバラアリ亜科
Tribe Probolomyrmecini　ハナナガアリ族

Probolomyrmex longinodus Terayama & Ogata, 1988　ホソハナナガアリ　　八／台，東南アジア

Probolomyrmex okinawensis Terayama & Ogata, 1988　ハナナガアリ　　沖

Tribe Procertii　カギバラアリ族

Discothyrea kamiteta Kubota & Terayama, 1999　メダカダルマアリ　　沖，慶

Discothyrea sauteri Forel, 1912　ダルマアリ　　本，四，九，屋，琉，尖，伊／台

Proceratium itoi (Forel, 1917)　イトウカギバラアリ　　本，四，九，琉，伊／朝，台，中

Proceratium japonicum Santschi, 1937　ヤマトカギバラアリ　　本，四，九，屋，琉，伊，小（母島）／台

Proceratium morisitai Onoyama & Yoshimura, 2002　モリシタカギバラアリ　　本，伊

Proceratium watasei (Wheeler, 1906)　ワタセカギバラアリ　　本，四，九，伊／朝

Subfamily Ponerinae　ハリアリ亜科
Tribe Ponerini　ハリアリ族

Anochetus shohki Terayama, 1999　ヒメアギトアリ　　宮（宮古島），八（石垣島）

Brachyponera chinensis（Emery, 1895）オオハリアリ　　本，四，九，対，屋，琉，伊，小／朝，台，中，インドシナ，ニュージーランド（人為的移入），北米（人為的移入）

Brachyponera luteipes（Mayr, 1862）ツヤオオハリアリ　　宮，八／台，中，インドシナ半島

Brachyponera nakasujii（Yashiro, Matsuura, Guenard, Terayama & Dunn, 2010）ナカスジハリアリ　　本，四，九，大隅，奄

Cryptopone sauteri（Wheeler, 1906）トゲズネハリアリ　　本，四，九，対，屋，奄，伊／朝

Cryptopone tengu Terayama, 1999　ハナダカハリアリ　　琉，小（母島）

Diacamma indicum Santschi, 1920　トゲオオハリアリ　　琉／台，インド，スリランカ

Ectomomyrmex sp. A　ツシマハリアリ　　対／朝，中

Ectomomyrmex sp. B　ミナミフトハリアリ　　九，琉，尖，小（母島）／台，東南アジア（?）

Euponera pilosior Wheeler, 1928　ケブカハリアリ　　本，四，九，対，屋，琉，伊，小，火（南硫黄島）／朝

Euponera sakishimensis（Terayama, 1999）アカケブカハリアリ　　宮，多，八

Hypoponera beppin Terayama, 1999　ベッピンニセハリアリ　　本，四，九，屋，琉，尖／台

Hypoponera nippona（Santschi, 1937）ヒゲナガニセハリアリ　　本，四，九，屋，琉／台，朝

Hypoponera nubatama Terayama & Hashimoto, 1996　クロニセハリアリ　　本，九，大隅

Hypoponera opaciceps（Mayr, 1887）カドフシニセハリアリ　　琉／台，東南アジア，ニューカレドニア，ポリネシア，ブラジル

Hypoponera punctatissima（Roger, 1859）トビニセハリアリ　　北，琉，大東，小，火（南硫黄島）／台，ハワイ，ポリネシア，オーストラリア，ニュージーランド，ヨーロッパ，アフリカ，カナダ

Hypoponera ragusai（Emery, 1894）フシナガニセハリアリ　　四，琉／朝，台，インド，ハワイ，北米，ヨーロッパ，アフリカ

Hypoponera sauteri Onoyama, 1989　ニセハリアリ　　北（奥尻島），本，四，九，対，屋，琉，伊，小／朝，台

Hypoponera zwaluwenburgi（Wheeler, 1933）マルフシニセハリアリ　　琉／台，ハワイ，ポリネシア

Leptogenys confucii Forel, 1912　ハシリハリアリ　　九，琉／台

Odontomachus kuroiwae（Matsumura, 1912）オキナワアギトアリ　　奄（沖永良部島），沖

Odontomachus monticola Emery, 1892　アギトアリ　　本，九，屋，大隅／台，中，インドシナ半島，インド（?）

Parvaponera darwinii（Forel, 1893）ダーウィンハリアリ　　沖，八／汎熱帯

Ponera alisana Terayama, 1986　コダマハリアリ　　屋／台

Ponera bishamon Terayama, 1996　ホソヒメハリアリ　　琉／台

Ponera japonica Wheeler, 1906　ヒメハリアリ　　北，本，四，九，対，伊／朝

Ponera kohmoku Terayama, 1996　マナコハリアリ　　本，四，九，対，屋，大隅

Ponera scabra Wheeler, 1928　テラニシハリアリ　　本，四，九，対，伊，屋，大隅／朝

Ponera swezeyi (Wheeler, 1933)　オガサワラハリアリ　　小／ハワイ，マレーシア

Ponera takaminei Terayama, 1996　アレハダハリアリ　　琉／台

Ponera tamon Terayama, 1996　ミナミヒメハリアリ　　九，屋，琉／台

Subfamily Cerepachyinae　クビレハリアリ亜科
Tribe Cerapachyini　クビレハリアリ族

Cerapachys biroi Forel, 1907　クビレハリアリ　　九，琉，大東／台，中，東南アジア，インド，ポリネシア，西インド諸島

Cerapachys daikoku Terayama, 1996　クロクビレハリアリ　　本，九，奄，沖

Cerapachys hashimotoi Terayama, 1996　ジュウニクビレハリアリ　　八（石垣島，西表島）

Cerapachys humicola Ogata, 1983　ツチクビレハリアリ　　本，九，対

Subfamily Aenictinae　ヒメサスライアリ亜科
Tribe Aenictini　ヒメサスライアリ族

Aenictus lifuiae Terayama, 1984　ヒメサスライアリ　　沖（沖縄島），八（西表島）／台

Subfamily Leptanillinae　ムカシアリ亜科
Tribe Anomalomyrmini　ジュズフシアリ族

Protanilla izanagi Terayama, 2013　キバジュズフシアリ　　本，九

Protanilla lini Terayama, 2009　ジュズフシアリ　　九，屋，琉，尖／台

Tribe Leptanilini　ムカシアリ族

Leptanilla japonica Baroni Urbani, 1977　ヤマトムカシアリ　　本

Leptanilla kubotai Baroni Urbani, 1977　トサムカシアリ　　四

Leptanilla morimotoi Yasumatsu, 1960　ヒコサンムカシアリ　　九

Leptanilla oceanica Baroni Urbani, 1977　オガサワラムカシアリ　　小（聟島）

Leptanilla okinawensis Terayama, 2013　オキナワムカシアリ　　沖（沖縄島）

Leptanilla tanakai Baroni Urbani, 1977　ヤクシマムカシアリ　　屋

Subfamily Pseudomyrmecinae　クシフタフシアリ亜科
Tribe Pseudomyrmecini　クシフタフシアリ族

Tetraponera attenuata Smith, 1877　オオナガフシアリ　　沖（沖縄島）／台，中，東南アジア

Subfamily Myrmicinae　フタフシアリ亜科
Tribe Dacettini　ウロコアリ族

Pyramica alecto Bolton, 2000　ミヤコウロコアリ　　本

Pyramica benten（Terayama, Lin & Wu, 1996）イガウロコアリ　　本，四，九，対，屋，琉，伊／台

Pyramica canina（Brown & Boisvert, 1979）ヒラタウロコアリ　　本，四，九，屋，伊

Pyramica circothrix（Ogata & Onoyama, 1998）マルゲウロコアリ　　奄，沖，慶，八

Pyramica hexamera（Brown, 1958）セダカウロコアリ　　本，四，九，琉，大東，伊，小／朝，台，北米（人為的移入）

Pyramica hirashimai（Ogata, 1990）ヒメセダカウロコアリ　　本，四，九，対，屋，琉，伊／台

Pyramica hiroshimensis（Ogata & Onoyama, 1998）ヒロシマウロコアリ　　本

Pyramica incerta（Brown, 1949）ノコバウロコアリ　　本，四，九，屋，伊

Pyramica japonica（Ito, 1914）ヤマトウロコアリ　　本，四，九，琉／朝，台

Pyramica kichijo（Terayama, Lin & Wu, 1996）キチジョウウロコアリ　　沖（沖縄島）／台

Pyramica leptothrix（Wheeler, 1929）ケブカウロコアリ　　沖，宮，八／台

Pyramica masukoi（Ogata & Onoyama, 1998）マナヅルウロコアリ　　本

Pyramica mazu（Terayama, Lin & Wu, 1996）ツヤウロコアリ　　本，四，九，屋，琉／台

Pyramica membranifera（Emery, 1869）トカラウロコアリ　　本，四，九，屋，琉，尖，伊，小，火／汎熱帯・亜熱帯

Pyramica morisitai（Ogata & Onoyama, 1998）キバオレウロコアリ　　琉

Pyramica mutica（Brown, 1949）ヌカウロコアリ　　本，四，九，対，屋，奄，沖，伊／朝，台，中，インドネシア

Pyramica rostrataeformis（Brown, 1949）ホソノコバウロコアリ　　本，四，九，屋，大隅

Pyramica sauteri（Forel, 1912）ヒメヒラタウロコアリ　　沖，慶，八／台，中

Pyramica terayamai Bolton, 2000　ヤミゾウロコアリ　　本

Strumigenys emmae（Emery, 1890）ヨフシウロコアリ　　琉，大東，小／汎熱帯・亜熱帯

Strumigenys exilirhina Bolton, 2000　キバブトウロコアリ　　沖，宮，小（父島）／タイ，ネパール，インド，ブータン，ウォリス諸島

Strumigenys godeffroyi Mayr, 1866　ミノウロコアリ　　小（父島，母島）／汎熱帯

Strumigenys kumadori Yoshimura & Onoyama, 2007　キタウロコアリ　　北，本，四，九，伊／朝

Strumigenys lacunosa Lin & Wu, 1996　ハカケウロコアリ　沖（沖縄島）／台
Strumigenys lewisi Cameron, 1887　ウロコアリ　本, 四, 九, 対, 屋, 琉, 伊／朝, 台, 中, ハワイ, 東南アジア〜南アジア（？）
Strumigenys minutula Terayama & Kubota, 1989　ヒメウロコアリ　琉, 大東／台
Strumigenys solifontis Brown, 1949　オオウロコアリ　本, 四, 九, 屋, 琉, 伊, 小／台
Strumigenys stenorhina Bolton, 2000　キバナガウロコアリ　宮, 八／中
Strumigenys strigatella Bolton, 2000　カクガオウロコアリ　沖（沖縄島）

Tribe Stenammini　ナガアリ族

Lordomyrma azumai（Santschi, 1941）　ミゾガシラアリ　本, 四, 九, 屋
Stenamma kurilense Arnoldi, 1975　チシマナガアリ　千（国後島）
Stenamma nipponense Yasumatsu & Murakami, 1960　ヒメナガアリ　北, 本, 四, 九
Stenamma owstoni Wheeler, 1906　ハヤシナガアリ　本, 四, 九, 屋, 伊／中
Vollenhovia amamiana Terayama & Kinomura, 1998　オオウメマツアリ　奄
Vollenhovia benzai Terayama & Kinomura, 1998　タテナシウメマツアリ　本, 四, 九, 屋, 大隅, 奄
Vollenhovia emeryi Wheeler, 1906　ウメマツアリ　北, 本, 四, 九, 対, 屋, 大隅, 奄, 伊
Vollenhovia nipponica Kinomura & Yamauchi, 1992　ヤドリウメマツアリ　本, 四, 九
Vollenhovia okinawana Terayama & Kinomura, 1998　オキナワウメマツアリ　奄, 沖, 慶
Vollenhovia sakishimana Terayama & Kinomura, 1998　サキシマウメマツアリ　宮, 八, 小（母島）
Vollenhovia yambaru Terayama, 1999　ヤンバルウメマツアリ　沖, 慶
Vollenhovia sp.　ヒメウメマツアリ　本, 四

Tribe Solenopsidini　トフシアリ族

Carebara borealis（Terayama, 1996）　オオコツノアリ　本
Carebara hannya（Terayama, 1996）　ヒメコツノアリ　沖, 慶, 八
Carebara oni（Terayama, 1996）　オニコツノアリ　沖, 慶／台
Carebara sauteri（Forel, 1912）　タイワンコツノアリ　尖（北小島）／台
Carebara yamatonis（Terayama, 1996）　コツノアリ　本, 四, 九, 対, 屋, 琉, 伊
Monomorium chinense Santschi, 1925　クロヒメアリ　本, 四, 九, 屋, 琉, 大東, 尖, 伊, 小, 火／台, 朝, 中, 東南アジア
Monomorium destructor（Jerdon, 1851）　ミゾヒメアリ　琉, 大東, 火（硫黄島）, 南鳥島／汎熱帯・亜熱帯
Monomorium floricola（Jerdon, 1851）　フタイロヒメアリ　本, 屋, 琉, 大東, 小／汎熱帯・亜熱帯

Monomorium hiten Terayama, 1996　フタモンヒメアリ　　屋，琉／台

Monomorium intrudens Smith, 1874　ヒメアリ　　本，四，九，対，屋，琉，大東，伊／朝，台

Monomorium latinode Mayr, 1872　シワヒメアリ　　琉／汎熱帯・亜熱帯

Monomorium pharaonis（Linnaeus, 1758）　イエヒメアリ　　本，四，九，屋，琉，伊，小，火／汎世界

Monomorium sechellense Emery, 1894　カドヒメアリ　　琉，大東，尖，小／台，東南アジア，オセアニア

Monomorium triviale Wheeler, 1906　キイロヒメアリ　　本／朝

Pheidologeton diversus（Jerdon, 1851）　ヨコヅナアリ　　沖，小／台，東南アジア

Solenopsis geminata（Fabricius, 1804）　アカカミアリ　　沖（沖縄島，伊江島），火（硫黄島），南鳥島／汎熱帯・亜熱帯

Solenopsis japonica Wheeler, 1928　トフシアリ　　北，本，四，九，対，屋，大隅，伊，トカラ列島／朝

Solenopsis tipuna Forel, 1912　オキナワトフシアリ　　琉／台

Tribe Myrmicini　クシケアリ族

Manica yessensis Azuma, 1955　ツヤクシケアリ　　北，本

Myrmica excelsa Kupyanskaya, 1990　サメハダクシケアリ　　本／朝，極東ロシア

Myrmica jessensis Forel, 1901　エゾクシケアリ　　北，本，四，千／朝，サハリン

Myrmica kurokii Forel, 1907　クロキクシケアリ　　北，本／朝，極東ロシア

Myrmica luteola Kupyanskaya, 1990　オモビロクシケアリ　　北，本／サハリン，シベリア

Myrmica onoyamai Radchenko & Elmes, 2006　オノヤマクシケアリ　　北，本

Myrmica ruginodis Nylander, 1846（s. l.）　ハラクシケアリ隠蔽種群　　北，本，四，九，屋，千／朝，中，ユーラシア

　　Myrmica ruginodis Nylander, 1846（s. str.）　ハラクシケアリ　北，本／ユーラシア

　　Myrmica sp. A　アレチクシケアリ　北，本

　　Myrmica sp. B　モリクシケアリ　北，本

　　Myrmica sp. C　ヒラクチクシケアリ　本，九

　　Myrmica sp. D　キュウシュウクシケアリ　九

Myrmica transsibirica Radchenko, 1994　ツボクシケアリ　　北，本／朝，極東ロシア

Myrmica yezomonticola Terayama, 2013　キタクシケアリ　　北

Tribe Pheidolini　オオズアリ族

Aphaenogaster concolor Watanabe & Yamane, 1999　リュウキュウアシナガアリ　　奄，沖，慶，尖

Aphaenogaster donann Watanabe & Yamane, 1999　クロミアシナガアリ　　八（与那国島）

Aphaenogaster edentula Watanabe & Yamane, 1999　トゲナシアシナガアリ　　小（母島，聟島）

Aphaenogaster erabu Nishizono & Yamane, 1990　エラブアシナガアリ　　口ノ三島（黒島），大隅（口永良部島），トカラ列島

Aphaenogaster famelica (Smith, 1874)　アシナガアリ　　北，本，四，九，対，屋，大隅，伊／中

Aphaenogaster gracillima Watanabe & Yamane, 1999　クビナガアシナガアリ　　八

Aphaenogaster irrigua Watanabe & Yamane, 1999　サワアシナガアリ　　大隅（種子島），奄，沖，慶

Aphaenogaster izuensis Terayama & Kubota, 2013　イハマアシナガアリ　　本（伊豆半島）

Aphaenogaster japonica Forel, 1911　ヤマトアシナガアリ　　北，本，四，九，対，屋，伊／朝

Aphaenogaster kumejimana Watanabe & Yamane, 1999　クメジマアシナガアリ　　慶（久米島）

Aphaenogaster luteipes Watanabe & Yamane, 1999　イクビアシナガアリ　　奄，尖（魚釣島）

Aphaenogaster minutula Watanabe & Yamane, 1999　ヒメアシナガアリ　　奄（奄美大島）

Aphaenogaster omotoensis Terayama & Kubota, 2013　オモトアシナガアリ　　八（石垣島）

Aphaenogaster osimensis Teranishi, 1940　イソアシナガアリ　　本，四，九，屋，琉，伊，小

Aphaenogaster rugulosa Watanabe & Yamane, 1999　ヨナグニアシナガアリ　　八（与那国島）

Aphaenogaster tipuna Forel, 1913　タカサゴアシナガアリ　　八／朝，台

Aphaenogaster tokarainsulana Watanabe & Yamane, 1999　トカラアシナガアリ　　大隅（種子島），トカラ列島

Messor aciculatus (Smith, 1874)　クロナガアリ　　本，四，九，屋，大隅／朝，中，台，モンゴル

Pheidole fervens Smith, 1858　ミナミオオズアリ　　九，屋，琉，大東，小／台，中，東南アジア，スリランカ，オセアニア

Pheidole fervida Smith, 1874　アズマオオズアリ　　北，本，四，九，対，屋，大隅，伊／朝

Pheidole indica Mayr, 1878　インドオオズアリ　　本，四，九，屋，琉，大東，伊，小／東南アジア，インド，スリランカ

Pheidole megacephala (Fabricius, 1793)　ツヤオオズアリ　　琉，大東，小（父島），火（硫黄島）／汎熱帯・亜熱帯

Pheidole noda Smith, 1874　オオズアリ　　本，四，九，対，屋，琉，伊，小／朝，台，中，インド，スリランカ

Pheidole parva Mayr, 1865 (s. l.)　ナンヨウテンコクオオズアリ隠蔽種群　　琉，小／中，ミャンマー，マレーシア，インドネシア

　　Pheidole sp. cf. parva Mayr, 1865　ナンヨウテンコクオオズアリ　　琉，小

Pheidole pieli Santschi, 1925　ヒメオオズアリ　　本，四，九，屋，琉，伊，小／朝，中

Pheidole ryukyuensis Ogata, 1982　ナガオオズアリ　　沖，八／台

Pheidole susanowo Onoyama & Terayama, 1999　クロオオズアリ　　琉，小（父島）

Tribe Tetramoriini　シワアリ族

Strongylognathus koreanus Pisarski, 1966　イバリアリ　　本／朝

Tetramorium bicarinatum（Nylander, 1846）　オオシワアリ　　本，四，九，屋，琉，大東，尖，伊，小，火（硫黄島，南硫黄島），西之島新島／汎熱帯・亜熱帯

Tetramorium kraepelini Forel, 1905　ケブカシワアリ　　九，琉／台，中，東南アジア

Tetramorium lanuginosum Mayr, 1870　イカリゲシワアリ　　琉，大東，尖，小／台，東南アジア

Tetramorium nipponense Wheeler, 1928　キイロオオシワアリ　　本，四，九，対，屋，琉，伊，小／台，中，ベトナム，ブータン

Tetramorium simillimum（Smith, 1851）　サザナミシワアリ　　琉，小，火（硫黄島）／汎熱帯・亜熱帯

Tetramorium smithi Mayr, 1879　カドムネシワアリ　　琉，大東／東南アジア，インド，スリランカ

Tetramorium tonganum Mayr, 1870　ナンヨウシワアリ　　小／台，東南アジア，ニューギニア，オセアニア

Tetramorium tsushimae Emery, 1925　トビイロシワアリ　　北，本，四，九，対，屋，大隅／朝，中，北米（人為的移入）

Tribe Crematogastrini　シリアゲアリ族

Crematogaster（*Crematogaster*）*izanami* Terayama, 2013　ハリナガシリアゲアリ　　大隅（口永良部島），奄（奄美大島）

Crematogaster（*Crematogaster*）*matsumurai* Forel, 1901　ハリブトシリアゲアリ　　北，本，四，九，対，伊／朝

Crematogaster（*Crematogaster*）*nawai* Ito, 1914　ツヤシリアゲアリ　　本，四，九，対，屋，琉，伊／朝，台

Crematogaster（*Crematogaster*）*teranishii* Santschi, 1930　テラニシシリアゲアリ　　本，四，九，対，屋，琉，伊／朝

Crematogaster（*Crematogaster*）*vagula* Wheeler, 1928　クボミシリアゲアリ　　本，四，九，対，屋，琉，大東，伊

Crematogaster（*Orthocrema*）*miroku* Terayama, 2013　オキナワシリアゲアリ　　沖（沖縄島）

Crematogaster（*Orthocrema*）*osakensis* Forel, 1900　キイロシリアゲアリ　　北，本，四，九，対，屋，大隅，奄，伊／朝，中

Crematogaster（*Orthocrema*）*suehiro* Terayama, 1999　スエヒロシリアゲアリ　　八（石垣島）

Recurvidris recurvispinosa（Forel, 1890）　カクバラアリ　　八／台，中，ミャンマー，ネパール，インド

Tribe Formicoxenini　キショクアリ族

Cardiocondyla kagutsuchi Terayama, 1999　ヒヤケハダカアリ　　八（石垣島）／東南アジア

Cardiocondyla kazanensis Terayama, 2013　イオウハダカアリ　　火（硫黄島）

Cardiocondyla minutior Forel, 1899　ヒメハダカアリ　　屋，琉，大東，尖，小（兄島）／台，太平洋諸島，インド，ネパール，北米，中南米

Cardiocondyla obscurior（Wheeler, 1929）　キイロハダカアリ　　九，琉，大東，小，火／台，東南アジア，太平洋諸島

Cardiocondyla wroughtonii（Forel, 1890）　ウスキイロハダカアリ　　奄，沖（沖縄島）／太平洋諸島，東南アジア，インド，タンザニア，合衆国

Cardiocondyla sp. A　トゲハダカアリ　　本，四，九，琉，小，西之島新島

Cardiocondyla sp. B　カドハダカアリ　　本，四，九，琉，伊，小，火

Leptothorax acervorum（Fabricius, 1793）　タカネムネボソアリ　　北，本，四，九／朝，ユーラシア，北米

Temnothorax anira（Terayama & Onoyama, 1999）　ヒラセムネボソアリ　　本，四，九，屋，大隅，奄，沖（硫黄鳥島）

Temnothorax antera（Terayama & Onoyama, 1999）　フシナガムネボソアリ　　四，伊，奄

Temnothorax arimensis（Azuma, 1977）　ヒメムネボソアリ　　北，本，四

Temnothorax basara（Terayama & Onoyama, 1999）　ヤエヤマムネボソアリ　　八

Temnothorax bikara（Terayama & Onoyama, 1999）　ヤドリムネボソアリ　　本（岐阜，富山）

Temnothorax congruus（Smith, 1874）　ムネボソアリ　　北，本，四，九，屋，伊／朝

Temnothorax haira（Terayama & Onoyama, 1999）　オガサワラムネボソアリ　　小（母島，兄島）

Temnothorax indra（Terayama & Onoyama, 1999）　キイロムネボソアリ　　奄（沖永良部島），沖（沖縄島）

Temnothorax kinomurai（Terayama & Onoyama, 1999）　キノムラヤドリムネボソアリ　　本（岐阜）

Temnothorax koreanus（Teranishi, 1940）　カドムネボソアリ　　北，本，四，九／朝

Temnothorax kubira（Terayama & Onoyama, 1999）　チャイロムネボソアリ　　北，本，四，九，対，屋

Temnothorax makora（Terayama & Onoyama, 1999）　ハヤシムネボソアリ　　北，本，四，九

Temnothorax mekira Terayama & Kubota, 2011　ミナミイオウムネボソアリ　　小（南硫黄島）

Temnothorax mitsukoae Terayama & Yamane, 2013　アレチムネボソアリ　　四，九（鹿児島），大隅

Temnothorax santra（Terayama & Onoyama, 1999）　シワムネボソアリ　　小（父島，兄島）

Temnothorax spinosior（Forel, 1901） ハリナガムネボソアリ　　北, 本, 四, 九, 屋, 伊／朝

Tribe Myrmecinini　カドフシアリ族
Myrmecina amamiana Terayama, 1996　スジブトカドフシアリ　　奄
Myrmecina flava Terayama, 1985　キイロカドフシアリ　　本, 四, 九／朝
Myrmecina nipponica Wheeler, 1906　カドフシアリ　　北, 本, 四, 九, 対, 屋, 大隅, 伊／朝
Myrmecina ryukyuensis Terayama, 1996　コガタカドフシアリ　　琉
Pristomyrmex punctatus（Smith, 1860）　アミメアリ　　北, 本, 四, 九, 対, 屋, 琉, 大東, 伊, 小／朝, 対, 中, 東南アジア, インド
Pristomyrmex yaeyamensis Yamane & Terayama, 1999　トゲムネアミメアリ　　八（西表島）

Tribe Melissotarsini　ハチヅメアリ族
Rhopalomastix omotoensis Terayama, 1996　ヒゲブトアリ　　八（石垣島）／台

Subfamily Dolichoderinae　カタアリ亜科
Tribe Dolichoderini　カタアリ族
Dolichoderus sibiricus Emery, 1889　シベリアカタアリ　　北, 本, 四, 九, 対, 屋, 伊／朝, 中, シベリア
Linepithema humile（Mayr, 1868）　アルゼンチンアリ　　本, 四／北朝鮮, 南北アメリカ, オーストラリア, ニュージーランド, ハワイ, アフリカ, ヨーロッパ（原産地は南米）
Ochetellus glaber（Mayr, 1862）　ルリアリ　　本, 四, 九, 対, 屋, 琉, 伊, 小, 大東, 尖／台, 中
Tapinoma melanocephalum（Fabricius, 1793）　アワテコヌカアリ　　本, 九, 屋, 琉, 大東, 小, 火（硫黄島）, 南鳥島／汎熱帯
Tapinoma saohime Terayama, 2013　コヌカアリ　　本, 四, 九, 屋, 琉, 尖, 小, 伊／台
Technomyrmex brunneus Forel, 1895　アシジロヒラフシアリ　　九, 屋, 琉, 大東, 小, 火（硫黄島）, 南鳥島／台, 中, インドシナ半島
Technomyrmex gibbosus Wheeler, 1906　ヒラフシアリ　　北, 本, 四, 九／朝

Subfamily Formicinae　ヤマアリ亜科
Tribe Formicini　ヤマアリ族
Formica candida Smith, 1878　ツヤクロヤマアリ　　北, 本, 九, 千／ユーラシア北部
Formica fukaii Wheeler, 1914　ツノアカヤマアリ　　北, 本／サハリン, 沿海州, 中央アジア
Formica gagatoides Ruzsky, 1904　タカネクロヤマアリ　　北（大雪山）, 本／ユーラシア北部

Formica hayashi Terayama & Hashimoto, 1996　ハヤシクロヤマアリ　　北, 本, 四, 九, 対, 屋, 大隅, 千／朝

Formica japonica Motschoulsky, 1866（s. l.）　クロヤマアリ隠蔽種群　　北, 本, 四, 九, 対, 大隅, 伊, 千／朝, 台, 中, サハリン, 東シベリア, モンゴル

 Formica japonica Motschoulsky, 1866（s. str.）　クロヤマアリ　　北, 本

 Formica sp. A　ヒガシクロヤマアリ　　本

 Formica sp. B　ニシクロヤマアリ　　本, 四, 九

 Formica sp. C　ミナミクロヤマアリ　　本, 四, 九, 大隅

Formica lemani Bondroit, 1917　ヤマクロヤマアリ　　北, 本, 四, 千／朝, ユーラシア

Formica sanguinea Latreille, 1798　アカヤマアリ　　北, 本, 千（国後島）／朝, 中国東北部, ユーラシア

Formica truncorum Fabricius, 1804　ケズネアカヤマアリ　　北, 千／サハリン, ユーラシア

Formica yessensis Wheeler, 1913　エゾアカヤマアリ　　北, 本／朝, 台, 中国東北部, シベリア

Polyergus samurai Yano, 1911　サムライアリ　　北, 本, 四, 九, 屋／朝, 中

Tribe Lasiini　ケアリ族

Acropyga kinomurai Terayama & Hashimoto, 1996　ヒラセヨツバアリ　　八

Acropyga nipponensis Terayama, 1985　イツツバアリ　　四, 九, 屋, 琉, 伊（御蔵島）／フィリピン, マレーシア, インドネシア

Acropyga sauteri Forel, 1912　ミツバアリ　　本, 四, 九, 琉, 大東, 伊／台, 中

Acropyga yaeyamensis Terayama & Hashimoto, 1996　ヨツバアリ　　八／台

Anoplolepis gracilipes（Smith, 1857）　アシナガキアリ　　琉, 大東, 火／汎熱帯・亜熱帯, 北米

Lasius（*Lasius*）sp.　ヒメトビイロケアリ　　北, 本, 四

Lasius（*Lasius*）*hayashi* Yamauchi & Hayashida, 1970　ハヤシケアリ　　北, 本, 四, 九, 屋, 千, 伊／朝, ロシア

Lasius（*Lasius*）*japonicus* Santschi, 1941　トビイロケアリ　　北, 本, 四, 九, 対, 屋, 大隅, トカラ列島, 沖縄島（人為的移入）, 千, 伊／朝, ロシア

Lasius（*Lasius*）*productus* Wilson, 1955　ヒゲナガケアリ　　北, 本, 四, 九, 対, 伊

Lasius（*Lasius*）*sakagamii* Yamauchi & Hayashida, 1970　カワラケアリ　　北, 本, 四, 九, 屋, 沖縄島（人為的移入）, 伊／朝

Lasius（*Dendrolasius*）*fuji* Radchenko, 2005（s. l.）　クロクサアリ隠蔽種群　　北, 本, 四, 九, 伊

 Lasius（*Dendrolasius*）sp. A　クロクサアリ　　北, 本, 四, 九

 Lasius（*Dendrolasius*）sp. B　オオクロクサアリ　　本, 四, 九

Lasius（*Dendrolasius*）sp. C　コニシクサアリ　　北，本

Lasius（*Dendrolasius*）*morisitai* Yamauchi, 1979　モリシタクサアリ（モリシタケアリ）　　北，本，四／極東ロシア

Lasius（*Dendrolasius*）*nipponensis* Forel, 1912　フシボソクサアリ　　北，本，四／朝，台，極東ロシア

Lasius（*Dendrolasius*）*orientalis* Karawajew, 1912　テラニシクサアリ（テラニシケアリ）　　北，本／朝

Lasius（*Dendrolasius*）*spathepus* Wheeler, 1910　ヒラアシクサアリ（クサアリモドキ）　　北，本，四，九，対，伊／朝

Lasius（*Cautolasius*）*flavus*（Fabricius, 1782）　キイロケアリ　　北，本，伊／朝，中，ユーラシア

Lasius（*Cautolasius*）*sonobei* Yamauchi, 1979　ミナミキイロケアリ　　本，四，九，屋

Lasius（*Cautolasius*）*talpa* Wilson, 1955　ヒメキイロケアリ　　本，四，九，屋，大隅，伊／朝，台

Lasius（*Chthonolasius*）*hikosanus* Yamauchi, 1979　ミヤマアメイロケアリ　　本，九

Lasius（*Chthonolasius*）*meridionalis*（Bondroit, 1920）　ヒゲナガアメイロケアリ　　北，本，九／ユーラシア

Lasius（*Chthonolasius*）*umbratus*（Nylander, 1846）　アメイロケアリ　　北，本，四，九，対，伊，千／朝，中，ユーラシア

Tribe Plagiolepidini　ヒメキアリ族

Brachymyrmex patagonicus Mayr, 1868　クロコツブアリ　　本（兵庫：人為的移入）／北米（人為的移入），南米

Nylanderia amia（Forel, 1913）　ケブカアメイロアリ　　本，九，屋，琉，大東，尖，小，火／台，東南アジア

Nylanderia flavipes（Smith, 1874）　アメイロアリ　　北，本，四，九，対，屋，琉，伊／朝，中，北米（人為的移入）

Nylanderia nubatama（Terayama, 1999）　クロアメイロアリ（クロサクラアリ）　　四，奄（奄美大島）

Nylanderia ogasawarensis（Terayama, 1999）　オガサワラアメイロアリ　　小，火

Nylanderia otome（Terayama, 1999）　ヒヨワアメイロアリ　　八

Nylanderia ryukyuensis（Terayama, 1999）　リュウキュウアメイロアリ　　琉，大東，尖／台

Nylanderia yaeyamaensis（Terayama, 1999）　ヤエヤマアメイロアリ　　八／台

Nylanderia yambaru（Terayama, 1999）　ヤンバルアメイロアリ　　沖（沖縄島，屋我地島）

Paraparetrechina sakurae（Ito, 1914）　サクラアリ　　北，本，四，九，対，屋，大隅，奄，伊／朝

Paraparatrechina sakuya（Terayama, 2013） ツヤサクラアリ　伊（青ヶ島）

Paratrechina lóngicornis（Latreille, 1802） ヒゲナガアメイロアリ　本，九，屋，琉，大隅，尖，小，火（硫黄島），南鳥島／汎熱帯・亜熱帯

Plagiolepis alluaudi Emery, 1894 ウスヒメアリ　沖，小，火／中，太平洋諸島，西インド諸島，アフリカ

Plagiolepis flavescens Collingwood, 1976 ヒメアリ　本，九，対／朝

Prenolepis sp. ウワメアリ　四，九

Tribe Camponotini　オオアリ族

Camponotus（*Camponotus*）*hemichlaena* Yasumatsu & Brown, 1951 ニシムネアカオオアリ　本，四，九，屋

Camponotus（*Camponotus*）*japonicus* Mayr, 1866 クロオオアリ　北，本，四，九，対，屋，トカラ列島，伊，千／朝，中

Camponotus（*Camponotus*）*obscuripes* Mayr, 1879 ムネアカオオアリ　北，本，四，九，対，屋，伊，千／ロシア

Camponotus（*Camponotus*）*sachalinensis* Forel, 1904 カラフトクロオオアリ　北，本／朝，中国東北部，ユーラシア

Camponotus（*Camponotus*）*senkakuensis* Terayama, 2013 オキナワクロオオアリ　尖（魚釣島）

Camponotus（*Camponotus*）*yessensis* Yasumatsu & Brown, 1951 ケブカクロオオアリ　北，本，四，九

Camponotus（*Myrmentoma*）*keihitoi* Forel, 1913 クサオオアリ　本，四，九，屋，伊／朝

Camponotus（*Myrmentoma*）*nipponensis* Santschi, 1937 ケブカツヤオオアリ　本／朝

Camponotus（*Myrmentoma*）*quadrinotatus* Forel, 1886 ヨツボシオオアリ　北，本，四，九，屋／朝，中

Camponotus（*Myrmamblys*）*bishamon* Terayama, 1999 ホソウメマツオオアリ　本，四，九，屋，琉，大東，尖

Camponotus（*Myrmamblys*）*daitoensis* Terayama, 1999 ダイトウオオアリ　大東

Camponotus（*Myrmamblys*）*itoi* Forel, 1912 イトウオオアリ　本，四，九，対／朝

Camponotus（*Myrmamblys*）*iwoensis* Terayama & Kubota, 2011 イオウヨツボシオオアリ　火（南硫黄島）

Camponotus（*Myrmamblys*）*kunigamiensis* Terayama, 2013 クニガミオオアリ　沖（沖縄島）

Camponotus（*Myrmamblys*）*nawai* Ito, 1914 ナワヨツボシオオアリ　本，四，九，対，屋，大隅，奄，伊／朝

Camponotus（*Myrmamblys*）*ogasawarensis* Terayama & Satoh, 1990 オガサワラオオアリ　小

Camponotus（*Myrmamblys*）*yamaokai* Terayama & Satoh, 1990 ヤマヨツボシオオアリ　本，

四，九，屋

Camponotus（*Myrmamblys*）*yambaru* Terayama, 1999　ウスキオオアリ　沖（沖縄島）

Camponotus（*Myrmamblys*）*vitiosus* Smith, 1874　ウメマツオオアリ　本，四，九，対，屋，大隅，トカラ列島，伊／朝，中

Camponotus（*Tanaemyrmex*）*albosparsus* Bingham, 1903　アカヨツボシオオアリ　宮，八／台，中，東南アジア，インド

Camponotus（*Tanaemyrmex*）*devestivus* Wheeler, 1928　アメイロオオアリ　本，四，九，屋，奄，沖，伊

Camponotus（*Tanaemyrmex*）*friedae* Forel, 1912　ミヤコオオアリ　奄，宮／台，中

Camponotus（*Tanaemyrmex*）*kaguya* Terayama, 1999　ユミセオオアリ　奄，沖

Camponotus（*Tanaemyrmex*）*monju* Terayama, 1999　ケブカアメイロオオアリ　九（雲仙，人為的移入），琉／台

Camponotus（*Tanaemyrmex*）sp.　ハラグロアメイロオオアリ　九（桜島）

Camponotus（*Paramyrmamblys*）*amamianus* Terayama, 1991　ツヤミカドオオアリ　奄（奄美大島）

Camponotus（*Paramyrmamblys*）*kiusiuensis* Santschi, 1937　ミカドオオアリ　北，本，四，九，対，屋，伊／朝，台

Camponotus（*Colobopsis*）*nipponicus* Wheeler, 1928　ヒラズオオアリ　本，四，九，屋，大隅，奄，沖，伊，小

Camponotus（*Colobopsis*）*shohki* Terayama, 1999　アカヒラズオオアリ　琉，大東

Polyrhachis（*Myrma*）*latona* Wheeler, 1909　タイワントゲアリ　宮，多，八／台

Polyrhachis（*Myrmhopla*）*dives* Smith, 1857　クロトゲアリ　琉／台，中，東南アジア，ニューギニア

Polyrhachis（*Myrmhopla*）*moesta* Emery, 1887　チクシトゲアリ　本，四，九，対，屋，琉，伊／台，中，東南アジア

Polyrhachis（*Polyrhachis*）*lamellidens* Smith, 1874　トゲアリ　本，四，九，対，屋，伊／朝，台，中

アリの採集・標本作製法

アリ類の研究や調査を行う際に，採集した個体を標本にして保存する必要が生じてくる．さらに，標本を蓄積していくことは，分類研究のみならず，さまざまな生物研究を進め，地域の生物相を理解していくためにも重要である．また，社会性昆虫であるアリは，飼育による生態観察や行動研究も大変面白い．これらの知識は，研究や趣味のみにとどまらず，学校教育の場においても有効なものとなろう．ここに，採集方法，標本作製方法，そして飼育方法を簡単に紹介する．

1）採集法の概略

社会性昆虫であるアリでは，コロニー単位の標本が，研究を行う上でより多くの有用な情報を提供する．そのため，基本的に巣の発見に努め，コロニー単位で採集を行うのがよい．働きアリ間の形態に差のあるものが少なくなく，さらには働きアリでは種の識別ができず，女王やオスアリでそれが可能なものもある．よって，1つの巣の中の複数の働きアリを採集し，可能ならば女王とオスアリの発見に心掛ける必要がある．このような採集によって，営巣場所，餌メニュー，羽アリの出現時期等多くの生態情報も得ることが可能である．働きアリの中にも形態差のあるサブカーストが見られる場合もあるので，これにも注意して採集したい．同一の種であっても別々のコロニー由来の個体を混ぜ合わせないよう注意したい．また，巣内に生息する好蟻性動物も同時に採集するよう留意するとよい．これらの動物は生息環境がアリの巣内と特殊なため，そのグループの専門家がなかなか採集できないものである．

生かしたまま持ち帰る場合は，土壌中の種は大型の片口式吸虫管で採集し，コロニーを採集し終えたらば，管びんの口をガーゼやティッシュペーパーで塞ぎ，横に倒さずに持ち帰る．管びんを多めに準備して採集に出かけるとよいであろう．枯れ枝等に巣をつくる樹上営巣のものでは，採集した巣を枯れ枝ごと厚手のビニール袋に入れて持ち帰ることができる．

標本作製を目的とした採集の場合は，採集したアリを，コロニー単位で70～80％のエチルアルコールの入ったサンプル瓶中に投入し，持ち帰る．アリは年間を通じて採集でき，冬季でも採集が可能である．

2）採集用具

調査や採集目的によって持参する道具は異なってこようが，一般的な採集では，登山用のアタック・ザック等に，以下のような採集用具を入れて持ち歩くとよいであろう．採集時には，ポケットの多い上着や作業用ズボンを用いると便利である．上着は長袖のものを着用し，靴は底の厚いものを履く方が安全であるし，作業もしやすい．

サンプル瓶

採集したアリを投入するもので，サイズの異なる2～3種類を用意しておく方がよい．これらにはあらかじめ70～80％のアルコールを瓶の半分ほど入れておく．サンプル瓶はズボンのポケットや小物入れに入れ，未使用と使用済みの瓶の入れ場所を決めておくとよい．

吸虫管

市販の吸虫管では採集効率が上がらない．そのため，アリ採集用のものが考案されている．適

当な長さのガラス管の一端に，ナイロンストッキングや昆虫採集用の網の小片をあてがい，これをビニール管に押し込むとアリ専用吸虫管ができ上がる．これでアリを吸入し，サンプル瓶の中へ直接吹き出す．特に多くの個体が集中している巣室での採集では，迅速に必要な個体数を採集できる．ボールペンの芯を取り除き，ガラス管がわりにボールペンの本体を使って簡単に作成することも可能である．通常の両口式吸虫管を使う場合，吸い込み口から吸い取ったアリが，そのまま小型の容器に納まるように工夫することもできる．吸虫管は破損したり，忘失したりすることもあるので，予備を携行するとよい．

アリには蟻酸などを強く放出するものがあり，多量に吸入すると気管や肺の粘膜が侵されるので，十分気をつける必要がある．そのため，必要に応じて携帯用の電気掃除器を改良したものを用いる場合もある．アカヤマアリ等を大量に採集する場合には威力を発揮する．さらに掃除機の吸い込み口を吸虫管のビニールチューブに繋げて，自動吸虫管を作成することもできる．

大型のアリや生かしたままアリを持ち帰る場合は，片口式吸虫管を大型の試験管（径3 cm，長さ20 cm程の大型肉厚の試験管）を用いて自作する．アリを採り終えたら口栓をはずし，試験管の口を脱脂綿等で栓をする．アリの巣ごとに試験管を換える必要があるので，あらかじめ必要数の試験管を用意しておく．小型のアリを持ち帰る場合は，普通の片口式吸虫管を用いてもよく，やはり巣ごとにサンプルを換えながら使用する．これらには，アリの乾燥死を防ぐために，少量の土を入れておくとよい．

携帯用スコップ・根掘り

土壌，朽ち木，立ち枯れ木中のアリを採集するのに必携のもので，携帯用スコップは2つ折り式や3つ折り式のものがコンパクトに収まり便利である．根掘りは頑丈なものを選ばないとすぐに使えなくなる．

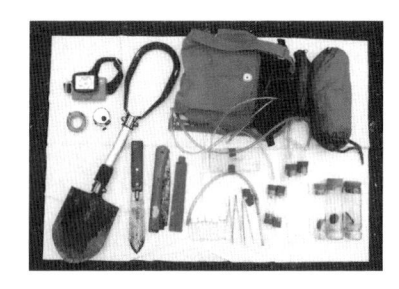

採集用具一式

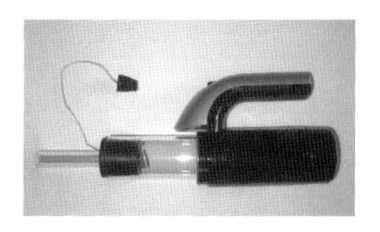

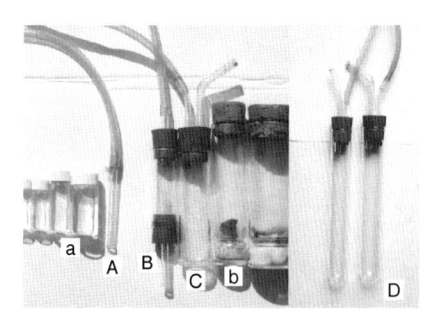

吸虫管　A：アリ専用吸虫管，B：両口式吸虫管，C：片口式吸虫管，D：コロニー採集用吸虫管（管の長さ20 cm）．a：サンプル瓶，b：毒管．

電動式吸虫管　電池式の卓上クリーナーを改良したもの．

ビニールシート

落葉土層や土塊をこの上でほぐし，アリを採集したり，枯れ枝中のアリをここへ叩き落とすために用いる．2枚を携帯し，うち1枚は腰を下ろす時の敷布として使ってもよいだろう．白色でも問題ないが，薄い灰色のものが卵や幼虫を識別しやすく最も機能的に思える．

吸血昆虫忌避剤・虫さされ薬

特に夏場，樹林内で仕事をする時には必要欠くべからざるものである．長時間の作業には，腰に取り付けるタイプの野外作業用の蚊取り線香を用いている．スプレー式や塗布式の忌避剤は簡便ではあるが，汗をかくと流れやすく，長時間の作業には不適である．

その他

ピンセット，のこぎり，ビニール袋，ナイフ，ルーペ，野帳，マジック，軍手，剪定ばさみ，ものさし，ビニールテープ，筆記具等を携帯する．

ピンセットは仕事中に忘失しやすく，それゆえ，赤いリボン等を付けておくとともに，常時2, 3本を用意しておく．のこぎりは枯れ枝等に営巣する種の採集に用いられる．剪定ばさみは比較的小さい竹や枝を割る時，あるいは土中の根を切り除く時に便利である．ビニールテープはアリの営巣場所等をマークしておくために用いる．

薄暗い森林の中で採集する時には，ヘッドライトか携帯用の蛍光灯のような光源を使用した方がよい．昼間でも森林の中はかなり暗く，微小種は，補助光源なしでは見落としやすい．一方，炎天下での採集や調査では熱射病に十分留意すべく，調査地域の状況によって帽子やヘルメットを携帯したい．

3) アリ採集の要領

3-1) コロニー標本の採集

コロニー採集を目指す場合，アリの巣のありそうな場所を探していくことになる．樹上性種を探す場合，枯れ枝や樹皮間，幹の腐朽部を見ていく．林床性のアリでは，落葉下，石下，落枝，倒木を探し，土中性のアリを見つけるためにスコップで土を掘り，土をふるったり，土塊をくずしてアリの巣を探し出すとよい．1つの巣中の個体は，例外を除いてコロニーの構成員である．

同一コロニーから採集した標本をコロニー標本（colony series）といい，アリの研究用標本はこれを基本とすることが望ましいことは前に述べた通りである．したがってコロニー標本であるかないかは，厳密に区別しなければならない．

コロニーを発見した場合，だいたい以下の要領で採集を行うとよい．

(1) 同一コロニーからは働きアリを30匹以上採集し，女王が見つかれば，あわせて採集する．

(2) 働きアリが多型である場合には，大型のものを多めに採集する．

(3) 女王やオスの羽アリが含まれている場合は，一番望ましいコロニー標本となるから，全体になるべく多めに採集しておく．

(4) 卵，幼虫（なるべく終齢のもの），蛹，繭などが含まれている場合は，特に目的がなけれ

ば少量を採集する．
(5) 好蟻性動物や社会寄生性のアリなどが含まれている場合はあわせて採集する．
(6) 巣から出て行列を作っているアリは，コロニー標本として扱う．
(7) コロニーごとに識別番号（コロニーID）をつける．

3-2) 巣外活動個体の採集

巣から遠くへ出て活動しているアリ（英語ではforagerと呼ぶ）は，稀な種類以外は採集しないのが普通である．特にやむを得ない場合や，短期間にアリ相を調査する場合などに採集した時は，やはりコロニー標本とは区別して"forager"のような補助ラベルを標本に添える．ただし，巣外でも行列中の複数個体を採集した場合，それらはコロニー構成員でコロニー採集と見なせる．

3-3) ツルグレン装置等による土壌中のアリ類の採集

以下の採集方法ではコロニー採集ができないが，主として土壌中に生息し活動するアリ類を効率よく採集でき，微小な珍しい種類を抽出することができる．短い時間と少ない人員で対象とする地域に生息する種を明らかにするのにも有効である．最も簡便な土壌性のアリ類の採集方法は，ふるいとトレイを用いて落葉土層をふるう土壌ふるい法であろう．

土壌ふるい法（ざるふるい法）

ざるのようなふるいと白色あるいは淡色のトレイを用いて落葉土層をふるい，トレイに落ちた林床性のアリを採集する．道具としては簡単なものであるが，非常に採集効率がよい．

ツルグレン装置・ウインクラーサック

林床性および土中性の種の採集に有効で，希少種の採集効率もよい．特にウインクラーサックは大きな荷物とならず，現地の調査中に実施できる機動性をもっている．落葉層を中に入れ，壁にかけておき，アリが下に落ちるのを待つ．

これらの方法は，一般には各種の個体数は一度にあまり多くは取れない．時にはコロニーの全部，または一部が抽出されたと思われる場合があるが，近似種が混在しているケースは非常に多く，これらはコロニー標本とは厳密に区別し，標本を作成する際には"by Tullgren"，"by Berlese"，"by Winkler sack"のような補助ラベルを添えておく．

3-4) その他の採集法

ビーティング

樹上性種や木に登ってきた種を対象とする．ビーティングネットに吸虫管を組み合わせて作業を行う．持ち運びに便利な，折り畳み式の簡易ビーティングネットも作成可能である（次図B）．さらには，折り畳み式の傘でも十分に機能する．標本には"beating"と補助ラベルをつけるとよい．樹上性種のほかに，アブラムシや植物の蜜腺にやって来た土中性のアリの活動個体も少なからず採集できる．

スウィーピング

捕虫網で植物をさらい，採集する方法．アリ以外にも多くの昆虫類が採集される．

ベイトトラップ

餌を置き，それにアリを誘き寄せて採集する方法．餌としては，液体食を主要な餌源としてい

る種を引き寄せるためのハチミツと，肉食性種を引き寄せることを狙ったソーセージやツナがよく用いられる．

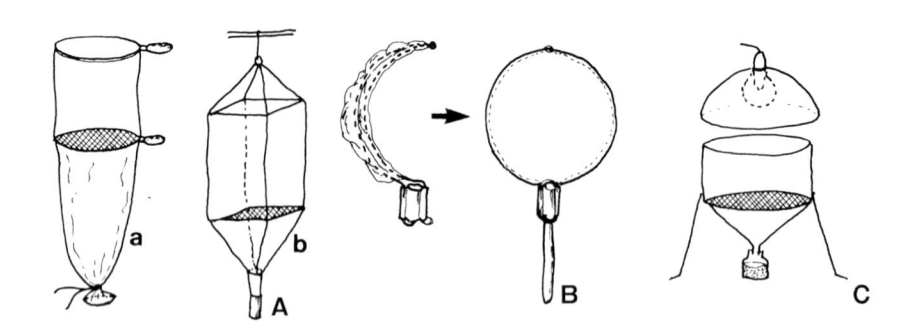

A：ウインクラーサック　リターシフト(a)を用いて，葉や枝を取り除いた落葉土成分をウインクラーサック(b)に入れる．ウインクラーサックは壁等に吊るしておき，土壌動物の落下を待つ．
B：簡易ビーティングネット　二折式捕虫網の枠を利用．
C：ツルグレン装置　上から光を当て，その光と熱で土壌動物を抽出する．温水に装置を入れて土壌動物を抽出する方式はベルレーゼ装置と呼ぶ．

落とし穴トラップ（ピットホールトラップ）

地面に容器を地表面すれすれまで埋め込み，そこに落ち込んだアリを採集する方法．地表面で活動するアリの採集を目的とする．

歩行トラップ

アリの地表活動個体を採集するトラップである．例えば四方に登り口をつくり，地表活動個体がここから中に入るようにしてある．トラップの中には捕虫器があり，ここで捕獲される．

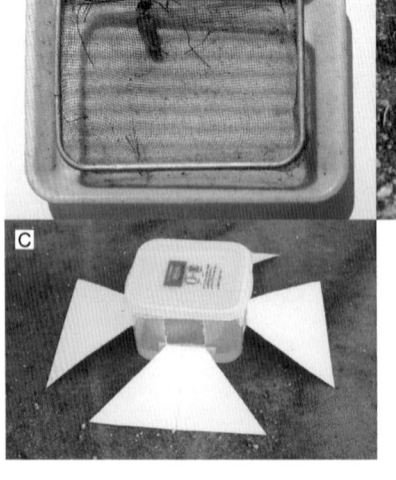

A：土壌ふるい用のざるとトレイ　落葉層をざるでふるい，土壌動物をトレイに落下させる．
B：落とし穴トラップ（ピットホールトラップ）
C：歩行トラップ

3-5) 羽アリの採集

羽アリ（有翅メスやオス）は限られた季節にのみ出現し，飛出する．巣外で得られた羽アリは，結婚飛行の時期や時間帯を知る手がかりとなる．灯火採集やマレーズトラップ等でよく採集される．

灯火採集

灯火（外灯や自動販売機など）に集まった羽アリを採集する．光源のない場所では，携帯用の蛍光灯と白色シートを用いて採集することもできる．

マレーズトラップ

飛翔中の昆虫が，壁等の障害物に当たると上方へ上がる性質を利用したテント型の捕虫トラップ．長期間設置したままにでき，大量の昆虫類の採集が可能である．

衝突板トラップ（FIT）

プラスチック板を立てておき，それに当たった昆虫が下に落ち，捕獲されるトラップ．板の下には防腐剤（ホルマリンかエチレングリコールが簡便）を加えたパットを置いておく．マレーズトラップも衝突板トラップも，昆虫の飛翔を利用した広義のインターセプトトラップである．

羽化トラップ（エマージェンストラップ）

布やブリキ板等でピラミッド型の本体をつくり，これを地表に設置し，土中から羽化して出て来た個体を捕獲する．本体の頂上に捕虫器をつける．

黄色水盤トラップ（イエローパントラップ）

黄色の平たい容器に水を張っただけの単純なものであるが，さまざまな昆虫がその中に落ち込む．容器に張った水には中性洗剤をわずかに入れる．数日間放置する場合は，さらに防腐剤（ホルマリンかエチレングリコールでよい）を加えておく．

その他，熱帯や亜熱帯では樹上性のアリを採集するために，岩壁登攀用具を用いて木に登り，採集を試みる方法もある．樹上にも多くのアリが棲んでおり，例えばマレーシアでは1本の樹木に100種以上ものアリが得られた記録があるほどである．熱帯・亜熱帯に見られるオオタニワタ

A：マレーズトラップ　障害物に当たった飛翔昆虫は，写真では左方に上がっていく．左端の上部に捕虫器が設置されている．

B：黄色水盤トラップ（イエローパントラップ）　膜翅目，双翅目，半翅目等の主に地表付近を飛ぶ昆虫が水盤に落ち込む．

リ等の着生植物の根元にも独特の群集が形成され，アリも多く営巣している．

好蟻性昆虫を効率よく採集するためのものとして，植木鉢トラップがある．アリの巣口に素焼きの植木鉢をひっくり返しにして置くだけのものであるが，これによって巣中の好蟻性昆虫が植木鉢の中に上がり，容易に採集できる．類似のアイデアによるトラップとして，クサアリ類の巣口にマツの樹皮等の木片をたくさん並べておく方法がある．アリはやがてこれらの木片の下や間を巣として利用するようになり，同時に好蟻性昆虫もここに生息するようになる．

4）標本作製法

持ち帰った採集品は基本的に乾燥標本とする．ただし，大量の個体を保管する必要がある場合や，解剖や化学分析を行う必要がある場合は液浸標本で保管する．コロニー採集によるものでは，採集ラベルのほかにコロニー識別番号を記したラベルを添付する．個体数が多い場合，同一コロニー由来の複数個体を1本の昆虫針に留めることが多いが，標本観察や撮影の際には扱いにくいというデメリットもある。採集ラベルは小さいほど，後の作業の際に扱いやすくてよい．

4-1）乾燥標本の作成

サンプルの準備

サンプル瓶の中から，なるべく体形の整っているもの，体色が十分に発現しているものを選ぶ．選び出したアリはきれいなアルコール（純アルコールに近いもの）で数分間洗浄し，ろ紙の上で乾燥する．体表に軟毛の発達している種類では，さらにベンジンで数分間洗浄すると生体に近い体色を保つことができる．アリの分類に走査電子顕微鏡を使用することも多いので，標本に付着するごみやよごれに十分注意する必要がある．1本の昆虫針に刺す台紙は1〜4枚程度であろう．以下に，一般的な標本作製の要領を示す．

①サンプルが働きアリのみの場合
- 単型の時
   なるべく大きめの個体1〜2頭，中ぐらいのもの1頭，小さいもの1頭．
- 2型の時
   大型のもの2頭，小型のもの1〜2頭．
- 連続した多型の時
   大型のもの1〜2頭，中型・小型各1頭．

②女王，または羽アリを含む場合
- 女王のみの時
   女王1頭，大型働きアリ1〜2頭，小型働きアリ1頭．
- 女王とオスを含むとき
   女王1頭，オス1頭，大型働きアリ1〜2頭，小型働きアリ1頭．

いずれの場合も，可能な範囲で多くの針単位の標本セットを作成しておくべきである．研究目的によっては，大型働きアリのみを，女王のみを集め標本を作製する場合もあろう．

アリの初期コロニーに属する働きアリは，普通の働きアリに比べ，分類学的レベルで見ると形態的に相当な相違がある場合が多く，分類研究者を悩ませている．この点からも巣中の羽アリを含むコロニー標本は，女王アリの同定を行う際の参照標本としての価値が高いので，少し丁寧に，かつ多く乾燥標本にしておくとよい．

三角台紙への貼り付け

アリの標本は基本的に三角台紙に貼り付けるが，三角台紙は従来昆虫類一般に使用されているサイズより小型のものが望ましい．そのような小型のサイズのもので日本産のアリの9割までは間に合う．クロオオアリ程度の大型種では，一般に使用されているサイズのものがよい．とりわけ大型の個体の場合は，台紙に体が乗りにくいことから，胸部に直接針を通した標本にする．昆虫針は有頭のものを使用するべきである．コロニー標本は前述の要領によって選び出したアリを，1本の昆虫針にセットし，コロニー番号を記したラベルを付ける．普通アリを台紙に接着するには，台紙に針を刺し，台紙の先端に接着剤を多過ぎないように付け，アリの前・中脚基節間，または中・後脚基節間に接着する．コロニー標本でないものは，1針に1頭をセットし，数頭をまとめてセットするようなことはしない．また，コロニー標本でないことを表示するラベルを付ける．標本個体の張り付けには水溶性のボンドを用いるのが簡便であるが，長期の保存を考えると，はがれにくいにかわで接着することが最もよいと思われる．

標本の整形

標本の整形は接着剤が固まった時点で可能な場合と，数日後まで不可能な場合とがある．また，特に大型のアリの場合は，あらかじめある程度整形しておいてから台紙に接着するとよい．一部の昆虫で行われているような，触角や脚の美術的展開（展足）は，研究目的の標本ならば有害無益で，触角は頭部からわずかに離れる程度，脚は針と反対側のものを下方内側に曲げ，体の側面の観察を容易にすべきである．特に腹柄の下縁が観察しやすいように処理することが重要である．ただし，書籍等への掲載を目的とした標本写真が必要となった時に，撮影に好適な標本が手許になく，少なからずの標本を短時間のうちに苦労して脚や触角を整形して作成したことがある．標本数が多ければ，そのような展足標本もあってよいだろう．

触角や腹部末端節等を観察のためあらかじめ取りはずし，三角台紙上に貼る場合も多い．また，

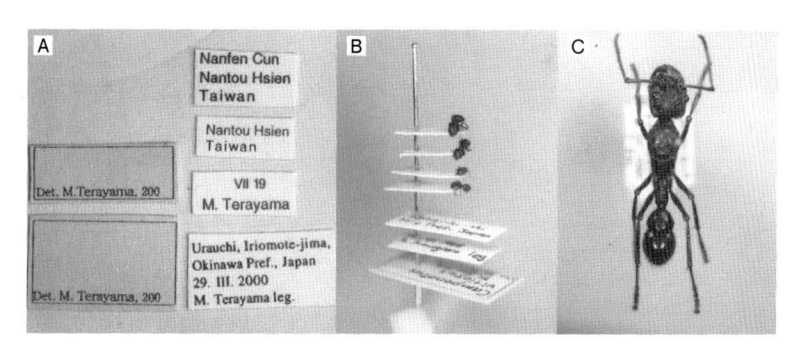

A：データラベルの例，B：三角台紙を用いた乾燥標本，C：大型個体の乾燥標本

取り出した体の一部を液浸状態で保存するため，針に刺せる微小な管も市販されている．

データラベルの添付

ラベルは三角台紙と同様なるべく小さく作成する．このため普通に使用されているものの1/2程度の幅（5mm×12mm程度）のものがよい．標本番号やコロニー番号も添付する．海外の研究者へ標本が渡ることも多いので，国内産のものには採集地に"JAPAN"と併記しておく方がよいであろう．また，標本には営巣環境，営巣場所，標高，その他の補助ラベルを添えることも多い．しばしば訪れる採集地や，大規模な調査を行う時の分や補助ラベル等はあらかじめ印刷しておいた方がよい．種名がわかった場合，同定ラベルも添付しておくとよい．

4-2) 液浸標本の作成

コロニー採集ができ，多くの個体が得られている場合，乾燥標本以外のものを液浸標本として保管する．まず持ち帰ったサンプルのアルコールを一度抜き，入れ換える．この際に泥等の混入物を取り除く．できれば2〜3日暗所に放置し，アリの体からアルコールに溶出する成分をなるべく除去した後に次の作業に移るのがよい．次に採集データ（鉛筆書き不可；製図用インクで記入）をサンプルごとに忘れずに入れる．乾燥標本の個体がどの液浸標本のものであるかがわかるように，それぞれに共通の数字や記号等（例えばIW－13－001）を記しておくことを勧める．

持ち帰ったサンプルを，液浸で保存用の小さいガラス管に入れ換え，二重瓶式標本にして保存してもよく，この方がむしろ余計なスペースを取らなくてよい．長期保存用には70〜80％エタノールを用いるのが一般的であるが，99％エタノールで保存した方が後に取り出して乾燥標本にする際に，脚や体がよく動かせ，後に標本からDNAを取り出すことも可能なので，より好ましいという見解もある．ただし反面，エタノールで脱水されるため標本がもろくなりやすい．液

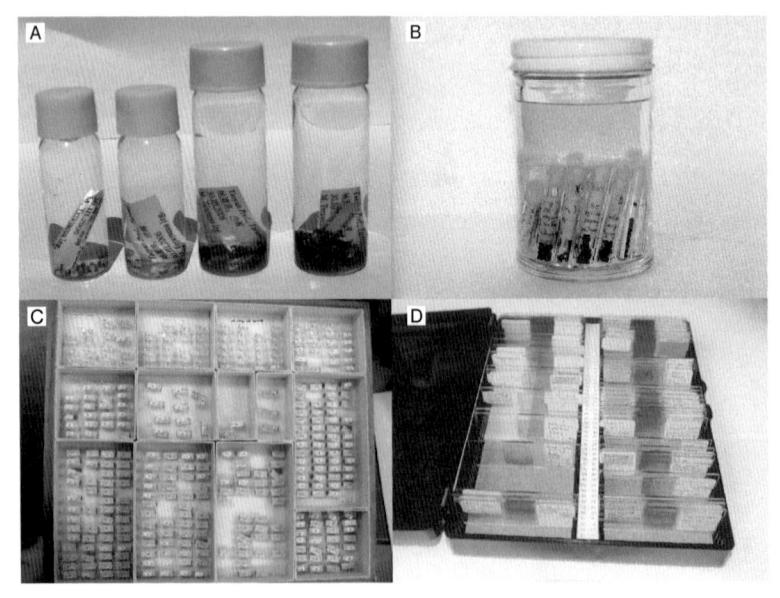

A：液浸標本，B：二重瓶式標本，C：ユニットボックスを用いて整理された標本箱，D：プレパラート標本

浸標本は退色しやすいので，必ず暗所に保存し，必要な時以外には光にさらさないようにする．

4-3) プレパラート標本の作成

オス交尾器等は，研究目的によってプレパラート標本とする．組織標本を作成する場合は固定，脱水，染色等の処理が必要となるが，交尾器や口器，脚等を標本とする時は，通常，軟化，脱色を行い封入する．圧平されると具合の悪いものには，浅いホールスライドグラスを用いるとよい．プレパラートには，どの標本個体のものであるのか対応できるようにデータラベルを貼付しておく．簡便な方法として，封入剤のユーパラルとマウント用小型カバーグラスを使い，針刺しプレパラート標本とする手法がある．

4-4) 標本台帳への登録

各コロニーやアリの標本を管理するために，乾燥標本と液浸標本の2系列の対応関係がわかるようにしておかなければならない．状況によってはプレパラート標本がこれに加わる．標本間の対応を可能とするために，共通の標本番号を定め，採集データを添えて，以前は台帳，またはカードとして登録していた．今日ではデータベースソフトを用いてパソコンで管理するのが一般的であろう．コロニー標本以外のものでも同一種が多数個体ある場合は，種類ごとに番号を付けて登録するが，コロニー標本でないことを付記するのはもちろんである．

4-5) 標本の保管

アリ類の採集と標本の作製について，分類研究の観点から概略を述べたが，要は貴重な時間と労力，経費をかけて行うのであるから採集は効率的に，標本は質の高いコロニー標本を中心に標本台帳（標本データベース），乾燥標本，液浸標本，プレパラート標本が標本番号で統一され，相互に効果的に利用できるよう整理することである．

乾燥標本を大型の標本箱で保管する場合，小型の標本小箱（ユニットボックス）に種，あるいはコロニー単位で並べ，その標本小箱を大型標本箱の中に配置して保管する方が，移動や整理の際に圧倒的に便利である．さらに標本の作成や保管にあたっては，収納スペースを節約するという考えを推進し，いつでもより有効に標本が活用されるよう心掛けるべきで，かつ，これらの貴重な標本が安全に良好な状態で，永く保存する方策もよく考えていくべきであろう．

4-6) 検鏡

乾燥標本は，双眼実体顕微鏡で観察する．多くの個体は40倍から80倍程度で観察するが，小型の個体では，倍率を160倍ほどに上げて観察する必要がある．アリの研究には，多くの標本の比較検討や各部の計測などが行われるので，小型標本支持台（insect holder）を用いると便利である．この支持台は直交する2つの回転軸をもつが，支持台そのものを回転することと併せ，双眼実体顕微鏡下で短時間に虫体を必要な方向に固定できる．このため乾燥標本は，支持台で検鏡しやすいように三角台紙や標本ラベル等のサイズを考えて作製する必要がある．また，そのことが標本収納のスペースを節約し，標本取り扱い中の破損の防止にもなる．ピンポン球，テープの芯，ねり消ゴムを用いて自作することも可能である．

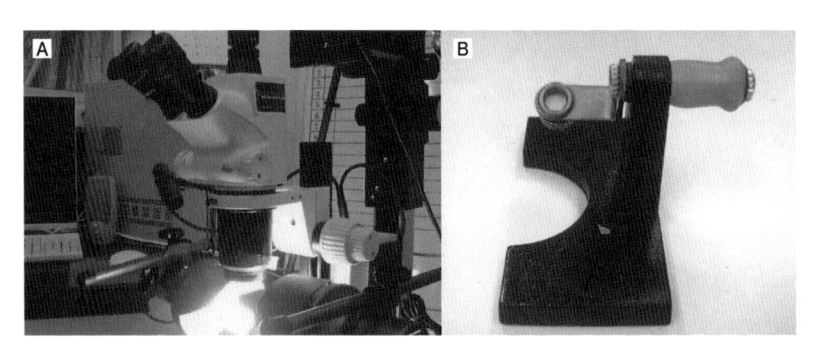

A:双眼実体顕微鏡,B:小型標本支持台

5) 同定依頼

　本書で調べて名前がわからなかったアリは,専門家に標本を送って調べてもらうことができる.ただし,研究者は,本来の業務や研究により多忙を極めている場合が普通である.そのような中で,研究者に同定作業に時間を割いてもらうわけであるから,標本の点検や発送時の手間を極力かけさせないことが,最低限のマナーである.

5-1) 同定依頼文の発信

　研究目的や標本の量,標本の状態,同定期限,さらにどのような方法で調査を行ったか,どのような発表を考えているかも含めて,書面で依頼を行う.特に研究者にとっては,研究目的は重要であり,その目的によって同定時間を割く,割かないを決める人も多い.博物館等の公共機関が教育目的により,標本の種の確定を求めるケースも少なくない.

　同定者の同意が得られれば,標本を発送する.標本は返送を求めないことが基本であるが,事情があり,標本の返却を希望する場合は,事前に申し述べ,了承を得ておく必要がある.

5-2) 標本送付の留意点

　①標本は,あらかじめ同一種,あるいは近似種と思われるものをまとめる程度の整理を事前に行い,それを送ること.

　②データラベルのついた完全な標本を送ること.脱脂綿の上に採集個体を並べ,それを簡易的に紙で包んだもの(たとう紙の中に押し込んだままの標本)や,仮に標本となっていても事前の整理が全くなされておらず,名前のわからない個体を標本箱の中に詰め込んだものは拒絶される可能性が高い.ただし,事前の説明を受け,同定者が同意した場合は,正式な標本の状態になっていなくとも同定を引き受ける場合も少なくない.

　③標本送付の際に,同定者が同定結果を書き込めばよいように,あらかじめ記入用の用紙を準備,同封すること.例えば,標本や分類された種ごとに番号や記号をつけ,その番号や記号を記入用の用紙に書き込んでおくこと.

　④標本の返却を求めないこと.分類研究者は,時間は何よりも貴重で,標本返却の手間さえ惜しい人が多い.基本的に標本は譲渡し,切手と宛名を書いた返信用の封筒と同定結果を記入する用紙を同封すべきである.

ただし，何らかの事情により，返送を希望する場合は，前述のとおり同定依頼文の中で理由を述べて頼んでみるとよい．

　通常は同一種と思われる個体を手元に置き，さらに一部を同定用に送付するが，1個体のみが送付されてきた場合，同定に困難が伴う場合がある．生物には必ず変異があり，1個体のみの標本を点検しなければならない場合，それが，ある種の個体変異や地理的変異の範疇なのか，あるいは別種なのか判定不能となる場合がある．貴重な標本に，正しい分類学的位置づけがなされるためにも，可能な範囲で複数個体を送付されることを勧める．ただし，必要以上に多くの標本を送ると，かえって同定作業の負担となるので，判断に迷う場合は送付前に問い合わせるとよい．

アリの飼育法

　アリの飼育に土は不要である．もちろん展示用や観察目的であえて用いてもかまわない．飼育容器内の乾燥に特に注意をすれば，身の回りの容器で簡単に飼うことができる．ただし，観察をしやすくし，研究の目的にかなった飼育容器をデザインしたり，あるいは長期の飼育の可能な飼育器を開発する工夫はいろいろとできるであろう．

　アリは古くから飼育による研究が試みられており，それに伴い飼育器にも改良の歴史がある．17世紀に活躍したスワンメルダム（J. J. Swammerdam）の書物に，アリの室内飼育の記述が見られ，飼育器の周囲に水を張り，飼育中のアリの逃亡を防ぐ工夫が記されている．19世紀から20世紀初頭にかけて，例えばラボック式蟻巣，ジャネー式蟻巣，フィールド式蟻巣と呼ばれる本格的な飼育器が工夫され，飼育，観察が実施されてきた．これらは，今日でも十分通用する基本的なアリの飼育器であり，これらを参考に飼育器を工夫し，作成されるとよい．

　ラボック式蟻巣は，最も古いタイプのもので，ガラス板に木枠を張り付け，土を入れ，その上にガラス板を乗せたもので，下からも観察ができる利点をもつ．これを直立させると，アリは巣を下方へ掘っていき，アリの観察が楽しめる．今日よく市販されているアリ飼育器や雑誌の付録に付いてくるアリ飼育器がこのタイプのもので，言わば垂直型ラボック式蟻巣である．一方，石膏で平板をつくり，そこを削り取って巣や活動場所となるへこみをつくり，これにガラス板を乗せたものがジャネー式蟻巣である．アリの飼育器として広く用いられている．石膏を用いることで，通気性をよくし，水分が保持しやすくなる利点がある．土は使わない．フィールド式のものは，上面，下面，枠ともにすべてガラスを用い，やはり土を使わない様式である．土を使わないことから衛生環境が良好に保てる一方，巣内の湿度調節に気を配る必要がある．通常2部屋を準備し，一方に海綿やスポンジ等を置き，水分を保たせる．今日であれば，プラスチック容器に土を入れずにアリを飼う様式に対応する．実験目的によって，広い面積のアリの活動場所を作成したい場合は，すき間を生じさせないため厚めのアクリル板を使う必要がある．この際の枠部分は，アクリルでなく木製でよいだろう．北米の高名なアリ学者ホイラー（W. M. Wheeler）は，ガラス板に石膏で枠をつくり，アリの生息空間を大きくつくり，準備した2部屋の一方に海綿を置く，ジャネー式とフィールド式の利点を組み合わせた飼育器で飼育，観察を行った．

アリの飼育法

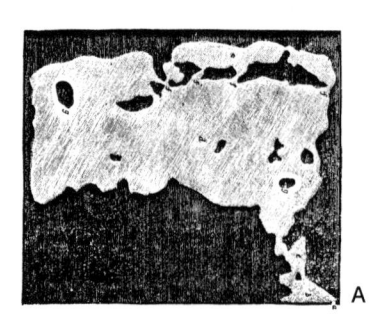

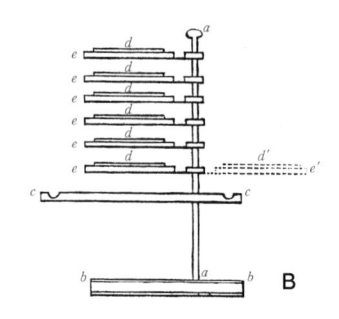

A：ガラス板と土を使ったラボック式蟻巣（Lubbock, J., 1882 より），B：ラボック式蟻巣を6台設置した飼育，観察装置　6台の人工蟻巣（e）は回転式となっている．また，cに水を張り，アリが逃げられないように工夫している（Lubbock, J., 1882 より）．

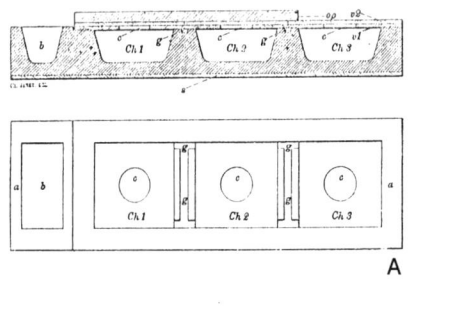

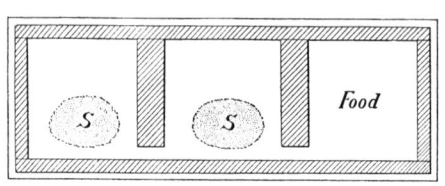

A：石膏でつくられたジャネー式蟻巣　石膏を用いることで，通気性をよくし，水分が保持しやすくなる．土は使わない．（Janet, C., 1897 より）．
B：フィールド式蟻巣　上面，下面，枠ともにすべてガラスやアクリル板を用いる．スポンジ（S）を飼育器内に置いて水分を保持する．土は使わない（Wheeler, W. M., 1910 より）．

クロオオアリの飼育のようす　石膏で作った人工蟻巣を用いている．

1) 飼育器

今日，アリの生態観察のための簡便な飼育器として，次の基本様式のものを勧める．

①樹上営巣性種： 乾燥に比較的強い種が多い．樹脂容器を用い，ガラス管を巣として利用させる．水分の補給用に脱脂綿を乗せたシャーレを入れておくとよい．

②林床性種および小型種： 一般に乾燥に弱い．樹脂容器かガラス容器に石膏を敷き，石膏を彫り取り巣となる部分をつくる．コロニーサイズの小さな種はこの方法が便利である．

③大型種： 大型のバットにガラス板かアクリル板を乗せる．石膏を敷き，出入り口をつけた樹脂容器を巣として大型バットの中に置く．大型バットにはアリ返しをつける，あるいはタルクパウダーかフルオンを塗り，アリが外に逃げ出さないように工夫する．ビニールチューブを用いて大型バット間の連結も可能である．

ただし，多様な生態をもつアリ類では，種によっては飼育のための工夫や経験が必要となることも少なくない．例えば，多湿を好むミゾシワアリを飼育する場合，飼育器内を多湿な状態にする必要がある．その一方，イエヒメアリでは，段ボールを重ねて，それを容器の中に入れておくと段ボールの隙間を巣として使い，かつよく増える．クロトゲアリをカートン製の巣ごと飼育するためには，水槽のような高さのある大きな容器が必要である．また，アシナガアリやオオズアリ類を飼う場合に，広めの容器に石膏を敷き，石膏の表面の1/2から1/3程度の面積に土を薄く敷き，その上にガラス板を置く方法がある．アリはガラス板と石膏の間を巣として利用し，土をどかして巣室を作っていく．ガラス板と石膏の間が低いことで，アリの観察が非常に容易となる．

与える餌は，広食性あるいは雑食性の種であれば，ハチミツやカルピスを与え，時々動物質の餌を与える．動物質の餌としては市販のミルワームを使うのが便利である．狭食性の種では餌の確保に工夫を要し，これらを別個に飼育するなどの事前の準備が必要となる．例えば，ウロコアリの飼育には，水槽等の容器に落葉を入れ，採集してきたトビムシ類をそこへ準備しておき，そのトビムシを必要な数だけ吸虫管で吸い，アリに餌として与える必要がある．ノコギリハリアリではジムカデが主な餌メニューであるので，ジムカデ類を準備しておく．ただし餌が確保できな

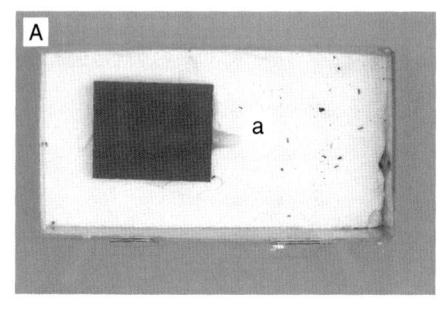

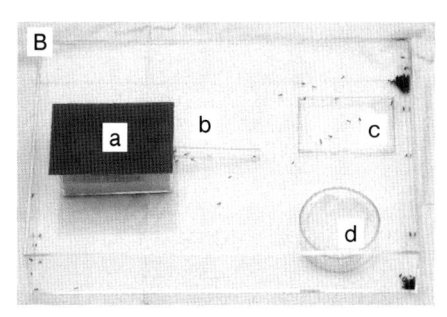

A：**林床性種用飼育器** ガラス，あるいはアクリル製容器の中に石膏を流し，巣場所（赤色板の下．aは巣の出入口）を作って固める．
B：**大型種用飼育器** 大型バット中に，石膏を流し込んだ巣用の小型容器を入れて飼う．a：巣場所（アクリル容器の中に石膏を流し固めたもの．赤色板をふたとして用いる），b：巣の出入口となるビニールチューブ，c：餌場所，d：水分を保つために湿らせた脱脂綿．

かった時には，ミルワームで代用食となる．

2）アリの個体標識（マーキング）

集団で生活するアリを飼育しつつ，個体ごとの行動や生態を観察したい場合，個体を識別する必要がある．個体識別にはさまざまな方法が考案されているが，大型のアリであれば，一番簡単な方法は，市販のペイントマーカーで胸部背面や腹部背面に色をつけて，色の組み合わせやつける位置によって個体を識別する方法である．直接ペンでアリの体にマークしようとせずに，爪楊枝のような先の細いものの先にインクをつけて，それでアリにマークを施すとよい．数字を記入した小さな紙片を胸部背面に張り付ける方法もある．小型のアリになるほど，個体識別が難しくなっていく．このような個体識別を施し観察することによって，どの個体がどのような労働を行ったか，どの程度の時間を労働に費やしているのかなど，多くのことがわかってくる．

一個体単位を識別するのではなく，特定の巣の集団を野外で認識する等，集団個体を識別する場合は，スプレー式のペイントを目の細かな金網を手前に置き，金網ごしに吹き掛けることで霧状に飛散させて虫体に着ける方法や，色のついた餌（ローダミン入り蜂蜜水等）を食べさせる方法等がある．

和名索引

太字はおもな解説ページを示す．⑱マークが付されている名称は本図鑑中では採用していないが，過去の文献あるいは研究者の見解によっては用いられることがありうるため，検索項目とした．

アカカミアリ　*Solenopsis geminata*　28, **118**
アカケブカハリアリ　*Euponera sakishimensis*　**55**
アカツキアリ亜科　Sphecomyrminae　**5**
アカヒラズオオアリ　*Camponotus shohki*　21, 214, **231**
アカヤマアリ　*Formica sanguinea*　17, **189**
アカヨツボシオオアリ　*Camponotus albosparsus*　214, **224**
アギトアリ属　*Odontomachus*　**61**
アギトアリ　*Odontomachus monticola*　**62**
アゴウロコアリ属　*Pyramica*　**84**, 85
アシジロヒラフシアリ　*Technomyrmex brunneus*　11, 13, **180**
アシナガアリ属　*Aphaenogaster*　25, **126**
アシナガアリ　*Aphaenogaster famelica*　**131**
アシナガキアリ属　*Anoplolepis*　**193**
アシナガキアリ　*Anoplolepis gracilipes*　26, 28, **193**
アズマオオズアリ　*Pheidole fervida*　11, **138**
アミメアリ属　*Pristomyrmex*　**171**
アミメアリ　*Pristomyrmex punctatus*　**172**
アメイロアリ属　*Nylanderia*　**205**
アメイロアリ　*Nylanderia flavipes*　**207**
アメイロオオアリ亜属　*Tanaemyrmex*　214, **224**
アメイロオオアリ　*Camponotus devestivus*　214, **225**
アメイロケアリ亜属　*Chthonolasius*　194, **203**
アメイロケアリ　*Lasius umbratus*　194, **203**
アリ科　Formicidae　**33**
アルゼンチンアリ属　*Linepithema*　**176**
アルゼンチンアリ　*Linepithema humile*　12, 14, 19, 26, **176**
アレチクシケアリ　*Myrmica* sp. A　**125**
アレチムネボソアリ　*Temnothorax mitsukoae*　**168**
アレハダハリアリ　*Ponera takaminei*　**67**
アワテコヌカアリ　*Tapinoma melanocephalum*　178, **235**

イエヒメアリ　*Monomorium pharaonis*　**115**
イオウハダカアリ　*Cardiocondyla kazanensis*　**157**
イオウヨツボシオオアリ　*Camponotus iwoensis*　214, **229**
イガウロコアリ　*Pyramica benten*　**89**
イカリゲシワアリ　*Tetramorium lanuginosum*　**145**
イクビアシナガアリ　*Aphaenogaster luteipes*　**132**
イソアシナガアリ　*Aphaenogaster osimensis*　**133**
イツツバアリ　*Acropyga nipponensis*　**192**
イトウオオアリ　*Camponotus itoi*　214, **228**
イトウカギバラアリ　*Proceratium itoi*　**43**
イニシエアリ亜科　Armaniinae　**5**
イハマアシナガアリ　*Aphaenogaster izuensis*　**132**
イバリアリ属　*Strongylognathus*　**142**
イバリアリ　*Strongylognathus koreanus*　17, **142**
インドオオズアリ　*Pheidole indica*　**139**

ウスキイロハダカアリ　*Cardiocondyla wroughtonii*　**159**
ウスキオオアリ　*Camponotus yambaru*　214, **230**
ウスヒメキアリ　*Plagiolepis alluaudi*　**213**
ウマツメオオアリ亜属　*Myrmamblys*　214, **228**
ウメマツアリ属　*Vollenhovia*　25, **103**
ウメマツアリ　*Vollenhovia emeryi*　**105**
ウメマツオオアリ　*Camponotus vitiosus*　214, **230**
ウロコアリ族群　Dacetine tribe-group　**84**
ウロコアリ族　Dacettini tribe-group　**84**
ウロコアリ属　*Strumigenys*　84, **94**, 95
ウロコアリ　*Strumigenys lewisi*　**99**
ウワメアリ属　*Prenolepis*　**213**
ウワメアリ　*Prenolepis* sp.　**213**

エゾアカヤマアリ　*Formica yessensis*　14, **190**
エゾクシケアリ　*Myrmica jessensis*　**122**
エラブアシナガアリ　*Aphaenogaster erabu*　**130**

オオアリ族　Camponotini　**214**
オオアリ属　*Camponotus*　214, **215**
オオアリ亜属　*Camponotus*（狭義）　214, **222**
オオウメマツアリ　*Vollenhovia amamiana*　**105**
オオウロコアリ　*Strumigenys solifontis*　**99**

オオクロクサアリ　*Lasius* sp. B　194, **201**
オオコツノアリ　*Carebara borealis*　109
オオシワアリ　*Tetramorium bicarinatum*　27, 145
オオズアリ族　Pheidolini　126
オオズアリ属　*Pheidole*　135
オオズアリ　*Pheidole noda*　1, 21, **140**
オオナガフシアリ　*Tetraponera attenuata*　77
オオハリアリ属　*Brachyponera*　48
オオハリアリ　*Brachyponera chinensis*　9, **49**
オガサワラアメイロアリ　*Nylanderia ogasawarensis*　**208**
オガサワラオオアリ　*Camponotus ogasawarensis*　214, **229**
オガサワラハリアリ　*Ponera swezeyi*　**67**
オガサワラムカシアリ　*Leptanilla oceanica*　**76**
オガサワラムネボソアリ　*Temnothorax haira*　**165**
オキナワアギトアリ　*Odontomachus kuroiwae*　**62**
オキナワウメマツアリ　*Vollenhovia okinawana*　**106**
オキナワクロオオアリ　*Camponotus senkakuensis*　214, **224**
オキナワシリアゲアリ　*Crematogaster miroku*　148, **152**
オキナワトフシアリ　*Solenopsis tipuna*　**119**
オキナワムカシアリ　*Leptanilla okinawensis*　**76**
オニコツノアリ　*Carebara oni*　**110**
オノヤマクシケアリ　*Myrmica onoyamai*　**123**
オモトアシナガアリ　*Aphaenogaster omotoensis*　**133**
オモビロクシケアリ　*Myrmica luteola*　18, **123**

カギバラアリ亜科　Proceratiinae　4, 39, **38**
カギバラアリ族　Procertii　41
カギバラアリ属　*Proceratium*　42
カクガオウロコアリ　*Strumigenys strigatella*　**100**
カクバラアリ属　*Recurvidris*　153
カクバラアリ　*Recurvidris recurvispinosa*　**153**
カタアリ亜科　Dolichoderinae　5, 173, 174
カタアリ族　Dolichoderini　175
カドハダカアリ　*Cardiocondyla* sp. B　**158**
カドヒメアリ　*Monomorium sechellense*　**116**
カドフシアリ族　Myrmecinini　168
カドフシアリ属　*Myrmecina*　168, 169
カドフシアリ　*Myrmecina nipponica*　**170**
カドフシニセハリアリ　*Hypoponera opaciceps*　**59**
カドムネシワアリ　*Tetramorium smithi*　**147**
カドムネボソアリ　*Temnothorax koreanus*　**167**
カラフトクロオオアリ　*Camponotus sachalinensis*　214, **224**
カレバラアリ属　*Carebara*　108
カワラケアリ　*Lasius sakagamii*　194, **199**

キイロオオシワアリ　*Tetramorium nipponense*　**146**
キイロカドフシアリ　*Myrmecina flava*　**170**
キイロクシケアリ　*Myrmica rubra*　**124**
キイロケアリ亜属　*Cautolasius*　194, 202
キイロケアリ　*Lasius flavus*　10, 194, **202**
キイロシリアゲアリ亜属　*Orthocrema*　148, 152
キイロシリアゲアリ　*Crematogaster osakensis*　148, **152**
キイロハダカアリ　*Cardiocondyla obscurior*　**158**
キイロヒメアリ　*Monomorium triviale*　**116**
キイロムネボソアリ　*Temnothorax indra*　**166**
キショクアリ族群　Formicoxenine tribe-group　148
キショクアリ族　Formicoxenini　154
キタウロコアリ　*Strumigenys kumadori*　**98**
キタクシケアリ　*Myrmica yezomonticola*　**125**
キチジョウウロコアリ　*Pyramica kichijo*　**92**
キノムラヤドリムネボソアリ　*Temnothorax kinomurai*　19, **166**
キバオレウロコアリ　*Pyramica morisitai*　**93**
キバジュズフシアリ　*Protanilla izanagi*　**73**
キバナガウロコアリ　*Strumigenys stenorhina*　**100**
キバハリアリ型亜科群　Myrmeciomorph subfamilies　5, 77
キバハリアリ亜科　Myrmeciinae　5, 77
キバブトウロコアリ　*Strumigenys exilirhina*　**97**
キュウシュウクシケアリ　*Myrmica* sp. D　**125**

クサアリ亜属　*Dendrolasius*　194, 200
⑱クサアリモドキ（→ヒラアシクサアリ）
クサオオアリ　*Camponotus keihitoi*　214, **227**
クシケアリ族群　Myrmicine tribe-group　119
クシケアリ族　Myrmicini　119
クシケアリ属　*Myrmica*　120
クシフタフシアリ亜科　Pseudomyrmecinae　5, 77
クシフタフシアリ族　Pseudomyrmecini　77
クニガミオオアリ　*Camponotus kunigamiensis*　214, **229**
クビナガアシナガアリ　*Aphaenogaster gracillima*　**131**
クビレハリアリ亜科　Cerepachyinae　4, 68
クビレハリアリ族　Cerapachyini　68
クビレハリアリ属　*Cerapachys*　68
クビレハリアリ　*Cerapachys biroi*　**69**
クビレムカシアリ亜科　Leptanilloidinae　4

クボミシリアゲアリ　*Crematogaster vagula*　148, **150**
クメジマアシナガアリ　*Aphaenogaster kumejimana*　**132**
クロアメイロアリ　*Nylanderia nubatama*　**208**
クロオオアリ　*Camponotus japonicus*　9, 11, 13, 214, **223**
クロオオズアリ　*Pheidole susanowo*　**141**
クロキクシケアリ　*Myrmica kurokii*　**123**
クロクサアリ隠蔽種群　*Lasius fuji*（s. l.）　20, **201**
クロクサアリ　*Lasius* sp. A　194, **201**
クロクビレハリアリ　*Cerapachys daikoku*　**69**
クロコツブアリ　*Brachymyrmex patagonicus*　**204**
㊁クロサクラアリ（→クロアメイロアリ）
クロトゲアリ　*Polyrhachis dives*　232, **233**
クロナガアリ属　*Messor*　**134**
クロナガアリ　*Messor aciculatus*　13, 15, **135**
クロニセハリアリ　*Hypoponera nubatama*　**59**
クロヒメアリ　*Monomorium chinense*　**113**
クロミアシナガアリ　*Aphaenogaster donann*　**130**
クロヤマアリ隠蔽種群　*Formica japonica*（s. l.）　8, **187**
クロヤマアリ　*Formica japonica*（狭義）　**188**
グンタイアリ亜科　Ecitoninae　4, 70

ケアリ族　Lasiini　**191**
ケアリ属　*Lasius*　**194**
ケアリ亜属　*Lasius*（狭義）　194, **198**
ケシノコギリハリアリ　*Stigmatomma fulvidum*　**38**
ケズネアカヤマアリ　*Formica truncorum*　**190**
ケブカアメイロアリ　*Nylanderia amia*　**207**
ケブカアメイロオオアリ　*Camponotus monju*　214, **226**
ケブカウロコアリ　*Pyramica leptothrix*　**92**
ケブカクロオオアリ　*Camponotus yessensis*　214, **224**
ケブカシワアリ　*Tetramorium kraepelini*　**145**
ケブカツヤオオアリ　*Camponotus nipponensis*　214, **227**
㊁ケブカハリアリ属　*Trachymasopus*　55, **63**
ケブカハリアリ　*Euponera pilosior*　**55**

コガタカドフシアリ　*Myrmecina ryukyuensis*　**171**
コガタハリアリ属　*Parvaponera*　**63**
コダマハリアリ　*Ponera alisana*　**65**
コツノアリ　*Carebara yamatonis*　**111**
コブアリ属　*Brachymyrmex*　**204**
コニシクサアリ　*Lasius* sp. C　194, **201**

コヌカアリ属　*Tapinoma*　**177**
コヌカアリ　*Tapinoma saohime*　**178**
サキシマウメマツアリ　*Vollenhovia sakishimana*　**107**
サクラアリ属　*Paraparetrechina*　**210**
サクラアリ　*Paraparetrechina sakurae*　**211**
サザナミシワアリ　*Tetramorium simillimum*　**146**
サシハリアリ亜科　Paraponerinae　**4**
サスライアリ型亜科群　Dorylomorph subfamilies　4, **68**
サスライアリ亜科　Dorylinae　4, **70**
サムライアリ属　*Polyergus*　**190**
サムライアリ　*Polyergus samurai*　13, 16, **190**
サメハダクシケアリ　*Myrmica excelsa*　**122**
サワアシナガアリ　*Aphaenogaster irrigua*　**131**

シベリアカタアリ　*Dolichoderus sibiricus*　**175**
ジュウニクビレハリアリ　*Cerapachys hashimotoi*　**70**
ジュウニンアリ亜科　Agroecomyrmecinae　**5**
ジュズフシアリ族　Anomalomyrmini　**72**
ジュズフシアリ属　*Protanilla*　72, **73**
ジュズフシアリ　*Protanilla lini*　**73**
シリアゲアリ族　Crematogastrini　**148**
シリアゲアリ属　*Crematogaster*　**148**
シリアゲアリ亜属　*Crematogaster*（狭義）　148, **150**
㊁シロヤマハリアリ　*Pachycondyla horni*
　　（→ミナミフトハリアリ）
シワアリ族　Tetramoriini　**142**
シワアリ属　*Tetramorium*　142, **143**
㊁シワクシケアリ（→ハラクシケアリ隠蔽種群）　9, **124**
シワヒメアリ　*Monomorium latinode*　**115**
シワムネボソアリ　*Temnothorax santra*　**168**

スエヒロシリアゲアリ　*Crematogaster suehiro*　148, **152**
スジブトカドフシアリ　*Myrmecina amamiana*　**170**

㊁セダカウロコアリ属　*Epitritus*　**84**
セダカウロコアリ　*Pyramica hexamera*　**90**

ダイトウオオアリ　*Camponotus daitoensis*　214, **228**
タイワンコツノアリ　*Carebara sauteri*　**110**
タイワントゲアリ　*Polyrhachis latona*　232, **233**
ダーウィンハリアリ　*Parvaponera darwinii*　**63**
タカサゴアシナガアリ　*Aphaenogaster tipuna*　**134**
タカネクロヤマアリ　*Formica gagatoides*　**187**
タカネムネボソアリ属　*Leptothorax*　**159**

タカネムネボソアリ　*Leptothorax acervorum*　12, 160
タテナシウメマツアリ　*Vollenhovia benzai*　105
ダルマアリ属　*Discothyrea*　41
ダルマアリ　*Discothyrea sauteri*　41

チガイハリアリ亜科　Heteroponerinae　4
チクシトゲアリ　*Polyrhachis moesta*　12, 232, 234
チシマナガアリ　*Stenamma kurilense*　102
⑪チャイロヒメサスライアリ　*Aenictus seylonicus*
　（→ヒメサスライアリ）
チャイロムネボソアリ　*Temnothorax kubira*　167

ツシマハリアリ属　*Ectomomyrmex*　52
ツシマハリアリ　*Ectomomyrmex* sp. A　53
ツチクビレハリアリ　*Cerapachys humicola*　70
ツノアカヤマアリ　*Formica fukaii*　186
ツボクシケアリ　*Myrmica transsibirica*　125
ツヤウロコアリ　*Pyramica mazu*　93
ツヤオオズアリ　*Pheidole megacephala*　26, 28, 139
ツヤオオハリアリ　*Brachyponera luteipes*　50
ツヤクシケアリ属　*Manica*　119
ツヤクシケアリ　*Manica yessensis*　120
ツヤクロヤマアリ　*Formica candida*　186
ツヤサクラアリ　*Paraparatrechina sakuya*　211
ツヤシリアゲアリ　*Crematogaster nawai*　148, 150
ツヤミカドオオアリ　*Camponotus amamianus*　214, 226

デコメハリアリ亜科　Ectatomminae　4
テラニシクサアリ　*Lasius orientalis*　194, 202
テラニシシリアゲアリ　*Crematogaster teranishii*
　148, 150
テラニシハリアリ　*Ponera scabra*　66

トカラアシナガアリ　*Aphaenogaster tokarainsulana*
　134
⑪トカラウロコアリ属　*Trichoscapa*　84
トカラウロコアリ　*Pyramica membranifera*　93
トゲアリ属　*Polyrhachis*　232
トゲアリ亜属　*Polyrhachis*（狭義）　232, 234
トゲアリ　*Polyrhachis lamellidens*　17, 232, 234
トゲオオハリアリ属　*Diacamma*　52
トゲオオハリアリ　*Diacamma indicum*　10, 52
トゲズネハリアリ属　*Cryptopone*　50
トゲズネハリアリ　*Cryptopone sauteri*　51
トゲナシアシナガアリ　*Aphaenogaster edentula*　130

トゲハダカアリ　*Cardiocondyla* sp. A　156
トゲムネアミメアリ　*Pristomyrmex yaeyamensis*
　10, 172
トサムカシアリ　*Leptanilla kubotai*　75
トビイロケアリ　*Lasius japonicus*　194, 199
トビイロシワアリ　*Tetramorium tsushimae*　13, 147
トビニセハリアリ　*Hypoponera punctatissima*　59
トフシアリ族群　Solenopsidine tribe-group　100
トフシアリ族　Solenopsidini　108
トフシアリ属　*Solenopsis*　117
トフシアリ　*Solenopsis japonica*　19, 118

ナガアリ族　Stenammini　100
ナガアリ属　*Stenamma*　101
ナガオオズアリ　*Pheidole ryukyuensis*　141
ナカスジハリアリ　*Brachyponera nakasujii*　50
ナガフシアリ属　*Tetraponera*　77
ナガフシアリ　*Tetraponera allaborans*　235
ナミカタアリ属　*Dolichoderus*　175
ナワヨツボシオオアリ　*Camponotus nawai*
　8, 214, 229
ナンヨウシワアリ　*Tetramorium tonganum*　147
ナンヨウテンコクオオズアリ隠蔽種群　*Pheidole parva* (s. l.)　140

ニシクロヤマアリ　*Formica* sp. B　188
ニシムネアカオオアリ　*Camponotus hemichlaena*
　214, 222
ニセハリアリ属　*Hypoponera*　56
ニセハリアリ　*Hypoponera sauteri*　60

⑪ヌカウロコアリ属　*Kyidris*　84
ヌカウロコアリ　*Pyramica mutica*　93

ノコギリハリアリ亜科　Amblyoponinae　36
ノコギリハリアリ族　Amblyoponini　36
ノコギリハリアリ属　*Amblyopone*　36
ノコギリハリアリ属　*Stigmatomma*　36
ノコギリハリアリ　*Stigmatomma silvestrii*　11, 38
⑪ノコバウロコアリ属　*Smithistruma*　84
ノコバウロコアリ　*Pyramica incerta*　19, 91

ハカケウロコアリ　*Strumigenys lacunosa*　98
ハシリハリアリ属　*Leptogenys*　61
ハシリハリアリ　*Leptogenys confucii*　61
ハダカアリ属　*Cardiocondyla*　154

ハチヅメアリ族　Melissotarsini　173
ハナダカハリアリ　Cryptopone tengu　51
ハナナガアリ族　Probolomyrmecini　39
ハナナガアリ属　Probolomyrmex　39, 40
ハナナガアリ　Probolomyrmex okinawensis　40
ハヤシクロヤマアリ　Formica hayashi　187
ハヤシケアリ　Lasius hayashi　194, 198
ハヤシナガアリ　Stenamma owstoni　102
ハヤシムネボソアリ　Temnothorax makora　19, 167
ハラクシケアリ隠蔽種群　Myrmica ruginodis（s. l.）124
ハラクシケアリ　Myrmica ruginodis（狭義）124
ハラグロアメイロオオアリ　Camponotus sp.　214, 226
ハリアリ型亜科群　Poneromorph subfamilies　36
ハリアリ亜科　Ponerinae　4, 44
ハリアリ族　Ponerini　47
ハリアリ属　Ponera　63, 64
ハリトゲアリ亜属　Myrma　232, 233
ハリナガシリアゲアリ　Crematogaster izanami　148, 150
ハリナガムネボソアリ　Temnothorax spinosior　168
ハリブトシリアゲアリ　Crematogaster matsumurai　148, 150
ハリルリアリ亜科　Aneuretinae　5

ヒガシクロヤマアリ　Formica sp. A　188
ヒゲナガアメイロアリ属　Paratrechina　205, 211
ヒゲナガアメイロアリ　Paratrechina longicornis　212
ヒゲナガアメイロケアリ　Lasius meridionalis　194, 203
ヒゲナガケアリ　Lasius productus　194, 199
ヒゲナガニセハリアリ　Hypoponera nippona　58
ヒゲブトアリ属　Rhopalomastix　173
ヒゲブトアリ　Rhopalomastix omotoensis　173
ヒコサンムカシアリ　Leptanilla morimotoi　76
ヒメアギトアリ属　Anochetus　47
ヒメアギトアリ　Anochetus shohki　47
ヒメアシナガアリ　Aphaenogaster minutula　133
ヒメアリ属　Monomorium　111, 112
ヒメアリ　Monomorium intrudens　115
ヒメウメマツアリ　Vollenhovia sp.　107
ヒメウロコアリ　Strumigenys minutula　99
ヒメオオズアリ　Pheidole pieli　141
ヒメキアリ族　Plagiolepidini　204
ヒメキアリ属　Plagiolepis　212
ヒメキアリ　Plagiolepis flavescens　213
ヒメキイロケアリ　Lasius talpa　194, 203
ヒメコツノアリ　Carebara hannya　110
ヒメサスライアリ亜科　Aenictinae　4, 70
ヒメサスライアリ族　Aenictini　71
ヒメサスライアリ属　Aenictus　71
ヒメサスライアリ　Aenictus lifuiae　71
ヒメセダカウロコアリ　Pyramica hirashimai　91
ヒメトビイロケアリ　Lasius sp.　194, 198
ヒメナガアリ　Stenamma nipponense　102
ヒメノコギリハリアリ　Stigmatomma caliginosum　37
ヒメハダカアリ　Cardiocondyla minutior　157
ヒメハリアリ　Ponera japonica　66
ヒメヒラタウロコアリ　Pyramica sauteri　94
ヒメムネボソアリ　Temnothorax arimensis　164
ヒヤケハダカアリ　Cardiocondyla kagutsuchi　9, 156
ヒヨワアメイロアリ　Nylanderia otome　209
ヒラアシクサアリ　Lasius spathepus　13, 194, 202
ヒラクチクシケアリ　Myrmica sp. C　125
ヒラズオオアリ亜属　Colobopsis　214, 231
ヒラズオオアリ　Camponotus nipponicus　21, 214, 231
ヒラセムネボソアリ　Temnothorax anira　164
ヒラセヨツバアリ　Acropyga kinomurai　192
旧ヒラタウロコアリ属　Pentastruma　84
ヒラタウロコアリ　Pyramica canina　90
ヒラフシアリ属　Technomyrmex　179
ヒラフシアリ　Technomyrmex gibbosus　180
ヒロシマウロコアリ　Pyramica hiroshimensis　91

旧ブギオオズアリ　Pheidole bugi　140
フシナガニセハリアリ　Hypoponera ragusai　60
フシナガムネボソアリ　Temnothorax antera　164
フシボソクサアリ　Lasius nipponensis　194, 201
フタイロヒメアリ　Monomorium floricola　114
フタフシアリ型亜科群　Myrmicomorph subfamilies　5, 78
フタフシアリ亜科　Myrmicinae　5, 78
フタモンヒメアリ　Monomorium hiten　114
フトハリアリ属　Pachycondyla　48, 49, 53, 63
ブラウンハリアリ亜科　Brownimeciinae　5

ベッピンニセハリアリ　Hypoponera beppin　58

ホソウメマツオオアリ　Camponotus bishamon　214, 228
ホソノコバウロコアリ　Pyramica rostrataeformis　94
ホソハナナガアリ　Probolomyrmex longinodus　40

ホソヒメハリアリ　*Ponera bishamon*　66
ホンハリアリ属　*Euponera*　54

マナコハリアリ　*Ponera kohmoku*　66
マナヅルウロコアリ　*Pyramica masukoi*　92
マルゲウロコアリ　*Pyramica circothrix*　90
マルスアリ型亜科　Martialomorph subfamily　5
マルスアリ亜科　Martialinae　5
マルトゲアリ亜属　*Myrmhopla*　232, 233
マルフシニセハリアリ　*Hypoponera zwaluwenburgi*　60

ミカドオオアリ亜属　*Paramyrmamblys*　214, 226
ミカドオオアリ　*Camponotus kiusiuensis*　214, 227
ミゾガシラアリ属　*Lordomyrma*　100
ミゾガシラアリ　*Lordomyrma azumai*　101
ミゾヒメアリ　*Monomorium destructor*　114
ミツバアリ属　*Acropyga*　191
ミツバアリ　*Acropyga sauteri*　192
ミナミイオウムネボソアリ　*Temnothorax mekira*　167
ミナミオオズアリ　*Pheidole fervens*　138
ミナミキイロケアリ　*Lasius sonobei*　194, 203
ミナミクロヤマアリ　*Formica* sp. C　188
ミナミヒメハリアリ　*Ponera tamon*　67
ミナミフトハリアリ　*Ectomomyrmex* sp. B　54
ミノウロコアリ　*Strumigenys godeffroyi*　98
ミヤコウロコアリ　*Pyramica alecto*　89
ミヤコオオアリ　*Camponotus friedae*　214, 225
ミヤマアメイロケアリ　*Lasius hikosanus*　194, 203

ムカシアリ型亜科　Leptanillomorph subfamily　5, 72
ムカシアリ亜科　Leptanillinae　5, 72
ムカシアリ族　Leptanilini　74
ムカシアリ属　*Leptanilla*　74
ムカシヤマアリ亜科　Formiciinae　5
ムネアカオオアリ　*Camponotus obscuripes*　11, 214, 223
ムネボソアリ属　*Temnothorax*　160, 161
ムネボソアリ　*Temnothorax congruus*　165

メダカダルマアリ　*Discothyrea kamiteta*　41

モリクシケアリ　*Myrmica* sp. B　125
モリシタカギバラアリ　*Proceratium morisitai*　43
モリシタクサアリ　*Lasius capitatus*　194, 201
(旧)モリシタケアリ（→モリシタクサアリ）

ヤイバノコギリハリアリ　*Stigmatomma sakaii*　38
ヤエヤマアメイロアリ　*Nylanderia yaeyamaensis*　209
ヤエヤマムネボソアリ　*Temnothorax basara*　165
ヤクシマハリアリ　*Ponera yakushimensis*　66
ヤクシマムカシアリ　*Leptanilla tanakai*　76
ヤドリウメマツアリ　*Vollenhovia nipponica*　19, 106
ヤドリムネボソアリ　*Temnothorax bikara*　165
ヤマアリ型亜科群　Formicomorph subfamilies　5, 173
ヤマアリ亜科　Formicinae　5, 181
ヤマアリ族　Formicini　184
ヤマアリ属　*Formica*　184, 185
ヤマクロヤマアリ　*Formica lemani*　189
ヤマトアシナガアリ　*Aphaenogaster japonica*　132
ヤマトウロコアリ　*Pyramica japonica*　92
ヤマトカギバラアリ　*Proceratium japonicum*　43
ヤマトムカシアリ　*Leptanilla japonica*　75
ヤマヨツボシオオアリ　*Camponotus yamaokai*　9, 214, 230
ヤミゾウロコアリ　*Pyramica terayamai*　94
ヤンバルアメイロアリ　*Nylanderia yambaru*　210
ヤンバルウメマツアリ　*Vollenhovia yambaru*　107

ユミセオオアリ　*Camponotus kaguya*　214, 225

ヨコヅナアリ属　*Pheidologeton*　116
ヨコヅナアリ　*Pheidologeton diversus*　11, 117
ヨツバアリ　*Acropyga yaeyamensis*　193
ヨツボシオオアリ亜属　*Myrmentoma*　214, 227
ヨツボシオオアリ　*Camponotus quadrinotatus*　214, 227
ヨナグニアシナガアリ　*Aphaenogaster rugulosa*　134
(旧)ヨフシウロコアリ属　*Quadristruma*　95
ヨフシウロコアリ　*Strumigenys emmae*　97
ヨーロッパトビイロケアリ　*Lasius niger*　10, 199

リュウキュウアシナガアリ　*Aphaenogaster concolor*　130
リュウキュウアメイロアリ　*Nylanderia ryukyuensis*　209

ルイサスライアリ亜科　Aenictogitoninae　4
ルリアリ属　*Ochetellus*　176
ルリアリ　*Ochetellus glaber*　177

ワタセカギバラアリ　*Proceratium watasei*　44

学名索引

太字はおもな解説ページを示す．⑯マークが付されている名称は本図鑑中では採用していないが，過去の文献あるいは研究者の見解によっては用いられることがありうるため，検索項目とした．

Acropyga ミツバアリ属 191
Acropyga kinomurai ヒラセヨツバアリ 192
Acropyga nipponensis イツツバアリ 192
Acropyga sauteri ミツバアリ 192
Acropyga yaeyamensis ヨツバアリ 193
Aenictinae ヒメサスライアリ亜科 4, 70
Aenictini ヒメサスライアリ族 71
Aenictogitoninae ルイサスライアリ亜科 4
Aenictus ヒメサスライアリ属 71
Aenictus lifuiae ヒメサスライアリ 71
⑯*Aenictus seylonicus* チャイロヒメサスライアリ
  （→ *Aenictus lifuiae*） 71
Agroecomyrmecinae ジュウニンアリ亜科 5
Amblyoponinae ノコギリハリアリ亜科 36
Amblyoponini ノコギリハリアリ族 36
Amblyopone ノコギリハリアリ属 36
Aneuretinae ハリルリアリ亜科 5
Anochetus ヒメアギトアリ属 47
Anochetus shohki ヒメアギトアリ 47
Anomalomyrmini ジュズフシアリ族 72
Anoplolepis アシナガキアリ属 193
Anoplolepis gracilipes アシナガキアリ 26, 28, 193
Aphaenogaster アシナガアリ属 25, **126**
Aphaenogaster concolor リュウキュウアシナガアリ 130
Aphaenogaster donann クロミアシナガアリ 130
Aphaenogaster edentula トゲナシアシナガアリ 130
Aphaenogaster erabu エラブアシナガアリ 130
Aphaenogaster famelica アシナガアリ 131
Aphaenogaster gracillima クビナガアシナガアリ 131
Aphaenogaster irrigua サワアシナガアリ 131
Aphaenogaster izuensis イハマアシナガアリ 132
Aphaenogaster japonica ヤマトアシナガアリ 132
Aphaenogaster kumejimana クメジマアシナガアリ 132
Aphaenogaster luteipes イクビアシナガアリ 132
Aphaenogaster minutula ヒメアシナガアリ 133
Aphaenogaster omotoensis オモトアシナガアリ 133
Aphaenogaster osimensis イソアシナガアリ 133
Aphaenogaster rugulosa ヨナグニアシナガアリ 134
Aphaenogaster tipuna タカサゴアシナガアリ 134
Aphaenogaster tokarainsulana トカラアシナガアリ 134
Armaniinae イニシエアリ亜科 5

Brachymyrmex コブアリ属 204
Brachymyrmex patagonicus クロコブアリ 204
Brachyponera オオハリアリ属 48
Brachyponera chinensis オオハリアリ 9, **49**
Brachyponera luteipes ツヤオオハリアリ 50
Brachyponera nakasujii ナカスジハリアリ 50
Brownimeciinae ブラウンハリアリ亜科 5

Camponotini オオアリ族 214
Camponotus オオアリ属 214, 215
Camponotus（狭義） オオアリ亜属 214, **222**
Camponotus albosparsus アカヨツボシオオアリ 214, 224
Camponotus amamianus ツヤミカドオオアリ 214, 226
Camponotus bishamon ホソウメマツオオアリ 214, 228
Camponotus daitoensis ダイトウオオアリ 214, 228
Camponotus devestivus アメイロオオアリ 214, 225
Camponotus friedae ミヤコオオアリ 214, 225
Camponotus hemichlaena ニシムネアカオオアリ 214, **222**
Camponotus itoi イトウオオアリ 214, 228
Camponotus iwoensis イオウヨツボシオオアリ 214, 229
Camponotus japonicus クロオオアリ 9, 11, 13, 214, **223**
Camponotus kaguya ユミセオオアリ 214, 225
Camponotus keihitoi クサオオアリ 214, 227
Camponotus kiusiuensis ミカドオオアリ 214, 227
Camponotus kunigamiensis クニガミオオアリ

271

214, 229
Camponotus monju ケブカアメイロオオアリ
214, 226
Camponotus nawai ナワヨツボシオオアリ
8, 214, 229
Camponotus nipponensis ケブカツヤオオアリ
214, 227
Camponotus nipponicus ヒラズオオアリ　21, 214, 231
Camponotus obscuripes ムネアカオオアリ
11, 214, 223
Camponotus ogasawarensis オガサワラオオアリ
214, 229
Camponotus quadrinotatus ヨツボシオオアリ
214, 227
Camponotus sachalinensis カラフトクロオオアリ
214, 224
Camponotus senkakuensis オキナワクロオオアリ
214, 224
Camponotus shohki アカヒラズオオアリ　21, 214, 231
Camponotus sp.　ハラグロアメイロオオアリ　214, 226
Camponotus vitiosus ウメマツオオアリ　214, 230
Camponotus yamaokai ヤマヨツボシオオアリ
9, 214, 230
Camponotus yambaru ウスキオオアリ　214, 230
Camponotus yessensis ケブカクロオオアリ　214, 224
Cardiocondyla ハダカアリ属　154
Cardiocondyla emeryi 157
Cardiocondyla kagutsuchi ヒヤケハダカアリ　9, 156
Cardiocondyla kazanensis イオウハダカアリ　157
Cardiocondyla minutior ヒメハダカアリ　157
Cardiocondyla nuda 156
Cardiocondyla obscurior キイロハダカアリ　158
Cardiocondyla sp. A　トゲハダカアリ　156
Cardiocondyla sp. B　カドハダカアリ　158
Cardiocondyla wroughtonii ウスキイロハダカアリ
159
Carebara カレバラアリ属　108
Carebara borealis オオコツノアリ　109
Carebara hannya ヒメコツノアリ　110
Carebara oni オニコツノアリ　110
Carebara sauteri タイワンコツノアリ　110
Carebara yamatonis コツノアリ　111
Cautolasius キイロケアリ亜属　194, 202
Cerapachyini　クビレハリアリ族　68
Cerapachys クビレハリアリ属　68
Cerapachys biroi クビレハリアリ　69

Cerapachys daikoku クロクビレハリアリ　69
Cerapachys hashimotoi ジュウニクビレハリアリ　70
Cerapachys humicola ツチクビレハリアリ　70
Cerepachyinae　クビレハリアリ亜科　4, 68
Chthonolasius アメイロケアリ亜属　194, 203
Colobopsis ヒラズオオアリ亜属　214, 231
Crematogaster シリアゲアリ属　148
Crematogaster（狭義）シリアゲアリ亜属　148, 150
Crematogaster izanami ハリナガシリアゲアリ
148, 150
Crematogaster matsumurai ハリブトシリアゲアリ
148, 150
Crematogaster miroku オキナワシリアゲアリ
148, 152
Crematogaster nawai ツヤシリアゲアリ　148, 150
Crematogaster osakensis キイロシリアゲアリ
148, 152
Crematogaster suehiro スエヒロシリアゲアリ
148, 152
Crematogaster teranishii テラニシシリアゲアリ
148, 150
Crematogaster vagula クボミシリアゲアリ　148, 150
Crematogastrini　シリアゲアリ族　148
Cryptopone トゲズネハリアリ属　50
Cryptopone sauteri トゲズネハリアリ　51
Cryptopone tengu ハナダカハリアリ　51

Dacetine tribe-group　ウロコアリ族群　84
Dacettini　ウロコアリ族　84
Dendrolasius クサアリ亜属　194, 200
Diacamma トゲオオハリアリ属　52
Diacamma indicum トゲオオハリアリ　10, 52
Discothyrea ダルマアリ属　41
Discothyrea kamitea メダカダルマアリ　41
Discothyrea sauteri ダルマアリ　41
Dolichoderinae　カタアリ亜科　5, 173, 174
Dolichoderini　カタアリ族　175
Dolichoderus ナミカタアリ属　175
Dolichoderus sibiricus シベリアカタアリ　175
Dorylinae　サスライアリ亜科　4, 70
Dorylomorph subfamilies　サスライアリ型亜科群　4, 68

Ecitoninae　グンタイアリ亜科　4, 70
Ectatomminae　デコメハリアリ亜科　4
Ectomomyrmex ツシマハリアリ属　52
Ectomomyrmex javanus 53, 54

Ectomomyrmex sp. A　ツシマハリアリ　53
Ectomomyrmex sp. B　ミナミフトハリアリ　54
旧*Epitritus*　セダカウロコアリ属　84
Euponera　ホンハリアリ属　54
Euponera pilosior　ケブカハリアリ　55
Euponera sakishimensis　アカケブカハリアリ　55

Formica　ヤマアリ属　184, 185
Formica candida　ツヤクロヤマアリ　186
Formica fukaii　ツノアカヤマアリ　186
Formica gagatoides　タカネクロヤマアリ　187
Formica hayashi　ハヤシクロヤマアリ　187
Formica japonica (s. l.)　クロヤマアリ隠蔽種群　8, 187
Formica japonica (狭義)　クロヤマアリ　188
Formica lemani　ヤマクロヤマアリ　189
旧*Formica picea* (→ *Formica candida*)
Formica sanguinea　アカヤマアリ　17, 189
Formica sp. A　ヒガシクロヤマアリ　188
Formica sp. B　ニシクロヤマアリ　188
Formica sp. C　ミナミクロヤマアリ　188
旧*Formica transkaucasica* (→ *Formica candida*)
Formica truncorum　ケズネアカヤマアリ　190
Formica yessensis　エゾアカヤマアリ　14, 190
Formicidae　アリ科　33
Formiciinae　ムカシヤマアリ亜科　5
Formicinae　ヤマアリ亜科　5, 181
Formicini　ヤマアリ族　184
Formicomorph subfamilies　ヤマアリ型亜科群　5, 173
Formicoxenine tribe-group　キショクアリ族群　148
Formicoxenini　キショクアリ族　154

Heteroponerinae　チガイハリアリ亜科　4
Hypoponera　ニセハリアリ属　56
Hypoponera beppin　ベッピンニセハリアリ　58
旧*Hypoponera bondroiti* (→ *Hypoponera punctatissima*)
旧*Hypoponera gleadowi* (→ *Hypoponera ragusai*)
Hypoponera nippona　ヒゲナガニセハリアリ　58
Hypoponera nubatama　クロニセハリアリ　59
Hypoponera opaciceps　カドフシニセハリアリ　59
Hypoponera punctatissima　トビニセハリアリ　59
Hypoponera ragusai　フシナガニセハリアリ　60
Hypoponera sauteri　ニセハリアリ　60
旧*Hypoponera schauinslandi*
　　(→ *Hypoponera punctatissima*)
Hypoponera zwaluwenburgi　マルフシニセハリアリ　60

旧*Kyidris*　ヌカウロコアリ属　84
Lasiini　ケアリ族　191
Lasius　ケアリ属　194
Lasius (s. str.)　ケアリ亜属　194, 198
Lasius capitatus　モリシタクサアリ　194, 201
旧*Lasius crispus* (→ *Lasius nipponensis*)
Lasius flavus　キイロケアリ　10, 194, 202
Lasius fuji (s. l.)　クロクサアリ隠蔽種群　20, 201
Lasius fuliginosus　200
Lasius hayashi　ハヤシケアリ　194, 198
Lasius hikosanus　ミヤマアメイロケアリ　194, 203
Lasius japonicus　トビイロケアリ　194, 199
Lasius meridionalis　ヒゲナガアメイロケアリ
　194, 203
Lasius niger　ヨーロッパトビイロケアリ　10, 199
Lasius nipponensis　フシボソクサアリ　194, 201
旧*Lasius nipponensis* (→ *Lasius fuji* (s. l.))
Lasius orientalis　テラニシクサアリ　194, 202
Lasius productus　ヒゲナガケアリ　194, 199
Lasius sakagamii　カワラケアリ　194, 199
Lasius sonobei　ミナミキイロケアリ　194, 203
Lasius sp.　ヒメトビイロケアリ　194, 198
Lasius sp. A　クロクサアリ　194, 201
Lasius sp. B　オオクロクサアリ　194, 201
Lasius sp. C　コニシクサアリ　194, 201
Lasius spathepus　ヒラアシクサアリ　13, 194, 202
Lasius talpa　ヒメキイロケアリ　194, 203
Lasius umbratus　アメイロケアリ　194, 203
Leptanilini　ムカシアリ族　74
Leptanilla　ムカシアリ属　74
Leptanilla japonica　ヤマトムカシアリ　75
Leptanilla kubotai　トサムカシアリ　75
Leptanilla morimotoi　ヒコサンムカシアリ　76
Leptanilla oceanica　オガサワラムカシアリ　76
Leptanilla okinawensis　オキナワムカシアリ　76
Leptanilla tanakai　ヤクシマムカシアリ　76
Leptanillinae　ムカシアリ亜科　5, 72
Leptanilloidinae　クビレムカシアリ亜科　4
Leptanillomorph subfamily　ムカシアリ型亜科　5, 72
Leptogenys　ハシリハリアリ属　61
Leptogenys confucii　ハシリハリアリ　61
Leptogenys punctiventris　235
Leptothorax　タカネムネボソアリ属　159
Leptothorax acervorum　タカネムネボソアリ　12, 160
Linepithema　アルゼンチンアリ属　176

273

Linepithema humile アルゼンチンアリ 12, 14, 19, 26, **176**
Lordomyrma ミゾガシラアリ属 100
Lordomyrma azumai ミゾガシラアリ 101

Manica ツヤクシケアリ属 119
Manica yessensis ツヤクシケアリ 120
Martialinae subfamily マルスアリ亜科 5
Martialomorph マルスアリ型亜科 5
Melissotarsini ハチヅメアリ族 173
Messor クロナガアリ属 134
Messor aciculatus クロナガアリ 13, 15, **135**
Monomorium ヒメアリ属 111, **112**
Monomorium chinense クロヒメアリ 113
Monomorium destructor ミゾヒメアリ 114
Monomorium floricola フタイロヒメアリ 114
⑪*Monomorium fossulatum*（→ *Monomorium sechellense*）
Monomorium hiten フタモンヒメアリ 114
Monomorium intrudens ヒメアリ 115
Monomorium latinode シワヒメアリ 115
Monomorium pharaonis イエヒメアリ 115
Monomorium sechellense カドヒメアリ 116
Monomorium triviale キイロヒメアリ 116
Myrma ハリトゲアリ亜属 232, **233**
Myrmamblys ウマツメオオアリ亜属 214, **228**
Myrmeciinae キバハリアリ亜科 5, **77**
Myrmecina カドフシアリ属 168, **169**
Myrmecina amamiana スジブトカドフシアリ 170
Myrmecina flava キイロカドフシアリ 170
Myrmecina nipponica カドフシアリ 170
Myrmecina ryukyuensis コガタカドフシアリ 171
Myrmecinini カドフシアリ族 168
Myrmeciomorph subfamilies キバハリアリ型亜科群 5, **77**
Myrmentoma ヨツボシオオアリ亜属 214, **227**
Myrmhopla マルトゲアリ亜属 232, **233**
Myrmica クシケアリ属 120
Myrmica excelsa サメハダクシケアリ 122
Myrmica jessensis エゾクシケアリ 122
Myrmica kurokii クロキクシケアリ 123
Myrmica luteola オモビロクシケアリ 18, **123**
Myrmica onoyamai オノヤマクシケアリ 123
Myrmica rubra キイロクシケアリ 124
Myrmica ruginodis (s. l.) ハラクシケアリ隠蔽種群 124
Myrmica ruginodis（狭義） ハラクシケアリ 124
Myrmica sp. A アレチクシケアリ 125

Myrmica sp. B モリクシケアリ 125
Myrmica sp. C ヒラクチクシケアリ 125
Myrmica sp. D キュウシュウクシケアリ 125
Myrmica transsibirica ツボクシケアリ 125
Myrmica yezomonticola キタクシケアリ 125
Myrmicinae フタフシアリ亜科 5, **78**
Myrmicine tribe-group クシケアリ族群 119
Myrmicini クシケアリ族 119
Myrmicomorph subfamilies フタフシアリ型亜科群 5, **78**

Nylanderia アメイロアリ属 205
Nylanderia amia ケブカアメイロアリ 207
Nylanderia flavipes アメイロアリ 207
Nylanderia nubatama クロアメイロアリ 208
Nylanderia ogasawarensis オガサワラアメイロアリ 208
Nylanderia otome ヒヨワアメイロアリ 209
Nylanderia ryukyuensis リュウキュウアメイロアリ 209
Nylanderia yaeyamaensis ヤエヤマアメイロアリ 209
Nylanderia yambaru ヤンバルアメイロアリ 210

Ochetellus ルリアリ属 176
Ochetellus glaber ルリアリ 177
Odontomachus アギトアリ属 61
Odontomachus kuroiwae オキナワアギトアリ 62
Odontomachus monticola アギトアリ 62
Oligomyrmex 108
Orthocrema キイロシリアゲアリ亜属 148, **152**

Pachycondyla フトハリアリ属 48, 49, 53, **63**
⑪*Pachycondyla chinensis*（→ *Brachyponera chinensis*）
⑪*Pachycondyla darwinii*（→ *Parvaponera darwinii*）
⑪*Pachycondyla horni* シロヤマハリアリ（→ *Ectomomyrmex* sp. B）
⑪*Pachycondyla japonica*（→ *Ectomomyrmex* sp. A）
⑪*Pachycondyla javana*（→ *Ectomomyrmex* sp. B）
⑪*Pachycondyla luteipes*（→ *Brachyponera luteipes*）
⑪*Pachycondyla nakasujii*（→ *Brachyponera nakasujii*）
⑪*Pachycondyla pilosior*（→ *Euponera pilosior*）
⑪*Pachycondyla sakishimensis*（→ *Euponera sakishimensis*）
Paramyrmamblys ミカドオオアリ亜属 214, **226**
Paraparatrechina sakuya ツヤサクラアリ 211
Paraparetrechina サクラアリ属 210
Paraparetrechina sakurae サクラアリ 211
Paraponerinae サシハリアリ亜科 4

Paratrechina　ヒゲナガアメイロアリ属　205, **211**
Paratrechina longicornis　ヒゲナガアメイロアリ　**212**
Parvaponera　コガタハリアリ属　**63**
Parvaponera darwinii　ダーウィンハリアリ　**63**
⊞*Pentastruma*　ヒラタウロコアリ属　**84**
　Pheidole　オオズアリ属　**135**
　Pheidole fervens　ミナミオオズアリ　**138**
　Pheidole fervida　アズマオオズアリ　11, **138**
　Pheidole indica　インドオオズアリ　**139**
　Pheidole megacephala　ツヤオオズアリ　26, 28, **139**
⊞*Pheidole bugi*　ブギオオズアリ　**140**
　Pheidole noda　オオズアリ　1, 21, **140**
　Pheidole parva (s. l.)　ナンヨウテンコクオオズアリ隠蔽種群　**140**
　Pheidole pieli　ヒメオオズアリ　**141**
　Pheidole ryukyuensis　ナガオオズアリ　**141**
　Pheidole susanowo　クロオオズアリ　**141**
　Pheidolini　オオズアリ族　**126**
　Pheidologeton　ヨコヅナアリ属　**116**
　Pheidologeton diversus　ヨコヅナアリ　11, **117**
　Plagiolepidini　ヒメキアリ族　**204**
　Plagiolepis　ヒメキアリ属　**212**
　Plagiolepis alluaudi　ウスヒメキアリ　**213**
　Plagiolepis flavescens　ヒメキアリ　**213**
　Polyergus　サムライアリ属　**190**
　Polyergus samurai　サムライアリ　13, 16, **190**
　Polyrhachis　トゲアリ属　**232**
　Polyrhachis（狭義）　トゲアリ亜属　232, **234**
　Polyrhachis dives　クロトゲアリ　232, **233**
　Polyrhachis lamellidens　トゲアリ　17, 232, **234**
　Polyrhachis latona　タイワントゲアリ　232, **233**
　Polyrhachis moesta　チクシトゲアリ　12, 232, **234**
　Ponera　ハリアリ属　**63**, 64
　Ponera alisana　コダマハリアリ　**65**
　Ponera bishamon　ホソヒメハリアリ　**66**
　Ponera japonica　ヒメハリアリ　**66**
　Ponera kohmoku　マナコハリアリ　**66**
　Ponera scabra　テラニシハリアリ　**66**
　Ponera swezeyi　オガサワラハリアリ　**67**
　Ponera takaminei　アレハダハリアリ　**67**
　Ponera tamon　ミナミヒメハリアリ　**67**
　Ponera yakushimensis　ヤクシマハリアリ　**66**
　Ponerinae　ハリアリ亜科　4, **44**
　Ponerini　ハリアリ族　**47**
　Poneromorph subfamilies　ハリアリ型亜科群　**36**
　Prenolepis　ウワメアリ属　**213**

Prenolepis sp.　ウワメアリ　**213**
Pristomyrmex　アミメアリ属　**171**
Pristomyrmex brevispinosus　172
Pristomyrmex punctatus　アミメアリ　**172**
⊞*Pristomyrmex pungens* (→ *Pristomyrmex punctatus*)
Pristomyrmex yaeyamensis　トゲムネアミメアリ　10, **172**
Probolomyrmecini　ハナナガアリ族　**39**
Probolomyrmex　ハナナガアリ属　39, **40**
Probolomyrmex longinodus　ホソハナナガアリ　**40**
Probolomyrmex okinawensis　ハナナガアリ　**40**
Proceratiinae　カギバラアリ亜科　4, 39, **38**
Proceratium　カギバラアリ属　**42**
Proceratium itoi　イトウカギバラアリ　**43**
Proceratium japonicum　ヤマトカギバラアリ　**43**
Proceratium morisitai　モリシタカギバラアリ　**43**
Proceratium watasei　ワタセカギバラアリ　**44**
Procertii　カギバラアリ族　**41**
Protanilla　ジュズフシアリ属　72, **73**
Protanilla izanagi　キバジュズフシアリ　**73**
Protanilla lini　ジュズフシアリ　**73**
Pseudomyrmecinae　クシフタフシアリ亜科　5, **77**
Pseudomyrmecini　クシフタフシアリ族　**77**
Pseudoponera　55, **63**
Pyramica　アゴウロコアリ属　84, **85**
Pyramica alecto　ミヤコウロコアリ　**89**
Pyramica benten　イガウロコアリ　**89**
Pyramica canina　ヒラタウロコアリ　**90**
Pyramica circothrix　マルゲウロコアリ　**90**
Pyramica hexamera　セダカウロコアリ　**90**
Pyramica hirashimai　ヒメセダカウロコアリ　**91**
Pyramica hiroshimensis　ヒロシマウロコアリ　**91**
Pyramica incerta　ノコバウロコアリ　19, **91**
Pyramica japonica　ヤマトウロコアリ　**92**
Pyramica kichijo　キチジョウウロコアリ　**92**
Pyramica leptothrix　ケブカウロコアリ　**92**
Pyramica masukoi　マナヅルウロコアリ　**92**
Pyramica mazu　ツヤウロコアリ　**93**
Pyramica membranifera　トカラウロコアリ　**93**
Pyramica morisitai　キバオレウロコアリ　**93**
Pyramica mutica　ヌカウロコアリ　**93**
Pyramica rostrataeformis　ホソノコバウロコアリ　**94**
Pyramica sauteri　ヒメヒラタウロコアリ　**94**
Pyramica terayamai　ヤミゾウロコアリ　**94**

⊞*Quadristruma*　ヨフシウロコアリ属　**95**

Recurvidris　カクバラアリ属　153
Recurvidris recurvispinosa　カクバラアリ　153
Rhopalomastix　ヒゲブトアリ属　173
Rhopalomastix omotoensis　ヒゲブトアリ　173

(旧)*Smithistruma*　ノコバウロコアリ属　84
Solenopsidine tribe-group　トフシアリ族群　100
Solenopsidini　トフシアリ族　108
Solenopsis　トフシアリ属　117
Solenopsis geminata　アカカミアリ　28, 118
Solenopsis japonica　トフシアリ　19, 118
Solenopsis tipuna　オキナワトフシアリ　119
Sphecomyrminae　アカツキアリ亜科　5
Stenamma　ナガアリ属　101
Stenamma kurilense　チシマナガアリ　102
Stenamma nipponense　ヒメナガアリ　102
Stenamma owstoni　ハヤシナガアリ　102
Stenammini　ナガアリ族　100
Stigmatomma　ノコギリハリアリ属　36
Stigmatomma caliginosum　ヒメノコギリハリアリ　37
Stigmatomma fulvidum　ケシノコギリハリアリ　38
Stigmatomma sakaii　ヤイバノコギリハリアリ　38
Stigmatomma silvestrii　ノコギリハリアリ　11, 38
Strongylognathus　イバリアリ属　142
Strongylognathus koreanus　イバリアリ　17, 142
Strumigenys　ウロコアリ属　84, 94, 95
Strumigenys emmae　ヨフシウロコアリ　97
Strumigenys exilirhina　キバブトウロコアリ　97
Strumigenys godeffroyi　ミノウロコアリ　98
Strumigenys kumadori　キタウロコアリ　98
Strumigenys lacunosa　ハカケウロコアリ　98
Strumigenys lewisi　ウロコアリ　99
Strumigenys minutula　ヒメウロコアリ　99
Strumigenys solifontis　オオウロコアリ　99
Strumigenys stenorhina　キバナガウロコアリ　100
Strumigenys strigatella　カクガオウロコアリ　100

Tanaemyrmex　アメイロオオアリ亜属　214, 224
Tapinoma　コヌカアリ属　177
Tapinoma melanocephalum　アワテコヌカアリ　178, 235
Tapinoma saohime　コヌカアリ　178
Technomyrmex　ヒラフシアリ属　179
Technomyrmex brunneus　アシジロヒラフシアリ　11, 13, 180
Technomyrmex gibbosus　ヒラフシアリ　180

Temnothorax　ムネボソアリ属　160, 161
Temnothorax anira　ヒラセムネボソアリ　164
Temnothorax antera　フシナガムネボソアリ　164
Temnothorax arimensis　ヒメムネボソアリ　164
Temnothorax basara　ヤエヤマムネボソアリ　165
Temnothorax bikara　ヤドリムネボソアリ　165
Temnothorax congruus　ムネボソアリ　165
Temnothorax haira　オガサワラムネボソアリ　165
Temnothorax indra　キイロムネボソアリ　166
Temnothorax kinomurai　キノムラヤドリムネボソアリ　19, 166
Temnothorax koreanus　カドムネボソアリ　167
Temnothorax kubira　チャイロムネボソアリ　167
Temnothorax makora　ハヤシムネボソアリ　19, 167
Temnothorax mekira　ミナミイオウムネボソアリ　167
Temnothorax mitsukoae　アレチムネボソアリ　168
Temnothorax santra　シワムネボソアリ　168
Temnothorax spinosior　ハリナガムネボソアリ　168
Tetramoriini　シワアリ族　142
Tetramorium　シワアリ属　142, 143
Tetramorium bicarinatum　オオシワアリ　27, 145
Tetramorium caespitum　147
Tetramorium indicum　235
Tetramorium kraepelini　ケブカシワアリ　145
Tetramorium lanuginosum　イカリゲシワアリ　145
Tetramorium nipponense　キイロオオシワアリ　146
Tetramorium simillimum　サザナミシワアリ　146
Tetramorium smithi　カドムネシワアリ　147
(旧)*Tetramorium tanakai*　145
Tetramorium tonganum　ナンヨウシワアリ　147
Tetramorium tsushimae　トビイロシワアリ　13, 147
Tetraponera　ナガフシアリ属　77
Tetraponera allaborans　ナガフシアリ　235
Tetraponera attenuata　オオナガフシアリ　77
(旧)*Trachymasopus*　ケブカハリアリ属　55, 63
(旧)*Trichoscapa*　トカラウロコアリ属　84

Vollenhovia sp.　ヒメウメマツアリ　107
Vollenhovia　ウメマツアリ属　25, 103
Vollenhovia amamiana　オオウメマツアリ　105
Vollenhovia benzai　タテナシウメマツアリ　105
Vollenhovia emeryi　ウメマツアリ　105
Vollenhovia nipponica　ヤドリウメマツアリ　19, 106
Vollenhovia okinawana　オキナワウメマツアリ　106
Vollenhovia sakishimana　サキシマウメマツアリ　107
Vollenhovia yambaru　ヤンバルウメマツアリ　107

事項索引

あ行

亜寒帯針葉樹林　23
亜種　8
亜熱帯多雨林　23
アリ科　1, 33
　——の系統的位置　3
　——の高次分類　3, 29
アリ採集用吸虫管　251
アリ上科　3
アリの形態　5
アリの現存量　24
アリの個体標識　264
アリの採集法　250
アリの飼育法　261
アリの食性　15
アリの生態　9
アリの標本作製法　256

イエローパントラップ　255
異常型　8
一時的社会寄生　17
隠蔽種　8, 31

ウインクラーサック　253
羽化トラップ　255

液浸標本　258

エマージェンストラップ　255

黄色水盤トラップ　255
大型働きアリ　7, 11
小笠原諸島　26
オスアリ　9, 10
落とし穴トラップ　254
温帯落葉広葉樹林　23

か行

階級分化フェロモン　20
海洋島　22, 26
外来種　26
額葉　5
額隆起縁　6

寡雌性　12
カースト　10
乾燥標本　256
甘露　16

蟻酸　251
機能的女王　52
旧北区　21
吸虫管　250
胸部　6

軍隊アリ　70

携帯用スコップ　251
系統解析　4
警報フェロモン　19
結婚飛行　9, 12
検鏡　259

好蟻性動物　250, 256
後脚　7
恒久的社会寄生　19
後胸　6
後胸溝　6
後胸腺　2
高次系統解析　4
坑道　1
交尾　9
交尾器　259
小型働きアリ　7
小型標本支持台　259
国内移入　27
個体識別　264
個体変異　8
固有種　25
コロニー　1
コロニーサイクル　13
コロニーサイズ　13
コロニー標本　252
混合コロニー　18
昆虫針　257
棍棒節　5

さ行

採集法　250
採集用具　250
細腰亜目　3
刺針　7
蛹　11
サブカースト　1, 10
ざるふるい法　253
三角台紙　257
サンプル瓶　250

飼育器　261, 263
飼育法　261
翅芽跡　52
社会寄生　16
社会性昆虫　1
ジャネー式蟻巣　261
種　7
収穫アリ　15, 134
種数・面積関係　21
種多様度　23
種密度　23
女王　1, 9, 10
衝突板トラップ　255
職蟻　7
職蟻型女王　10, 17
触角　5
シロアリ　9
人為的移入種　25
真社会性　3
真社会性昆虫　1
侵略的外来種　26, 176

巣　1
スウィーピング　253
スズメバチ上科　3
巣の構造　14
スーパーコロニー　2, 12, 13, 176
巣密度　23

生活環　9
前脚　7

277

事項索引

前胸 6
染色体数 10
前伸腹節 6

巣性 13

た行

大腮 5
大陸島 21
多型 8, 10, 11
多雌性 1, 12
多巣性 2, 13
単眼 5
単雌性 1, 12
単巣性 13
暖帯照葉樹林 23

中脚 7
中胸 6
貯精のう 9
地理的変異 8

ツルグレン装置 253

データラベル 258
展足 257

灯火採集 255
頭盾 5
盗食共生 16, 19
同定依頼 260
頭部 5
同胞種 8

東洋区 21
土壌ふるい法 253
奴隷狩り 16
泥棒アリ 19

な行

南西諸島 26

二重瓶式標本 258

根掘り 251

は行

働きアリ 1, 11
ハチ目 1
ヒアリ類 117, 118
ピットホールトラップ 254
ビーティング 253
標本小箱 259
標本作製法 256
標本支持台 259
標本送付 260
標本台帳 259
標本の整形 257
標本の保管 259
ピンセット 252

フィールド式蟻巣 261
フェロモン 19
複眼 5
腹部 6
腹柄節 2, 6

プライマーフェロモン 19
プレパラート標本 259
分類 3

兵アリ 7, 10
ベイトトラップ 253

房室 1, 14
膨腹部 7
放浪種 22, 25
歩行トラップ 254

ま行

膜翅目 1, 3
マレーズトラップ 255
道しるべフェロモン 19
蜜 16

や行

有剣類 3
融合コロニー 13
ユニットボックス 259

幼虫 11

ら行

ラボック式蟻巣 261
卵 11

リリーサーフェロモン 19

連続的多型 10, 11

著者略歴

寺山　守（てらやま　まもる）
1958年　秋田県に生まれる
1983年　宇都宮大学大学院農学研究科 修士課程修了
　　　　東京大学大学院研究生を経て博士（理学）取得
現　在　東京大学農学部 非常勤講師
〔おもな編著書〕
　『生命の科学―ヒト・自然・進化』（大学教育出版，2005年）
　『昆虫のふしぎ（ポプラディア情報館）』（ポプラ社，2007年）
　『アリハンドブック』[共著]（文一総合出版，2009年）
　『最新応用昆虫学』[共著]（朝倉書店，2009年）
　『アルゼンチンアリ 史上最強の侵略的外来種』[共著]（東京大学出版
　　会，2014年）　…など

久保田　敏（くぼた　さとし）
1956年　東京都に生まれる
現　在　東京都立小石川中等教育学校 理科・生物科主任教諭
〔おもな編著書〕
　『あり（キンダーブックしぜん）』（フレーベル館，2001年）
　『アリハンドブック』[共著]（文一総合出版，2009年）
　『沖縄のアリ類』[共著]（自費出版，2009年）

江口克之（えぐち　かつゆき）
1974年　福井県に生まれる
2001年　鹿児島大学大学院理工学研究科 博士後期課程修了
現　在　首都大学東京大学院理工学研究科 准教授，博士（理学）
〔おもな編著書〕
　『アリの生態と分類―南九州のアリの自然史』[共著]（南方新社，2010年）

日本産アリ類図鑑　　　　　　　　　　　　　定価はカバーに表示

2014年7月20日　　初版第1刷
2022年6月10日　　　第4刷

　　　　　　　著　者　寺　山　　　守
　　　　　　　　　　　久　保　田　　敏
　　　　　　　　　　　江　口　克　之
　　　　　　　発行者　朝　倉　誠　造
　　　　　　　発行所　株式会社　朝　倉　書　店
　　　　　　　　　　　東京都新宿区新小川町 6-29
　　　　　　　　　　　郵便番号　１６２－８７０７
　　　　　　　　　　　電　話　03 (3260) 0141
　　　　　　　　　　　FAX　03 (3260) 0180
〈検印省略〉　　　　　　　　https://www.asakura.co.jp

ⓒ 2014〈無断複写・転載を禁ず〉　　　　印刷・製本　大日本印刷
ISBN 978-4-254-17156-3　C 3645　　　　　　Printed in Japan

JCOPY　〈出版者著作権管理機構 委託出版物〉
本書の無断複写は著作権法上での例外を除き禁じられています．複写される場合は，
そのつど事前に，出版者著作権管理機構（電話 03-5244-5088，FAX 03-5244-5089，
e-mail: info@jcopy.or.jp）の許諾を得てください．

前横国大 青木淳一監訳
知られざる動物の世界7
クモ・ダニ・サソリのなかま
17767-1 C3345　　A4変判 128頁 本体3400円

節足動物の中でも独特の形態をそなえる鋏角類（クモ、ダニ、サソリ、カブトガニ等）・ウミグモ類のさまざまな種を美しい写真で紹介。ウミグモ、カブトガニ、ダイオウサソリ、ウデムシ、ダニ類、タランチュラ、トタテグモなどを収載。

前横国大 青木淳一監訳
知られざる動物の世界13
甲虫のなかま
17773-2 C3345　　A4変判 128頁 本体3400円

種数にして全動物の三分の一を占め、地球上で最も繁栄している動物群の一つである甲虫類を紹介。オサムシ、ハンミョウ、ゲンゴロウ、ジョウカイボン、テントウムシ、カブトムシ、クワガタムシ、フンコロガシ、カミキリムシなどを収載。

国立科学博 友国雅章訳
知られざる動物の世界14
セミ・カメムシのなかま
17774-9 C3345　　A4変判 128頁 本体3400円

「バグ」という英語が本来示すのは半翅目すなわちセミ・カメムシのなかまのことである。人間社会に深い関わりを持つ彼らの中からカメムシ、セミ、アメンボ、トコジラミ、サシガメ、ウンカ、ヨコバイ、アブラムシ、カイガラムシなどを紹介。

前京大 藤崎憲治・京大 大串隆之・岡山大 宮竹貴久・京大 松浦健二・九州沖縄農研センター 松村正哉著
昆虫生態学
42039-5 C3061　　A5判 224頁 本体3700円

単に昆虫類の生態にとどまらず、他の多くの生物との複雑な関係性を知る学問である昆虫生態学の入門書・テキスト。〔内容〕序論／昆虫の生活史戦略／昆虫の個体群と群集／昆虫の行動生態／昆虫の社会性／害虫の生態と管理

前東大 田付貞洋・前筑波大 河野義明編
最新応用昆虫学
42035-7 C3061　　A5判 264頁 本体4800円

標準的で内容の充実した教科書として各大学・短大で定評のある入門書。最新の知見を盛り込みさらなる改訂。〔内容〕昆虫の形態／ゲノムと遺伝子／生活史と生活環／生態・行動／害虫管理／虫体・虫産物の利用／生物多様性と環境教育／他

農工大 仲井まどか・宮崎大 大野和朗・名大 田中利治編
バイオロジカル・コントロール
―害虫管理と天敵の生物学―
42034-0 C3061　　A5判 180頁 本体3200円

化学農薬に代わる害虫管理法「バイオロジカル・コントロール」について体系的に、最新の研究成果も交えて説き起こす教科書。〔内容〕生物の害虫防除の概要と歴史／IPMの現状／生物的防除の実際／捕食寄生者／昆虫病原微生物／他

前東農大 三橋 淳総編集
昆虫学大事典
42024-1 C3061　　B5判 1220頁 本体48000円

昆虫学に関する基礎および応用について第一線研究者115名により網羅した最新研究の集大成。基礎編では昆虫学の各分野の研究の最前線を豊富な図を用いて詳しく述べ、応用編では害虫管理の実際や昆虫とバイオテクノロジーなど興味深いテーマにも及んで解説。わが国の昆虫学の決定版。〔内容〕基礎編（昆虫学の歴史／分類・同定／主要分類群の特徴／形態学／生理・生化学／病理学／生態学／行動学／遺伝学）／応用編（害虫管理／有用昆虫学／昆虫利用／種の保全／文化昆虫学）

前農工大 佐藤仁彦編
生活害虫の事典（普及版）
64037-3 C3577　　A5判 368頁 本体8800円

近年の自然環境の変貌は日常生活の中の害虫の生理・生態にも変化をもたらしている。また防除にあたっては環境への一層の配慮が求められている。本書は生活の中の害虫約230種についてその形態・生理・生態・生活史・被害・防除などを豊富な写真を掲げながら平易に解説。〔内容〕衣類の害虫／書物の害虫／食品の害虫／住宅・家具の害虫／衛生害虫（カ、ハエ、ノミ、シラミ、ゴキブリ、ダニ、ハチ、他）／ネズミ類／庭木・草花・家庭菜園の害虫／不快昆虫／付．主な殺虫剤

前高知衛生害虫研 松崎沙和子・大阪製薬 武衛和雄著
都市害虫百科（普及版）
64040-3 C3577　　A5判 248頁 本体4500円

わが国で日常見られる都市害虫約170種についてその形態，特徴，生態，被害，駆除法等を多くの文献を示しながら解説した実用事典。〔内容〕都市害虫総論／トビムシ／シミ／ゴキブリ／シロアリ／チャタテムシ／シラミ／カメムシ／カイガラムシ／アブラムシ／カツオブシムシ／コクゾウムシ／シバンムシ／ナガシンクイムシ／甲虫類／ノミ／ガガンボ／チョウバエ／カ／ユスリカ／ミズアブ／ハエ／ガ／ハチ／アリ／ダニ／クモ／ゲジ／ムカデ／ヤスデ／ワラジムシ／ナメクジ／他多数

上記価格（税別）は 2019 年 4 月現在